高等学校"十二五"规划教材

环境规划与管理

第二版

刘 利 潘伟斌 李 雅 编著

化学工业出版社
·北京·

本书系统地介绍环境管理和环境规划的核心概念和基本理论，阐述了我国环境管理思想和实践的发展历程，对我国现行的环境管理体系和制度进行了比较全面的介绍。书中以欧美日等国家为例，介绍国外环境管理的实践和经验；结合较为重要的全球环境问题，叙述国际社会及我国对全球环境问题的管理活动。考虑到企业是社会经济活动的重要主体，本书以专章陈述企业环境管理的内容，并对清洁生产、环境管理体系和生命周期评价进行专题介绍。环境规划作为环境管理的重要内容和手段，书中介绍了环境规划的基本原理、一般程序和主要方法，及我国环境规划工作的发展历程。

本书适合作为高等学校环境科学、环境工程专业的教材，也可供相关专业的技术人员学习参考。

图书在版编目(CIP)数据

环境规划与管理/刘利，潘伟斌，李雅编著．—2版．北京：化学工业出版社，2013.6（2025.1重印）

高等学校“十二五”规划教材

ISBN 978-7-122-17028-6

Ⅰ.①环… Ⅱ.①刘…②潘…③李… Ⅲ.①环境规划-高等学校-教材②环境管理-高等学校-教材 Ⅳ.X32

中国版本图书馆CIP数据核字（2013）第074832号

责任编辑：唐旭华　袁俊红　满悦芝　　　装帧设计：韩　飞

责任校对：边　涛

出版发行：化学工业出版社（北京市东城区青年湖南街13号　邮政编码100011）

印　　装：北京盛通数码印刷有限公司

787mm×1092mm　1/16　印张15½　字数402千字　2025年1月北京第2版第10次印刷

购书咨询：010-64518888　　　售后服务：010-64518899

网　　址：http://www.cip.com.cn

凡购买本书，如有缺损质量问题，本社销售中心负责调换。

定　价：32.00元

第二版前言

本书自第一次出版至今已经有七年光阴。期间，中国乃至全球社会经济经历了一些重要变化和事件。如2008年全球金融危机，发展中国家为摆脱经济衰退的风险，承受更大的资源环境压力；科学和技术，尤其是计算机和远距离通信技术获得史无前例的发展，互联网迅速广泛普及，引发了深刻的社会变革，包括社会生产方式、管理模式乃至思想观念的全方位变化。又如，“十二五”中国进入全面建设小康社会的社会经济发展关键时期，工业化、城市化和农村现代化带来空前的资源能源和环境压力，赋予了环境管理极具挑战的历史使命，环境管理正面临一系列的攻坚战。

环境规划与管理是面向应用的学科，社会经济领域的变化对资源环境格局带来了深远的影响，这些影响反映在环境管理的理念、技术方法和行动实践等诸多方面。因此，有必要对本书进行适时更新和补充。

对比第一版书稿，本修订版的章节结构基本不变，主要有以下三个方面的修改和完善。

其一，补充了近年来我国和国际社会环境管理实践的新进展。例如，在第四章补充了我国环境管理历程的新发展、环境管理制度在实践中的新变化；在第八章更新了全球环境问题状况，以及国际社会解决全球环境问题的新进展等。

其二，结合本课程教学经验和体会，对部分章节内容进行补充和调整。如第五章补充了一节“我国的环境规划实践”，介绍我国环境规划的发展历程、一般过程以及改革方向；在介绍环境规划的具体工作程序前，补充了环境规划基本要素的说明。

其三，文字整理。对第一版的文字进行梳理，力求表达准确、清晰、简洁。

本次修订工作由刘利和李雅共同承担。李雅主要负责第七章的修订工作，其余部分由刘利负责。

本书配有电子教案，可供选择本书作为教材的教师参考，如有需要请联系 cipedu@163.com。

由于编者理论水平和实践经验不足，本版仍难免存在欠妥之处，敬请读者批评指正。

编者

2013年4月于华南理工大学

第一版前言

在推进可持续发展的进程中，高度重视环境管理在促进经济社会与生态环境协调发展中的作用，成为了世界各国的共识。特别是对于中国这样一个人口众多、资源相对缺乏的发展中大国，加强环境管理，充分发挥环境管理对协调社会经济发展与生态环境保护的作用，对可持续发展的实施是不可或缺的。自 1972 年联合国人类环境会议以来，我国的环境管理实践历经 30 多年，取得了长足的发展，为我国的环境保护事业做出了极大的贡献。

本教材是在华南理工大学环境工程专业课程讲义的基础上编写而成的。在编写过程中，我们参考了其他教材和文献的精彩之处，包括最新的环境管理思想、理论与方法等，在此，对这些文献的作者表示衷心的感谢。

另外，在编写中我们还结合自己的教学经历和科研实践，进行了一些尝试和探索。我们希望这些尝试和探索的内容，起到抛砖引玉的作用。

本书共有八章：第一章绪论，介绍环境管理有关概念和环境管理思想、方法的发展；第二章环境管理的理论基础，介绍了系统论、控制论、生态和环境经济学理论以及“三种生产”四种环境管理理论；第三章环境管理的手段和技术支持，介绍环境管理的手段和职能，以及为环境管理提供数据信息和决策分析依据的技术手段，包括环境监测、环境评价、环境预测、环境统计和环境信息系统等；第四章中国的环境管理体系与制度，分别介绍了中国环境管理的法律法规体系、方针政策体系以及机构体系，并简要介绍了中国现行的各项环境管理制度的内容及其最新进展；第五章环境规划的原理与方法，本章将环境规划作为环境管理的一种重要技术方法手段，介绍了环境规划的基本原理、工作程序和基本方法；第六章企业环境管理，介绍了企业内部和外部环境管理的内容，并尝试性地引入当前的一些微观的、企业层面的环境会计、环境审计等管理工具；第七章国外环境管理，介绍一些国外环境管理的新趋势和成功经验；第八章全球环境问题的管理，介绍了主要的全球环境问题，以及解决全球环境问题的国际行动，特别是中国参与全球环境问题管理的行动。

北京大学的刘宝章教授为本书的审稿人，他对本书总体结构的形成、内容的编写以及许多具体问题都提出了十分宝贵的意见；北京大学的郭怀成教授拨冗为本书写了序言；刘宝章、郭怀成、李彬、王静云、张振兴、郑相宇等人在本书编写过程中提供了很多帮助；这本教材的编写和出版还得到了华南理工大学教务处和化学工业出版社的大力支持，在此一并表示衷心的感谢。

为方便教学，本书配套的电子教案可免费提供给采用本书作为教材的大专院校使用。如有需要，请发送邮件至 txh@cip. com. cn。

鉴于我们的水平有限，书中难免存在错误、疏漏等问题，敬请读者给予批评指正。

编著者

2006 年 5 月于华南理工大学

目 录

第一章 环境问题与环境管理的含义

第一节 环境与环境问题

一、环境的含义

(一) 环境的概念

一般来说，“环境”是相对某一中心事物而言的，即围绕某一中心事物的外部空间、条件和状况，以及对中心事物可能产生各种影响的因素。换言之，环境是相对于中心事物而言的背景。在环境科学中，环境的含义是指围绕着人群的空间，包含直接或者间接影响人类生存和发展的各种因素和条件。

根据《环境科学大辞典》，环境是指“以人类为主体的外部世界，主要是地球表面与人类发生相互作用的自然要素及其总体。它是人类生存发展的基础，也是人类开发利用的对象”。根据《中华人民共和国环境保护法》(以下简称《环境保护法》)，环境是指“影响人类生存和发展的各种天然的和经过人工改造的自然因素的总和，包括大气、水、海洋、土地、矿藏、森林、草原、野生生物、自然遗迹、人文遗迹、自然保护区、风景名胜区、城市和乡村等”。

环境要素是指构成人类环境整体的各个独立的、性质不同而又服从整体演化规律的基本物质组分，也称为环境基质。环境要素分为自然环境要素和社会环境要素，但通常指自然环境要素。环境要素包括非生物环境要素(如水、大气、阳光、岩石、土壤等)以及生物环境要素(如动物、植物、微生物等)。各环境要素之间相互联系、相互依赖和相互制约。由多个环境要素组成环境的结构单元，环境的结构单元又组成环境整体或环境系统。

(二) 环境的分类

环境是以人类为主体的外部世界，是一个非常复杂的体系。一般来说，可以根据不同的方法对环境进行分类。

1. 按照环境要素进行分类

根据环境要素的属性可分成自然环境和人工环境两类。

人类活动使自然环境发生巨大的变化。然而，从总体上看，自然环境仍然按照自然规律发展和变化。根据环境的主要组成要素，自然环境可以分为大气环境、水环境(包括江河、海洋、湖泊等环境)、土壤环境、地质环境、生物环境(包括森林环境、草原环境等)等。

社会环境是人类在其社会发展过程中，为满足自己物质文化生活需要而创造出来的人工环境。人们常常依据人工环境的用途或功能进行下一级的分类，一般分为聚落环境(如院落环境、村落环境、城市环境)、生产环境(如工厂环境、矿山环境、农场环境、林场环境、果园环境等)、交通环境(如机场环境、港口环境)、文化环境(如学校和文化教育区、文物古迹保护区、风景游览区和自然保护区)等。

2. 按照环境的功能和范围分类

可以将环境分为：特定空间环境(如航空、航天的密封舱环境等)、车间环境(劳动环境)、生活区环境(如居室环境、院落环境等)、城市环境、区域环境(如流域环境、行政区域环境等)、全球环境和宇宙环境等。

(三)环境的基本特征

环境是以人类为主体的客观物质体系,它具有以下的基本特征。

1. 整体性与区域性

环境区域性与环境整体性都是环境在空间维上的特性。

环境是一个整体。整体性是环境的最基本特性。整体性是指环境的各个组成部分和要素之间构成了一个系统;也就是说,环境的各组成部分(包括大气、水体、土壤、植被、人工物等)以特定方式联系在一起,具有特定的结构,并通过稳定的物质、能量、信息网络进行运动,从而在不同时刻呈现出不同状态。环境系统的整体虽由部分组成,但整体功能不是各组成部分功能的简单加和,而是由各部分之间的结构形式决定的。不同的环境要素组成由于结构方式、组织程度、物质能量流动规模和途径不同而有不同的特性。例如,城市环境与农村环境、水网地区环境与干旱地区环境等,其具体特性各异。

同时,环境有明显的区域差异,即区域性。环境的区域性是指环境整体特性的区域差异。具体地说,即不同区域的环境有不同的整体性。区域性的特点在生态环境中表现尤为突出。例如,内陆的季风和逆温、滨海的海陆风,就是地理区域不同所决定的大气环境差异。因而,研究环境问题必须注意区域差异所决定的环境问题的差异和特殊性。

2. 变动性与稳定性

环境的变动性与稳定性是环境在时间尺度上的特性。

变动性是指在自然的或/和人类社会行为的作用下,环境的内部结构和外在状态处于持续变化中。与变动性相对的是环境的稳定性。所谓稳定性,是指环境系统具有一定的自我调节功能;也就是说,在自然的和人类社会行为的作用下,环境结构和状态所发生的变化不超过一定限度时,环境系统可以借助于自身的调节功能维持、恢复原本的结构和状态。例如,生态系统的恢复、水体的自净作用,就是这种调节功能的体现。

变动是绝对的,稳定是相对的。环境保持其结构和功能情况下、能够容许的变化限度是决定环境系统是否稳定的条件,而这种“限度”由环境本身的结构和状态决定。人类社会须自觉地控制自己的行为,使之与环境自身的变化规律相适配、相协调,以求环境状况朝着更有利于人类社会生存发展的方向变化。

3. 资源性与价值性

资源性和价值性是从环境与人类社会的效用关系角度体现出来的特性。对于环境的作用,人类的认识是逐步深化的。总体来说,环境是人类生存和发展的基础,能够为人类的生活生产乃至精神享受提供必要的资源和条件。具体来看,环境的作用主要体现在以四个方面:一是提供资源,从古至今,人们衣食住行和生产所需的各种原料,都来自于自然环境;二是消纳废物,自然环境通过物质迁移转化、微生物分解等途径消纳降解污染物质;三是精神享受,秀美山川、自然景观等能够给人提供美学享受和休闲游憩;四是生命支撑系统,自然界成千上万的生物物种以及生态群落构成的复合系统支持了人类生命的生存和延续。

环境具有资源性,因而具有价值。环境价值是一个动态的概念,随着社会发展,环境资源日益稀缺,有些原来被认为没有价值或者是低价值的资源,会变得越来越珍贵,如清洁的空气和水。人类的生存与发展离不开环境,从这个意义上讲,环境具有不可估量的价值。正确认识和把握环境的基本特性及其发展变化的规律,尊重环境自身的规律,是正确处理人与环境关系的前提条件。

4. 公共性和稀缺性

环境的公共性和稀缺性，是环境作为资源被人类利用过程中表现出来的特点。人类生活在环境之中，环境为人类提供生产与生活的资源，是典型的公共物品。人们普遍认为，环境是一种公共财产，并非专供某个人或者某部分人使用，每个人都应该自由地、免费地、长期地使用。然而在目前，人类无法回避的问题是，环境是一种稀缺的资源，过度利用环境应该需要付出和承担相应的后果，如何去解决环境被过度开发利用的问题？

环境的公共性表现在两个方面。一方面，环境是一个整体，环境要素普遍联系、难以分割，环境并不为某个人或某一群体所有，一个人对环境的使用不能排斥他人对环境的使用。如，流动的大气、公海及海底资源等，是为人类所共有、共用的环境资源。另一方面，环境保护的受益者不仅是身处局部区域的群体，而是整个社会、甚至是未来的世世代代；环境资源破坏的影响往往不局限于当地、当今的人群，通常波及更广区域和更长时间。

同时，环境资源是有限的，无论自然资源还是环境容量都是有限的。环境对经济活动的承载能力，包括在一定条件下环境所能容纳污染物的水平和提供的自然资源的数量。一方面，资源利用会降低资源存量，若人类从自然界获取可再生资源的速度大大超过其再生能力，人类消耗不可再生资源的速度高于人类发现替代资源的速度，将导致可再生资源和不可再生资源的稀缺程度都急剧上升；另一方面，人类排入环境的废弃物，特别是有毒有害物质迅速增加，超过了环境的自然净化能力，干扰了自然界的正常循环，导致环境容量资源稀缺程度的加剧。当人们对环境资源的利用接近或超过环境承载力的极限时，环境资源的稀缺性就迅速显现。工业革命以来，人口规模和人类生产能力的扩张使人们对环境资源需求持续增加，环境资源的稀缺性凸显。

专栏 1-1

生物圈 2 号实验

1991 年，美国科学家在美国亚利桑那州建造了耗费巨资、规模空前的“生物圈二号”。这是一个模拟地球生态环境的全封闭的实验场，也被称为“微型地球”。“生物圈二号”花费了近 2 亿美元和 9 年时间，占地 1.3 万平方米，是一个 8 层楼高的圆顶形密封钢架结构玻璃建筑物，约有两个足球场大小。在这个封闭的人工微型世界中，有人工模拟的海洋、平原、沼泽、雨林、沙漠旅业区和人类居住区，是个自成体系的小生态系统。“生物圈 2 号”与外界隔绝，工作人员可以通过电力传输、电信与计算机与外部取得联系。

“生物圈 2 号”的实验目的是，考察人类离开地球“生物圈”是否仍能生存，为今后人类登陆其他星球、建立居住基地进行探索。1993 年 1 月，8 名科学家进入“生物圈 2 号”，原计划在“生物圈 2 号”中生活两年。然而，一年多以后，“生物圈 2 号”的生态状况急转直下，氧气含量从 21%迅速下降到 14%，二氧化碳和二氧化氮的含量直线上升，大气和海水变酸，很多物种相继死亡，而用来吸收二氧化碳的牵牛花却疯长。大部分脊椎动物和所有传粉昆虫死亡，靠花粉传播繁殖的植物也全部死亡。由于降雨失控，人造沙漠变成了丛林和草地。“生物圈 2 号”内的空气恶化直接危及居民们的健康，科学家们被迫提前撤出这个“伊甸园”。“生物圈 2 号”实验宣告失败。

1996 年 1 月 1 日，哥伦比亚大学接管了“生物圈 2 号”。9 月，由数名科学家组成的委员会对实验进行总结，一致认为：在现有技术条件下，人类无法模拟出一个类似地球的、可供人类生存的生态环境。这意味着，迄今为止，地球仍是人类和其他生物的惟一家园，我们应该珍惜它，爱护它。

（摘自自然之友编《20 世纪环境警示录》）

二、环境问题

（一）环境问题及其发展

1. 环境问题的概念

环境问题是指在人类活动或自然因素的干扰下引起环境质量下降或环境系统的结构损毁，从而对人类及其他生物的生存与发展造成影响和破坏的问题。

按照产生的原因，环境问题分为原生环境问题和次生环境问题两类。①原生环境问题，也称第一类环境问题，指由于自然因素引起的环境问题，如火山喷发造成的大气污染，地震造成的地质破坏和水体污染等。②次生环境问题，也称第二类环境问题或人为环境问题，指由于人类活动引起的环境问题。在环境管理中，环境问题主要指人为环境问题。但有时这两类环境问题会共同存在，并相互作用，从而使环境恶化。

人为环境问题通常可以分为环境污染和生态破坏两大类。

环境污染是指由于人类在经济社会活动（包括生产活动和生活消费）过程中向自然环境排放的、超过自然环境消纳能力的有毒有害物质（即污染物）而引起的环境问题，如水域污染、大气污染、固体废物污染、噪声污染等问题。环境污染是人类不可持续的发展模式和消费模式的产物。

生态破坏是指人类在各类自然资源的开发利用过程中不能合理、持续地开发利用资源，而引起的生态环境质量恶化或自然资源枯竭的环境问题，如森林毁灭、荒漠化、水土流失、草原退化和生物多样性减少等问题。生态破坏是一种结构性破坏。生态系统的结构遭到超过一定程度的破坏时，会失去系统的稳定性和自律性，系统功能遭到破坏，并且难以通过自身调整来恢复。

按照环境介质划分，环境问题可以分为大气环境问题、水体环境问题、土壤环境问题等。

按照产生的原因划分，环境问题可以分为农业环境问题、工业环境问题、交通环境问题和生活环境问题等。

按照地理空间划分，环境问题可以分为局地环境问题、区域环境问题和全球环境问题。

2. 环境问题的产生与发展

环境问题自古有之，它伴随着人类社会的发展而产生，是人与环境对立统一关系的产物。人类出现后，人类活动对地球系统产生影响的范围不断扩大，影响程度由微弱变得越来越明显。人类从过去的被动、从属于自然的状况，转变成为一种对地球表层圈层系统产生极大影响的力量，在某些情况下对自然环境的影响甚至超越了地球自然作用。人类社会走过了史前文明、农业文明、工业文明、后工业文明等阶段。人类社会的发展在很大程度上是人类与自然相互作用的过程，人与自然的关系变迁很大程度上是自然环境作用力与人类社会生产力对比的变化、不断调整的历史。在不同时期，人与自然的关系表现不同，环境问题的性质和形式不同，因而人们对环境问题理解和认识也不同（表 1-1）。

表 1-1　环境问题的发展

时　期	时间区间	生产模式	经济发展特征	人与自然的关系
史前文明	公元前 200 万年至公元前 1 万年	从手到口，石器为生产工具的代表	采食渔猎，满足人类食物需要	依附自然，对环境无破坏、干扰
农业文明	公元前 1 万年至公元 18 世纪	简单技术和工具，犁为生产工具代表	自给自足，种植和畜牧业为主，满足生存需要	半依附，环境缓慢退化
工业文明	公元 18 世纪以来	机械化生产，蒸汽机为生产工具代表	商品经济、工业和服务业兴起，满足人类物质需要	环境污染、生态破坏严重
后工业文明	信息革命之后（近 40 年）	高科技，计算机为生产工具代表	生态经济、信息产业和知识经济为主，满足人类精神需求	认识到人与自然要协调发展

在远古时代，人类以渔猎和采集为主，这个时期大约在 250 万年前。人类学会制造石器等简单生产工具，学会制造和使用工具使人区别于动物，人类进入原始文明发展阶段。人类从大自然直接索取必需的生活资料，由于人口数量极少，活动范围不大，生产力水平极低，基本上处于与自然环境浑然一体的状态。人类对自然环境的影响范围和程度都非常有限，地球系统中，自然环境的力量居于主导地位，人对自然环境呈现顺应、依附关系；环境基本上按照自然规律运动发展，环境问题并不突出，地球系统能够依靠自身进行生态平衡。

农业文明时代，大约在公元前 1 万年开始。人类掌握了一定的劳动工具，具备了一定的生产能力，从采集狩猎生产转变为原始农业生产，人类社会以养殖和种植业为主，社会生产发生质的变化。农业文明带来了种植业的创立及农业生产工具的发明和改进，纺织业等手工业和集市贸易在这个时期诞生。由于人类的生活条件不断改善，开辟了人类定居的新时代，人口迅速增长，人类对自然的开发利用强度也不断加大。世界人口从旧石器（距今 1 万年前）大约 532 万人增长到距今 2000 年前的 1.33 亿，较低的劳动生产率无法满足人口迅速增长的物质需求，人们通过砍伐森林、开垦草原等破坏自然环境的方式增加粮食生产，不可避免地造成土地沙化、水土流失等。局部地区，特别是一些文明古国，出现了因过度放牧、开垦荒地和砍伐森林而引起的水土流失和荒漠化，以及旱涝灾害时有发生，成为农业文明时代的主要环境问题。这些环境问题迫使人们经常迁移、转换栖息地，有的甚至酿成了族群覆灭的悲剧。例如，农业经济曾经较为发达的美索不达米亚、希腊、小亚细亚等，后来都成为不毛之地；中国黄河流域也因滥伐森林、水土流失、水旱灾害频发，土地日益贫瘠，生存条件不断恶化。农业文明时代开启了人类社会利用生产工具、逐步扩大规模开发利用土地及其他自然资源的时代。总体上看，这个时代的环境问题只是局部的、零散的，尚未上升为影响整个人类社会生存和发展的问题。

工业文明时代开始于 18 世纪末叶到 19 世纪中叶的产业革命❶（又称工业革命）。1765 年，第一台蒸汽机出现，标志着人类生产方式从手工生产变成机器生产，人类从农耕社会进入工业文明发展阶段。科学技术水平突飞猛进，人口数量剧增，社会生产力大幅提高，人类利用和改造环境的能力大大增强。这一时期，人类在创造了极大丰富的物质财富的同时，引发出了深重的环境灾难。在 19 世纪 70～90 年代，英国伦敦发生了多次有毒烟雾事件。20 世纪以后，特别是 20 世纪 70 年代以来，科学技术的突飞猛进和社会生产力的高速发展使人类开发、利用和改造自然的能力空前提高。人类一方面以超过自然增殖的速度和不可持续发展的方式来开发利用自然资源，导致资源耗竭和生态环境被破坏；另一方面排放大量的污染物质，大大超出自然

❶ 产业革命首先发生在当时资本主义最发达的英国。继英国之后，法、德、美等资本主义国家相继在 19 世纪中叶完成产业革命。产业革命是资本主义由工场手工业转变为机器大工业的过程，是生产技术的巨大变革，同时包含着社会关系的深刻变化，它引起了一系列十分影响深远的社会经济后果。

环境的消纳能力，导致严重的环境污染问题，爆发了“十大环境公害”（表1-2）等一系列重大污染事件。环境问题由过去的环境污染问题为主发展为包括生态破坏和环境污染在内的综合性环境问题，成为从根本上制约人类社会生存和发展的重大问题。

表1-2 20世纪的“十大环境公害”事件

事　件	起　因	影　响
一、1930年马斯河谷烟雾事件	在狭窄的比利时马斯河谷的工业区里有炼油厂、金属厂、玻璃厂等许多工厂。1930年12月1日到5日的几天里，河谷上空出现很强的逆温层，致使13个大烟囱排出的烟尘无法扩散，大量有害气体积累在近地大气层	一周内有60多人丧生，其中心脏病、肺病患者死亡率最高，许多牲畜死亡。 这是20世纪最早记录的公害事件
二、1943年洛杉矶光化学烟雾事件	美国西海岸的洛杉矶市的250万辆汽车每天燃烧掉1100吨汽油。夏季，汽油燃烧后产生的碳氢化合物等在太阳紫外光线照射下引起化学反应，形成浅蓝色烟雾	烟雾使很多市民患了眼红、头疼病。1955年和1970年洛杉矶又两度发生光化学烟雾事件，前者有400多人因五官中毒、呼吸衰竭而死，后者使全市四分之三的人患病
三、1948年多诺拉烟雾事件	美国的宾夕法尼亚州多诺拉城有许多大型炼铁厂、炼锌厂和硫酸厂。1948年10月26日清晨，大雾弥漫，受反气旋和逆温控制，多诺拉城工厂排出的有害气体扩散不出去，二氧化硫及其氧化作用的产物与大气中尘粒结合，大气污染物在近地层积累	全城14000人中有6000人（占全镇总人口43%）眼痛、喉咙痛、头痛胸闷、呕吐、腹泻，17人死亡
四、1952年伦敦烟雾事件	自1952年以来，伦敦发生过12次大的烟雾事件。祸首是燃煤排放的粉尘和二氧化硫	1952年12月发生的烟雾事件中，烟雾逼迫所有飞机停飞，汽车白天开灯行驶，行人走路困难。烟雾事件使呼吸道疾病患者猛增，5天内有4000多人死亡，随后的两个月内有8000多人相继死亡
五、1953～1956年日本水俣病事件	日本熊本县水俣镇一家氮肥公司含汞废水被排入海湾后，经过某些生物的转化，形成甲基汞。甲基汞在海水、底泥和鱼类中富集，经过食物链使人中毒	最先发病的是吃鱼的猫。中毒后的猫发疯痉挛，纷纷跳海自杀。 1956年，出现了与猫的症状相似的病人。1991年，日本环境厅公布的中毒病人仍有2248人，其中1004人死亡
六、1955～1972年日本骨痛病事件	日本富山县的一些铅锌矿在采矿和冶炼中排放含镉废水，接纳废水的河流中积累了重金属镉	人长期饮用镉浓度超标的河水、食用浇灌含镉河水生产的稻谷，会得“骨痛病”。病人骨骼严重畸形、剧痛，身长缩短，骨脆易折
七、1968年日本米糠油事件	1968年3月，日本北九州市、爱知县一带生产米糠油时用多氯联苯作脱臭工艺中的热载体，由于生产管理不善，混入米糠油中	先是几十万只鸡吃了有毒饲料后死亡。随后，北九州一带出现病例，患病者超过1400人，至7～8月份患病者超过5000人，其中16人死亡，实际受害者约13000人。病发时，病人眼皮发肿、手掌出汗、全身起红疙瘩，接着肝功能下降、全身肌肉疼痛、咳嗽不止。该事件曾使整个西日本陷入恐慌中
八、1984年印度博帕尔事件	12月3日，美国联合碳化公司在印度博帕尔市的农药厂因管理混乱、操作不当，地下储罐内剧毒的甲基异氰酸脂因压力升高而爆炸外泄。45吨毒气形成一股浓密的烟雾，以每小时5000米的速度袭击了博帕尔市区	死亡人数近两万，受害20多万人，5万人失明，孕妇流产或产下死婴，受害面积40平方公里，数千头牲畜被毒死
九、1986年切尔诺贝利核泄漏事件	4月26日，位于乌克兰基辅市郊的切尔诺贝利核电站，由于管理不善和操作失误，4号反应堆爆炸起火，大量放射性物质泄漏。西欧各国及世界大部分地区检测到核电站泄漏出的放射性物质	31人死亡，237人受到严重放射性伤害。而且在随后的二十年里，还将有3万人可能因此患上癌症。基辅市和基辅州的中小学生全被疏散到海滨，核电站周围的庄稼全被掩埋，损失2000万吨粮食，距电站7公里内的树木全部死亡，此后半个世纪内，10公里内不能耕作放牧，100公里内不能生产牛奶。这次核污染飘尘给邻国也带来严重灾难。这是世界上最严重的一次核污染
十、1986年剧毒物污染莱茵河事件	11月1日，瑞士巴塞尔市桑多兹化工厂仓库失火，近30吨剧毒的硫化物、磷化物与含有水银的化工产品随灭火剂和水流入莱茵河	下游的150公里内，60多万条鱼被毒死，500公里以内河岸两侧的井水不能饮用，靠近河边的自来水厂关闭，啤酒厂停产。有毒物沉积在河底，当时有预测认为，将使莱茵河“死亡”20年

工业革命极大地改变了人与环境的关系。一方面，科学技术飞速发展极大地促进了生产力，带动世界经济迅速增长，人类影响从局地走向全球甚至是宇宙，人类活动正改变着地球生态系统；另一方面，随着经济全球化和区域一体化进程的加快、科学技术的日新月异，人类在经历空前的经济繁荣和技术进步的同时，面临更为复杂严峻的环境问题，区域性乃至全球性的环境问题日益突出，成为人类必须共同面对的、事关生存和发展的最大隐忧和危机。因此，有人把20世纪称为“全球规模环境破坏的世纪”。

后工业文明时代，大约开始于20世纪90年代。人类消费模式从物质消费型转向知识消费型，人类进入知识文明发展阶段。1973年，美国哈佛大学社会学教授丹尼尔·贝尔(Danniel Bell)的《后工业社会的来临——对社会预测的一项探索》认为，人类社会的发展包括前工业社会、工业社会、后工业社会三个阶段。从工业社会向后工业社会的过渡期间，可以细分为不同的时期。20世纪70年代的美国，已经进入后工业社会的第一阶段。后工业社会阶段，工业社会的一些原有特征会消失，并且出现一些新的特点。科技发展总体上没有扭转环境被破坏的状况，高技术发展带来的污染反而使得环境问题更加复杂。进入21世纪，环境问题依然严重，如全球气候变暖、大气和水体污染加剧、大面积土地退化、森林面积急剧减少、淡水资源日益短缺、大气层臭氧空洞扩大、生物性锐减、自然灾害频发等。但可喜的是，人类对环境问题的认识有所加深，更为主动地应对环境问题，人类社会朝着可持续发展的方向努力。

（二）中国的环境问题

我国是一个人口约占世界人口1/5的发展中国家。与所有的工业化国家的经历一样，中国环境污染问题随工业化进程而日益突出。20世纪50年代后，随着工业化的大规模展开，环境污染问题初见端倪，污染范围主要在城市地区，污染的危害程度较低。80年代以来，改革开放推动了工业化和城市化的加快发展，对自然资源的开发强度持续加大，以粗放型的经济增长方式为主，技术水平和管理水平比较落后，污染物排放量显著增加，环境污染由城市向农村迅速蔓延，生态破坏范围不断扩大。环境问题对我国经济社会持续发展和社会主义现代化建设带来重要挑战。

1. 环境污染形势严峻

(1) 大气污染严重。根据《2011年中国环境状况公报》，2011年，113个环保重点城市中，环境空气质量达标城市比例为84.1%。酸雨区面积约占国土面积的12.9%。全国二氧化硫排放总量为2217.9万吨，氮氧化物排放总量为2404.3万吨。《2012年世界发展指标》的数据显示，全球颗粒物浓度最高的15个城市中，中国占了9个，包括北京、成都、重庆、济南、兰州、沈阳、天津、西安和郑州。

(2) 水域污染问题突出。根据《2011年中国环境状况公报》，469个国控河流断面中，劣V类水质断面比例为13.7%；中营养状态、轻度富营养状态和中度富营养状态的湖泊（水库）比例分别为46.2%、46.1%和7.7%。全国200个城市4727个地下水水质监测点中，较差—极差水质的监测点比例为55.0%。近岸海域劣四类水质的海水面积占16.9%。全国废水排放总量为652.1亿吨，化学需氧量排放总量为2499.9万吨，氨氮排放总量为260.4万吨。

(3) 土壤污染总体形势相当严峻。据报道，2006年国家环保总局掌握的不完全调查数据，全国受污染的耕地约有1.5亿亩，污水灌溉污染耕地3250万亩，固体废弃物占地和毁田200万亩，占耕地总面积的1/10以上。中国的土壤污染出现了有毒化工和重金属污染由工业向农业转移、由城区向农村转移、由地表向地下转移、由上游向下游转移、由水土污染向食品链转移的趋势。中国科学院南京土壤研究所的调查发现，长江三角洲地区土壤污染除了农药污染外，最严重的是持久性有机污染物和有毒重金属污染。中科院的另一个研究报道，华南地区部分城市有50%的农地遭受镉、砷、汞等有毒重金属和石油类污染。土壤污染退化严重影响耕地生产力、农产品安全，也导致植被减少、生物多样性降低，并通过地球化学循环过程引起大气、地表水、地下水污染和人畜疾病等环境问题，威胁生态安全和生命健康（表1-3）。

表1-3 我国主要污染物排放情况

年度	二氧化硫/万吨	烟尘/万吨	工业粉尘/万吨	废水/亿吨	COD/万吨	氨氮/万吨
2000	1995	1165	1092	415	1445	N/A
2001	1948	1070	991	433	1405	125
2002	1927	1013	941	439	1367	129
2003	2159	1049	1021	459	1333	129
2004	2255	1095	905	482	1339	133
2005	2549	1183	911	524	1414	150
2006	2396	999	722	505	1428	141
2007	2468	987	699	557	1382	132
2008	2321	902	585	572	1321	127
2009	2214	848	524	589	1278	123
2010	2026	775	409	617	1238	120

2. 生态破坏极为严重

我国生态破坏日益严重：以水土流失、土地沙漠化、土壤盐渍化、耕地肥力下降为标志的土壤环境破坏日趋严重；以河流断流、湖泊萎缩、湿地面积骤减、地下水位下降、水质恶化、生态功能退化为主的水环境破坏不断加剧；同时，草原退化、森林锐减、生物多样性减少等生物资源破坏问题也非常严重。

森林锐减。由于一些地方森林资源的过量采伐、乱砍滥伐、集体盗伐，随意侵占、破坏林地资源，加上森林火灾和病虫害等原因，使森林面积大量减少，森林资源尤其是对于保护生态环境至关重要的天然林遭破坏程度极为严重。根据第七次全国森林资源清查（2004～2008）资料，全国现有林业用地面积3.06亿公顷，森林面积1.95亿公顷，森林覆盖率为20.36%，相当于世界平均水平的2/3，排在世界139位；全国人均占有森林面积为0.145公顷，相当于世界人均面积的1/4；人均森林蓄积量为10.15立方米，只有世界人均蓄积量的1/7。草原超载过牧的状况没有根本改变，乱采滥挖等破坏草原的现象时有发生，全国90%的可利用天然草原有不同程度的退化，退化速度还在以每年200万公顷的速度递增。2011年，全国重点天然草原的牲畜超载率为28%，全国草原鼠害危害面积为3872.4万公顷，约占全国草原总面积的10%。

水土流失和土地沙漠化严重。根据2005年7月～2008年11月水利部、中国科学院和中国工程院联合开展的“中国水土流失与生态安全综合科学考察”成果，全国现有土壤侵蚀面积达到357万平方公里，占国土面积的37.2%。年均土壤侵蚀总量45.2亿吨，约占全球土壤侵蚀总量的1/5。我国因水土流失而损失的耕地平均每年约100万亩。我国76%的贫困县和74%的贫困人口生活在水土流失严重区。全国亟待治理的水土流失面积近200万平方公里。

生物多样性减少。中国是世界上动植物种类最多的国家之一，生物多样性居世界第八位，北半球第一位。中国有高等植物32800种，占动物种类约10.45万，分别占世界总数的10%和12%。但由于森林减少，荒地开垦、草原退化，农药、杀虫剂的大量使用，尤其是对动植物资源的滥捕、滥捞、滥采、滥伐，使大量动植物的生存环境不断缩小，造成种群减少，甚至消失。动植物种类中已有总物种数的15%～20%受到威胁，高于世界10%～15%的水平。在《濒危野生动植物物种国际贸易公约》所列640种中，近50年来，中国约有10

余种动物绝迹，包括野马、犀牛、高鼻羚羊、新疆虎、麋鹿、白鹤等。目前，我国濒危脊椎动物近 400 种，占中国脊椎动物总数的 7.2%；有长臂猿、坡鹿、雪豹、白暨豚，黑颈鹤、大熊猫、金丝猴、东北虎等 20 余种珍稀动物正面临灭绝的危险。外来入侵物种对生物多样性影响日趋严重，值得关注。

3. 生态环境代价巨大

经过 30 多年的改革开放，随着工业化和城市化进程的加快，中国经济取得了巨大的成绩，人们生活水平得到了显著提高。在经济高速增长和社会转型的背景下，我国环境污染形势非常严峻，环境生态进入高危状态和事故高发期，生态破坏和环境污染带来巨大的损失。

早在 20 世纪 80 年代，过孝民和张慧勤对中国环境破坏经济损失进行估算，结果显示，“六五”期间我国每年的环境污染经济损失高达 381.56 亿元，生态破坏损失为 497.52 亿元，共约占国民生产总值的 15.6%。1985 年，金鉴明对生态破坏进行损失估算，估算出全国生态破坏导致的经济为 1040 亿元，占 GNP 的 12.5%。世界银行在 1997 年《碧水蓝天：展望 21 世纪的中国环境》中，对中国的大气污染、水污染和酸雨影响造成的经济损失评估显示，中国每年的环境污染经济损失 242.3 亿美元。中国社会科学院环境与发展中心、国家环保总局环境政策研究中心、美国东西方研究中心等机构都对中国环境破坏进行了经济损失估算，结果大致相似：中国可计算的环境污染损失占 GDP 的 5%～10%，生态破坏导致的经济损失为环境污染损失的两倍以上。

（三）环境问题产生的根源

环境问题危及全人类的生存和发展。从不同角度和层面看，环境问题产生的原因有不同说法。有人认为是人类科学技术落后的产物，资源利用效率不高，对污染物处理技术不高；也有人认为是由于对资源价值认识不足，盲目或不合理开发资源，低效利用资源而造成的；还有人提出是人类不可持续的发展模式（包括不可持续的消费模式）导致的等。诸多原因的提出，说明了环境问题不仅是技术问题，同时也是经济问题、社会问题，是事关全人类发展的问题。

1. 环境问题产生的直接原因

环境问题产生的直接原因有以下三个方面。

一是人口膨胀带来的压力。庞大的人口压力和较高的人口自然增长率，对全球，特别是一些发展中国家形成较大的资源环境压力。人口持续增长，对物质资料的需求和消耗随之增多，一旦超过环境供给资源和净化废弃物的能力，就会出现种种资源耗竭和环境遭破坏的问题。

二是自然资源的不合理利用。人类开发可再生资源的速度超过了资源本身及其代替品的补给再生速度，对不可再生资源的开采加快了其耗竭的速度。加上生态意识淡薄，生产中采用有害于环境的生产方法，未能有效控制污染物的排放，对生态环境保护没有给予足够的重视，导致环境问题。

三是片面追求经济增长。传统的发展模式只关注经济领域的活动，将产值和利润的增长、物质财富的增加视作最重要的目标。在过去的发展中，人们采取以损害环境为代价来换取经济增长的发展模式，导致在全球范围内造成严重的环境污染。

2. 环境问题产生的观念根源

从人类思想、人类的基本观念方面看，叶文虎（2000）认为，环境问题产生的根源在于人类思想或人类哲学深处不正确的自然观和“人-地”关系观。在这些基本观念的支配下，人类的发展观、伦理道德观、价值观、科学观和消费观等存在根本性的缺陷和弊端。

从发展观来看，人类进入工业文明以来，“发展”被理解为经济增长，国内生产总值

(GDP) 是用来衡量发展的最主要指标之一。这种对“发展”含义的片面理解无法反映发展的真正内涵，导致了人们对经济增长的片面追求，加剧了人类对环境的索取，包括自然资源的过度开发利用以及污染物的大量排放，导致环境问题愈演愈烈。《21 世纪议程》指出：“地球所面临的最严重的问题之一，就是不适当的消费和生产模式，导致环境恶化、贫困加剧和各国的发展失衡”。

从伦理道德观来看，现代文明社会以“人”为中心，人们把自然资源，包括森林、动植物等，看作是自己利用的对象，而且认为人类有权对自然界进行随心所欲的处置和改变。这种观念下，人类忽视了自己是世间万物中的一员这一事实，未能正确看待人类与其他生物存在共荣共损的关系，应该与其他物种和谐共处。现代文明社会中，作为中心的当代人从眼前利益和自身需求出发，无节制地开发利用自然资源，破坏生态环境，几乎不考虑后代人生存和发展的需要。

从价值观来看，自然界对人类的价值，除了为人类提供生产和生活资源，更重要的是对地球生命系统的支持。相当长的时间里，人类认为，水、空气、生物、矿产等自然资源和自然要素都是没有价值的。在以经济利益最大化为根本目的的经济活动中，自然资源和自然要素被大量使用却没有在市场活动中反映出其价值，于是出现了环境成本外部性。从环境经济学的角度看，环境成本外部性是产生环境问题的原因之一。

从科学观看，人们一直认为，认识自然、改造自然、征服自然的水平和能力是衡量科学的惟一价值尺度。过去，人类只注重科学所产生的经济效益，忽视其社会效益，特别是环境效益。这种科学观的扭曲，导致了方法论的扭曲，使科学观念膨胀成为破坏自然的工具，发展走上了一条以牺牲环境为代价的发展道路。

从消费观看，人的消费是人类社会生产归根结底的推动力，消费取决于人的需要。根据人类需要层次论，人的需要大致可以分为生存的需要、物质享受的需要和精神享受的需要三个层次。一般说来，低层次需要的一定程度的满足是高层次需要产生的基础，但低层次的需要，尤其是物质享受需要的满足程度，却是因人的价值观念而异的。目前，消费已经异化成一种刺激生产的因素，一种体现自身存在价值的因素。

第二节 环境管理的基本概念

一、环境管理的含义

(一) 关于环境管理的定义和理解

1. 管理的含义

通常来说，管理是指通过计划、组织、激励、领导、控制等手段，结合人力、物力、财力、信息等资源，以期高效地达到组织目标的过程。我国管理学高校教程《现代管理学》把“管理”定义为：“在社会活动中，一定的人或组织依据所拥有的权利，通过一系列职能活动，对人力、物力、财力、及其他资源进行协调或处理，以达预期目标的活动过程”。管理活动通常由四要素构成，即管理主体（由谁管）、管理客体（管什么）、组织目的（为何而管）、组织环境或条件（在什么情况下管）。

由于角度不同，对“管理”的认识和理解并不完全一致。科学管理理论倡导者美国人弗雷德里克·温斯洛·泰罗（Frederick Winslow Taylor，1856～1915）认为，管理就是确切知道要别人去干什么，并使他们用最好、最经济的方法去干；管理过程学派鼻祖、法国人法约尔（Henri Fayol，1841～1925）认为，管理是所有的人类组织（不论是家庭、企业或政府）都有的一种活动，这种活动由计划、组织、指挥、协调和控制五项职能完成；管理过程学派代表人物、美国人哈罗德·孔茨（Harold Koontz，1908～1984）认为，管理就是设计和保持一种良好环境，使人在群体里高效率地完成既定目标；现代管理之父德鲁克认为，归根到底，管理是一种实践，其本质不在于“知”而在于“行”，其验证不在于逻辑，而在于成果，其惟一权威就是成就；我国管理学家周三多教授认为，“管理是社会组织中，为了实现预期的目标，以人为中心进行的协调活动”。

基于对管理的认识角度不同，对管理本质有不同的理解：①管理就是一种活动过程，它自始至终融入人们工作的各个环节；②管理就是协调，它贯穿于管理的整个过程；③管理的本质就是行动，在于实践，其验证不在于逻辑，而在于成果；其惟一权威就是成就；④管理就是决策；⑤管理就是计划、组织、指挥、协调和控制的过程；⑥管理的本质就是变通；⑦管理的本质就是对欲望进行管理；⑧管理的本质就是追求效率。

2. 环境管理的含义

目前，“环境管理”没有统一公认的定义。

《环境科学大辞典》提出，环境管理有两种含义：①从广义上讲，环境管理指在环境容量的允许下，以环境科学的理论为基础，运用技术的、经济的、法律的、教育的和行政的手段，对人类的社会经济活动进行管理；②从狭义上讲，环境管理指管理者为了实现预期的环境目标，对经济、社会发展过程中施加给环境的污染和破坏性影响进行调节和控制，实现经济、社会和环境效益的统一。

叶文虎（2000）认为，环境管理是“通过对人们自身思想观念和行为进行调整，以求达到人类社会发展与自然环境的承载能力相协调。也就是说，环境管理是人类有意识的自我约束，这种约束通过行政的、经济的、法律的、教育的、科技的等手段来进行，它是人类社会发展的根本保障和基本内容”。

朱庚申（2000）认为，环境管理是指“依据国家的环境政策、环境法律、法规和标准，坚持宏观综合决策与微观执法监督相结合，从环境与发展综合决策入手，运用各种有效管理手段，调控人类的各种行为，协调经济、社会发展同环境保护之间的关系，限制人类损害环境质量的活动以维护区域正常的环境秩序和环境安全，实现区域社会可持续发展的行为总体。其中，管理手段包括法律、经济、行政、技术和教育五个手段，人类行为包括自然、经济、社会三种基本行为”。

纵观以上定义，可以从以下方面理解环境管理的概念。

① 环境管理首先是对人的管理。环境管理可以从广义和狭义两个角度去理解：广义上，环境管理包括一切为协调社会经济发展与保护环境的关系而对人类的社会经济活动进行自我约束的行动；狭义上，环境管理是指管理者为控制社会经济活动中产生的环境污染和生态破坏行为所进行的调节和控制。

② 环境管理主要是要解决次生环境问题，即由人类活动造成的各种环境问题。

③ 环境管理是国家管理的重要组成部分，涉及社会经济生活的各个领域，其管理内容广泛而复杂，管理手段包括法律手段、经济手段、行政手段、技术手段和教育手段等。

（二）环境管理的目的和任务

1. 环境管理的目的

环境管理的目的是解决环境问题，协调社会经济发展与保护环境的关系。

环境问题的产生及其伴随社会经济迅速发展变得日益严重，根源在于人类的思想和观念上的偏差导致人类社会行为的失当，最终使自然环境受到干扰和破坏。因此，改变基本思想观念，从宏观到微观对人类自身的行为进行管理，逐步恢复被损害的环境，减少或消除新的发展活动对环境的破坏，保证人类与环境能够持久地、和谐地协同发展下去，成为环境管理的根本目的。具体来说，就是要创建一种新的生产方式、新的消费方式、新的社会行为规则和新的发展方式。

2. 环境管理的基本任务

环境问题的产生源于思想观念和社会行为两个层次的原因。为了实现环境管理的目的，环境管理的基本任务有两个，一是转变人类社会的一系列基本观念，二是调整人类社会的行为。

转变人类的观念是解决环境问题的最深层根源的办法，它包括消费观、伦理道德观、价值观、科技观和发展观直到整个世界观的转变。这种观念的转变将是根本的、深刻的，它将带动整个人类文明的转变。应该承认，只靠环境管理无法完成这种转变，但是环境管理可以通过建设环境文化来帮助转变观念。环境管理的任务之一就是要指导和培育环境文化。环境文化是以人与自然和谐为核心和信念的文化，环境文化渗透到人们的思想意识中去，使人们在日常的生活和工作中能够自觉地调整自身的行为，以达到与自然环境和谐共处的境界。

调整人类社会的行为，是更具体也更直接的解决环境问题的路径。人类社会行为主要包括政府行为、市场行为和公众行为三种。政府行为是指国家的管理行为，诸如制定政策、法律、法令、发展计划并组织实施等。市场行为是指各种市场主体包括企业和生产者个人在市场规律的支配下，进行商品生产和交换的行为。公众行为则是指公众在日常生活中诸如消费、居家休闲、旅游等方面的行为。这三类主体的行为都可能会对环境产生不同程度的影响。所以说，环境管理的主体和对象都是由政府行为、市场行为、公众行为所构成的整体或系统。对这三种行为的调整可以通过行政手段、法律手段、经济手段、教育手段和科技手段来进行。

环境管理的两项任务是相互补充、相辅相成的。环境文化的建设对解决环境问题能够起根本性的作用，但是文化建设是一项长期的任务，短期内对解决环境问题效果并不明显；行为调整可以较快见效，而且行为调整可以反过来促进环境文化的建设。所以说，环境管理中，应同等程度地重视这两项工作，不可有所偏废，只有这样才能做到标本兼治，长期有效进行环境管理。

二、环境管理的对象和内容

（一）环境管理的对象

环境问题主要是因人类的社会经济活动产生，因此解决环境问题，应该对人类的社会经济活动进行引导并加以约束。因此，“人”作为社会经济活动的主体，是环境管理的对象。值得注意的是，这里说的“人”，不只是包括自然人，也包括法人。一般来说，人类社会经济活动的主体主要包括以下几个方面。

1. 个人

个人的社会经济活动，主要是指其消费活动，即作为个体的人为了满足自身生存和发展的需要，通过生产劳动或购买获得用于消费的物品和服务。消费品既可以直接从环境中获得，也可以通过市场购买来获得。消费活动会产生各种废弃物，废弃物会以不同的形态和方式进入环境，从而对环境产生各种负面影响。消费活动对环境可能造成的影响包括：消费品的包装物、消费过程中对消费品进行加工处理过程产生的废物、消费品使用后作为废物进入环境。

对个人行为进行环境管理，主要是提高公众的环境意识，采取各种政策措施引导和规范消费者行为，建立合理的有利于改善环境的消费模式。

2. 企业

企业作为社会经济活动的主体，其主要活动是通过向社会提供物质性产品或服务来获得利润。一般而言，企业的生产过程需要向自然界索取自然资源，将其作为原材料投入生产活动中，同时排放出污染物。所以，企业的生产活动，特别是工业企业的生产活动，会对环境系统的结构、状态和功能均产生负面影响。

对企业行为的环境管理常常包括技术、行政、经济法律等措施。例如，制定相关的环境标准，限制企业的排污量；实行环境影响评价制度，禁止过度消耗自然资源、严重污染环境的项目建设；运用经济刺激手段，鼓励清洁生产，支持和培育与环境友好产品的生产等。对企业行为的环境管理，还可以通过企业文化的建设，使企业主动承担社会责任，从生产单元内部减少或消除造成环境压力的因素；从企业外部形成约束机制和社会氛围，使企业难以用破坏环境的办法来获利，营造有利于环境友好的企业行为和技术研发获得较高回报的市场条件。

3. 政府

政府作为社会行为的主体，其主要活动包括：①作为投资者，为社会提供公共消费品和服务，如由政府直接控制军队和警察等国家机器，经办供水、供电、交通、文教等公用事业等；②掌握国有资产和自然资源的所有权，以及对自然资源开发利用的经营和管理权；③运用行政和政策手段对国民经济实行宏观调控和引导，其中包括政府对市场的政策干预。

不论是提供商品和服务的活动，还是对国民经济的调控，政府行为都会对环境产生相应的影响。值得注意的是，宏观调控对生态环境所产生的影响牵涉面广而且影响深远，但是，宏观调控与其环境影响的关系却常常不易被察觉、被重视。因此，政府须实行宏观决策的科学化，控制和减少政府行为所引发的环境问题。

（二）环境管理的内容

环境管理的内容取决于环境管理的目标。环境管理的根本目标是协调发展与环境的关系，涉及人口、经济、社会、资源和环境等重大问题，关系到国民经济的各个方面，决定了其管理内容必然是广泛的、复杂的。

政府是环境管理的对象，同时它又是最重要的环境管理者。从政府环境管理的角度，环境管理的内容主要包括以下两方面。

1. 环境质量管理

所谓“环境质量”，是指在特定环境中，环境整体或各要素对人群的生存繁衍以及社会经济发展影响的优劣程度或适宜程度。环境质量通常分为空气环境质量、水环境质量、声环境质量、土壤环境质量等。评价环境质量优劣的基本依据是环境质量标准，环境质量标准是为保护人群健康和公私财产而对环境中污染物（或有害因素）的容许含量所作的规定。

政府规定不同功能区的环境质量要达到相应的标准。以空气环境质量为例，我国国家标准《环境空气质量标准》规定，自然保护区、风景名胜区和其他需要特殊保护的地区应达到国家空气环境质量一级标准；城镇规划中已经确定的居民区、商业交通居民混合区、文化区、一般工业区和农村地区应达到二级标准；特定的工业区应达到三级标准等。《环境空气质量标准》规定了各种污染物的浓度，如二氧化硫的日平均浓度低于 $0.05mg/m^3$ 时为一级，在 $0.05\sim0.15mg/m^3$ 范围内为二级，在 $0.15\sim0.25mg/m^3$ 范围内为三级。

环境质量管理主要是针对环境污染问题进行的管理活动。根据环境要素的不同，环境质量管理的内容可以进一步细分为：大气环境管理、水环境管理、声学环境管理、土壤环境管理和固体废物环境管理等。

2. 生态环境管理

“生态环境”指在不同的时间域和空间域中，由各要素以不同的结构形式联系在一起，具有一定状态的自然环境。它是人类赖以生存和发展的基础。自然环境要素主要包括空气、土地、水、生物、矿物、气候等，这些自然环境要素也可称为自然资源。

人类经济社会活动超过一定强度时，会引起自然环境中的要素及其结构、状态发生变化，即物质、能量和信息的流动方式与流动状况发生改变，而这些变化可能会对人类的生存和发展不利。所以，人类有必要管理好自己在生态环境中的“参与行为”，也就是进行生态环境管理。

在生态环境管理中，重点是对自然环境的要素（自然资源）进行管理。根据其更新或补给速率，自然资源可分为可再生资源（如水、生物、气候）和不可再生资源（如矿物）。

对于可再生资源来说，目前面临的主要问题是，人类的开发利用速率远远超过它的补给速率，以致可再生资源的数量和/或质量不断下降，甚至濒临耗竭。因此，可再生资源管理的目标是确保人类对可再生资源的开发利用速率不超过补给速率，包括对水资源的合理开发利用、保护生物物种、遗传基因和生态系统多样性、拯救濒危的动植物资源等。

对于不可再生资源来说，目前面临的主要问题是，人类对它的开发利用数量呈指数规律增长，可能会有一些不可再生资源在可预见的未来被消耗殆尽，影响后代人的发展需要；另一方面，不可再生资源是自然生态系统中不可缺少的环节，它的枯竭将意味着整个自然生态系统的崩溃。因此，对于不可再生资源管理的目标是，提高不可再生资源的利用率，尽可能减缓不可再生资源的消耗速率，以使人类有足够的时间进行技术体系的调整，保证自然生态系统不致崩溃，包括耕地保护、节能降耗、开发利用新能源等。

按照自然资源的种类，自然资源管理可划分为水资源管理、土地资源管理、矿产资源管理、生物资源管理等。

三、环境管理的主要原则

环境管理应该遵循以下三个原则：可持续发展原则、全过程控制原则和环境经济的双赢原则。

（一）可持续发展原则

1987 年，挪威首相布伦特兰夫人主持的世界环境与发展委员会提出了《我们共同的未来》专题报告，将可持续发展定义为“可持续发展是指既满足当代人的需要，又不损害后代人满足需要的能力的发展”。从此，可持续发展思想逐步得到了推广，并为世人所接受。

1. 公平性原则（fairness）

可持续发展强调发展须实现两方面的公平。一是本代人的公平，即代内平等。可持续发展要满足全球人民的基本需求，使得全球人民都有机会去满足他们要求更好生活的愿望。目前，世界人口的 1/5 仍处于贫困状态；占世界人口 26%的发达国家消耗了全球 80%的能源、钢铁和纸张等。这种贫富悬殊、两极分化的世界不可能实现可持续发展。因此，要把消除贫困作为可持续发展进程中特别优先的问题来考虑，使世界各地实现公平的分配和公平的发展权。二是代际间的公平，即世代平等。由于人类赖以生存的自然环境资源是有限的，本代人不能因为自己的发展与需求而损害后代满足发展需求的条件，应该保障世世代代拥有公平利用自然资源的权利。

2. 持续性原则（sustainability）

持续性原则的核心思想是指人类的经济建设和社会发展不能超越自然资源与生态环境的承载能力。资源与环境是人类生存与发展的基础。可持续发展要求人类发展须建立在保护地球自然系统基础上，对自然资源的开发利用速率应充分顾及资源的临界性，以不损害支持地球生命的大气、水、土壤、生物等自然系统为前提。换句话说，人类需要根据持续性原则调整自己生活方式、确定自己的消耗标准，不能过度生产和过度消费。从这个角度说，可持续发展不仅要求人与人之间的公平，还要顾及人与自然之间的公平。

3. 共同性原则（common）

虽然世界各国历史、文化和发展水平的差异，可持续发展的具体目标、政策和实施步骤不可能是惟一的。但是，可持续发展作为全球发展的总目标，所体现的公平性原则和持续性原则，则是应该共同遵从的。要实现可持续发展的总目标，从根本上说，就必须采取全球共同的联合行动，认识到我们的家园——地球的整体性和相互依赖性，促进人类及人类与自然之间的和谐，保持人类内部及人与自然之间的互惠共生关系。

（二）全过程控制原则

环境管理是人类针对环境问题而对自身行为进行的调节，环境管理的内容应当包括所有对环境产生影响的人类社会经济活动。全过程控制就是指对人类活动的全过程进行管理控制。这里所说的全过程，可以指逻辑上的全过程，也可以指时序上的全过程。

全过程控制意味着环境管理内容的综合集成，即环境管理除了包括对人类活动进行管理，还包括对环境系统的保护和建设，提高环境系统提供自然资源和较高环境质量的能力；全过程控制意味着环境管理对象的综合集成，环境管理的对象包括政府、企业和公众的行为，包括组织行为、生产行为和消费行为，这些行为常常交织在一起，或是以连锁形式出现；全过程控制意味着环境管理手段和方法的综合，“社会-经济-环境”系统一个极为复杂的巨系统，同时也是一个开放系统，系统的特征使得该系统内的许多关系有较大的随机性、不确定性和模糊性，需要用跨学科、跨行业的管理方法，定性和定量相结合的管理方式，以及包括法律、行政、经济、技术和教育等在内的多种管理手段。

例如，在生产行为管理上，产品的生命全过程包括：原材料开采—生产加工—运输分配—使用消费—废弃物处置，生命周期管理、清洁生产、环境标志制度等体现了全过程控制的原则。

（三）环境与经济的双赢原则

双赢原则是指处理利益冲突的双方（也可以是多方）关系时，使双方都得利益，而不是牺牲一方的利益以保障另一方获利。双赢既是一种策略，也是一种结果。处理环境与经济的冲突时，就必须去寻求既能保护环境、又能促进经济发展的方案，这也是可持续发展的要求。

环境问题的发生往往涉及多个方面，跨部门、跨行政区域的环境问题不可能由某个部门或行政区域来解决。在环境管理的实际工作中，需要处理与多个部门、多个地区有关的环境管理问题，必须遵循双赢原则。

在不同的环境问题处理中，要实现双赢，最重要的是规则，其次是技术和资金。所谓规则，指法律、标准、政策和制度。规则是协调冲突，达到双赢的保障，双赢并不是双方都会得到最大限度的好处，而是彼此在遵守规则的前提下双方的妥协和利益平衡。各种经济主体之间没有规则的竞争，对任何一方都不会有好处。比如在工厂排污和附近农民发生纠纷的情况下，要协调工厂和农民的矛盾，要以污染排放标准及有关的法律规定为依据，才能顺利解决问题。

技术和资金在体现双赢原则时常起着十分关键的作用。比如，节水技术对于农业、节能技术对于工业的作用。钢铁厂若要提高钢产量，就会增加需水量，可以通过原来工艺的技术改造，提高水的循环利用率来满足生产需要，而不增加新鲜用水量的需求。这样，同时实现了钢产量提高和水资源节约。在这个典型案例中，技术和资金的作用十分关键。

四、环境管理学的内涵和特点

环境管理学是在人类长期探索保护环境、解决环境问题的过程中形成的。环境管理学是以实现可持续发展战略为根本目标，以研究环境管理的规律、特点、理论和方法学为基本内容的科学。它综合运用环境科学和管理科学的理论与方法，研究“人类-环境”系统的管理过程和运动规律，采用各种手段调控人类社会经济活动与环境保护之间的关系，为环境管理提供理论和方法上的指导。

环境管理是一门新兴的、迅速发展中的科学。环境管理学具有以下特点。

1. 环境管理是交叉性的综合学科

环境管理学是一门综合自然科学和社会科学相关内容的综合科学。它是人类出于自身生存与发展的需要，探索正确运用自然生态环境规律和社会经济规律，调控自身的行为以求社会经济与环境协调发展的科学。环境管理学是在传统学科交叉、综合基础上形成的一门新学科。这与环境管理学所研究的对象有关，环境管理学所面对是人类社会与自然环境组成的复合系统，即“环境-社会”系统。因此，它既需要汲取社会科学中的管理学、经济学、伦理学等学科的精髓，也需要吸收自然科学如生态学、生物学、物理、化学等学科的基础理论和研究成果。

2. 环境管理是复杂性的科学

环境管理面对的是社会经济-自然环境复合系统，环境管理须使自然规律和社会规律相匹配和耦合；环境管理面对的对象是自然环境-人类社会的复杂巨系统，该系统成分多样，结构复杂，表现出多种多样的功能，且具有动态性、空间差异性等的特点。这些因素决定了环境管理学的复杂性特征。

第三节　环境管理思想和方法的发展

环境问题自古有之，人类对环境问题的管理也自古有之。现代意义的环境管理，发源于20世纪70年代。1972年6月5日，联合国在瑞典斯德哥尔摩召开了人类环境会议，会议通过的《人类环境宣言》指出：“现在已经到达这样一个历史时刻，我们在决定世界各地的行动时，必须更加审慎地考虑它们对环境造成的后果……为当代和将来的世世代代保护和改善人类环境，已经成为人类的一项紧迫的目标。”

一、环境管理思想的发展历程

环境管理思想来源于人类对环境问题的认识和解决环境问题的社会实践。人类对环境问题的认识，经历了曲折的道路，自20世纪60年代以来出现了两次大的转变，推动了现代环境管理思想的变革和发展。20世纪60年代末至70年代初，“八大公害事件”和《增长的极限》引发了“第一次环境管理思想的革命”。1972年斯德哥尔摩人类环境会议召开，成为环境管理发展史上的第一座里程碑。20世纪80年代末至90年代初，因全球性环境问题日益加重和《我们共同的未来》共同作用，引发了第二次环境管理思想的革命。1992年里约热内卢联合国环境与发展大会召开，标志着可持续发展观念成为全球的共识，在环境管理发展史上树起了第二座里程碑。

(一) 现代环境管理思想的形成

20世纪中叶，随着环境污染的日趋加重，特别是西方国家公害事件的不断发生，促使人们思考和研究环境问题。其中，20世纪60～70年代发表的相关研究成果对现代环境管理思想与理论的形成具有重要作用，期间举行的国际性环境会议无疑对推动全球环境管理意义重大。

1.《寂静的春天》是现代环境保护运动的起点

20 世纪 50 年代末，美国海洋生物学家蕾切尔·卡逊（Rachel Carson）在潜心研究美国使用杀虫剂所产生的种种危害之后，于 1962 年发表了环境保护科普著作《寂静的春天》。《寂静的春天》描述了杀虫剂污染带来严重危害的景象，“大地无虫鸣，林中无鸟叫”，杀虫剂污染使许多鸟种绝迹，从南极的企鹅到北极的白熊，甚至在爱斯基摩人身上都发现了 DDT 成分。书中描述了污染物迁移、转化的规律，阐明了人类同自然界的密切关系，初步揭示了污染对生态系统的影响，提出了现代生态学研究所面临的生态污染问题。作者向世人呼吁，我们长期以来行驶的道路，容易被人误认为是一条可以高速前进的平坦、舒适的超级公路，但实际上，这条路的终点却潜伏着灾难，而另外的道路则为我们提供了保护地球的最后惟一的机会。但是，这“另外的道路”究竟是什么样的，书中没有具体的说明。蕾切尔·卡逊作为环境保护的先行者，其思想较早地引发了人类对自身的传统行为和观念进行比较系统和深入地反思。

1970 年初，美国《国家环境政策法》批准生效，同年 12 月，美国国家环境保护署成立。1970 年 12 月，日本国会经辩论后通过《公害基本法修正法案》等 14 个相关法案，该届国会因此被称为“环境国会”。1971 年，日本环境厅成立。其他一些工业化国家也陆续通过环境保护相关法律，成立环境保护机构。

2.《增长的极限》引起世界对于资源问题的严肃忧虑

1968 年，来自世界各国的几十位科学家、教育家和经济学家等学者聚集罗马，成立了一个非正式的国际协会——罗马俱乐部（The Club of Rome）。该组织的工作目标是，关注、探讨与研究人类面临的共同问题，使国际社会对人类面临的社会、经济、环境等诸多问题有更深入的理解，并在现有知识基础上，推动扭转不利局面的新态度、新政策和新制度。

受俱乐部的委托，以麻省理工学院梅多斯（Dennis. L. Meadows）为首的研究小组，针对长期流行于西方国家的高增长理论进行深刻反思，于 1972 年提交了罗马俱乐部成立后的第一份研究报告——《增长的极限》。报告深刻阐明了环境的重要性以及资源与人口之间的基本联系，并指出：由于世界人口增长、粮食生产、工业发展、资源消耗和环境污染这五项基本因素的运行方式是指数增长而非线性增长，因为粮食短缺和环境破坏，全球的经济增长将会在 21 世纪某个时段内达到极限。地球的支撑力一旦达到极限，经济增长将发生不可控制的衰退。要避免因超越地球资源极限而导致的崩溃，最好方法是限制增长，即“零增长”。《增长的极限》的发表立即在国际社会，特别是学术界，引起了强烈的反响。该报告在促使人们密切关注人口、资源和环境问题的同时，其反对增长的观点遭受尖锐的批评和责难，引发了一场激烈的、旷日持久的学术之争。由于种种因素的局限，《增长的极限》中所阐述的结论和观点的确存在明显缺陷，然而，该报告对人类前途的“严肃的忧虑”唤起国际社会对人类发展道路的觉醒，其积极意义是毋庸置疑的。它所阐述的“合理的、持久的均衡发展”，为孕育可持续发展的思想萌芽提供了土壤。

3.《人类环境宣言》和墨西哥会议形成了现代环境管理思想的总体框架

第二次世界大战结束后，西方各国经济发展采取“高投入”的方式，形成了“增长热”，战后的二三十年里，创造了前所未有的经济奇迹——把一个饱受战争创伤的世界，推向一个崭新的电子时代。但同时，人类赖以生存的自然环境却不断遭到破坏和践踏，世界各地不断发生公害事件，环境污染的范围和规模不断扩大。为了保护自身的安全和健康，人们开展了反对公害的环境保护运动，环境保护成为国际社会生活的一个主要内容。

(1)《人类环境宣言》提出了现代环境管理的思想框架

1972 年 6 月 5～16 日，联合国人类环境会议在瑞典斯德哥尔摩召开，这是世界各国政府共同讨论当代环境问题、探讨全球环境保护战略的第一次国际会议。6 月 16日的第 21 次全体会议通过了《联合国人类环境会议宣言》(即《人类环境宣言》)。《人类环境宣言》呼吁各国政府和人民为维护和改善人类环境、造福全体人民、造福子孙后代而共同努力。会议提出了“为了这一代和将来世世代代保护和改善环境”的口号。会议提出了7个共同观点和26 项共同原则（见专栏 1-2)。这些共同观点和原则成为现代环境管理的思想基础和理论框架。同时，会议决定在联合国框架下成立一个负责全球环境事务的组织，统一协调和规划有关环境方面的全球事务。由此，1973 年成立了联合国环境规划署（United Nations Environment Programme，UNEP)。

专栏 1-2

联合国人类环境会议

——环境管理发展史上的第一座里程碑

1972 年 6 月 5～16 日，在瑞典斯德哥尔摩举行了联合国人类环境会议（United Nations Conference on the Human Environment)，它是国际社会就环境问题召开的第一次世界性会议，标志着全人类对环境问题的觉醒，是世界环境保护运动史上一个重要的里程碑。会议通过了《联合国人类环境会议宣言》(简称《人类环境宣言》)。《人类环境宣言》提出了 7 个共同观点和 26 项共同原则，初步构筑起环境管理思想和理论的总体框架。

七个共同观点如下。①人是环境的产物，也是环境的塑造者。当代科学技术发展迅速，使人类已具有以空前的规模改变环境的能力。自然环境和人为环境对于人的福利和基本人权，都是必不可少的。②保护和改善人类环境关系到各国人民的福利和经济发展，是人民的迫切愿望，是各国政府应尽的责任。③在地球上许多地区出现越来越多的人为损害环境的迹象。在水、空气、土壤以及生物中污染达到危险的程度；生物界的生态平衡受到严重和不适当的扰乱；一些无法取代的资源受到破坏或陷于枯竭；在人为的环境，特别是生活和工作环境里存在着有害于人类身心健康的重大缺陷。④在发展中国家，多数环境问题是发展迟缓引起的。发展中国家首先要致力于发展，同时也要照顾到保护和改善环境。在工业发达国家，环境问题一般是由工业和技术发展产生的。⑤人口的自然增长不断引起环境问题。⑥当今的历史阶段要求世界上人们在计划行动时更加谨慎地考虑到将给环境带来的后果，为当代和子孙后代保护好环境已成为人类的迫切目标。这同和平、经济和社会的发展目标完全一致。⑦为了达到这个环境目标，要求每个公民、团体、机关、企业都负起责任，共同创造未来的世界环境。

在上述共同观点的指导下，提出了 26 项共同原则，可归纳分为以下七个方面。①人权原则。人类都有在良好的环境中享有自由、平等和充足的生活条件的基本权利，并负有保护和改善环境的庄严责任。②自然资源保护原则。保护地球上的自然资源，包括空气、水、土地、植物和动物，特别是自然生态中具有代表性的标本以及濒于灭绝的野生动物。③经济和社会发展原则。经济和社会发展是人类谋求良好生活和工作环境，改善生活质量的必要条件。在加速发展中解决由于不发达和自然灾害原因而导致的环境破坏问题。发展中国家必须考虑经济因素和生态进程。一切国家的环境政策都应增进发展中国家现在和将来的发展潜能。④发展规划原则。统筹规划，使发展同保护和改善人类环境的需要相一致。人的定居和城市化工作必须加以规划，避免对环境的不良影响，取得社会、经济和环境三方面的最大利益。⑤人口政策原则。在人口增长率高或人口过分集中可能对环境或发展产生不良影响的地区，或在人口密度过低可能妨碍人类环境改善和阻碍发展的地区，应该采取适当的人口政策。⑥环境管理原则。指定适当的国家机关管理环境资源。应用科学和技术控制环境恶化和解决环境问题。开展环境教育。发展环境科学研究。⑦国际合作原则。按照联合国宪章和国际法原则，各国有按自己的环境政策开发其资源的主权，同时也负有义务，不致对其他国家和地区的环境造成损害。国家不论大小，应以平等地位本着合作精神，通过多边和双边合作、对所产生的不良环境影响加以有效控制或消除。各国应确保各国际组织在环境保护方面的有效和有力的协调作用。

《人类环境宣言》不仅揭示了环境问题的根源，还提出了社会、经济改革的方向，标志着现代环境管理思想的一次革命。

受联合国人类环境会议秘书长莫里斯·斯特朗委托，英国经济学家芭芭拉·沃德（Barbara Mary Ward）和美国生物学家勒内·杜博斯组织完成了会议的非正式报告——《只有一个地球——对一个小小行星的关怀和维护》（1972）。该报告第一次提出了“只有一个地球”，“人类应该同舟共济”的理念，在论及污染问题基础上，将污染问题与人口问题、资源问题、工艺技术影响、发展不平衡，以及世界范围的城市化困境等联系起来，作为一个整体来探讨环境问题。该报告提出了地球行星的生物圈概念，以及生态环境和社会经济的相互依赖性，始终将环境与发展结合在一起讨论。在谈到发展中国家的问题时，作者指出：“贫穷是一切污染中最坏的污染。”

《只有一个地球》在人类环境会议上起到基调报告的作用，其中的许多观点被会议采纳，并写入了《人类环境宣言》，成为世界环境运动史上一份有着重大影响的文献。

（2）墨西哥会议进一步明确了协调环境与发展这个环境管理的核心思想

1974年，联合国环境规划署（UNEP）和联合国贸易与发展会议（UNCTAD）在墨西哥联合召开了“联合国资源利用、环境与发展战略方针专题讨论会”（即墨西哥会议）。会议确认了导致环境恶化的社会和经济因素，发表了正式声明《科科约克宣言》（The Cocoyoc Declaration）。会议就以下几个方面取得了共识。

① 经济和社会因素，例如财富和收入的分配方式、国内和国家间谋求发展而引起的问题等，常常是环境退化的根本原因。

② 满足人类的基本需要是国际社会和各国的主要目标，尤其重要的是，满足最穷阶层的需要；但不应侵害生物圈的承载能力的外部极限。

③ 不同国家中不同的团体，对生物圈的要求有明显差异。富国先占有许多廉价的自然资源，且不合理地使用自然资源、挥霍浪费；穷国往往没有任何选择的余地，只有去破坏生死攸关的自然资源。

④ 发展中国家不要步工业化国家的后尘，而应走自力更生的发展道路。

⑤ 发达国家与发展中国家，两者为选择发展方式和新的生活方式所作的探索，是协调环境与发展目标的手段。

⑥ 我们这一代应具有远见，应考虑后代的需要，不能只想尽先占有地球的有限资源，污染它的生命维持系统，危害未来人类的幸福，甚至使其生存也受到威胁。

会上形成了三点共识，包括：①全人类的一切基本需要应当得到满足；②要进行发展以满足基本需要，但不能超出生物圈的容许极限；③协调这两个目标的方法即环境管理。这样，“环境管理”概念首次被正式提出。

（3）人类环境会议和墨西哥会议对环境管理思想产生了积极的促进作用

1972 年人类环境会议所形成的共同观点和共同原则，构筑起了现代环境管理思想和理论的总体框架，而墨西哥会议则进一步明确了环境管理的核心是协调发展和环境的关系。人类环境会议和墨西哥会议所提出的观点、原则和见解，是人类对环境问题认识的重大转变，是环境管理思想的一次革命，有以下三个主要成果。

一是唤起世人的环境意识，是人类对环境问题认识的一个转折点。在人类环境会议召开之前，环境问题基本上被看作一个由于人口集中的城市发展和工业发展而带来的大气、水质、噪声和固体废弃物的污染。人类环境会议明确提出了人类面临的多方面的环境污染和广泛的生态破坏，揭示了它们之间的相互关系，指出了环境问题不仅表现为水、空气、土壤等污染已达到十分危险程度，主要表现在生态遭破坏和资源枯竭，提高了人们对环境问题的危害性、复杂性和严重性的认识程度。

二是指出环境问题的根源，提出在发展中去解决环境问题的原则。在人类环境会议之前，一些西方学者把环境问题归根于"增长"，提出"零增长"的解决方案。《人类环境宣言》将发展与人类的基本需求结合起来，把"发展"的概念逐步由"经济发展"推向"全社会发展"，把解决环境问题的途径由工业污染控制推向全方位的环境保护。不仅揭示了环境问题的根源，还提出社会、经济改革的方向，标志着现代环境管理思想的一次革命。

三是明确提出现代环境管理的概念，构筑了环境管理思想和理论的总体框架。在人类环境会议之前，已经开展了实质性的环境管理工作。20 世纪 60 年代，部分国家设立了环境保护机构，开展工业"三废"（废水、废气、废渣）治理。人类环境会议首次明确提出"必须委托适当的国家机关对国家的环境资源进行规划、管理或监督，以期提高环境质量"。《人类环境宣言》所提出的 7 个共同观点和 26 项共同原则，初步构筑起环境管理思想和理论的总体框架。它明确提出自然资源保护原则、经济社会发展原则、人口政策原则和国际合作原则，以及通过制定发展规划、设置环境管理机构、开展环境教育和环境科学技术研究等多种途径加强环境管理。墨西哥会议进一步地明确环境管理的任务是协调发展与环境的关系，指出选择新的发展方式和生活方式是实现协调发展与环境的基本途径。

（二）环境管理思想的发展

当代人对人类社会经济活动、生存环境和发展的反思，逐渐丰富和完善了当代人的发展观，不仅反映了当代人的超前意识和忧患意识，也反映了当代人的社会责任感。1980 年 3 月 5 日，联合国向全世界发出呼吁："必须研究自然的、社会的、生态的、经济的以及利用自然资源过程中的基本关系，确保全球持续发展。"1981 年，美国学者莱斯特·布朗（Lester Brown）的著作《建设一个可持续的社会》（Building a Sustainable Society）明确提出可持续发展和可持续社会的观点。可持续发展思想逐步兴起，成为处理生态、经济与人的需求之间关系的基本思想，对环境管理产生了积极的影响。

1.《我们共同的未来》推动环境管理思想实现重要飞跃

1984 年，联合国世界环境与发展委员会（WCED）成立，主要负责制订长期的环境对策，研究推动国际社会更有效地解决环境问题的途径和方法。1987 年，该委员会向联合国大会提交了研究报告《我们共同的未来》（Our Common Future）。该报告被称为"可持续发展的第一个国际性宣言"、"可持续发展的路标"。

《我们共同的未来》给出了"可持续发展"的定义。报告指出，我们需要有一条新的发展道路，这条道路不是一条仅能在若干年内、在若干地方支持人类进步的道路，而是一直到遥远的未来都能支持全球人类进步的道路。这实际上就是卡逊在《寂静的春天》没能提供答案的、所谓的"另外的道路"，即"可持续发展道路"。该报告鲜明、创新的科学观点，把人们从单纯考虑环境保护引导到把环境保护与人类发展切实结合起来，实现了人类环境与发展思想的重要飞跃。

如果说罗马俱乐部《增长的极限》和人类环境会议所引发的“第一次环境管理思想的革命”，促使人们对经济发展的环境影响给予高度关注，使人们认识到忽视环境因素的经济发展的严重后果；那么，《我们共同的未来》则强调“生态压力——土壤、水域、大气和森林等的退化对经济前景产生的影响应予以关注”，转向思考如何实现有利于环境的经济发展方式，并且强调需要形成“更加广阔的观点。”这是环境管理思想的又一次重大变革，其核心仍是环境与发展的关系，这个“更加广阔的观点”就是“持续发展”。

可持续发展强调各种经济活动的生态合理性，强调对资源、环境有利的经济活动应给予鼓励。发展不单纯是经济增长，同时也必须关注生态环境。在发展指标上，不以国民生产总值作为衡量发展的唯一指标，而是用社会、经济、文化、环境等多维度的多项指标来衡量发展。可持续发展要求将眼前利益与长远利益、局部利益与全局利益有机地统一起来，使经济沿着健康的轨道发展。具体而言，包括以下方面的内容。

① 可持续发展的内涵同时包括经济发展、社会发展以及保持并建设良好的生态环境。经济发展和社会进步的持续性与维持良好的生态环境密切相关。经济发展应包括数量增长和质量提高两个方面。数量的增长是有限度的，需要依靠科学技术进步，同时实现经济、社会、生态效益，这样的发展才是可以持续的。

② 自然资源的永续利用是保障社会经济可持续发展的物质基础。可持续发展主要依赖于可再生资源特别是生物资源的永续性，必须努力保持自然生态环境，维护地球的生命支持系统，保护生物的多样性。

③ 自然生态环境是人类生存和社会经济发展的物质基础，有如空气和水一样，是人类生存和进步不能离开的东西。可持续发展就是谋求实现社会经济与环境的协调发展和维持新的平衡。

④ 控制人口增长与消除贫困，是与保护生态环境密切相关的重大问题。

《我们共同的未来》深刻地揭示了当今世界环境与发展之间所存在问题的根源，提出了持续发展战略和实施持续发展的政策导向和现实行动方案，初步形成了新形势下环境管理思想和理论的改革思路，引发了现代环境管理思想的第二次革命。

2. 联合国环境与发展大会提出了人类环境与发展的行动纲领

1992年6月3～14日，联合国环境与发展大会在巴西里约热内卢召开。182个国家代表团、102位政府首脑或国家元首参加了会议。这次大会讨论了人类生存面临的环境与发展问题，否定了“高生产、高消费、高污染”的传统模式，通过了《里约环境与发展宣言》（又称《地球宪章》）、《21世纪议程》、《气候变化框架公约》、《生物多样性公约》和《关于森林问题的原则声明》等重要文件和公约，奠定了可持续发展的基础，也为环境与发展领域的国际合作确立了一整套指导原则。为这次会议做准备并在全球广泛散发的《保护地球——持续生存战略》，即经过修订的《世界保护战略（WCS）》（1991年出版），提出了可持续生存和发展的9项原则和旨在建立可持续发展社会而采取的132个具体行动，明确提出了“建立一个可持续社会”的任务。这次会议被认为是人类迈入21世纪的意义最为深远的一次世界性会议。

3. 联合国可持续发展大会明确了可持续发展的行动计划

2002年8月26日～9月4日，在南非约翰内斯堡召开的联合国可持续发展大会，是联合国历史上最大规模的一次会议。会议通过了《可持续发展执行计划》和《约翰内斯堡政治宣言》，确定发展仍是人类共同的主题，首次将消除贫困纳入可持续发展理念中，重申了对可持续发展的承诺，进一步提出了经济、社会、环境是可持续发展不可或缺的三大支柱，以及水、能源、健康、农业和生物多样性等实现可持续发展的五大优先领域。

4. 联合国可持续发展大会（“里约＋20”峰会）进一步推动可持续发展

2012年6月20～22日，联合国可持续发展大会作为1992年里约联合国环境发展大会和2002年约翰内斯堡世界可持续发展首脑会议的后续，恰逢20年后再度于里约热内卢召开，又称“里约＋20”峰会。会议通过了最终成果文件——《我们憧憬的未来》。

这次会议是在全球经济不景气、可持续发展面临新挑战背景下召开的，发达国家与发展中国家对推进可持续发展看法不尽相同。会议围绕“可持续发展和消除贫困背景下的绿色经济”和“促进可持续发展的机制框架”两大主题展开讨论。

《我们憧憬的未来》开宗明义写道，世界各国“再次承诺实现可持续发展，确保为我们的地球及今世后代，促进创造经济、社会、环境可持续的未来。消除贫困是当今世界面临的最大全球挑战，是可持续发展不可缺的要求。”文件重申了“共同但有区别的责任”原则，决定发起可持续发展目标讨论进程，并肯定绿色经济是实现可持续发展的重要手段之一。

专栏 1-3

联合国环境与发展大会
——环境管理发展史上的第二座里程碑

从1972年联合国人类环境会议召开到1992年的20年间，尤其是20世纪80年代以来，国际社会关注的热点已由单纯注重环境问题逐步转移到环境与发展两者的关系上来，而这一主题必须由国际社会广泛参与。联合国环境与发展大会就是在这样的背景下召开的。

1992年6月，在巴西里约热内卢召开了联合国环境与发展大会（UNCED），共有183个国家的代表团和70个国际组织的代表出席了会议，102位国家元首或政府首脑到会讲话。联合国环发大会通过了《里约环境与发展宣言》（Rio Declaration，又名《地球宪章》）和《21世纪议程》两个纲领性文件，通过了《关于森林问题的原则声明》，有153个国家及欧洲共同体正式签署了《气候变化框架公约》和《生物多样性公约》，确立了生态环境保护与经济社会发展相协调、实现可持续发展应是人类共同的行动纲领。可持续发展得到世界最广泛和最高级别的政治承诺。这次会议被认为是人类迈入21世纪的意义最为深远的一次世界性会议。

《里约环境与发展宣言》是开展全球环境与发展领域合作的框架性文件，重申了《人类环境宣言》的观点和原则，并在认识到地球的整体性和相互依存性的基础上，对加强国际合作，实行可持续发展，解决全球性环境与发展问题，提出了27项原则。它是为了保护地球永恒的活力和整体性，建立一种新的、公平的全球伙伴关系的“关于国家和公众行为基本准则”的宣言。《里约环境与发展宣言》所确立的基本原则，是国际环发合作的基础。

《21世纪议程》是全球范围内可持续发展的行动计划，它旨在建立21世纪世界各国在人类活动对环境产生影响的各个方面的行动规则，为保障人类共同的未来提供一个全球性措施的战略框架。《21世纪议程》的内容综合考虑到政治、社会、经济、人口、资源、环境，提出了公平兼顾当代和后代的福利的持续发展实施方案，提供了一个从当时起至21世纪的行动蓝图，涉及了与地球持续发展有关的所有领域，是关于可持续发展观念付诸实施的行动纲领，也为构筑可持续发展的环境管理的思想和理论框架起到了重要的指导作用。

以这次大会为标志，人类对环境与发展的认识提高到了一个崭新的阶段。大会为人类高举可持续发展旗帜，走可持续发展之路发出了总动员，使人类迈出了跨向新的文明时代的关键性一步，为人类的环境与发展矗立了一座重要的里程碑。

二、环境管理方法的演变

“环境管理”的概念受到不断发展的环境科学、管理理论、经济学理论和法学理论等的直接影响。30 多年来，环境保护从消极的“公害治理”、应对“全球性环境问题”（如臭氧层耗损、全球变暖、生物多样性消失、荒漠化、海洋污染等）走向实施“可持续发展”。世界各国，主要是发达国家的环境管理方法，大致经历了以下四个发展阶段。

1. 采取限制措施

环境污染事件早在 19 世纪就已有发生，如英国泰晤士河的污染、日本足尾铜矿的污染事件等。20 世纪 50 年代前后，相继发生了比利时马斯河谷烟雾、美国洛杉矶光化学烟雾、美国多诺拉镇烟雾、英国伦敦烟雾以及日本水俣病、日本富山骨痛病、日本四日市哮喘病和日本米糠油污染事件，即所谓的“八大公害事件”。由于当时尚未搞清这些公害事件产生的原因和机理，所以一般只是采取限制措施。如，英国伦敦发生烟雾事件后，政府制定了法律，限制燃料使用量和污染物排放时间。

2. 开展“三废”治理

20 世纪 50 年代末 60 年代初，发达国家环境污染问题日益突出，各发达国家相继成立环境保护专门机构。当时主要的环境问题是工业污染和局部地区污染问题，如河流污染、城市空气污染等。人们认为环境污染问题属于技术问题，所以环境保护工作主要是治理污染源、减少排污量，试图通过技术发展和末端治理来解决环境问题。因此，在法律上，颁布了一系列环境保护的法规和标准，加强法治；在经济上，采取给工厂企业补助资金，帮助工厂企业建设净化设施，并通过征收排污费或实行“谁污染、谁治理”的原则，解决环境污染的治理费用问题。

这一阶段大致从 20 世纪 50 年代末到 70 年代末。这一时期的环境管理主要采取末端控制的污染治理措施，实质上只是环境治理，投入大量资金进行环境污染控制，环境管理成了治理污染的代名词。如，美国这一时期污染防治费占 GDP 的 2%，颁布了著名的“清洁空气法案”。

在理论研究上，各个学科分别从不同的角度研究污染物在环境中的迁移扩散规律，研究污染物对人体健康的影内、研究污染物的降解途径等，从而形成了早期的环境科学的基本形态，如环境化学、环境生物学、环境物理学、环境医学、环境工程学等。

3. 进行预防为主、综合防治

1972 年的人类环境会议成为人类环境保护工作的历史转折点，它加深了人们对环境问题的认识，扩大了环境问题的范围。《人类环境宣言》指出，环境问题不仅仅是环境污染问题，还应该包括生态破坏问题。人们开始把环境与人口、资源和发展联系在一起。解决环境污染问题的思路，也开始从单项治理发展到综合防治。

随着时间的推移，其他环境问题诸如生态遭到破坏、资源枯竭等问题陆续显现出来；同时，作为环境管理主要手段的末端治理实施过程中，显现出各种问题，如需要投入大量资金、治理难度大、不能彻底解决环境问题等。于是，20 世纪 70 年代末，人们提出了“预防为主、综合防治”的环境保护策略，在环境管理措施上逐渐从消极控制污染转向积极的防治，包括实行环境影响评价制度、对污染物排放同时实行“浓度控制”和“总量控制”、制定地区环境规划、推行清洁生产等。这一阶段大致从 20 世纪 70 年代末到 80 年代后期。

4. 实行综合决策

从20世纪80年代后期开始，随着《我们共同的未来》的出版以及1992年联合国环境与发展大会的召开，人们对环境问题的认识提高到一个新的阶段。人们终于认识到环境问题是人类社会在传统自然观和发展观等人类基本观念支配下的发展行为造成的必然结果。要真正解决环境问题，首先必须改变人类的发展观，推行可持续发展。“发展”不能仅局限于经济发展，应该统筹平衡社会经济发展与环境保护，协调这两者的关系，实现社会、经济、人口、资源和环境的协调发展和人的全面发展。

在继续加大环境治理力度的基础上，引进综合决策机制是这一阶段进行环境管理的基本特征，这也是实现可持续发展的保证。20世纪80年代初，由于发达国家经济萧条和能源危机，各国迫切需要协调发展、就业和环境三者之间的关系，并寻求协调环境与发展的方法和途径。该阶段环境保护工作的重点是：制定经济增长、合理开发利用自然资源与环境保护相协调的长期政策。

里约环境与发展大会是世界环境保护工作的新起点——在可持续发展理念下，探求环境与人类社会发展的协调方法，实现人类与环境的可持续发展。“和平、发展与保护环境是相互依存和不可分割的”。至此，环境保护工作已从单纯的污染问题扩展到人类生存发展、社会进步这个更广阔的范围，“环境与发展”成为世界环境保护工作的主题。

思考题

1. 什么是环境？环境具有哪些基本特征？
2. 什么是环境问题？环境问题产生的根源是什么？
3. 中国现阶段的主要环境问题是什么？
4. 环境管理的含义是什么？环境管理的原则有哪些？
5. 现代环境管理如何形成中，在其发展过程中有哪些起到重要作用的事件或著作？
6. 环境管理方法经历了哪些阶段？

第二章　环境管理的理论基础

环境是一个复杂的系统，环境管理涉及“人-地”系统的相互关系。环境管理的理论基础与生态学、环境学相关，也与经济学、管理学一脉相承。

第一节　系　统　论

一、系统论的基本概念

系统思想源远流长，其思想渊源可追溯到古代亚里士多德“整体大于各部分总和”的朴素思想，马克思在《资本论》里又把系统思想发展到相当水平。辩证唯物主义认为物质世界是由无数相互联系、相互依赖、相互制约、相互作用的事物和过程所形成的统一整体。它强调从事物普遍联系和发展变化中研究事物，把握事物整体。

系统论是研究系统的一般模式、结构和规律的学问，它研究各种系统的共同特征，用数学方法定量地描述其功能，寻求并确立适用于一切系统的原理、原则和数学模型，是具有逻辑和数学性质的一门新兴的科学。作为一门科学，人们公认系统论是美籍奥地利人、理论生物学家 L. V. 贝塔朗菲创立的。他在 1925 年发表“抗体系统论”，提出了系统论的思想。1968 年贝塔朗菲发表专著《一般系统理论——基础、发展和应用》被公认为是这门学科的代表作。系统论揭示系统的整体规律，从而为解决现代科学技术、社会和经济等方面的复杂系统问题，提供了新的理论武器。系统科学的兴起是 20 世纪科学发展的重大事件之一。

（一）基本概念

1. 系统

一般系统论的创始人贝塔朗菲认为，“系统”是“相互作用的诸要素的综合体”。在美国的韦氏大辞典中，“系统”是指“有组织的或被组织化的整体；结合着的整体所形成的各种概念和原理的综合；由有规则的相互作用、相互依存的形式组成的诸要素集合，等等”。在日本的JIS标准中，“系统”是“许多组成要素保持有机的秩序，向同一目的行动的集合体”。钱学森概括的定义：“系统是指依一定秩序相互联系着的一组事物”。

系统（system）是具有特定功能的、相互间具有有机联系的许多要素（element）所构成的一个整体。要构成一个系统，必须具备如下三个条件：①要有两个或两个以上的要素；②要素之间要相互联系；③要素之间的联系必须是相干性联系，即能产生整体功能。

系统的功能，是指系统所能发挥的作用或效能，即系统从环境接受物质、能量和信息，经过系统的变换，向环境输出新的物质、能量和信息。例如，一台优质电视机接通电源、打开开关即能在屏幕上获得清晰的图像，在扬声器获得伴音。这是载有电波信息的电讯号，经电视机的转换输出图像和声音信息，这就是电视机的功能。

在自然界和人类社会中，系统是普遍存在的。人们在认识客观事物或改造客观事物的过程中，用综合分析的思维方式看待事物，根据事物内在的、本质的、必然的联系，从整体的角度进行研究，这类事物就被作为一个系统。比如，一架机器、一个动物、一家公司、一个单位、一个国家、一个星系等，都可以看成系统。元素是构成系统的最小部分（或基本单元），即不可再划分的单元。例如，机器作为系统，元素是不能再用机械方法分解的零件；句子作为系统，元素是单词或单字。

2. 要素

要素是指构成系统的组成部分。客观世界一切事物都是系统与要素的对立统一体，互相关联、互相制约、互相作用。系统与要素有如下的辩证关系。

① 相互依存，互为条件。系统是整体，要素是部分，系统与要素的关系是整体与部分的关系。没有系统，也就无所谓要素；反之，没有要素，也就无所谓系统。

② 相互联系和相互作用。系统对要素起支配、主导作用，系统的性质与功能制约着要素的性质与功能。例如彩色或黑白电视机的特性与功能，支配和决定了它的组成部分（如显像管）的特性和功能；另一方面，系统对要素也有依赖性。要素是构成系统的基础，要素的变化会影响系统的变化。例如，采用电子管为主要元件的电子计算机体积庞大，运算速度也慢，而晶体管、集成电路计算机不但体积大大缩小，而且速度也大大提高。

③ 相对性。系统与要素的区分是相对的，在一定条件下可以相互转化。组成部分本身也可能是一个系统，称为原系统的子系统。而原系统则又可能是更大系统的组成部分，因此要素又叫做“子系统”。子系统具有两重性，它具有子系统自身的地位与属性，同时具有要素的地位与属性。

运用系统思想和方法解决实际问题时，区分要素是一项重要工作。第一是要区分要素的层次结构，也就是要确定哪些定为一级要素，哪些定为二级要素。第二是要决定要素的主次，也就是要找出那些对系统性质、功能、发展变化有决定影响的部分作为主要要素加以研究。

3. 联系

联系是指一个要素的存在与变化同另一个要素的存在与变化之间的关系。在控制论中习惯称之为耦合，指的是各要素之间的因果关系链。联系可以分为两种：①相干性联系；②非相干性联系（如随机联系）。前者可以产生整体功能，后者则不能产生整体功能。通常联系是指能产生整体功能的相干性联系。

联系的内容有物质流、能量流、信息流。例如某个生产系统中，原材料的传送、加工是物质流；电、热等能源的输送是能量流；为了协调运转，各项实施计划、指令、控制信号等是信息流。

系统表现为一个整体，并具备一定的功能，这些都要通过要素之间的联系来实现。例如，化学领域至今虽然仅发现了有限多个元素，但由于元素间的相互联系和作用，产生了丰富的物质世界。系统中各要素都有确定的功能，各要素由于联系方式的不同又会产生不同的功能。人工系统事实上是通过联系创造出具有新的功能以满足人们需要的系统。例如，城市就是人们为了满足自己发展的需要而创造出来的人工系统。

4. 环境

系统以外的部分称为系统的环境，它是存在于系统之外与系统发生作用的事物的总称，为系统提供物质、能量、信息或接受系统输出的物质、能量、信息。系统和系统环境的分界称为系统边界。我们研究具体系统时，必须明确系统边界。一般来说，与系统有物质、能量、信息交换的事物才被当作该系统的实际环境。例如人类社会系统的环境指的是人类周围的自然界，而不包括遥远的星球。

考察系统时，首先要区分，哪些是系统内部要素，哪些是系统外部要素——环境要素。把系统与环境分开的假想线叫做边界。边界是事物的规定性在人们头脑中的反映，用来区分系统与环境的本质以及系统所包含的要素。确定系统的边界与所考察的问题有关，目的是使问题更加明确。系统的边界不是固定不变的。确定边界的主要依据是某个要素与系统中的其他要素相互联系的紧密程度，即该要素发生变化时能否对系统功能产生决定性的影响。要把那些联系紧密，对系统功能有决定影响的要素归为系统内部要素。

系统对其环境的作用称为输出，环境对系统的作用称为输入。系统的功能体现一个系统与其环境之间的物质、能量、信息的输入与输出的变换关系，系统的结构和环境决定系统的功能，系统的输入-输出关系体现系统的功能。

（二）系统的分类

为了对系统性质进行研究，揭示不同类型系统之间的内在联系，有必要对系统进行分类。根据对系统在“某个特定意义”的考察不同，对系统有不同分类方法。

1. 按构成系统的内容分为物质系统和概念系统

物质系统是指由客观物质组成的系统。如原子、分子、生物、企业、工厂、学校等自然物与人造物组成的系统。

概念系统是指由主观概念和逻辑关系等非物质组成的系统，也称为人造抽象系统。如计划、法律、政策、规章制度等系统。

2. 按组成系统的要素性质分为自然系统、人工系统和复合系统

自然系统指由自然力而非人力所形成的系统，如天体系统、生态系统等。

人工系统指经过人的劳动而建立起来的系统。一般人工系统包括三种类型：一是由人们从加工自然物获得的人造物质系统，如工具、建筑物、材料等；二是由一定的制度、组织、程序、手续等所构成的管理系统和社会系统，如经济系统、行政区域系统、军事系统等；三是人造抽象系统，即概念系统。

复合系统指自然系统和人工系统相结合的系统，如农业系统、环境系统等。

3. 按系统与环境的关系分为封闭系统和开放系统

封闭系统指系统与外界环境无联系的系统。开放系统指与外界环境有物质、能量、信息交换的系统。

现实中任何系统都与外界环境有千丝万缕的联系，不存在绝对的封闭系统，划出封闭系统是有条件的。例如，在一定时间内不依赖于任何外界的经常影响而具有稳定生存能力的系统，可以看成封闭系统；一种程序化的在较长时间内不需要人的干预而能完成自己功能的自动装置，也可以看成一个封闭系统。如一块电子表，装上电池后可运行一年，在这一年内它不依赖外界的影响而能顺利运转，可以看成是封闭系统；此外，有些系统与环境联系很少，外界的影响可以忽略时，也可以看成封闭系统。如自给自足的小农经济，闭关自守的封建国家属于这种情况。

4. 按系统的状态与时间的关系分为静态系统和动态系统

如果一个系统在任一时刻的输出只与该时刻的输入有关，与该时刻之前或之后的输入无关，该系统就是静态系统，也称为无记忆系统或稳定系统。简言之，在一定时间范围内状态和功能不随时间而改变的系统叫做静态系统。例如建筑物是一个静态系统。

如果一个系统在任一时刻的输出不仅与该时刻的输入有关，而且还与该时刻之前的输入有关，这样的系统叫做动态系统，也称为有记忆系统。简言之，在一定时间范围内，系统的状态和功能要随时间而改变的系统叫做动态系统，例如有机体就是动态系统。

5. 按研究者对系统的认识程度可分为黑色系统、白色系统和灰色系统

黑色系统是指研究者只知道该系统的输入-输出关系，但不知道实现输入-输出关系的结构与过程的系统。例如看电视，只要会开旋钮，就可以看到节目。无需知道电视机的内部结构，此时电视机实际看成是黑色系统。又如现代神经生理学对脑的研究，是通过信息的输

入、输出来了解脑对信息的处理，探索脑的功能，这时，脑是一个黑色系统。

白色系统是指研究者不仅知道该系统的输入-输出关系，而且还知道实现输入-输出关系的结构与过程的系统。例如，一个电视机对于电视机专家而言就是白色系统。

灰色系统是指研究者对于系统实现其输入-输出关系的结构与过程只有部分的知识，尚无全面知识的系统。例如，电视机对于一个只有部分电视机知识的业余电视机爱好者而言是一个灰色系统。

黑色系统、白色系统和灰色系统的划分根据研究者的情况而定，具有相对性。

二、系统论的主要观点

系统的基本性质和系统论的基本观点，可扼要地概括为整体性、相关性、结构性、层次性、动态性、目的性和环境适应性等。

（一）整体性观点

系统必须是由两个或两个以上的要素组成的整体。客观世界的一切事物、现象和过程都是以系统形式存在的有机整体。整体性是系统的最基本属性，整体性观点是系统论中一个最基本观点。

整体性，通常表述为“整体不等于它的各部分的总和”。系统结合成一个整体，具有了统一的功能，这个系统的整体功能不等于各个要素功能的相加。这种系统的整体性也称非加和性。它包括两方面的含义：①系统的性质、功能和运动规律不同于其组成要素的性质、功能和运动规律；②作为系统整体中的组成要素具有它自身所没有的整体性，与它们各自独立存在时有质的区别。例如，一个碳原子与两个氧原子构成二氧化碳系统，二氧化碳的性质不是碳原子与氧原子性质的相加。实际上任何分子的性质都不是作为其“元素”的原子性质的相加，是一种非加和性。

系统的整体功能并不是永远大于其部分和的，俗话说：“三个和尚没水喝”，就是其功能整体上小于部分之和。

系统的整体属性与功能是由以下三方面决定的。

① 组成系统的要素的性质。例如，飞机的动力装置是航空发动机，因而飞机只能在大气层内飞行；火箭的动力装置是火箭发动机，因而火箭能在宇宙空间飞。

② 系统内部各要素的数量。例如，在铁碳合金中，含碳大于2.10%称为铸铁，含碳小于2.10%称为钢。钢和铸铁的性能有很大差别，其主要原因就在于含碳数量的不同。

③ 系统的结构。这一点我们在后面再叙述。

确立整体性观点的实践意义在于，在一定的人力、物力条件下，只要合理地进行组织、协调，就能发挥出更大的效益。在系统工程中，从目标选择到确定评价准则和系统决策，都是建立在整体性原则基础上的。

（二）相关性观点

系统、要素、环境都是相互联系、相互作用、相互依存、相互制约的，这一特征叫做“相关性”或“关联性”。系统的每个要素的存在，依赖于其他要素的存在，往往某个要素发生了变化，其他要素也随之变化，并引起系统变化。系统之所以运动并且具有整体功能，就在于系统与要素、要素与要素、系统与环境的相互联系、相互作用的结果。系统的相关性决定了系统的整体性。

客观事物的联系有系统联系、结构联系、功能联系、起源联系、因果联系等。系统联系指系统与系统之间在纵横方面所组成的关系；结构联系指系统内部各要素依一定秩序的排列组合关系；功能联系指系统与外部环境之间的联系，即外部对系统的输入和系统对外部的输出；起源联系是揭示系统以怎样的方式产生和发展的；因果联系即事物之间的因果关系。

在分析相关性时，我们一定要从整体出发把各种关系综合起来分析。从内部和外部两个方面来对系统进行考察，才能得到正确的认识。工作中，我们要想改变某些不适合要求的情况，也务必首先考察与该情况有关的其他因素的影响，并且使这些因素也得到相应的改变，才能真正达到预期的目的。

（三）结构性观点

整体性是系统的最基本的属性，而系统的结构是系统保持整体性以及具有一定功能的内在根据。

系统的结构是指系统内部各要素相互联系、相互作用的方式或秩序，即各要素之间的具体联系和作用的形式。系统的内部形式就是系统的结构。小至纳米尺度的微观世界，大至百亿光年的广袤宇宙，从低等生命到高等人类，一切自然系统、人工系统均有结构。如太阳系的九大行星和小行星，都以自己固有的轨道和速度环绕太阳运行，从而保持太阳系的有序结构。银河系中心区的球形部分称为银核，周围有四条旋臂，是由1500亿颗恒星和大量星云组成，形状为扁平圆盘，其直径有10万光年，厚度最大为3万光年。这就是银河系的大致结构。

系统内部各要素稳定联系，形成有序结构，才能保持系统的整体性，所以结构的稳定性是系统存在的一个基本条件。系统结构的稳定性，就是指系统在外界干扰的作用下，持续保持结构的恒定性、有序性，结构稳定，可以是静态稳定（如建筑物），也可以是动态稳定（如有机体）。但是稳定性是相对的。任何系统总处于一定的环境之中，总要与外界进行物质、能量、信息的交换，在交换过程中，系统的结构不仅在量的方面可以逐渐变化，而且在一定条件下还可产生质的飞跃。

系统结构与功能的关系是辩证的关系，体现在以下两个方面。

① 结构与功能是相互依存的。要素与结构是功能的内在根据，功能是要素与结构的外在表现。一定的结构总表现为一定的功能。一定的功能总是由一定的结构系统产生的。没有结构的功能以及没有功能的结构，都是不存在的。

② 结构与功能又是相互制约、相互转化的。

一方面，系统的结构决定系统的功能、结构的变化，制约着整体的发展变化。例如金刚石和石墨都是由碳原子组成的，但由于碳原子的空间排列不同（结构不同），其性质完全不同。一个硬得可以划破玻璃，一个软得可以碾成粉末，其功能也各异。由20种氨基酸和4种核苷酸组成的生命系统。由于结构不同，构成了地球上200多万种动物，30多万种植物以及几十万种微生物。这说明结构变化必然导致功能的变化。

另一方面，功能又具有相对的独立性，可反作用于结构。功能与结构相比，功能是相对活跃的因素，结构是比较稳定的因素。此外，结构与功能存在着互为因果的关系。如，类人猿的生理结构，决定着它有劳动的功能，但劳动的功能又反过来影响它的生理结构，使类人猿最终进化成为人。这类例子很多，生物进化过程中的遗传与变异的过程，都属于这种情况。

（四）层次性观点

系统由一定的要素组成，这些要素是由更低一层的要素组成的子系统；另一方面，系统本身又是更大系统的组成要素，这就是系统的层次性。系统的层次性具有多样性。纵向的母子系统，可构成垂直的系统层次；横向的同一层次中，又可构成各种平行并立的系统；纵横交叉的网络系统，又可构成各种交叉层次。例如机关中有部、局、处、科的层次；行政区划中有省、地、县等层次。

物质世界的层次是无限的，不同层次具有质的差别。这种层次质变是物质世界普遍存在的发展规律之一。把握系统的层次性特征有利于系统本身的运行和功能的发挥。在实际的研究工作中，系统层次的划分可根据研究者的需要来进行，但必须以所研究的系统的自然等级作为依据。当我们把全人类视为一个系统时，那么个人是人类的基本单元，人类系统可划分为个人、家庭、社会行政单位、国家、民族、全人类这样一些自然等级层次。系统的层次越高，结构和功能就越多种多样。例如社会行政单位比家庭层次高、结构复杂、功能多；有机体比无机体层次高、结构复杂、功能多；人类社会比有机体层次高，因而有更复杂的结构和更高级的功能。

应该指出，人类的认识是从一个物质层次向另一个物质层次不断深化和发展的过程，因此不能把对某一层次的认识绝对化。把握住层次性原则，坚持层次性观点，注意整体与层次、层次与层次之间的相互制约关系，就可以帮助研究者根据各类系统结构层次的特殊规律去进行科学预测，扩展视野，发现新事物，以便进行综合治理和合理调整。

(五) 动态性观点

考察系统的运动、发展、变化过程就是系统的动态性观点。对任何系统，都可以将其过程与其时间属性密切联系起来进行考察，系统每时每刻都在运动、发展和变化，因而动态系统是绝对的，真正的静态系统是没有的，至多是一种动态系统的简化处理。

动态性观点意味着人们不能用静止的观点观察问题，要以发展变化的观点来研究问题，了解其历史和现状，探索其发展趋势及其变化规律，力求在动态中协调平衡系统，改进系统的活动过程，以充分发挥系统的效益。

(六) 目的性观点

系统论的目的性观点是指系统依靠自身的固有机制适应、调节着处于千变万化的环境中的行为，保持自身的相对稳定性，从而保持系统行为的目的性。例如生物的目的性实质上就是生物对生活条件的适应性，这种适应性，就在于生物的一切机能都是为了增殖个体、繁衍物种、保存生命这个目的。

控制论创建者、美国数学家维纳认为，目的性就是行为客体的一种反应或效应，这种反应或效应受行为结果的信息控制。也就是说客体系统在和环境发生作用的时候，通过反馈不断调整自己的行为，使之逐渐趋达该目标。系统论的目的性强调系统自身的固有机制（反馈机制），把目的性与有序性联系起来。开放系统之所以朝有序方向运动，其原因是有序方向正好是系统追求目标的方向。科学的不断进展，发现追求有序化的现象已不仅仅限于生物界，无机物质也存在着朝有序化运动的现象，各子系统的协同体现了明显的目的，协同导致有序。

人类任何实践都具有明确的目的性。如果把人们的某项实践考虑成一个系统，首先必须确定系统应该达到的目标。然后在尊重客观规律的前提下，通过反馈的作用，调节和控制系统，使系统的发展顺利地达到预定目标，现代管理中的目标管理就是根据大系统的总目标，来协调各子系统的分目标。分目标服从于总目标。各层次的子系统应在总目标的指引下协同配合，完成各自的分目标。

(七) 环境适应性观点

所谓系统的环境适应性观点，就是当外界对系统输入物质、能量和信息时，系统能经过处理，向环境输出新的物质、能量和信息，将输出结果与系统预期的目标进行比较以决定下一步的措施，比较的结果，或可保持原结构、功能，或需要改变，以使系统与环境相适应。

在具体分析系统与环境之间的相互作用、相互影响时，可以从下面四个关系上具体考察。

① 当系统与环境处于相互依赖的关系时，要考察环境对系统的输入或系统对环境的输出是否稳定可靠。这是由于一个系统要正常地体现功能，环境对系统就必须正常地提供输入和接受输出，系统对环境的输出也要保持稳定。

② 系统与环境的其他系统是否存在竞争关系。由于系统之间的激烈竞争可导致竞争力弱的系统瘫痪甚至崩溃，所以在规划和设计新的系统或改造原有的系统时，必须认真作好系统间输入输出的综合平衡工作，并以对策论为依据制定策略。

③ 环境与系统是否存在破坏关系。例如，工业的三废排放污染环境，反过来又受到环境的报复，并威胁到人类健康。所以在建立系统时要分析这种关系，要保护环境。

④ 环境与系统是否存在吞食关系。如果系统与环境之间存在吞食关系，那么就必须注意系统的吞食强度和环境的再生能力之间的关系，力求两者之间保持平衡、协调。例如捕鱼系统对鱼群，畜牧系统对草原，伐木系统对森林在系统与环境间都存在吞食关系，在捕鱼、畜牧、伐木强度上应与其再生能力作好平衡协调的设计。

坚持环境适应性观点，就是不仅要注意系统内各要素间关系的协调，而且要考虑到系统与环境的关系。只有系统内部关系与外部关系相互协调、统一，才能全面地发挥系统的功能，确保系统的最优化。

三、系统论与环境管理

1. 地球环境系统含义

根据系统论的观点，环境系统是一个不可分割的整体，地球环境系统通常分为大气圈、水圈、岩石圈（或土壤-岩石圈）和生物圈。在这些圈层的交界面上，各种物质的相互渗透、相互依赖和相互作用的关系表现得尤其明显。

地球环境系统中，各种物质之间，由于成分不同和自由能的差异，在太阳能和地壳内部放射能的作用下，进行着永恒的能量流动和物质交换。各种生命元素如氧、碳、氮、硫、磷、钙、镁、钾等在地表环境中不断循环，并保持恒定的浓度。环境系统是一个开放系统，但能量的收入和支出保持平衡，因而地球表面温度恒定。环境系统在长期演化过程中逐渐建立起自我调节系统，维持它的相对稳定性。所有这些都是生命发展和繁衍必不可少的条件。

环境系统和生态系统两个概念的区别是：前者着眼于环境整体，而后者侧重于生物彼此之间以及生物与环境之间的相互关系。环境系统和人类生态系统两个概念相近似，但后者突出人类在环境系统中的地位和作用，强调人类同环境之间的相互关系。环境系统从地球形成以后就存在，生态系统是生物出现后的环境系统。而人类生态系统一般是人类出现后的环境系统。

环境系统的范围可以是全球性的，也可以是局部性的。例如一个海岛或者一个城市都可以是一个单独的系统。全球系统是由许多亚系统交织而成，如大气-海洋系统、大气-海洋-岩石系统、大气-生物系统、土壤-植物系统等。局部与整体有不可分割的关系。区域性变化积累起来，会影响全球。例如，滥加采伐导致热带森林面积日益缩小，由此将影响全球气候。

2. 地球环境系统的动态平衡

地球环境系统是一个动态平衡体系，有它的发生、发展和形成历史。目前地球环境与原始地球环境有很大的差别。各种环境因素彼此相互依赖，其中任何一个因素发生变化便会影响整个系统的平衡，推动它的发展，建立新的平衡。从环境系统演化历史来看，旧平衡的破坏，新平衡的建立是历史发展的正常规律，环境系统始终处于动态平衡过程之中。

环境系统是具有一定调节能力的系统，对来自外界比较小的冲击能够进行补偿和缓冲，从而维持环境系统的稳定性。环境系统的稳定性在很多情况下取决于环境因素与外界进行物质交换和能量流动的容量。容量愈大，调节能力也愈大，环境系统也愈稳定；反之，就不稳定。在地球环境系统中，海洋、土壤和植被是最巨大的调节系统，对于维护环境系统的稳定有巨大作用。海洋的巨大热容量，调节着地表的温度，使之不致发生剧烈变化。海洋又是二氧化碳（CO_2）的巨大储存库。海水中 CO_2 与大气中 CO_2 进行交换，处于动态平衡，因此海洋能使大气中的 CO_2 的浓度保持稳定，从而保持地表层热量的稳定。土壤是陆地表面的疏松多孔体，又是一个胶体系统，对于植物所需的水分和养分有强大的吸收和释放能力。表土一旦丧失，土地肥力就急剧下降。植被通过根系和残落物层吸收水分和叶子的蒸腾作用，调节地面水分和热量，使气候稳定。在生态系统中，构成群落的生物种类愈是多样化，食物链和食物网愈复杂，生态系统也就愈稳定。由此可见，任意缩小水面、滥肆垦殖、毁坏植被、消灭野生生物或任意引进新种，就会破坏环境中的稳定因素，降低环境抗御自然灾害的能力。

环境系统的稳定性具有一定的限度，环境中也存在着某些不稳定因素，对外来的影响比较敏感。在一定的条件下，某个关键性因子发生小的变化，可能触发内在的反馈机制，引起一系列链式反应，对整个环境系统造成无法挽救的严重后果。例如，极地海冰就被认为是一个不稳定因素，因为它有巨大的反照率，吸收阳光的能力比陆地和海洋小得多，对温度变化很敏感。如果温度稍微降低（特别是夏天），海冰面积便会向赤道方向扩展。海冰面积的扩大，又将反射更多的阳光，使地球接受的热量减少。如果地球进一步降温，海冰面积就继续扩展，直到赤道为止。

3. 系统论为环境管理提供了理论和方法基础

系统论不仅为现代科学的发展提供了理论和方法，而且也为解决人类面临的经济、资源、生态、环境等复杂问题提供了理论和方法论基础。

人类为谋求生存和发展，就会不断改造自然，打破原有的平衡，并企图建立新的平衡。但人类在改造自然的过程中，常常由于盲目或受到科学技术水平的限制，未能收到预期的效果，甚至得到相反的结果。一种设计往往对此地有利，而对另一地方有害；或者是短期有利，长期不利。例如英、德等国利用高烟囱扩散工业废气二氧化硫（SO_2），结果 SO_2 飘到斯堪的纳维亚半岛，并与雨水结合形成酸雨，严重危害当地生态系统。

至今为止，人类还未完全了解环境系统中错综复杂的机制，还未弄清楚自然界各种复杂因素之间的相互关系，因此还未能建立精确的模式来揭示环境因素间的微妙平衡关系。人类仍然自觉与不自觉地影响环境系统的平衡。例如人们在使用氯氟烃（通称氟利昂）时，没有想到它会破坏大气臭氧层的稳定，这个问题直到20世纪70年代中期才引起注意。因此，对于一些具有巨大不确定性的影响或改变自然的工程，如水库的建造、河流的改道、大面积的垦荒、工业和交通建设等，都应谨慎从事，考虑各种可能发生的后果，作出环境影响评价。

把人类环境作为一个统一的系统整体看待，避免人为地把环境分割为互不相关的支离破碎的各个组成部分。环境系统的内在本质在于各种环境因素之间的相互关系和相互作用过程。揭示这种本质，对于研究和解决当前许多环境问题有重大的意义。

合理利用和改造人类环境，防止不良后果，要做好环境系统的研究。研究重点是：①存在于各环境因素之间、各圈层之间、有机界与无机界之间的相互作用，能量的流动，物质的交换、转化和循环；②环境系统中的平衡关系，反馈机制，自我调节能力，环境容量，环境系统的稳定性和敏感性；③人为活动对环境的影响。这些研究，涉及许多学科领域，也是环境科学的中心任务之一。

第二节　控　制　论

控制论（cybernetics）是由美国数学家维纳（Wiener，N.）创立的一个综合性学科，是研究各种不同系统的共同控制规律的科学。它的产生是现代科学技术发展的必然结果，是现代化物质生产和生活朝着有序方向发展的需要。1948年，维纳所著的《动物和机器中的控制与通信》一书的出版，标志着控制论的正式诞生。50多年来，控制论的发展大致经历了三个时期，即20世纪40年代末期到50年代末期的经典控制论时期，60年代初期到70年代初期的现代控制论时期及70年代中期到现在的大系统理论时期。

一、基本概念

（一）可能性空间

控制论以可能性空间作为基础和出发点。可能性空间是指事物在发展变化中面临的所有可能情况的全体，即各种可能状态的集合。可以说，当人们面临的可能性空间大时就有较大的控制权，可能性空间小时其控制权就小，甚至根本无控制权。可见，控制的概念与事物发展变化的可能性空间密切相关。

要对某一事物实施控制必须具备下列三个条件。①被控对象须存在多种变化发展的可能性。事物变化发展的可能性空间不能是单元素集合，否则，事物不可变，就谈不上控制。②目标状态必须存在于事物变化发展的可能性空间内，并且是可以选择的。③具备一定的控制能力，要使事物向预定的目标改变。达到控制的目的，就必须创造一定的条件。控制能力就是创造条件改变事物在可能性空间内的状态的能力。如果不具备这种能力，即使事物有向目标状态转化的可能，由于缺乏必要的转化条件，也不可能把可能性变为现实性。

（二）控制

人们根据确定的目的，设法改变和创造条件，对考察对象施加某种作用，使事物沿着可能性空间内某个确定方向或状态发展，这种作用就叫做控制。控制是在事物可能性空间中进行有方向选择的过程，是实现系统有目的变化的某种作用。“控制”的概念与可能性空间密切相关。控制离不开选择，没有选择也就没有控制。选择就是创造条件、使被控对象的可能性空间缩小的有目的的主动行为。它不是偶然的行为，如人们走路是在不断选择自己的空间位置，学习则是在选择自己的知识结构等。

“控制”包括以下三个方面的含义。①控制就是施加在某个对象（系统）上的一种作用；②施加这种作用的目的是为了改善对象的功能，以达到预期的目标；③这种作用是通过信息的选择、使用来实现的，给系统输入信息，可以克服系统的无序状态。

实施控制包括三个环节。①明确事物面临的可能性空间。如某人要去某地执行任务，其交通工具有哪几种，应心中有数。②根据确定的目标，在可能性空间中选择某一状态或某一些状态为目标。③改变和创造条件，使事物向既定目标转化。

（三）输入与输出

正如上文所说的，任何系统都是由特定的要素以特定的结构组成的，它和外界环境之间具有相对封闭的边界，即系统的边界。但是任何现实系统都不是绝对封闭的，而是开放的。系统的开放性体现在系统与环境之间的相互作用和相互影响。系统与环境的这种相互作用和影响是通过物质、能量和信息的输入和输出来进行的。环境对系统的作用和影响叫做系统的输入；系统对环境的作用和影响叫做系统的输出。

系统的输入通常可分为可控输入和不可控输入两类。可控输入指在对系统实施控制时是可以进行调节的输入。在控制论中，可控输入简称输入，不可控输入称为干扰。例如在大海中航行的舰船，可以看作一个系统，驾驶员操纵了方向舵及其他部件后所产生的那些作用就是可控输入，而风、海浪对舰船的作用和影响就是干扰。输入和干扰都会对系统的输出产生影响，但其影响的效应不同。干扰会使系统产生偏离目标的运动，使控制结果与控制目标产生误差（目标差）。调节可控输入的目的是使系统产生预定的输出，使系统克服干扰带来的偏差，排除不符合控制目的的输出。控制的根本目的就是要设法通过控制输入以得到符合我们愿望的输出。

（四）反馈

控制论中的反馈是指系统的输出通过一定的通道反送到输入端，从而对系统的输入和再输出发生影响的过程。也就是说，反馈是施控和被控双方相互作用和相互影响的过程。用系统活动的结果来调整系统下一步动作的方法，叫做反馈方法，其特点是根据过去的情况来调整未来的操作行为。

根据反馈后果的不同，可以将反馈分为正反馈和负反馈。如果反馈倾向于反抗系统偏离目标的运动，使系统沿减小目标差的方向运动，使系统趋于稳定状态，实现动态平衡，这种反馈称为负反馈；反之，如果反馈的结果是倾向于加剧系统正在进行的偏离目标运动，使系统沿增大目标差的方向运动，使系统越来越不稳定，最终导致系统的解体或崩溃，这种反馈称为正反馈。一般说来，当系统的稳定性受到干扰时，负反馈有重新建立这个系统稳定性的作用，而正反馈则会产生一个比干扰单独引起的偏差更大的偏差，有加剧系统不稳定性的作用。负反馈和正反馈是可以相互转化的。负反馈可以因为反馈信息的失真和反馈调节速度太慢而转化为正反馈；正反馈也可经过适当的调节而转化为负反馈。

例如，某调度站由于对车辆的指挥不当，造成乘客乘车的拥挤，然后调度站得到调查员通过电话送来关于该路段拥挤的真实情况，及时地改变调度使之改善，这就是由信息反馈后重新决策减小了目标差，是负反馈；但如果调度站听到的路段拥挤情况并不真实，调度更为不合理，结果导致乘客乘车更为拥挤，这就是正反馈。

从负反馈本身的控制“限度”看到，不是在任何干扰、任一环境影响下、任何时候由负反馈建立起来的稳定系统都“绝对稳定”，而只是在一定条件下的“相对稳定”。同样，如果系统处于正反馈的耦合之中，不稳定程度加剧也不是立即导致整个系统的解体或崩溃。系统自身具有一定的承受振动的能力，只有这种振动发展到一定的程度系统才会解体或崩溃。

二、控制系统与控制方式

控制是一种有目的的活动，控制目的体现于受控对象的行为状态之中。控制是施控者的一种主动行为，这要求施控者应该有可供施控的多种手段，以选择有效的或效果强的手段作用于受控对象。因此，所谓控制就是施控者选择适当的控制手段，作用于受控者，以期使受控者的行为状态发生合乎目的的变化。

（一）控制系统

“控制系统”的定义，可以有两种理解。其一，控制系统是由施控部分和受控对象共同组成的具有自身目标和功能的整体。其二，控制系统指由多个具有不同功能的环节按一定的方式组成的施控部分。控制任务越复杂，系统的结构也越复杂。从信息与控制的观点看，控制系统包括以下环节。

① 敏感环节，负责监测和获取受控对象和环境状况的信息，其作用相当于人体的感官。

② 决策环节，负责处理有关信息，制定控制指令，相当于人的大脑。简单系统只需将

实际工作状况的信息与预期达到的状况进行比较，也称为比较环节；对于复杂系统，如航天飞机、社会组织、政府机关等，要作出决策的过程就复杂得多。

③ 执行环节，根据决策环节作出的控制指令对受控对象实施控制，相当于人体的手、脚等执行器官。

④ 中间转换环节，即在决策环节和执行环节之间，设置完成某种转换任务的功能环节，同时要把这些环节按适当的方式组织起来，以产生所需要的控制作用。

（二）控制方式

给定控制任务后，要用一定的控制方式去实现。控制是一种策略性的主动活动，实现某个控制目标需要采取一定的控制办法。采用的控制办法不同，形成不同的控制方式。基本的控制方式有以下三种。

1. 简单控制

简单控制的特点是不考虑系统承受的外部干扰，也不管对象执行控制指令的效果，只根据控制目标的要求以及对象在控制作用下可能行为的认识，来制定控制指令，而且要求受控对象忠实执行指令。简单地说，只布置任务，不检查效果。

如果外部干扰可以忽略不计，对受控对象的运行过程能有清楚的了解，并且能够有针对性地制定出详尽可行的控制指令，且对象会执行指令，简单控制策略是可行的。其优点是结构简单，操作方便，经济性好，又简单可行。对于简单系统，并且系统所处环境也简单的情况下，一般可以采取这种控制方式。但对复杂的系统（如社会系统）的控制不能采取这种方式。

2. 补偿控制

如果外部干扰对系统影响很大，或者对象不能忠实地执行控制指令，就不能应用简单控制方式。在许多情况下，对这类对象一般采取补偿控制方式。

这种控制方式的特点是，依据控制目标，制定控制指令，同时要适时监测外部干扰，并考虑为抵消干扰可能增加的控制因素，而且要反映在控制指令中，通过控制把干扰的作用取消掉，这便是补偿控制。简单控制再加上抵消干扰的补偿措施，即为补偿控制。

补偿控制要通过设置补偿装置来实现，为了适时监测干扰因素，需要有灵敏的测量装置和有效的补偿装置，因而技术条件要求比较高，有的还比较复杂。关键问题是掌握系统运行规律和扰动的特性，有能力获取扰动信息并能适时补偿扰动的影响。如果只有少量干扰作用并容易监测到，并且有抵消干扰的手段，这种补偿控制便可行。在工程技术系统中这方面例子较多，常用补偿控制，如各种机械部分的缓冲垫等；在医疗上，打预防针防疫也属于补偿控制；一项社会活动“大面积”铺开前，首先试点、抓典型，进行思想教育和发动，针对可能出现的不利因素（干扰）所采取的预防措施，所有这些都是补偿控制。

3. 反馈控制

如果干扰作用中的因素多、变量大、影响多方面，甚至会出现难以料到的干扰作用，并且不好监测；或者虽然已获得了有关干扰的因素，但是用补偿手段也抵消不了其影响，这些情况下，不宜采用补偿控制，应该采用反馈控制。

反馈控制的主要特点在于，监测受控对象的运行状况，把输出变量的信息，反向传送到输入端；然后通过控制机构分析能够体现目标要求的控制变量，与反馈信息进行比较，找出误差；再根据误差的大小调整控制指令，改变对象（受控对象）的运行状况，逐步缩小乃至最后消除误差，达到控制目标。反馈控制既不需要监测干扰因素的信息，也不需要采取事先抵消干扰因素的补偿控制措施。反馈控制的着眼点在于消除受控对象实际运行情况与预定运行状况之间的不一致（即误差），把误差控制在允许的范围。所以，反馈控制的最大特点是既“布置任务”，又检查“执行情况”，直到达到控制目标。

三、控制论与环境管理

控制论特别强调系统的功能，它认为对系统控制的目的在于获取特定的功能。为了实现系统的功能，需要对系统的各个构成部分进行组织，把控制与组织联系起来。控制论所研究的系统都处在一定的环境中。从其外部规定性来看，它是按研究者所关心的问题而从错综复杂、相互联系的事物中相对孤立出来作为研究对象的一部分事物。一般而言，控制论所研究的这种具有控制作用的相对孤立系统，是由两个功能不同的子系统，即控制系统与受控系统组成的。

1. 环境调控系统

从控制论的角度来看，环境科学的研究对象——自然环境与人类活动相互作用的环境系统，实际上是一个环境调控系统。调控系统是指对人类活动具有支配和控制作用的社会经济系统或其某些组成部分，它是地理调控系统的主体，支配人类活动的决策行为从这里发出，并通过有关信息传递和执行环节产生行动，使人类活动作用于受控系统——自然环境或其某些组成部分。这里，受控系统（自然环境及其某些组成部分，以及处于系统中的人类行为）是系统的客体，是被调控对象。整个调控过程，实际上就是一个实施环境管理的过程。

2. 从控制环境到调节人与环境关系

人类对环境问题的认识和实施控制随着人类历史的发展而变化。原始人作为环境系统中的一个组成部分，对环境的影响并不比其他动物大。随着劳动工具的改进，特别是火的发现和利用，人类开始对环境产生重大影响。更新世时期，许多大型哺乳动物的灭绝与人类的滥行捕杀有关；撒哈拉沙漠在冰期后的扩大与过度放牧有关；有人认为，非洲稀树草原也可能是原始人年复一年纵火烧荒的结果。在人类历史上，由于人类不合理利用自然而引起自然的无情报复的例子是不胜枚举的。

随着技术的进步，人类对环境的影响愈加深刻。随着对环境的影响越来越大、越来越广以及人们可持续发展意识的不断增强，对于环境的控制，人们的认识也逐步提高，逐渐从污染控制、资源管理等转变到对人类经济社会行为的调节和控制，以减少人类行为对环境系统的过度影响和伤害，这其实就是环境管理的过程。人类通过认识环境问题，把握环境问题与人类经济社会行为的关系，按照可持续发展的要求，科学合理安排自身的生产行为和社会方式，努力使人类的经济社会活动与环境相协调。

第三节 生态和环境经济学理论

环境管理主要是通过全面规划使人类经济活动与环境系统协调发展，因而需要深入研究人类经济社会活动（主要是经济系统）与生态环境系统相互作用的规律与机理，这是“生态经济学”的任务。所以说，生态经济理论是环境管理的理论基础。环境管理要求人类在从事和开发环境的活动中，根据生态平衡规律的要求，建立良性的人工生态系统。环境管理的主要任务之一也就是协调人类与环境之间的相互关系，维持生态系统的总体平衡。

一、生态经济学有关理论

（一）生态系统平衡论

1. 生态系统的五大规律

生态系统是一定空间中的生物群落与其环境组成的系统，其中各成员凭借能量流动和物质循环形成一个有组织的功能复合体。我国生态学家马世骏提出了生态学五大规律，即：相互制约和相互依存的互生规律、相互补偿和相互协调的共生规律、物质循环转化的再生规律、相互适应和选择的协同进化规律、物质输入与输出的平衡规律，这是生态平衡的基本规律。

① 相互依存与相互制约规律。反映了生物间的协调关系，一方面，系统中同种生物之间、异种生物（系统内各部分）之间以及不同群落或系统之间，都直接或间接地存在相互依存、相互制约关系，即“物物相关”规律；另一方面，通过“食物”而相互联系与制约的协调关系，亦称“相生相克”规律。

② 物质循环转化的再生规律。即生态系统中，植物、动物、微生物和非生物成分，借助能量的不停流动，一方面不断地从自然界摄取物质并合成新的物质，另一方面又随时分解为简单的物质，即所谓“再生”，这些简单的物质重新被植物所吸收，由此形成不停顿的物质循环。

③ 物质输入输出的平衡规律，又称协调稳定规律。当一个自然生态系统不受人类活动干扰时，生物与环境之间的输入与输出，是相互对立的关系，对生物体进行输入时，环境必然进行输出，反之亦然。

④ 相互适应与补偿的协同进化规律。生物与环境之间，存在着作用与反作用的过程，或者说，生物给环境以影响，反过来环境也会影响生物。

⑤ 环境资源的有效极限规律。任何生态系统中作为生物赖以生存的各种环境资源，在质量、数量、空间、时间等方面，都有其一定的限度，不能无限制地供给，因而其生物生产力通常都有一个大致的上限，每一个生态系统对任何外来干扰都有一定的忍耐极限。

2. 生态系统的动态平衡

生态系统的动态平衡状态是指生态系统在一定时间内结构和功能的相对稳定状态，其物质和能量输入输出接近相等，在外来干扰下能通过自我调节（或人为控制）恢复到最初的稳定状态。相反，当外来干扰超越生态系统的自我调节能力而使之不能恢复到最初状态，则称生态平衡破坏。在自然界中，不论是森林，还是草原、湖泊等生态系统，都是由动物、植物、微生物等生物成分和光、水、土壤、空气、温度等非生物成分所组成。每一个成分都并非是孤立存在的，而是相互联系、相互制约的统一综合体。它们之间通过相互作用达到一个相对稳定的平衡状态，实际上也就是在生态系统中生产、消费、分解之间保持稳定。如果其中某一成分过于剧烈地发生改变，就可能出现一系列的连锁反应，使生态平衡遭到破坏。如果某种化学物质或某种化学元素过多地超过了自然状态下的正常含量，也会影响生态平衡。生态平衡是生物维持正常生长发育、生殖繁衍的根本条件，也是人类生存的基本条件。

生态平衡是一种动态的平衡，生态系统运动的过程是旧平衡不断地被打破和新平衡不断建立起来的过程。打破旧的生态系统平衡既可能是生态系统自身运动的结果，同时也可能是人类活动对生态系统的干扰和影响所造成的结果。打破旧的生态平衡以后可能会出现三种情况。

① 生态系统的组成失衡。这主要是由于物质和能量的输入与输出所带来的生态系统的变化，并没有改变系统的结构和整体功能，并不影响生态系统的发展方向。在此种情况下，

完全可以通过物质流和能量流的传送以及生态系统的自我调节恢复到原来的平衡水平。

② 生态系统平衡的破坏。这种情况主要表现为在人类活动的影响下，生态系统组成发生了很大的变化，结构受到一定程度的破坏，系统功能严重异常，生态系统发展方向发生改变。在此种情况下，难以通过生态系统功能和自身调节加以修复，而必须通过人工系统以一定的代价进行逐步地恢复直到原有水平的平衡态。

③ 生态系统的崩溃。生态系统的组成、结构和功能都受到彻底的破坏，生物生存和生长发育的条件几乎完全丧失。在一般条件下很难恢复到原有的生态平衡水平，需要经过较长时间的生态系统的进化和有效的人工控制来恢复该生态系统。

3. 环境管理要符合生态规律

生态理论研究主要包括生态规律、生态目标、生态政策问题等方面的研究。环境问题的产生，主要是由于人们违反了生态规律而造成的。环境管理的主要任务之一也就是协调人类同生态环境之间的相互作用、相互制约、相互依存的关系，维持生态系统的总体平衡。

为此，我们要以生态平衡理论来指导生产实践和环境管理活动。要根据生态规律的要求，建立与生态结构相适应的生产力结构，使人类在与环境进行物质和能量交换的过程中尽量不损害生态系统的结构和功能，维护生态系统的良性循环，使环境资源能够持续、永久地被人类加以利用。通过环境管理有效地防止和减少人类在开发和利用环境资源活动中对生态环境的破坏，从而在从事和开发环境的活动中，建立起良性的人工生态系统。

环境管理要根据生态平衡规律的要求，充分考虑资源和环境的承载能力（专栏 2-1）。环境承载力是指在一定时期内，在维持相对稳定的前提下，环境资源所能容纳的人口规模和经济规模的大小。地球的面积和空间是有限的，它的资源是有限的，显然，它的承载力也是有限的。因此，人类的活动必须保持在地球承载力的极限之内。

专栏 2-1

环境承载力理论

环境承载力理论是在生态平衡的理论基础上产生的。由于环境系统的组成物质在数量上存在一定的比例关系，在空间上有一定的分布规律，所以它对人类活动的支持能力就有一个限度，或者说，存在一个阈值。我们把这个阈值定义为环境承载力，确切地说，环境承载力是指“某一时期，某种环境状态下，某一区域环境对人类社会经济活动的支持能力的阈值”。这里，“某一区域”是广义的，可以大到整个地球。环境承载力最主要的特点是客观性和主观性的结合，另一特点是具有明显的区域性和时间性。“环境承载力”概念的提出，思想前提是环境的“资源观”和“价值观”。

环境作为一种资源，它包含了两层涵义：一是指环境的单个要素以及它们的组合方式；二是指环境纳污能力，即“环境自净能力”。环境要素的供应量和产出速度是有限的，环境要素组合方式的形成速度是极其缓慢的，环境的自净能力更是有限的。也就是说在一定的时空条件下，环境对人类社会经济发展活动的支持能力是有限的。

环境承载力是环境系统结构特征的反映，故其“量”和“质”两个方面的规定性是客观的，可以把握的，并能定量和定性表达。环境承载力的客观性，不等于它一成不变；相反，它可因人类对环境的改造而发生变化。人类在经济活动过程中应有目的地寻求环境限制因子并降低其限制强度，以使环境承载力在量和质两个方面向人类预定的目标变化。环境承载力将因人类社会经济发展活动的层次、内容不同而具备不同的表现形式和可能得到不同的结论值。

按照环境承载力理论，人类经济活动（载荷现量）不能够超过环境承载力的要求，这是环境系统维持稳定的前提，是协调经济与环境的必然要求，也是实现可持续发展的基本条件。

环境承载力作为衡量社会经济与发展是否匹配的重要尺度，可从产业结构与环境承载力是否匹配，布局是否能提高环境承载力等角度来考察。同样，利用区域环境承载力研究的结果调整人类经济发展行为，是环境科学对社会经济发展的重要贡献之一，可被广泛应用于区域环境规划、生产布局及经济结构的调整上。

环境承载力理论为环境管理提供了一种科学的依据和方法。环境承载力直接建立在微观研究的基础上，使环境规划的科学性得到了保证，同时它又直接同经济发展相联系，使环境与经济发展的协调有了宏观依据，加之环境承载力的可调节性，使环境与经济发展的协调有了现实可能性。环境承载力为环境管理提供了基本的思想基础和操作前提，我们应根据环境资源的有限的支持能力来确定人类社会经济活动的方向和速度。实施环境管理，就是要对人类经济社会行为进行调控，使其对生态环境的影响控制在环境能够承载的范围之内。

（二）生态经济理论

1. 生态经济

生态经济由生态学和经济学相互渗透、有机结合而形成。通常，生态学只研究自然系统本身的问题，很少涉及人文系统对生态系统的影响，而经济学则关注如何有效地配置资源，如何把目标变成政策，对资源本身的有限性及增长的极限则较少关注。生态经济则透过经济学和生态学的交叉视角，从新的视点看待生态系统和经济系统之间的关系。它重视自然生态和人类社会经济活动的相互作用，从中理解生态经济复合系统的协调和可持续发展的规律性。生态经济所关心的问题是当前世界面临的一系列最紧迫的问题，如可持续性、酸雨、全球变暖、物种灭绝和财富的分配等。

生态经济学认为，人类社会只是生态系统的一个子系统，一切经济活动和所有生物都对地球生态系统有着依赖关系，人类社会子系统的存在依赖于生态大系统的平衡和自我调节机制。生态经济强调生态平衡与经济平衡的关系、生态效益与经济效益的关系、生态供给与经济需求的矛盾等，以此来探索经济系统和生态系统持续稳定的发展方式。具体来说，生态经济包含以下内容：①人类对生存资料、享受资料、发展资料三种不同层次的需要中都应包括相应的经济需要和生态需要；②科学合理地组织经济再生产、人口再生产和生态环境再生产；③经济社会发展要与环境承载力相协调、实现生态经济平衡；④实现高效的生产结构、流通结构、分配结构和消费结构，建立资源节约和综合利用型的产业结构与消费结构；⑤实现生态经济社会总资源的优化配置，利用市场机制和政府宏观调控相结合的手段，使资源配置过程中经济、社会和生态三个方面目标协调发展。

2. 生态经济系统

生态系统与经济系统都是“生态-经济”系统的子系统。可持续发展是一种全新的发展观念和模式。可持续发展不是指单纯的经济发展，而是生态、经济、社会三种维度相互联系形成的整体的发展，可持续发展的核心是：既包括当代人的需求满足，又要顾及后代人持续的生存与发展能力，既包括一个区域、一群人的需求满足，又要包括其他区域、其他群体的需要和发展。

生态经济与可持续发展密切相连。生态经济是可持续发展的重要实现形式，生态经济理论为可持续发展提供了理论基础。从可持续发展的价值判断出发，维持不变或增加的自然环境与资源存量是发展的重要维度，只有这样，才能保证后代人持续发展的能力。生态经济强调经济效益与生态效益的共存，经济需求与生态供给的协调，以及经济发展的生态制约。生态经济强调通过环境与经济协调发展来满足人们日益增长的各种需求。这些需求既包括目前人们对各种物质生活和精神生活享受的需要，又包括人们对劳动环境和生活环境质量的生态需要。

要实现经济与生态协调发展，就要进行“生态-经济”系统，以及“工业-环境”关系环的研究，用新的理论观点来看待“生态-经济”系统和“工业增长与环境污染的关系环”，制定正确的环境政策和发展战略。自20世纪80年代以来，国际、国内对生态经济理论、生态经济模型作了大量的研究。在此基础上，通过制定规划、决策和管理，协调两者的关系。所有生态与经济政策都应为“最大满足人类需要”这个目的服务。

二、环境经济学理论

环境经济学是研究经济发展和环境保护之间关系的科学，是经济学和环境科学交叉的学科。环境经济学的内容主要有四个方面：环境经济学基本理论、社会生产力的合理组织、环境保护的经济效果和运用经济手段进行环境管理。环境经济学要探索建立一种既能充分利用、保护、提高自然生产力和环境自净能力，又能综合利用自然资源的多层次的社会经济生态系统，从而保证经济发展既有利于提高近期经济效益，又有利于发挥长远生态效果。从环境管理的经济理论基础看，环境经济学中的环境价值论和外部性理论是环境管理的经济学基本理论。

（一）环境价值论

1. 环境资源具有经济价值

价值规律是商品生产和商品交换特有的规律，在社会主义制度下还存在着商品的生产和交换，价值规律就必然发生作用，并渗透到社会、经济、环境各个领域中。

新古典经济学认为，某种物品具有“价值”的原因在于其有用性和稀缺性。环境资源，也称为环境质量或环境质量资源，也具有这两种属性：首先是有效用的，人们可以从优质的环境中得到满足感；同时，环境资源也是稀缺的，譬如清洁的空气、干净的水源等环境资源并不是取之不尽、用之不竭的。20世纪以来，伴随工业化进程的环境污染和生态破坏，人们逐渐认识到环境资源的稀缺性，并开始接受“环境资源是有限的，具有价值的”这一观点。

环境为人类的生存和发展提供必要的物质、能量基础以及精神满足，向人类提供了空气、生物、矿产、淡水、海洋、土地、森林等资源，这是环境价值在物质性方面的体现。人类活动的一切物质资料归根到底都来自于环境，要向环境索取。另一方面，环境提供的美好景观、广阔空间及环境容量虽不直接进入生产过程，却是另一类可满足人类精神需求以及延长生产过程的资源。环境价值也将其他物种的生存和福利考虑在内，因为其他物种存在的价值不仅是来源于他们对人类有直接使用的价值，同时也来源于人类的一种利他心理或是伦理上的考虑。后者就是非使用价值的来源。

环境资源的价值分为两个部分：使用价值（use value），也称为有用性价值（instrumental value）；非使用价值（nonuse value），也称为内在价值（intrinsic value）、存在价值（existence value）。使用价值是指当某一物品被使用或消费的时候，满足人们某种需要或偏好的能力。使用价值包括直接使用价值（direct use value）、间接使用价值（indirect use value）和选择价值（option value）。从某种意义上说，存在价值是人们对环境资源价值的一种道德上的评判。例如，如果人们认为其他的生物有继续生存在地球上的权利，人类就必须保护这些生物，即便它们可能没有使用价值。随着环境意识的提高，存在价值被认为是总经济价值中的一个重要部分。

从经济学的角度，环境价值可以由环境质量变化引起人们福利变化来衡量。当环境质量改善时，能使人们的经济福利增加，于是产生了环境效益；反之，当环境质量恶化，人们的福利就会减少，由此产生了环境损失。根据环境破坏类型的划分，环境损失包括了环境污染损失和生态破坏损失。

2. 环境价值评价

新古典经济学指出环境资源具有价值，福利经济学则提供了环境价值评估的理论基础。

环境质量资源是有价值的，当环境质量发生变化的时候，相应地将产生环境效益或环境损失。根据福利经济学，这些环境效益或环境损失是可以被衡量的。

环境损害或效益价值评估的基础是人们对环境改善的支付意愿，或是忍受环境损害的接收赔偿意愿。因此，环境价值评估方法多从估计人们的支付意愿或接收赔偿意愿入手。总的说来，获得人们的偏好和支付意愿或接收赔偿意愿的途径主要有三个：一是从直接受到影响的物品的相关市场信息中获得；二是从其他事物中所蕴涵的有关信息中获得；三是通过直接调查个人的支付意愿或接受赔偿意愿获得。

根据这三个途径，可以将环境损害与效益的价值评估方法分为三类：直接市场评价法、揭示偏好法和陈述偏好法。

对环境资源价值进行评估的目的是为决策提供依据。费用效益分析（cost-benefit analysis，CBA）就是重要的决策工具。费用效益分析是一种经济评价方法，其基本思路是：把所有的效益和费用列出并进行定量比较。一般做法是，将在各个时间段产生的效益和费用用货币表示列出，并在某一时点上进行贴现，然后进行比较。如果总效益现值大于总费用现值，就认为该项活动是赢利的，即在经济上是合理的。

（二）外部性理论

外部性理论是环境经济学的理论基础，也是环境管理经济手段的理论基础。

1. 外部性含义

20 世纪 20 年代，英国经济学家庇古在其名著《福利经济学》中研究了外部性问题。外部性（externality）指在实际经济活动中，生产者或消费者的活动对其他生产者或消费者带来的非市场性的影响。这种影响可能是有益的，也可能是有害的。有益的影响称为外部经济性，或正外部性；有害的影响称为外部不经济性或负外部性。与环境问题有关的外部性，主要是生产和消费的外部不经济性，尤其是生产的外部不经济性。

2. 环境外部性

福利经济学基本原理认为，市场可以有效地配置资源，从而达到帕累托最优。但在生态环境问题上，由于存在外部性效应，市场无法对环境资源优化配置，从而出现“市场失灵”。

生态环境质量问题是外部性理论最重要的应用之一。从经济学的角度看，“环境”作为一种公共产品，具有非竞争性和非排他性两个特点。非竞争性是指不会因为消费人数的增加而引起生产成本的增加，即消费者人数的增加所引起的社会边际成本等于零。而非排他性则指产品一旦提供，就不能排除社会中的任何一个人免费享受它所带来的利益。就比如说，采取措施减少某个城市的空气污染，某人呼吸了清新的空气，并不能制止他人呼吸。由于环境问题的“非竞争性”和“非排他性”，“环境”这种公共产品无法通过等价交换的机制在生产者和消费者之间建立联系，假如采用市场资源配置的方式进行环境供应，无疑就会发生“市场失灵”。这是在经济发展中产生环境污染问题的根本原因。

① 负外部性与环境污染。环境污染具有很强的负外部性。排污的厂商或居民没有完全承

担其经济活动的全部成本，排放的污染物对他人或社会造成影响，但这些影响或成本与造成污染的产品的生产者和消费者不直接相关，即污染并不影响该产品的市场交易。所以，市场不能自行消除外部成本，造成严重的环境污染和公共资源破坏。这时，需要政府发挥作用，可以通过征税的方式（庇古税）使私人成本和社会成本一致化，限制负外部性行为，起到保护生态环境的作用。

② 正外部性与环境保护。环境保护具有很强的正外部性。环境治理与环境保护行为能提供清新的空气、良好的环境等，但在技术上它们是很难排除其他人在不付费的情况下参与消费。这样就产生了“免费搭车”问题，使市场机制提供环境保护这样的公共产品供应严重不足，有时甚至会出现供给为零。此时，可以由政府通过补贴或税收优惠使私人收益和社会收益一致化，鼓励正外部性行为，从而促进生态环境可持续发展。

将外部性理论引入环境领域，实质是把经济行为主体的经济活动放到环境-经济复合系统中考察，就会得出这样的结论：环境污染是一种典型的负外部性，产生了不能全部反映到市场交易价格中去的额外的社会成本。而用会计学的观点看，即经济行为主体在经济活动中对环境造成损害所应付出的代价未计入经营成本，导致收益与成本不匹配。根据外部性理论，人们提出了环境成本的概念。联合国国际会计和报告标准政府间专家工作组第15次会议认为：环境成本是指，本着对环境负责的原则，为管理企业活动对环境造成的影响采取或被要求采取的措施的成本以及因企业执行环境目标和要求所付出的其他成本。如上游化工厂向河流中倒入废酸液，使下游的游乐场所不能用于游泳或钓鱼。由于无须向任何人赔偿损失，从而导致外部不经济的产生。由于环境污染并不构成私人生产成本，必然出现企业的私人成本与社会成本的差异。这一差异被转嫁给社会和公众，外部性成本的顺利转嫁，必然导致这种带有负外部效应的物品的过度供给行为，使资源配置扭曲，造成环境污染、资源浪费和社会福利损失。

3. 科斯定理（Coase Theorem）

外部性和产权关系紧密。在市场体制中，一切经济活动都以明确的产权为前提。产权是经济当事人对其财产（物品或资源）的法定权利，它表明个人或团体有权利用这些财产去获得某些利益。在一个自由竞争的市场中，保证资源最优配置的产权结构应具备明确性、排他性（或称专有性）、可转让性和强制性四个特点。

美国的经济学家科斯，从产权界定出发给出了克服或消除外部性的一个理论框架，即著名的科斯定理：在产权明确、交易成本为零的前提下，通过市场交易可以消除外部性。

对于环境外部不经济性，科斯定理给出了两种解决途径：第一个途径是，对外部不经济性的受害方规定了所有权或使用权，受害方有免受外部不经济性的权利，而且这种权利是可以转让的（以接受同等数量的外部不经济性损失补偿向行动方转让）。也就是说，政府可以根据受害方的要求，强制行动方把外部不经济性减为零，而且，受害方与污染者可以进行交易。第二个途径，规定受害方没有免受外部不经济性的权利，除非它愿意购买这种权利。这两种途径的区别在于产权界定不同，规定受害方有权免受外部不经济性或受害方无权免受外部不经济性。但是，只要明确产权，消除外部不经济性的最终交易结果是相同的。因此，资源配置的“市场失灵”问题，其根源在于“产权结构失灵”。通过产权的重新界定和权利交易这个创建市场的手段，在理论上可以解决资源配置的“市场失灵”问题。

（三）环境经济学理论奠定了环境管理经济手段的基础

人类的生活基本需要和享受的需要都是与环境息息相关的，环境是满足人类生活资料的最基本的源泉。建设良好的生态环境是环境管理的中心任务，同时也是社会主义基本经济规律的客观要求。不同的社会制度有各不相同的经济规律，所以不同社会制度的环境管理也各有特点。环境管理要服从基本经济规律的要求。环境经济学的环境价值论和外部性理论，是现代环境管理的理论基础，也是环境管理经济手段的方法基础。

1. 环境价值论与环境管理

按照环境价值理论，环境和资源的经济化运作，就是以经济的观点研究和评价环境和生态资源的保护和开发，以适当的投入、产出核算体系来测算资源的消耗并指导其保护和再生产。抛弃资源无限性观点，确定环境生态资源的价格体系，以提供一个环境资源经济化运作的判断标准，最终把环境与资源纳入国民经济核算体系，从新的角度来审视社会经济发展的成果和效益。在环境管理工作中，要运用价值规律，鼓励既促进经济发展，对环境影响又不大的生产开发活动发展，限制对环境有恶劣影响的生产开发活动。要重视环境价值，讲求经济效益，同时也要讲求环境效益。

我国是社会主义国家，不断地满足人们日益增长的物质文化生活的需要，是我们所进行任何工作的出发点和最根本的目的。环境管理也不例外，这决定了环境目标必须与经济发展目标统一，环境效益必须与经济效益统一。在制定国民经济长远发展规划的同时，要制定环境规划，并使两者结合起来，统筹兼顾，综合平衡。

2. 外部性理论与环境管理

外部性理论的贡献在于：它引导人们在研究经济问题时不仅要注意经济活动本身的运行和效率问题，而且要注意由生产和消费活动所引起的不由市场机制体现的对社会环境造成的影响。政府可以根据外部性的影响方向与影响程度的不同，制定相应的经济政策和经济手段，消除外部性对成本和收益的影响，实现资源的最优配置和收入分配的公平合理。纠正的办法包括：①使用税收和津贴；②使用企业合并的方法；③规定财产权等。

当外部费用表现为环境污染、生态破坏或其他形式的环境问题时，这种外部费用就是环境费用。外部性内部化是一个普遍的原则。外部不经济性的内部化，就是使生产者或消费者产生的外部费用，进入生产或消费决策，由他们自己来承担或消化。英国经济学家庇古最早提出用税收解决环境费用的问题（庇古税），“污染者负担”或“污染者付费”原则，都是外部性内部化原则的具体运用。外部性理论在环境管理中的运用主要有以下形式。

① 管制。所谓管制，就是指政府根据相关的法律、法规和标准等，直接规定当事人产生外部不经济性的允许数量及其方式。管制可以是对污染物的排放（浓度或排放量）直接进行控制，也可以是对生产的原料和能源投入的前端过程进行控制。管制的前提是有一系列污染控制法律，然后根据这些法规对每一个厂商和消费者确定污染物的排放种类、数量、排放方式以及生产工艺中的相关指标。管制系统包括管制指令生成机构、执行机构以及制裁、监督机构。管制在消除外部不经济性方面有较大的确定性。

② 排污权交易。排污权交易是一种基于市场的解决外部不经济性的具体办法。柯斯定理中讨论的两种产权结构的确定，实际上就是规定谁拥有对环境的排污权或使用权。通过排污权的交易，可以实现资源的合理配置，使外部不经济性内部化。只要这种权力界定是明确的，不管交易的结果怎样，交易收入归谁，都能实现社会资源的高效率配置。

③ 排污收费。这是非市场性手段中应用最广泛的、最典型的一种方法。它有利于环境保护部门直接干涉企业行为，刺激其减少污染排放。

第四节　三种生产理论

一、三种生产及其联系

人和环境组成的环境系统本质上是一个由人类社会与自然环境组成的复杂系统。在这个世界系统中，人与环境之间有着密切的联系。这种联系体现在两者之间的物质、能量和信息的交换和流动上。在这三种交流关系中，物质的流动是基本的，它是另外两种交流的基础和载体。在物质运动这个基础层次上，可以进一步划分为三个子系统，即物质生产子系统、人口生产子系统和环境生产子系统。这里所说的“生产”是指有输入、输出的物质转变活动的全过程。

(一) 三种生产的含义

物质生产：其含义近乎通常所谓的劳动生产，是指人类利用技术手段从环境中索取自然资源并接受人的生产环节所产生的消费再生物，并将其转化为生活资料的总过程。该过程生产生活资料以满足人类的物质需求，同时产生加工废弃物返回环境。

人口生产：指人类生存和繁衍的总过程，既包括人口的再生产（繁衍、生育），也包括人口在其生存过程中对物质资料的消费。该过程消费物质生产产出的生活资料和环境生产所提供的生活资源，产生人力资源以支持物质生产和环境生产，同时产生消费废弃物返回环境，产生消费再生物返回物质生产环节。

环境生产：是指自然力和人力共同作用下环境对其自然结构和状态的维持与改善，包括消纳污染（加工废弃物、消费废弃物）和产生资源（生活资源、生产资源）。

可见，这三种生产的关系呈环状结构，任何一种生产不畅即会危害世界系统的持续和发展，也就是说，人和环境这个系统的畅通程度取决于三种生产之间的和谐程度。

(二) 三种生产的联系

从可持续发展的角度来考察，物质生产环节的基本参量包括资源利用率、产品流向比和社会生产力。资源利用率指将从环境中索取的资源和从废弃物中取得的再生物转化为产品的比例。资源利用率高，则意味着在产出同等产品时，从环境中索取的资源少，加载到环境中的加工废弃物也少。产品流向比指提供给人口生产的产品和服务与提供给环境生产的产品的比例。社会生产力对应于生产生活资料的总能力。

人口生产环节的基本参量包括人口数量、人口素质和消费方式。

人口数量和消费方式决定了社会总消费，它是三种生产环状运行的基本动力，而社会总消费随人口数量和消费水平的增长而无限增长是导致世界系统失控的根本原因。因为环境所能支持的人类“自然”人口有一个确定的总量，这就是环境的人口承载力。当人口增长超过了环境的人口承载力时，就会因生活资料缺乏，环境条件恶劣使死亡率提高，出生率下降。对人口增长有两种抑制方式：一是预防抑制，如计划生育、晚婚晚育或不婚不育等；二是积极抑制，如饥荒、战争、疾病等。

人口素质包括人的科学知识水平和文化道德修养，决定了人参加物质生产和环境生产的能力，还表现为调节自我生产和消费方式的能力。人口素质的提高，不仅体现在物质生产、人口生产和环境生产的改善和提高，更重要的是体现在调和三种生产的能力的提高。

消费方式包含消费水准、消费入口比和消费出口比三个基本分量。消费水准指个人消费物质资料（包括生活资源和生活资料），它和人口数量是决定社会总消费的主要因素。消费入口比表示在个人生活所消耗的物质资料中，生活资源与生活资料之比。消费入口比高，意味着社会总消费中取自环境生产的生活资源较多，而取自物质生产的生活资料较少，有利于减少对环境生产的压力。消费出口比表示物质经人的生产环节消费以后，回用于物质生产的部分（消费再生物）与直接返回环境生产的部分（消费废弃物）之比。消费出口比高，表示转化为物质生产的资源比例大，成为环境污染物的比例小，有利于减轻对环境资源生产力的压力。要建立符合可持续发展要求的消费模式，应大力提倡绿色消费、重视文化生活。

环境生产环节的基本参量是污染消纳力和资源生产力，这也是环境承载力的两个基本分量。环境接受从物质生产返回的加工废弃物和从人口生产返回的消费废弃物，环境自身消解这些废弃物的能力（即污染消纳力）是有限的。如果环境接受的废弃物的种类和数量超过其污染消纳力，就会使环境质量下降。环境产生或再生生活资源和生产资源的能力，称为资源生产力。环境的资源生产力也是有限的，当人类从环境中索取资源的速度超过环境的资源生产力时，会导致资源存量的下降。在原始文明时期，人类以狩猎和采集方式直接从自然环境中获取生活所需，虽然社会生产力很低，但是资源利用率很高。随着社会发展，生活资料的加工链节越来越多，虽然社会生产力得到极大提高，但是总体而言，资源利用率与原始文明社会相比却大大降低。

人类文明发展到工业文明阶段，社会生产力高度发达，社会总消费急剧增大，环境生产已成为可持续发展的关键环节，加强环境生产十分紧迫，并具有长远意义。

二、三种生产的关系演变历程

从人类发展史看，在人类诞生初期的远古文明时代，人类与自然浑然一体，是自然的一部分，因此世界系统实际上就是自然生态系统，就是自然环境。

经过几十万年的演进，人类维持生存的生产方式由采集、渔猎逐渐转变为种养和捕捞，组织方式由无明确分工的群体逐渐变为有初步分工合作的社会，人类进入了农业文明时代。从此，人类逐渐从自然环境中脱离出来，形成了相对独立的人类社会系统。这时，世界系统变为两部分，由人类社会和自然环境共同组成。在漫长的农业文明时代，为了摆脱自然的束缚，取得更好的生存，人类社会中出现了分工，以及以交换为目的的物品生产。于是物质生产子系统开始出现并逐渐形成。

18 世纪末期开始的工业革命以后，随着人口数量迅速膨胀，科技水平大大提高，掌握的工具日益先进，生产能力越来越强，人类从自然环境中攫取的物质数量也越来越多。于是，物质生产系统在世界系统中的地位由从属上升为主导。

从世界系统的演变史中可以看到，环境生产处于最根本的地位，它是另外两种生产产生和发展的基础。但是，由于历史实际的局限性，人类对于世界系统的认识历程与其形成过程并不一致。最先，人类只注意到了物质生产系统的存在，没有意识到人口生产系统和环境生产系统的存在。只是当人口数量增长速度与物质生产增长速度出现了明显的差异，从而出现了相对的物资匮乏，人类才开始意识到人口生产子系统的存在，也才开始去研究人口生产子系统与物质生产子系统之间关系的正确处理问题。同样，也只有在环境污染、生态破坏以及自然资源锐减问题变得十分尖锐的今天，人类才意识到了环境生产子系统的存在，也才认识到无论是人口生产还是物质生产，都必须与环境生产的能力相适应。

从一种生产到两种生产再到三种生产，反映了人类对世界系统的认识历程。由此可见，承认环境生产子系统的存在及其在世界系统中的基础地位是人类认识史上的飞跃。这才是正确解决环境问题的基本出发点。

三、三种生产的调和——协调发展

当前，人们认识到过去发展模式的不可持续性，提出要走可持续发展的道路，改变一些传统的技术方法以及思想观念。三种生产理论为这种改变提供了理论依据和指导。

要使三种生产和谐地运行，关键在于“调和”，包括调和三种生产之间的联系方式和内容，以确保世界系统和谐运行，同时调和各个生产环节内部运行的目标和机制，以保证在三种生产的发展和三种生产之间的正确联系。

三种生产的调和可以用指标来度量，这种指标就是可持续发展的指标体系，它被用来衡量人类在可持续发展道路上前进的速度和水平，衡量三种生产之间的协同与和谐程度，进而用以考察人类对三种生产之间关系所做的调和工作的效果。

思考题

1. 环境管理的理论基础有哪些？
2. 什么是系统论？系统论的基本观点是什么？
3. 什么是环境系统？如何理解环境系统的动态平衡？
4. 控制论的主要观点是什么？控制论如何运用到环境管理中？
5. 生态系统有什么规律？环境管理如何应用这些规律？
6. 如何理解环境价值？
7. 外部性的含义是什么？如何解决外部性问题？
8. 什么是三种生产？三种生产如何实现协调？

第三章 环境管理的手段和技术支持

第一节 环境管理的手段和职能

一、环境管理的手段

环境管理是一个具有对象指向、目的性的管理过程，为了实现管理的目标，需要运用一定的手段对管理对象施以控制和管理。所谓环境管理手段，是指为实现环境管理目标，管理主体针对客体所采取的必需的、有效的措施。环境管理常用的手段包括法律手段、经济手段、行政手段、技术手段和宣传教育手段。

（一）法律手段

1. 法律手段的含义

法律手段是环境管理的一个最基本的手段，使人们知道“必须怎样做”，着重解决效力和公正问题，是强制性措施。即政府通过环境法的形式实现保护环境的目的。环境法的定义是：为了协调人类与自然环境之间的关系，保护和改善环境资源并进而保护人体健康和保障经济社会的可持续发展，由国家制定或认可并由国家强制力保证实施的调整人们在开发、利用、保护和改善环境的活动中所产生的各种社会关系的行为规范的总称。环境管理的法律手段通过制定一系列禁止性规范和限制性规范、相关的权利和义务，使人们的行为符合法律法规的要求。常见的措施是行政制裁、民事制裁和刑事制裁。

该定义主要包括以下几个方面的含义。

① 环境法的目的是通过防治环境污染和生态破坏，协调人类与自然环境之间的关系，保证人类按照自然客观规律特别是生态学规律开发、利用、保护和改善人类赖以生存和发展的环境资源，维护生态平衡，保护人体健康和保障经济社会的可持续发展。

② 环境产生的根源是人与自然环境之间的矛盾，其调整对象是人们在开发、利用、保护和改善环境资源，防治环境污染和生态破坏的生产、生活或其他活动中所产生的社会关系。通过直接调整人与人之间的环境社会关系，促使人类活动符合生态学规律及其他自然客观规律，从而间接调整人与自然界之间的关系。

③ 环境法是由国家制定或认可并由国家强制力保证实施的法律规范，是建立和维护环境法律秩序的主要依据。由国家制定或认可，具有国家强制力和概括性、规范性，是法律属性的基本特征。

环境法产生与发展的根本原因在于环境问题的严重化以及强化国家环境管理职能的需要。因各国国情不同而各具特色。但其法律规定通常具有相似性，大都同时兼顾环境效益、经济效益和社会效益等多个目标，强调在保护和改善环境资源的基础上，保护人体健康和保障经济社会的持续发展。

环境法的保护对象是整个人类环境，环境法本身不仅要符合技术、经济、社会等方面的状况、要求，而且必须遵循自然客观规律，特别是生态学规律。因此，环境法的实施过程，实质上就是以国家强制力为后盾，通过行政执法、司法、守法等多个环节来调整人与人之间的社会关系，使人们的活动特别是经济活动符合生态学等自然客观规律，从而协调人类与自然环境之间的关系，使人类活动对环境资源的影响不超出生态系统可以承受的范围，使经济社会的发展建立在适当的环境资源基础之上，实现可持续发展。可以说，在“依法治国”、“依法行政”的基本原则之下，环境管理就是依据环境法的规定，对与环境资源的开发、利用、保护与改善等有关的事项进行监管和调控的活动。可见环境法在保护环境资源、实施可持续发展战略中的极端重要性。

联合国《21世纪议程》对包括环境法在内的法律法规在实现可持续发展过程中的重要性和必要性作了精辟的概括，指出“适合各国具体条件的法律和条例是使环境和发展政策化为行动的最重要的工具——不但通过‘命令和管制方法’，而且作为经济规划和市场机制的构架准则”。因此，各国“必须发展和执行综合的、有制裁力的和有效的法律和条例，而这些法律和条例必须根据周全的社会、生态、经济和科学原则”。《中国21世纪议程——中国21世纪人口、环境与发展白皮书》也进一步强调：“与可持续发展有关的立法是可持续发展战略和政策定型化、法制化的途径，与可持续发展有关的立法的实施是把可持续发展战略付诸实践的重要保障。在今后的可持续发展战略和重大行动中，有关法律和法规的实施占重要地位。”

2. 法律手段的特点

法律规范的构成一般包括三个内容。①条件。任何法律适用于特定的范畴和情形。例如，《中华人民共和国水污染防治法》适用于在中华人民共和国领域内的江河、湖泊、运河、渠道、水库等地表水体以及地下水体的污染防治。②行为规则。法律规范中明确规定，允许做什么，禁止做什么，要求做什么，这是法律规范最基本的部分。③法律责任。违反法律规定的作为或不作为，都应当承担相应的法律后果。例如，因水污染直接造成公私财产损害的，要负赔偿责任。

法律手段具强制性、权威性、规范性、共同性和持续性特点。

法律规范最显著的特征是强制性，即通过国家机器的保障强制执行。法律手段的强制性表现为由国家权力机关或各级政府管理机构依据国家的环境法律、法规将人们的各种行为强制纳入法制化轨道，使环境法律、法规成为人们必须遵守的有利于环境保护的行为准则，具有普遍的约束力。

权威性体现在法律、法规所确立的行为准则是最高的行为准则，当法律、法规与行政命令、道德规范和价值观念发生冲突和矛盾的时候，人们必须服从法律、法规的要求，按其要求来调整和规范自己的行为。

规范性表现为法律、法规都有各自规定的内容和相应的解释及执行程序，既对所有的组织和个人做出了统一的行为规定，也规定了法律、法规本身的执行程序，告诉执法者什么样的执法程序是合法的，什么样的执法程序是违法的。

共同性表现为法律面前人人平等，不论是国家机关，还是社会团体，不论是政府官员，还是普通公民，都不能超越法律之上，都要在法律的范围内实施自己的行为。

持续性表现为法律、法规具有较强的时间稳定性和持续的有效性。

3. 我国环境法体系的基本内容

依法管理环境是防治污染、保障自然资源合理利用并维护生态平衡的重要途径。目前在中国已初步形成了由国家宪法、环境保护法、环境保护单行法、环境标准和环境保护相关法等法律、法规组成的环境保护法律体系，这是强化环境执法监督管理的基本依据。从法律的效力层次来看，我国环境法体系主要包括下列组成部分。

① 宪法关于保护环境资源的规定。宪法关于保护环境资源的规定在整个环境法体系中具有最高法律地位和法律权威，是环境立法的基础和根本依据。宪法第26条规定：“国家保

护和改善生活环境与生态环境，防治污染与其他公害”；“国家保障自然资源的合理利用，保护珍贵的动物和植物。禁止任何组织或个人用任何手段侵占或者破坏自然资源”。

② 环境保护基本法。环境保护基本法是对环境保护方面的重大问题作出规定和调整的综合性立法，在环境法体系中，具有仅次于宪法性规定的最高法律地位和效力。我国现行的环境保护基本法是1989年12月26日颁布实施的《中华人民共和国环境保护法》。

③ 环境资源单行法。环境资源单行法是针对某一特定的环境要素或特定的环境社会关系进行调整的专门性法律法规，具有量多面广的特点，是环境法的主体部分，主要有以下类型：土地利用规划法、环境污染和其他公害防治法、自然资源保护法、自然保护法等。

④ 环境标准。环境标准是由行政机关根据立法机关的授权而制定和颁布的，旨在控制环境污染、维护生态平衡和环境质量、保护人体健康和财产安全的各种法律性技术指标和规范的总称。环境标准一经批准发布，各有关单位必须严格贯彻执行，不得擅自变更或降低。

⑤ 其他部门法中有关保护环境资源的法律规范。在行政法、民法、刑法、经济法、劳动法等部门法中也有一些有关保护环境资源的法律规范，其内容较为庞杂。

⑥ 我国缔结或参加的有关保护环境资源的国际条约和国际公约。为了协调世界各国的环境保护活动，保护自然资源和应付日趋严重的气候变暖、酸雨、臭氧层破坏、生物多样性锐减等全球性环境问题，国际环境法应运而生，包括国际条约和国际公约。他们是调整国家之间在开发、利用、保护和改善环境资源的活动中所产生的各种关系的有约束力的原则、规则、规章、制度的总称。根据我国的环境保护基本法的规定，我国加入的国际环境公约具有优先于国内的环境法的地位。

(二) 行政手段

1. 行政手段的含义

行政手段是指国家通过各级行政管理机关，根据国家的有关环境保护方针政策、法律法规和标准而实施的环境管理措施，是行政机构以命令、指示、规定等形式作用于直接管理对象的一种手段。换言之，环境管理的行政手段是指国家行政机关利用行政权力，对开发利用和保护环境的活动进行行政干预的措施，主要包括：规划和计划、划定管理区、环境影响评价、发布禁令、发放许可证、“三同时”制度，排污申报登记、限期治理、环境保护目标责任制等。

2. 行政手段的主要特征

行政手段是环境管理的基本手段，它具有以下主要特征。

① 权威性。行政机构的权威性越高，行政手段的效力越强。管理者权威的高低，主要是取决于管理者所具有的行政权限的大小，与管理者自身在管理工作中所表现出来的良好管理素质及管理才能相关。提高行政手段的有效性必须受到国家法律的监督和制约，要坚持依法行政，依法管理。

② 强制性。行政手段是通过行政命令、指示、规定或指令性计划等来对管理对象进行指挥和控制，因而就必然具有强制性。与法律手段相比，其强制性相对较弱，它主要强调原则上的高度统一，并不排斥人们在手段上的灵活多样性。而且其制约范围一般只对特定的部门或特定的对象有效。

③ 规范性。行政机构发出的命令、指示、规定等必须以文件的形式予以公布和下达。

3. 行政手段在我国环境管理中的运用

在世界范围内，行政手段不仅在早期的环境保护中举足轻重，在现代的环境管理中也是不可取代的。如美国《国家环境政策法》最早设立环境影响评价制度，并成为美国环境管理支柱制度之一，而后在世界范围。

长期以来，我国的环境管理以命令控制型的行政手段为主。这是由我国经济体制转轨的现实决定的。我国传统环境管理侧重行政手段，譬如，新老八项环境管理基本法律制度中，除排污收费制度外，其余七项皆为行政手段。行政手段在我国环境管理制度的创立与发展中功不可没，开创了环境管理制度从无到有的局面。

在我国的环境管理工作中，行政手段主要包括：制定和实施环境标准；颁布和推行环境政策，即国务院环境保护行政主管部门根据一定时期内国家的环境保护目标，拟订环境保护工作的基本方针、指导原则和具体措施，并予以推行。

行政手段具有自身的优越性。其一是直接性。经济手段是通过增加或减少物质利益使被管理者自行约束行为，法律手段通过规范相关方权利和义务，尤其是制裁违反义务、侵害他人权利的行为来形成约束机制，而行政手段则是由行政机关直接规定相关方应为与不应为的事项，无须通过其他的媒介。其二是强制性。在行政行为中，相关方没有自由处分利益的权力，而且相关方之间经济、法律地位的差异并不影响他们在行政措施中必须做出同一反应，使得行政手段比经济手段以及其他手段更具有强制性，更易贯彻。其三是高效性。正因为行政手段能够直接参与法律关系，对相关方产生强制性效力，也就更易于达到施行行政手段的目的。比如，对污染严重而又难以治理的企业实行的关、停、并、转、迁就属于典型的行政手段，在实践中能够产生立竿见影的效果。

另一方面，行政手段具有自身的缺陷。其一，我国的环境政策需要耗费较多的财政资源，加重环境执法成本负担，这与十分有限的财政支持能力形成突出矛盾；其二，通过社会团体、公民个体实施的政策为数不多，力量较弱，不利于调动社会参与环境管理的积极性；其三，由于政府在环境管理中所能获取的信息不完全、不对称，受到地方保护主义干扰、政府环保部门在部门利益驱动下形成与排污企业之间的博弈等原因，会面临着政府失灵的危险。

（三）经济手段

1. 经济手段的含义

经济手段是指行政机构依据国家的环境经济政策和经济法规，运用价格、成本、利润、信贷、税收、收费和罚款等经济杠杆来调节各方面的经济利益关系，引导人们的宏观经济行为，培育环保市场，实现环境和经济协调发展的手段。环境管理的经济手段可分为以下两种。

① 宏观管理的经济手段，通过国家运用价格、税收、信贷、保险等经济政策来引导和规范各种经济行为主体的微观经济活动，以满足环境保护要求，把微观经济活动纳入到国家宏观经济可持续发展的轨道上。

② 微观管理的经济手段，指行政机构运用征收排污费、污染赔款和罚款、押金制等经济措施来规范经济行为主体的经济活动，强化企业内部的环境管理，以防治污染和保护生态。

2. 经济手段的特点

环境管理经济手段的核心作用是把各种经济行为的外部不经济性内化到生产成本中。运用经济手段，从一定意义上说，就是在国家宏观指导下，通过各种具体的经济措施不断调整各方面的经济利益关系，限制损害环境的经济行为，奖励保护环境的经济活动，把企业的局部利益同全社会的共同利益有机地结合起来。

运用经济手段具有两方面的优势。

一是技术和管理上的灵活性。对于政府来说，调整一种收费标准要比修改法律容易得多。运用经济手段常常可以为政府带来财政收入，这些财源既可以直接用于资源和环境保护，也可纳入财政预算。对污染者而言，可以根据自身条件和市场状况，在治理污染和缴费两者中作出选择。

二是持续的刺激作用。运用经济手段是依靠市场机制鼓励生产者及消费者减少污染和防止自然资源的退化，污染者可以选择最佳的方法达到规定的环境标准。同时，经济手段能够刺激企业进行经济的污染控制技术、低污染的新生产工艺以及低污染的新产品的研发。

3. 经济手段在环境管理中的运用

20 世纪 70 年代以来，发达国家开始重视经济手段在环境保护中的运用。1992 年联合国环境与发展大会召开后，为了避免强制手段带来的管理成本高和低效率等问题，各国纷纷尝试采用经济手段来进行环境管理。如排污收费制度、废物综合利用的经济优惠政策、污染损失赔偿、生态资源补偿等均属于环境管理中的经济手段。

(1) 美国

经济鼓励政策和经济刺激手段在美国环境管理中占有一定的地位。对有益环境保护的研究与防治污染技术的开发活动，给予必要的财政及税收等优惠政策，以援助款、补助金、补贴及减免税等形式进行。

(2) 日本

第二次世界大战后，日本经济迅猛发展，伴之也产生了严重的环境问题，特别是 20 世纪 60 年代，震惊世界的公害事件不断发生。日本政府制定了《公害对策基本法》，同时制定了经济奖惩的措施及国家补助规定以防止和减轻环境污染。如规定和防治公害有关设施的固定资产税属于非课税，根据设备的差异，其减免税金分别为原税的 2/3 和 2/5 等。

(3) 法国

法国的经济手段主要是清洁工艺鼓励政策，自 1979 年以来，法国环境部设立经济鼓励资金推动技术革新，补助新技术在研究和开发阶段的设计费用；减少污染的工业技术革新等。在新技术发展中，鼓励性援助费相当于投资的 10%。

(4) 经济手段在我国的运用

我国政府环境管理中采用的经济手段包括排污收费制度、减免税制度、利润留成、价格优惠等。

① 排污收费。将收缴的排污费纳入预算内，排污费的 80% 返回给企业作为环境保护补贴资金，主要用于补助重点排污单位治理污染源及环境污染的综合性治理。这项制度促使企业由消极被动转为积极主动抓污染防治，调动了企业治理污染的积极性，在控制环境污染方面发挥了积极的作用。

② 减免税收。如由企业自筹资金建设的综合利用项目生产的产品，依法减免产品税；项目投产后，具备独立核算条件的车间、分厂，可在五年内免交所得税。又如，对进行以税代利、独立核算、自负盈亏试点企业的环保设施，减免国定资产占用费。

③ 利润留成。利润留成是常用的鼓励措施之一。例如，工矿企业为防治污染、开展综合利用所生产的产品利润五年不上交，留给企业继续治理污染，开展综合利用。企业用自筹资金治理“三废”的产品利润，全部留给企业。

④ 价格优惠。我国规定对综合利用“三废”亏损的产品，可定期给予适当的价格补贴。如，对利用“三废”作主要原料的产品给予价格政策上的照顾；对城市集中供热采取合理的价格政策。

(四) 技术手段

1. 技术手段的含义

技术手段是指借助那些既能提高生产率，又能把环境污染和生态破坏控制到最小限度的管理技术、生产技术、消费技术及先进的污染治理技术等，达到保护环境的目的。例如国家推广的环境保护最佳实用技术和清洁生产技术等就属于环境管理中的技术手段。

2. 技术手段的分类

环境管理的技术手段可分为宏观管理技术手段和微观管理技术手段两个层次。

宏观管理技术手段属于决策技术的范畴，即“软技术”。它是指管理者为开展宏观管理所采用的各种定量化、半定量化以及程度化的分析技术。这类技术包括环境预测技术、环境评价技术和环境决策技术。

微观管理技术手段属于应用技术的范畴，为“硬技术”。它是指管理者运用各种具体的环境保护技术来规范各类经济行为主体的生产与开发活动，对企业生产和资源开发过程中的污染防治和生态保护活动实施全过程控制和监督管理的手段，包括污染防治技术、生态保护技术和环境监测技术三类。

技术手段具有规范性特征，所谓规范性是指各种技术在操作和应用过程中必须严格遵循技术要求和技术规程的特性，这是技术手段所具有的主要特征。

（五）宣传教育手段

1. 宣传教育手段的含义

宣传教育手段是指运用各种形式开展环境保护的宣传教育以增强人们的环境意识和环境保护专业知识的手段。

环境宣传既普及环境科学知识，又是一种思想动员。通过报刊、杂志、电影、电视、广播、展览、专题讲座、文艺演出等各种形式广泛宣传，使公众了解环境保护的重要意义和内容，提高全民族的环境意识，激发公民保护环境的热情和积极性，把保护环境、热爱大自然、保护大自然变成自觉行动，形成强大的社会舆论，从而制止浪费资源、破坏环境的行为。

环境教育是贯彻保护环境基本国策的一项基础工程，是中国持续发展能力建设的一个重要内容。环境教育既不同于部门教育，又不同于行业教育，而是对人的一种素质教育。因此，环境教育不仅是环境保护事业的重要组成部分，而且是教育事业的一个重要组成部分。环境教育通过专业的环境教育培养各种环境保护的专门人才，提高环境保护人员的业务水平；通过基础的和社会的环境教育提高社会公民的环境意识，实现科学管理环境和强化社会监督。

环境教育包括专业环境教育、基础环境教育、公众环境教育和成人环境教育四种形式。专业环境教育指以高等院校为主体的培养专业环境保护人才的教育；各类大、中、小学所开展的环境保护科普宣传教育就是环境基础教育；结合“六五”世界环境日、世界地球日、世界水日等重大节日以及国家重大环境保护行动，通过新闻报道和社会舆论宣传，面对社会公众所开展的不同形式和内容的环境教育是公众环境教育；成人环境教育指环境保护在职岗位培训教育或继续教育。这四者相互补充、相互促进，构成了环境教育的全部内容。

各种形式的环境教育在不同的国家和地区有不同的优先顺序。在经济发达国家，其排列顺序为公众环境教育、基础环境教育、成人环境教育和专业环境教育；在发展中国家，其排列顺序为专业环境教育、公众环境教育、成人环境教育和基础环境教育。这种区别主要是由各个国家存在不同的环境问题以及解决环境问题的紧迫性所决定的。发展中国家多处于污染治理阶段，常把污染防治任务摆在首位，急需污染治理的专业人才和技术，专业环境教育必然处于优先发展的地位。

2. 环境教育的特征

环境教育具有以下特征：一是后效性，因为人们环境意识的形成是一个漫长的过程，其转变与提高也是一个漫长的过程；二是广泛性，对环境教育而言，其教育主体对象包括社会公众，任何一个公民不分肤色、不分民族、不分地位都是受教育者，所以环境教育具有广泛性特征；三是非程序化，正如上文而言，环境教育的形式是多种多样的，环境教育的内容也是各异的，这种情况决定了环境教育没有固定的程序和规范要求。

3. 我国的环境教育

中国是全球环境保护专业教育发展最快的国家之一，从20世纪70年代起，开始在高等院校中增设环境教育课程，并制定了环境教育的发展规划。经过30多年的发展，目前已有200多所大学开设了各类环境专业。中国快速发展的专业环境教育是与国家环境保护处于初级阶段相适应的。而中国的公众环境教育、成人环境教育和基础环境教育相对落后。1996年第二次全国环境保护宣传教育会议上，国家提出了“环境保护，教育为本，宣传先行”的口号，从指导思想上第一次明确提出了公众环境教育和基础环境教育摆在优先发展的地位。

环境管理是一项错综复杂的工作，只有综合运用法律、经济、行政、技术、教育等有力手段，才能取得良好效果。环境管理的目的是保护和改善环境，环境管理的手段都是为这一目的服务的。各种管理手段有自己的特点、适用范围。作为管理者，要重视目标本身，在环境管理工作中善于运用各种管理手段，避免形式主义。

二、环境管理的职能

环境管理的职能指环境管理的职责与功能，这种职责与功能贯穿于环境管理工作的全过程。环境管理活动通过计划、组织、协调、控制来达到既定目标，意味着环境管理的基本职能包括计划职能、组织职能、协调职能和监督职能。此外，为了正确处理经济建设与环境保护的对立统一关系，环境管理还须具有指导与服务两个辅助职能。

（一）计划职能

计划职能是环境管理的首要职能。所谓计划职能，是指对未来的环境管理目标、对策和措施进行规划和安排。计划是环境管理的依据，是环境管理者进行控制的基础；也是预防未来不确定性、提高管理效率的手段和方法。

计划职能的主要内容包括：①分析和预测环境管理对象未来的情况变化；②制定环境管理目标，包括确定任务、对策、措施等；③拟定实现计划目标的方案，对各种方案进行可行性研究，选出可靠的满意方案；④编制环境保护的综合规划、环境保护的年度计划和各专项活动的具体计划；⑤检查总结计划的执行情况。

根据计划的约束力强弱，环境保护计划可分为指令性计划和指导性计划两种。环境保护指令性计划是由国家或上级主管部门下达的具有行政约束力的环境保护计划，如为实现国家“十五”环境保护目标所确立的工业污染源定期达标排放计划。指令性计划具有强制性。环境保护指导性计划是由国家或上级主管部门下达的具有指导和参考作用的环境保护计划，如国家提出在“33211”重点工程区域内推广清洁生产的计划就是一种指导性计划。对环境保护指导性计划任务给予某种优惠待遇，容易调动计划执行单位的环境保护积极性，变被动服从为主动参与。

按计划期限的长短，环境保护计划可以分为长期计划、中期计划和短期计划。十年以上的计划属于长期计划，也称为长期环境规划；五年计划属于中期计划，也称为中期环境规划；在中期计划指导下制定的一年或一年以内的计划属于短期计划。

（二）组织职能

环境管理的组织职能是指为了实现环境管理目标，对环境保护活动进行合理的分工和协作，合理配备和使用各种资源。

环境管理的组织职能包括内部组织职能和外部组织职能。

环境管理的内部组织职能指环境保护部门内部组织职能，内容包括：①按照环境管理目标的要求建立合理的组织机构；②按照业务性质进行分工，确定各部门的职责范围，并给予各部门和管理人员相应的权力；③明确上下级之间、部门之间、个人之间的领导与协作关系，建立环境管理信息沟通的渠道；④配备、使用和培训环境管理工作人员；⑤建立考核和奖惩制度，对人员进行激励。

环境管理的外部组织职能指环境保护部门的外部组织职能，内容包括：①按照国家和上级环保部门的要求，在地方政府的领导下组织本地区的城市、乡镇和农业环境保护工作；②根据国家资源和生态保护政策，组织本地区以资源开发活动为中心的生态环境保护工作；③协调、组织本地区重大环境问题的执法监督管理工作。

（三）监督职能

监督是一种普遍存在的管理职能，也是环境管理活动中的一个最基本、最主要的职能。环境管理的监督职能是对环境管理的活动进行监察和处理，对环境质量进行监测和检查的职能。由于环境管理活动有极为复杂的内部联系和外部联系，而且各种活动要素及其相互联系存在一些事先无法把握的变化，在执行计划的过程中，可能产生不同程度的偏差。于是有必要通过监督和反馈环节对活动加以调节，保证环境管理目标的实现。

环境管理监督包括内部管理监督和外部管理监督。内部监督是对管理组织的自身监督；外部监督是管理组织对被管理者实施的监督，即指环境管理部门依据国家的环境法律、法规、标准以及行政执法规范对一切经济行为主体以及行政主管部门开展的环境监督。外部监督是环境保护部门开展环境管理的主要监督内容和形式。

环境监督的基本程序主要包括以下四个步骤。首先是制定监督标准。针对不同的监督类型、内容和对象，需要有不同的监督标准。如管理组织内部监督的标准是岗位工作目标，而外部监督的标准则是国家的环境政策、法规和标准。其次是衡量计划执行的实际情况，如内部监督要衡量管理人员的工作绩效，而外部监督要检查被管理者执行国家环境法律、法规和标准的实际水平。再次是比较实际情况与预定管理目标，找出所发生的偏差。最后，采取针对性的纠正措施或者强化管理，以提高管理客体的实际效能或调整管理主体的监督标准。

（四）协调职能

协调职能是指在实现管理目标的过程中，协调各种横向和纵向关系及联系的职能。协调职能与监督职能的关系非常密切，强化监督管理离不开协调。不论是环境机构组织的内部管理，还是外部管理，都需要协调。

环境管理涉及范围广、综合性强，需要各部门分工合作，各尽其责。宏观上，环境管理要协调环境保护与经济建设和社会发展的关系，实现国家的可持续发展；微观上，环境管理要协调社会各个领域、各个部门、不同层次人们的各种需求和经济利益关系，以适应环境准则。因此，协调是环境管理者的重要任务。通过协调，可以统一人们的思想认识和行动，消除矛盾，优化组织结构，提高管理效率。例如，加强汽车尾气的管理需要环境保护部门、能源部门、交通部门和环境科研部门的合作，这就需要协调。同样，开展建设项目环境管理和污染治理也需要综合协调。

（五）指导职能和服务职能

指导职能是指环境管理者在实现管理目标的过程中对有关部门具有的业务指导职能。指导职能包括纵向和横向指导两个方面。纵向指导是指上级环境管理部门对下级环境管理部门的业务指导；横向指导是指在同一政府领导下的环境管理部门对同级相关部门开展环境保护工作的业务指导。指导职能是环境管理者应该履行的责任。

服务职能，从广义上讲，“管理就是服务”，环境管理工作要服务于经济建设的大局；从狭义上讲，环境管理中有许多能够为经济部门和企业提供服务的内容，例如污染防治技术咨询服务、环境法律、政策咨询服务、清洁生产咨询服务、ISO14000 环境管理标准体系咨询服务等。服务职能是以服务需求的存在为前提，没有客体的需求，就没有主体的服务。

第二节　环境管理的技术支持

环境管理需要有各种技术手段的支持，包括环境监测、环境预测、环境评价、环境统计、环境管理信息系统等。这些技术手段为环境管理提供数据信息和决策分析依据，是环境管理中必不可少的有机组成部分。

一、环境监测

（一）环境监测的含义

环境监测是环境保护工作的重要组成部分。环境监测，指通过物理测定、化学测定、仪器测定、生物监测等手段，有计划有目的地对环境质量某些代表值实施测定的过程。通过环境监测，能够及时掌握污染物产生的原因及污染的动向，提出防治污染的方法，制定环境保护的规划。

环境监测的目的是准确、及时、全面地反映环境质量现状及发展趋势，为环境管理、污染源控制、环境规划等提供科学依据。具体来说，环境监测的作用包括以下四方面：一是基于环境质量标准，对环境质量进行评价；二是根据污染分布，跟踪污染源的排污情况，为实现监督管理、控制污染提供依据；三是收集本底数据，积累长期的监测资料，为研究环境容量、实施总量控制、目标管理、预测环境质量提供数据；四是为制定环境法规、标准和规划以及科学研究等提供依据，以保护人类健康、保护环境以及合理使用自然资源。

环境监测的目的、内容、手段和范围是随着科学技术发展和人民生活水平提高不断地发展变化的。从内容来看，环境监测包括对污染物分析测试的化学监测（包括物理化学方法）；对物理因子的物理监测，包括热、声、光、电磁辐射、振动及放射性等强度、能量和状态测试等；对生物由于环境质量变化所发出的各种反应和信息，如群落、种群的迁移变化、受害症状等测试的生物监测。

环境监测的工作过程一般包括：现场调查—监测计划设计—优化布点—样品采集—运送保存—分析测试—数据处理—综合评价。

从信息技术角度看，环境监测是环境信息的“捕获－传递－解析－综合”的过程。只有在对监测信息进行解析、综合的基础上，才能全面、客观、准确地揭示监测数据的内涵，对环境质量及其变化作出正确评价。

（二）环境监测的发展阶段

环境监测经历了以下阶段。

1. 污染监测阶段

污染监测阶段又称被动监测阶段。这一阶段从20世纪50年代至60年代，主要是对环境样品进行化学分析以确定其组成和含量的环境分析。由于环境污染物通常处于痕量级甚至更低，并且基体复杂，流动性变异大，又涉及空间分布及变化，所以对分析的灵敏度、准确度、分辨率和分析速度等提出了很高的要求。

2. 环境监测阶段

环境监测阶段又称为主动监测或目的监测阶段，这一阶段主要是20世纪70年代。随着科学的发展，人们逐渐认识到影响环境质量的因素不仅包括化学因素，还包括物理因素，如噪声、光、热、电磁辐射、放射性等。用生物的生态、群落、受害症状等的变化作为判断环境质量的标准更为确切可靠。此外，某一化学毒物的含量仅是影响环境质量的因素之一，环境中各种污染物之间、污染物与其他物质、其他因素之间还存在相加和拮抗作用。所以，环境分析只是环境监测的一部分，环境监测的手段包括化学的、物理的、生物的等。同时，从点源污染的监测发展到面源污染以及区域性的监测。

3. 污染防治监测阶段

污染防治监测阶段或称自动监测阶段，这一阶段从20世纪80年代至今。20世纪80年代初，由发达国家开始建立了自动连续监测系统，并使用遥感、遥测手段，监测用计算机遥控，数据用有线或无线传输的方式送到监测中心控制室，经计算机处理可自动绘制出图表，表示污染态势、浓度分布等。这种监测系统打破了原来采样的手段、频率、数量以及分析速度、数据处理速度等的限制，能够及时监视环境质量变化，并预测其变化趋势，从而使人们能够对环境变化作出及时的反应，采取有效的保护措施。

（三）环境监测的特点

环境监测因其对象、手段、时间和空间的多变性、污染组分的复杂性等，具有以下特点。

① 环境监测的综合性。环境监测的综合性表现在以下几个方面：监测手段包括化学、物理、生物、物理化学、生物化学及生物物理等一切可以表征环境质量的方法；监测对象包括空气、水体、土壤、固体废弃物、生物等客体，只有对这些客体进行综合分析，才能确切描述环境质量状况；对监测数据进行统计处理、综合分析时，需要综合考虑涉及该地区的自然和社会各个方面的情况，才能正确阐明数据的内涵。

② 环境监测的连续性。由于环境污染具有时空性等特点，所以，环境监测必须坚持长期测定，才能从大量的数据中揭示其变化规律，准确地预测其变化趋势。因此，监测网络的设计、监测点位的选择一定要有科学性，而且一旦监测点位的代表性得到确认，必须长期坚持监测。

③ 环境监测的追踪性。环境监测包括监测目的的确定、监测计划的制定、采样、样品运送和保存、实验室测定、数据整理等过程，是一个复杂而又有联系的系统，任何一步的差错都将影响最终数据的质量。特别是区域性的大型监测，由于参加人员众多、实验室和仪器的不同，必然会发生技术和管理水平不同。为使监测结果具有一定的准确性，并使数据具有可比性、代表性和完整性，需有一个量值追踪体系予以监督。为此，需要建立环境监测的质量保证体系。

（四）环境监测的分类

环境监测可以按监测目的或监测介质进行分类，也可以按专业部门进行分类，如气象监测、卫生监测和资源监测等。

1. 按监测目的分类

环境监测按照监测目的的不同，可以分为以下三类。

① 监视性监测。监视性监测是对指定的有关项目进行定期的、长时间的监测，以确定环境质量及污染源状况、评价控制措施的效果，衡量环境标准实施情况和环境变化工作的进展，也称为例行监测或常规监测。这种监测是监测工作中量最大面最广的工作，包括对污染源的监督监测（污染物浓度、排放总量、污染趋势等）和环境质量监测（所在地区的空气、水、噪声、固体废物等监督监测）。

② 特定目的监测。主要包括以下四种。a. 污染事故监测：发生污染事故时进行的应急监测，以确定污染物扩散方向、速度和危及范围，为控制污染提供依据。b. 仲裁监测：针对污染事故纠纷、环境执法过程中所产生的矛盾进行监测。仲裁监测应由国家指定的权威部门进行，以提供具有法律责任的数据，作为执法部门、司法部门的仲裁依据。c. 考核验证监测：包括人员考核、方法验证和污染治理项目竣工时的验收监测。d. 咨询服务监测：为政府部门、科研机构、生产单位所提供的服务性监测，例如建设新企业需要进行环境影响评价，按评价要求进行监测。

③ 研究性监测。研究性监测是针对特定目的科学研究而进行的高层次的监测，又称为科研监测。例如对环境本底的监测及研究，有毒有害物质对从业人员的影响的研究，为监测工作本身服务的科研监测，如统一方法、标准分析方法的研究、标准物质的研制等。

2. 按监测介质分类

按照监测介质可以将监测分为水质监测、空气监测、土壤监测、固体废弃物监测、生物监测、噪声和振动监测、电磁辐射监测、放射性监测、热监测、光监测、卫生（病原体、病毒、寄生虫等）监测等。

（五）环境监测的组织和管理

环境监测所耗费的人力和时间是相当大的，为使环境监测的各环节有机地配合，需要进行周密地计划和恰当地组织工作。

进行环境监测时，首先要根据污染源情况（包括污染物的种类、数量、排放量、排放方式、排放规律等），制定出合理的监测方案。监测方案中首要的是明确监测对象和监测目的。此外，监测方案的内容还包括如采样点的选择、采样手段的确定和监测中环境要素的观测等。

在环境监测实际工作中，受监测手段、经济、设备等条件的限制，不可能包罗万象，应根据监测目的的需要和实际条件来设计监测方案。

1. 确定监测对象

选择监测对象时应考虑以下三个方面。

① 以实地调查结果为基础，针对污染物的特征和性质，选择毒性大、危害严重、影响范围大的污染物，对于潜在危害性大的污染物也不可忽视。

② 对确定监测的污染物，必须有可靠的测试手段和有效的分析方法，才有可能获得有意义的监测结果。

③ 对监测的数据能够作出正确的解释和判断，这需要根据标准分析其危害程度，作出合理评价，防止监测中的盲目性。

2. 确立优先监测的原则

有毒化学物污染的监测和控制，无疑是环境监测的重点。世界上已知的化学品有

700万种之多，而进入环境的化学物质已达10万种。因此不论从人力、物力、财力还是从化学毒物的危害程度和出现频率的实际情况，人们都不可能对每一种化学品都进行监测、实行控制，而只能有重点、有针对性地对部分污染物进行监测和控制。这就必须确定一个筛选原则，对众多有毒污染物进行分级排队，从中筛选出潜在危害性大、在环境中出现频率高的污染物作为监测和控制对象。经过优先选择的污染物称为环境优先污染物，简称为优先污染物（priority pollutants）。对优先污染物进行的监测称为优先监测。

初期，控制污染主要是针对进入环境数量大（或浓度高）、毒性强的物质如重金属等，其毒性多以急性毒性反映，且数据容易获得。但随着生产和科学技术的发展，人们逐渐认识到一批有毒污染物（其中绝大部分是有机物），可在极低的浓度下在生物体内累积，对人体健康和环境造成严重的甚至不可逆的影响。许多痕量有毒有机物对综合指标BOD、COD、TOC等贡献甚小，但对环境的危害甚大。这些就是需要优先控制的污染物，它们具有如下特点：难以降解、在环境中有一定残留水平、出现频率较高、具有生物积累性、三致物质、毒性较大。

美国在20世纪70年代中期率先开展优先监测，“清洁水法”中明确规定129种优先污染物，并要求排放优先污染物的工厂采用最佳可利用技术（BAT），控制点源污染排放。同时制定环境质量标准，对各水域实施优先监测。而后又提出了43种空气优先污染物名单。欧洲经济共同体在1975年提出的“关于水质的排放标准”的技术报告，列出了所谓“黑名单”和“灰名单”。

我国在大气污染常规监测中，现阶段常规分析的指标有二氧化硫、硫化氢、二硫化碳、氮氧化物、二氧化氮、一氧化碳、氯、氯化氢、烟尘和粉尘。水污染监测的项目是水污染综合指标和单个污染物的浓度，综合指标主要有水温、pH值、溶解氧、浑浊度、化学需氧量、生化需氧量、总需氧量、总氮、总有机碳、溶解性和悬浮性固体等，监测单个污染物的浓度项目有氟、硝酸根、硫酸根、氰化物、砷、镉、铅、铬、汞、酚等。

3. 环境监测的管理

环境监测管理是以环境监测质量、效率为中心对环境监测系统整体进行全过程的科学管理。环境监测管理的具体对象包括：监测标准、监测点位、采样技术、样品运输保存、监测方法、监测数据、监测质量、监测综合管理和监测网络等。可归结为四方面，即监测技术管理、监测计划管理、监测质量管理和监测网络管理，都服务于环境监督管理。

监测技术管理的内容很多，核心内容是环境监测质量保证。环境监测质量的保证最终体现在监测数据的质量，监测数据必须达到以下的要求。①准确性：测量数据与真实值的接近程度。②精确性：测量数据的离散程度。③完整性：测量数据与预期的或计划要求的符合。④代表性：监测样品在空间和时间分布上能够代表所要监测的对象的状况。⑤可比性：在监测方法、环境条件、数据表达方式等可比条件下所获数据是一致的。

环境监测管理要遵循实用性原则和经济性原则。实用性原则指监测数据要实用，而不是越多越好，因为监测不是目的，而是手段；监测手段不是越现代化、越高级越好，而是准确、可靠和实用。经济性原则指，监测技术路线和技术装备的确定要经过技术经济论证，进行费用效益分析。监测全过程的管理要点见表3-1。

表 3-1 环境监测全过程的管理要点

监测系统过程	管理内容	管理目的
布点系统	监测目标系统的控制； 监测点位、点数的优化控制	控制空间代表性及可比性
采样系统	采样次数和采样频率优化； 采集工具方法的统一规范化	控制时间代表性及可比性
运贮系统	样品的运输过程控制； 样品固定保存控制	控制可靠性和代表性
分析测试系统	分析方法准确度、精确度、检测范围控制； 分析人员素质及实验室质量的控制	控制准确性、精确性、可靠性、可比性
数据处理系统	数据整理、处理及精度检验控制； 数据分布、分类管理制度的控制	控制可靠性、可比性、完整性、科学性
综合评价系统	信息量的控制； 成果表达控制； 结论完整性、透彻性及对策控制	控制真实性、完整性、科学性、适用性

二、环境评价

环境评价是在决策和开发建设活动中实施可持续发展战略的一种有效的手段和方法。

（一）环境评价的概念和分类

从广义上说，“环境评价”是对环境系统状况的评定、判断和提出对策。也就是说，环境评价是按照一定的评价标准和评价方法评估环境状况（包括环境质量、环境功能），预测环境质量的发展趋势和评价人类活动环境影响的手段。例如，评价一条河流的水环境现状，是要评判该河流系统的环境状况是否满足人们期望的功能要求，找出水质现状与人们期望功能要求存在差距的原因，并提出改善措施。

按照所评价的环境质量的时间属性，环境评价可分为环境质量回顾评价、环境质量现状评价和环境影响评价三大类，其关系如图 3-1 所示。

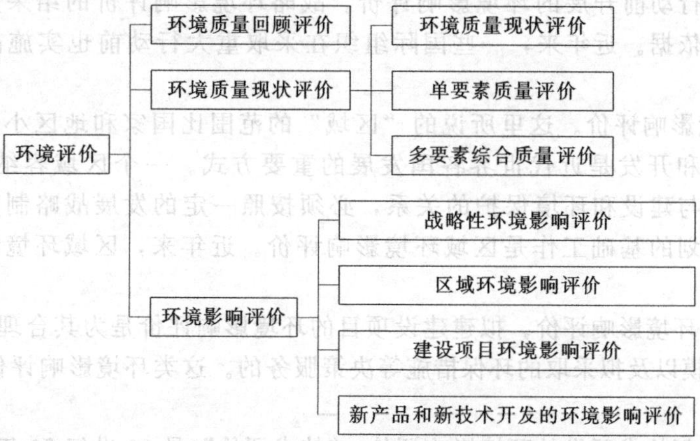

图 3-1 环境评价的类型

1. 环境质量回顾评价

环境质量回顾评价指对某一区域、某一历史阶段的环境质量历史变化所作的评价。评价的资料为历史数据。这种评价可以发现环境质量的发展趋势，为预测评价提供依据。例如，在使用含铅汽油的时候，公路两侧表层土壤中的铅的浓度会随时间而逐步积累。可以根据历年监测数据对土壤中铅含量的变化作出评价，据此可以预测其发展趋势。

2. 环境质量现状评价

环境质量现状评价指按一定的评价标准和方法对一定区域范围内当前的环境质量进行说明和评定。它的基本目的是为环境管理、环境规划、环境综合整治等提供依据。环境质量现状评价需要根据环境监测资料，采用统一的评价方法与标准（环境质量标准或背景值）对一定区域内的环境质量现状进行描述与评定。

按照评价所涉及的环境要素，环境评价分为综合评价（即涉及区域所有重要环境要素的评价）和单要素评价（如大气环境质量评价、水环境质量评价、土壤环境质量评价等）。

按评价的区域类型，环境评价可分为行政区域评价（如城市环境评价）和自然地理区域评价（如流域环境质量评价）。按照自然地理区域进行环境评价有利于揭示污染物的迁移转化规律；按照行政区域进行环境评价易于获取监测数据等原始资料，也有利于环境评价提出的措施和建议的采纳。

3. 环境影响评价

环境影响评价（environmental impact assessment，EIA）指人类进行某项重大活动（包括开发和建设、规划、计划、政策、立法）之前，采用评价手段预测该项活动可能对环境产生的物理性、化学性或生物性的作用，及其造成的环境变化和对人类健康和福利的可能影响，进行系统分析和评估，并提出减免这些不利影响的对策和措施。环境影响评价是目前开展最多的环境评价。

环境影响评价不仅要研究活动对自然环境的影响，也要研究对社会和经济的影响。既要研究污染物对大气、水体、土壤等环境要素的污染途径，也要研究污染因子在环境中传输、迁移、转化规律及其对人体和生物的危害程度，进而制定有效的防治对策，把环境的不利影响限制到可以接受的水平，为决策部门提供科学依据。按照评价的层次和性质，环境影响评价可以分为以下几类。

① 战略性环境影响评价。这是一个国家或地区在拟定立法议案重大方针、战略发展规划和采取战略行动前开展的环境影响评价。战略环境影响评价的结果是各个层次开发行动决策的重要依据。近年来，一些国际组织在采取重大行动前也实施战略性环境影响评价。

② 区域环境影响评价。这里所说的“区域”的范围比国家和地区小。以区域为单元进行整体性规划和开发是近代世界各国发展的重要方式。一个区域容纳许多建设项目，为协调区域发展与建设和环境保护的关系，必须按照一定的发展战略制定全面的环境规划，区域环境规划的基础工作是区域环境影响评价。近年来，区域环境影响评价已在我国普遍开展。

③ 建设项目环境影响评价。拟建建设项目的环境影响评价是为其合理布局和选址、确定生产类型和规模以及拟采取的环保措施等决策服务的。这类环境影响评价的种类最繁杂，数量最多。

④ 新产品和新技术开发的环境影响评价。“技术评价”是20世纪70年代开始在国际上广泛开展的工作，新产品和新技术开发的环境影响评价是其重要组成部分。这类评价的对象是新产品和新技术在开发、生产和应用过程中的潜在影响❶。这些影响的特点是范围广，涉及应用该产品和技术的广大区域；时间跨度大，从新产品或新技术开发开始直至久远的未来。

❶ 潜在影响是指通过人类行动将会变为现实的影响。

在我国现行的环境影响评价实践中，主要包括三个类型的环境影响评价：规划环评、建设项目环评和区域开发环评。不同类型的环境评价具有不同的目的，其内容和侧重点、所起的作用和地位也不同。总之，环境评价是环境管理工作的基础和重要组成部分之一，为环境管理工作提供科学的决策。

（二）环境评价的方法和选择原则

环境评价方法服务于环境评价的目的。环境评价的作用是，用简明、确切、有代表性的数值或结果来反映一定时空范围的环境质量状况，判定环境质量的优劣，一方面利于环境管理部门和政府决策部门的管理和决策过程科学化，协调环境与经济建设的关系；另一方面便于公众直观地理解环境问题，以利于公众更好地参与环境保护。

1. 环境评价的方法

环境评价方法根据方法论可以分为以下四类。

（1）决定论评价法

决定论评价法是以人的主观判断为基础的评价方法，通常以“指数”或“分数”作评价的尺度。评分法是该类方法最重要的方法之一，具体步骤是：首先针对评价课题确定评价项目，对每个评价项目定出评价级别和相应的分值，然后由专家组对课题进行分析和评价，决定各个评价项目的分值，最后，经过运算求出各方案的总分值，以总分高低决定方案的取舍。

（2）经济论评价法

经济论评价法是以经济指数作尺度的评价方法，通过费用和效益分析，对研究与开发的课题进行评选的方法。

（3）运筹学评价法

运筹学评价法是利用数学模型对多因素变化进行定量的动态评价，也就是，用不同的数学模型反映环境要素或过程的规律，由数学模型运算可得到所研究的要素和过程中各相关因素之间的定量关系。若模型中包含有时间因素，则模型可以反映环境要素与过程的动态规律，这种数学模型可用于定量的环境预测。

用数学模型的方法进行环境预测，可以得到定量的结果，有利于对策分析。但是，数学模型方法只能应用于可能建立模型的那些情况，也就是说，只能用于那些规律研究比较深入、有可能建立影响因素之间定量关系的那些要素和过程。而且，数学模型只是一种对实际情况的概括和近似，常常只能反映实际情况某一方面，因此，需要与其他方法配合使用，数学模型方法才能在环境评价工作中真正发挥作用。

（4）综合评价法

环境评价工作中往往需要对开发活动给各要素和过程造成的影响做一个总的估计和比较，即进行综合评价。由本质上来说，综合评价是建立在对各要素和过程环境预测及不同对策研究基础上的一个更高层次的宏观“鸟瞰”，它对环境预测和对策研究提供的各种信息进行处理后，勾画出开发活动对环境影响的整体轮廓和整体关系。综合评价法就是由各种评价方法，围绕综合评价发展起来的一系列专门的方法。

综合评价方法包括类比调查法、列表清单法、矩阵法、生态图法等，其中应用最广泛的综合评价方法是所谓的矩阵法。

① 矩阵法。矩阵可以看作是清单的一种特殊表示形式。矩阵法就是把开发行为和受影响的环境特性或条件组成一个矩阵，在人类活动和环境影响之间建立起直接的因果关系，以说明哪些行为影响到哪些环境特性，并指出影响的大小。环境影响矩阵包括 m 行 n 列，每一列代表一种开发建设活动对各种环境因素的影响；每一行则代表每一个环境因素受到各个

开发建设活动的影响。其结构如表 3-2 所示，p_{ij} 表示第 i 种环境因素受到第 j 种活动的影响幅度；W_{ij} 则代表相应的权系数。

表 3-2 环境影响矩阵的结构

项　目	活动 1	活动 2	…	活动 n	因子总影响
环境因子 1	$p_{11}(W_{11})$	$p_{12}(W_{12})$	…	$p_{1n}(W_{1n})$	
环境因子 2	$p_{21}(W_{21})$	$p_{22}(W_{22})$	…	$p_{2n}(W_{2n})$	I_i
…	…	…	…	…	
环境因子 m	$p_{m1}(W_{m1})$	$p_{m2}(W_{m2})$	…	$p_{mn}(W_{mn})$	
活动的总影响			I_j		I

② 类比调查分析法。它是根据已有的开发建设活动对生态环境产生的影响来分析或预测拟进行的开发建设活动可能产生的生态环境影响。类比调查分析法是一种比较常用的定性和半定量评价方法；一般可用于生态环境整体类比、生态因子类比、生态环境问题类比等方面，而且更多地用于生态环境影响识别和评价因子筛选、预测生态环境问题的发生与发展趋势及其危害、确定环保目标和寻求最有效最可行的环境保护措施等方面。

选择好类比对象是进行类比分析或预测评价的基础，也是该法成败的关键。被选择的类比对象必须与拟进行的活动工程性质、工艺和规模基本相当，生态环境条件（地理、地质、气候、生物因素等）基本相似，而且类比对象所产生的影响已基本全部显现。

类比对象确定后，需选择和确定类比因子及指标，并对类比对象开展调查与评价，再分析拟建项目与类比对象的差异。根据类比对象与拟建项目的比较，作出类比分析结论。

③ 列表清单法。列表清单法是将拟实施的开发建设活动的影响因素与可能受影响的环境因子分别列在一张表格中，逐项进行分析，并以正负符号、数字、其他符号表示影响的性质、强度、相对大小等，由此分析开发建设活动的生态环境影响。该方法主要用于影响识别和评价因子筛选、进行开发建设活动对环境因子的影响评价。

④ 生态图法。又称图形叠置法，是把两个以上的生态信息叠合在一张图上，构成复合图，用以表示生态环境变化的方向和程度。该方法的特点是直观、形象、简单明了。早期图形法主要有两类：一是指标法，即在确定的评价区域范围内，进行生态调查，并同时收集社会经济和环境污染及环境质量信息。在识别和筛选出评价因子后，建立表征生态环境特性的指标体系，并通过定性和定量分析对指标赋值或分级，最终将信息绘制在生态图上。另一种是叠图法，即在确定评价的区域范围内，将生态环境主要因子信息，如植被覆盖度、动物分布等，绘制出透明图，并用不同的颜色和色度表示影响的性质和程度，将多张影响因子图和底图叠加而得到生态环境影响评价图。

2. 环境评价方法的选择原则

评价方法是完成一定环境评价任务的工具，选择任何一种方法都必须与评价人员的专业知识和工作经验密切结合起来，才能取得合理的结果。选择评价方法的原则包括以下几点。

① 尽量选用已有的方法，并结合评价对象的具体情况在运用评价方法时作相应的调整；

② 选用的评价方法对完成评价任务应是实用的，不要盲目要求选用技术复杂的方法；

③ 选择的评价方法能够得到客观的结果，即由不同的评价人员运用同一方法所获结果在容许的误差范围内是能够重复的；能避免不同评价人员个人偏见的影响；

④ 评价方法所需要的数据、调查时间、人员和设备器材是节省的，在满足评价要求前

提下所需的费用和人力条件是现实的。

三、环境预测

预测是指运用科学的方法对研究对象的未来行为与状态进行主观估计和推测。

在环境管理活动中，需要协调各种各样的关系和规范各方面的行为，以避免环境问题的发生，或减少环境问题的危害。因此，需要不断了解情况、分析形势和估计后果，即需要预测。环境预测是依据调查和监测所得的历史资料，运用现代科学方法和手段估计和推测未来的环境状况和发展趋势。环境预测是环境管理的重要依据之一，其主要目的是了解环境的发展趋势，指出影响未来环境质量的主要因素，并寻求改善环境和环境与社会经济协调发展的途径。

环境预测一般包括三类：警告型预测（趋势预测），目标导向型预测（理想型预测）和规划协调型预测（对策性预测）。

警告型预测是指在人口和经济按历史发展趋势增长，环境保护投资、防治污染和管理水平、技术手段和装备力量均维持目前水平的前提下，未来环境的可能状况。其目的是提供环境质量的下限值。

目标导向型预测是指人们主观愿望想达到的水平。目的是提供环境质量的上限值。

规划协调型预测是指通过一定手段，使环境与经济协调发展所可能达到的环境状况。这是预测的主要类型，这是规划决策的主要依据。

（一）环境预测的基本原理

我们所研究的“环境”，是由各种要素以不同的方式构成的一个复杂系统。从更高的层次来看，自然环境系统与人类社会系统又结成了一个更大的复杂巨系统，该巨系统中的两大子系统之间同样存在极其复杂而又十分明确的联系和相互作用关系。“环境”状态的发展变化是在自身系统和人类社会系统的共同作用下发生的，复杂且有较大的随机性，但有规律可循。人们可以通过调查和环境监测了解其过去和现在，抽象出它的变化规律，从而可以对环境状态的变化作出越来越正确的估计和预测。人们之所以能够对事物的发展作出预测，主要基于以下几个原理。

① 可知性原理。即事物有其产生和发展的规律，规律是固有的，掌握了规律就能够根据过去和现在而推知未来。

② 风险性原理。由于影响未来的因素复杂多样，预测对象的预期未来状态也表现为多样化，因此，预测结果通常只具有概率的统计性，从而使得预测具有一定的风险。所以，预测必须对未来各种可能趋势进行评估，描述风险范围。

③ 相似性原理。即通过类比预测对象与某种已知事物的发展状况，可以推知预测对象的未来状态。

④ 系统性原理。指系统是一个相互关联的、多要素的、具有特定功能的有机整体。任何一个事物都可以看成是一个系统，可以分析系统的结构和功能，研究系统、要素、条件三者的相互关系和变动规律可以预测事物的未来状态。

⑤ 可控性原理。即预测对象的发展趋势是有条件的，改变条件就会影响它的发展趋势。因此，预测活动既指明造成未来结果的原因，又指明改变这种结果的途径。对一些不利的预测结果，可以采取有效的对策而使之不发生，使事物朝着有利的方向发展。

⑥ 艺术性原理。预测的基本要素包括预测者、预测对象、信息、预测理论方法和手段以及预测结果，其中预测的主体是预测者。预测是一种依赖于实践经验的艺术，预测结果的质量在很大程度上依赖于预测者的经验、主观能动性、深刻敏感的洞察力和远见卓识的判

断力。

⑦ 反馈性原理。即把预测的结果反馈到决策和规划系统，实现预测为决策和规划服务的目的，指导当前的决策。

（二）环境预测的基本内容

环境预测的目的是为提出防止环境进一步恶化和改善环境的对策提供依据。环境预测是制定环境规划目标和环境规划方案的重要依据。环境预测的主要内容如下。

1. 社会和经济发展预测

社会发展预测的重点是人口预测，包括人口总密度、分布等方面的发展变化趋势。经济发展预测的重点是能源消耗预测、国民生产总值预测、工业总产值预测、经济结构与布局、交通和其他重大经济建设项目的预测分析。社会与经济发展预测的主要资料来源是社会和经济部门的资料和结论。

2. 环境污染预测

环境污染预测一般包括污染源预测、环境质量预测、生态环境预测、环境资源破坏和环境污染造成的经济损失预测。

污染源预测指污染物产生量、环境容量和资源利用与存量的预测，主要内容包括：废气、废水的排放总量，各种污染物的产生量及时空分布，水域的纳污量及时空分布，废渣产生总量、类别、占地面积、综合利用等，噪声，农药和化肥施加量，农药在土壤、作物中的残留量预测，区域的环境容量、资源开采量、储备量、资源开发利用效果等方面的预测。

环境质量预测以主要污染物预测为基础，分别预测各类污染物在大气、水体、土壤等环境介质中的总量、浓度分布的变化，预测可能出现的新污染物种类和数量。

生态环境预测的内容广泛，主要包括城市生态环境预测、农业生态环境预测、森林环境预测、草原和沙漠的生态环境预测、珍稀濒危物种和自然保护区现状及发展趋势预测、古迹和风景区的现状及变化趋势预测等。

环境资源破坏和污染的经济损失预测包括：资源不合理开发和利用造成的资源损失，环境问题引起的农业生产减产、工业加工成本的增加、减产或停产、渔业减产，环境污染引起人体健康损失（如损失工作日和支付医疗费用），大气中的二氧化硫浓度引起金属及其设备的腐蚀、建筑物腐蚀等。

3. 环境治理和投资预测

环境治理和投资预测主要包括各类污染物的治理技术、装置、措施、方案及污染治理投资效果的预测，以及未来环境保护总投资、投资比例、投资重点、投资期限和效益等方面的预测。

4. 其他预测内容

其他预测内容如土地利用趋势分析、科技进步、环境保护效益预测等。

（三）环境预测的基本方法

预测的可靠性很大程度上取决于正确地选择预测方法，环境预测更是如此。由于预测在决策中的地位与作用，预测科学在近代社会中得到迅速发展，尤其近 30 年来，人们提出了大量的预测方法。据统计，目前为止，国外提出的预测方法多达 150～200 种，但这些方法的绝大多数还处于试验研究阶段。在实际中，比较广泛应用的预测方法约有 15～20 种。

从不同的角度，预测方法可以有不同的分类。

1. 根据预测方法的特性分类

根据预测方法的特性不同，可以将预测方法分为定性的和定量的预测方法。

① 定性预测方法。以逻辑思维推理为基础，依据预测者的经验、学识、专业特长、综合分析能力和获得的信息，对未来的环境状况作出定性描述，进行直观判断和交叉影响分析。

在经济、社会和环境活动中，有许多现象无法作出定量描述，另外，有些情况不需要作出定量的预测，只要掌握主要的发展趋势，这时定性预测方法将起到定量预测方法无法代替的作用。常用的定性预测方法有专家调查法、主观概率法、集合意见法、层次分析法、先导指标预测法等。

② 定量预测方法。定量预测方法主要是依靠历史统计数据，以运筹学、系统论、控制论和统计学为基础，通过建立各种模型，用数学或物理模拟来进行预测的方法。按照预测的数学表现形式可分为定值预测和区间预测。定量预测法的特点是能够得出比较准确具体的预测值，属于定量预测方法的有趋势外推法、回归分析法、投入产出法、模糊推理法、马尔柯夫法等。

2. 根据预测方法的原理分类

根据预测方法的原理不同，预测方法分为直观预测法、约束外推法和模拟模型法。

① 直观预测法。直观预测法即定性预测方法，是依靠人的直观判断能力对预测事件的未来状况进行直观判断的方法，也称直观判断法。这种方法不仅在预测中，特别在决策中，占有十分重要的地位。如头脑风暴法、德尔斐法、主观概率法、关联树法等均属定性预测法。

② 约束外推法。这是指对一个系统内大量随机现象求得一定的约束条件（即规律），据此判断系统未来状况的方法。如单纯外推法、趋势外推法、迭代外推法、移动平均法、指数平滑法等。此类方法在各种预测方法中应用十分广泛，在预测工作中占有相当重要的地位。

③ 模拟模型法。此类预测方法是指根据“同态性原理”建立起预测事件的同态模型，并将这些模型进一步数学化，然后确定预测事件的边界条件，进而确定未来状态与现时状态之间的数量关系。如回归分析与相关分析、最小二乘法、联立方程法、弹性系数法等均属模拟模型法。

小结：以上介绍的这些预测方法有很大的相对性，实际运用中，这些方法总是互相交叉、互相补充的。选择环境预测方法时，应考虑六个基本要素，包括：预测方法的应用范围（对象、时限、条件等）、预测资料的性质、模型的类型、预测方法的精确度、适用性以及使用预测方法的费用。而运用预测方法的关键，是正确建立描述、概括研究对象特征和变化规律的模型。定性预测的模型是逻辑推理式的模型。定量预测的模型通常是以数学关系式表示的数学模型。

（四）环境预测的基本程序

一般来说，环境预测的基本程序包括以下四个阶段（图 3-2）。

1. 准备阶段

首先确定预测目的和任务。按照环境决策管理的需要，确定预测的对象、预测的目的与具体任务是进行预测的前提，要求目标明确、任务具体。

其次是确定预测时间。根据预测目的和任务的要求，规定预测的时间期限。

然后是制定预测计划。预测计划是预测目的的具体化，这一阶段要规划预测的具体工作，如安排预测人员、预测期限、预测经费、情报获取的途径等。

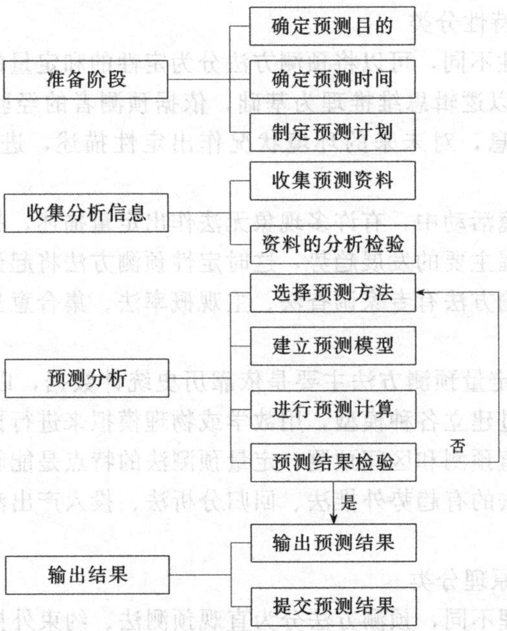

图 3-2 环境预测的基本程序

2. 收集并分析信息阶段

这一阶段是要根据预测的目的和任务，有针对性地收集资料并对资料进行分析检验。

进行预测的前提是有完整、准确的内外信息。一般地说，外部信息是预测系统运动、变化、发展的条件和因素；内部信息是预测系统运动、变化、发展的根据。预测的准确度在很大程度上取决于系统内外信息的完整性和准确性。

在明确预测的任务之后，必须围绕环境预测目标，收集有关的数据和资料，要求数据资料的来源必须明确和可靠，结论必须正确而可信，并且要求尽可能将有关原始资料收集完整。然后，要对资料进行加工整理、分析和选择，剔除非正常因素的干扰，对各相关因素进行测定和调整，以保证所收集的资料和情报能够反映预测对象的特性和变动倾向。

3. 预测分析阶段

首先是选择预测方法。根据不同的具体情况，例如预测对象的特点、资料的占有情况、预测目的要求的精确程度以及进行预测的人力、时间和费用限制等情况，选择合适而可行的预测方法。

之后是建立预测模型。在正确认识经济社会发展对环境质量影响的客观基础上，建立预测模型，使之能够准确反映预测对象的基本特征与经济、环境之间的本质联系，以及该预测对象内部因素与外部因素的相互制约关系。建立的预测模型正确与否，是预测结果准确与否的关键。

然后，利用预测模型进行预测计算。将收集到的环境信息以及有关的数据资料代入环境预测模型中计算，得出初步的环境预测结果。此后，对预测结果进行分析、检验，以确定其可信程度。如果误差太大则需要分析产生误差的原因，并决定是否要对模型进行修改和重新计算，或者是直接对预测结果作必要的调整。

4. 输出预测结果

当预测结果满足精确度要求后，输出预测结果。并按要求将预测结果提交给决策部门，作为制定环境管理方案的依据。

四、环境统计

(一) 统计的含义

统计是收集、整理、分析、研究有关自然、科学技术、生产建设以及各种社会现象等实际情况的数字资料的过程。通常，统计工作的基本过程大致分为三个阶段。

第一阶段是统计调查过程。这是统计工作的基础环节。其基本任务是经过周密的统计设计后，根据统计工作的任务，按照确定的统计指标和指标体系，对社会作系统的调查，取得各种以数字资料为主体的统计资料。统计资料的完整与准确是对社会经济现象作出正确判断的前提。为保证统计工作的质量，统计调查必须符合准确性和及时性的要求，这也是衡量环境统计工作质量的重要标志。

第二阶段是统计整理过程。对调查得到的统计资料进行条理化、系统化的分组、汇总和综合，把大量原始的个体资料汇总成可供分析的综合资料，编制各种图表，建立数据库，这就是对统计资料的加工整理过程。原始资料只有经过科学的加工、整理，才能进一步加以分析和研究，成为有利用价值的统计资料。统计整理不仅汇总各种总量指标，还要计算各种所需的相对指标、平均指标，编制各种统计表，绘制统计图，并要建立适应计算机信息网络的能满足多种用途的数据库，以适应统计资料是储存和深层加工利用的需要。

第三阶段是统计分析过程。统计分析是在统计整理基础上，根据统计目的的要求，运用各种统计指标和分析方法，采用定性和定量分析相结合，对社会经济现象的本质和规律作出说明，反映这些现象在一定时空条件下的状况和发展变化趋势，达到对这些现象全面深刻的了解。统计分析一般分为综合性分析和专题分析。

这三个阶段的基本内容可描述如表 3-3。

表 3-3 统计过程各阶段的工作内容

阶 段	内 容
统计调查(收集资料过程)	全面调查(报表制度、普查) 非全面调查(重点调查、典型调查、抽样调查)
统计整理(加工资料过程)	统计表(把资料综合成统计表) 统计图(把资料综合成统计图) 整理成各种统计指数(综合指标、回归分析、指数、动态数列等)
统计分析(分析资料过程)	描述性分析(利用指标数据说明问题) 推断性分析(各种推断、预测)

(二) 环境统计的产生和特点

1. 环境统计的概念及特点

环境统计是用数字反映并计量人类活动引起的环境变化和环境变化对人类的影响。环境统计是以环境为主要研究对象，其研究范围涉及人类赖以生存和进行生产活动的全部条件，包括影响生态平衡的诸因素及其变化带来的后果。

环境统计具有社会经济统计的一般特点，包括以下内容。

① 总体性。统计研究的是具有某种同质性的大量事物构成的总体规律，而不是个别现象的特点，统计要对总体中各单位普遍存在的事实进行大量的观察和综合分析。由于总体中各个单位所处条件不同，表现出很强的个性、特殊性和多样性，但大量单位组成的总体特征往往是相对稳定的，表现出某种共同的倾向，是有规律的。

② 社会性。统计的数量总是反映社会经济活动的条件、过程和结果，是人们有意识的社会活动的产物。各种社会经济现象都存在于社会活动之中，因此统计必须面向社会、深入

社会实践、做社会调查才能正确反映这些社会现象。

③ 客观性。统计的数量是客观事物的反映。统计资料虽然是经过人们有意识的调查整理和加工的结果，但统计资料的客观性和真实性是保证统计质量的基础。保证统计资料的客观性，维护统计资料真面目是统计工作最基本的要求。

此外，由于环境要素多，涉及领域广，环境统计具有很强的综合性；由于环境的自然背景、环境容量和人类的活动方式等方面有明显的区域差异，因此环境统计具有很强的区域性；环境统计依赖于大量环境监测和计量工作，各种工艺和行业要用不同的计算方法、分组方法和分析方法，因而环境统计又具有极强的行业性和技术性。

2. 环境统计的产生

环境统计首先是在欧美发达国家开始研究和实施。20 世纪 70 年代，欧洲经济委员会的统计会议上首先提出了编制国际环境统计资料的创意。1973 年 3 月和 10 月，分别召开了“环境研究和环境政策所需统计资料会议”和华沙环境统计讨论会，提出以建立环境统计资料系统为目标，优先发展与污染有关的数据并交换各国环境统计工作情况。

联合国统计处于 1974 年第 18 届大会上提出了关于环境统计领域的国际工作计划草案，建议采取分步的做法，把重点放在环境统计资料的需要和可得性以及制定一些方法准则上。1981 年，由联合国统计处与联合国环境规划署联合制定的第一份国际性环境统计资料编制纲要草案出台，并于 1983 年进行了修订。1985 年，联合国文件《环境统计资料编制纲要》出版，该文件及随后出版的分册技术报告是联合国为世界各国在环境统计方面提供的一套框架、方法和标准，反映了国际环境统计在环境统计资料收集上的发展。随后，在若干国家进行了环境统计资料编制纲要的应用试点。

同国际环境统计的发展与经济统计的关系日益紧密，形成了“环境核算”这一新的统计核算领域。联合国 1989 年形成了《环境卫星账户的 SNA 框架》和《环境经济综合核算的 SNA 框架》等文件和许多重要报告。

20 世纪 90 年代以来，尤其是 1992 年的环境与发展大会以后，有关环境统计和环境核算的工作更得到各国的普遍重视。联合国有关组织及一些欧美国家开始关注亚太地区的环境和环境统计问题，有力地促进了亚太地区环境统计的逐步建立和健全。

3. 环境统计的内容

环境问题的广泛性决定了环境统计对象的广泛性。联合国统计处提出环境的构成部分包括植物、动物、大气、水、土地土壤和人类居住区。环境统计要调查和反映以上各个方面的活动和自然现象及其对环境的影响。

根据联合国统计处提供的资料，一个国家（或地区）的环境统计包括以下内容。

① 自然环境。包括空气与气候、水、土地、生态环境。

② 特殊环境。包括能源、放射性、有害物质、噪声、自然灾害、野生动植物。

③ 与环境有关的生活条件。包括健康与营养、劳动条件、居住条件、娱乐和文化条件、主观评价环境——民意测验。

④ 背景材料。包括直接影响环境的背景因素、间接的因素、公共事业、技术、意识形态的因素、地理的和有关的背景材料。

⑤ 改善环境条件的办法。包括立法和实施、环境法的违反和起诉、减轻环境的损害、用于环境保护的支出、环境的研究和教育等，这些方面的内容涉及多个学科和领域。

（三）环境统计的指标体系

环境统计工作涉及面广，环境统计指标体系的确定是个庞大的系统工程。联合国统计处对各成员国的环境统计尚无统一意见。

我国环境统计指标体系是根据我国环境管理工作实际情况确立的，现行环境统计指标体系包括工业污染与防治、生活及其他污染与防治、农业污染与防治、环境污染治理投资、自然生态环境保护、环境管理及环保系统自身建设七个子系统，指标体系的框架如图3-3。

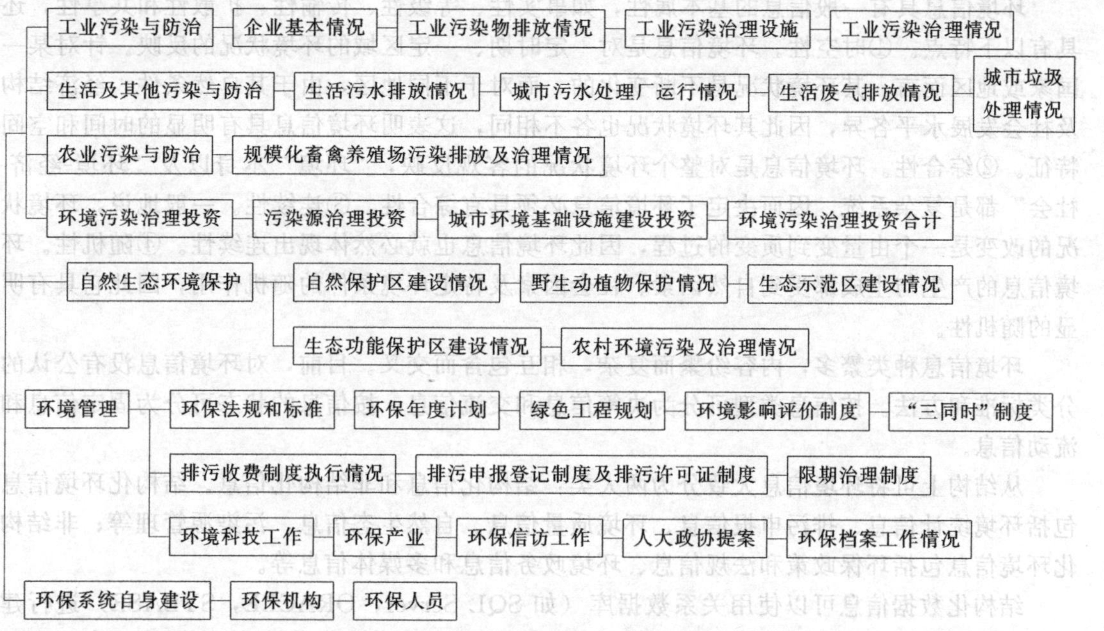

图3-3　中国现行环境统计指标体系框架

（四）环境统计的作用

环境统计是我国国民经济和社会发展统计的重要组成部分，其基本任务包括以下内容。

① 向各级政府及其环境保护部门提供全国和地区的环境污染和防治、生态破坏与恢复，以及环境保护事业发展的统计资料，客观地反映环境状况和环保事业发展变化的现状和趋势，为环境决策和管理提供科学依据。

② 不断及时、准确地提供反馈信息，检查和监督环境保护计划的执行情况，并及时发现新情况、新问题，以便于及时调整计划和采取对策。

③ 运用环境统计手段对各级政府及环境保护部门进行环境保护工作方面的评价和考核，如城市环境综合整治定量考核、总量控制考核等，促进环境、经济、社会的协调发展。

④ 依法公布国家和地方的环境状况公报和环境统计公报，提供环境统计资料，使社会公众增加对环境状况和环境保护的了解，提高全民的环境意识。

⑤ 系统地积累历年的环境统计资料，建立环境统计数据库，并根据信息需求进行深度开发和分析，为环境决策和管理提供优质的信息咨询服务。

五、环境信息系统

（一）环境信息

信息是通过人类的感知、加工而成的，以一种能量形式存在的对客观世界（包括人类自身）的知识反馈，它们可以数字、字母、图像、音响等多种形式存在。环境信息是在环境管理工作中应用的经收集、处理而以特定形式存在的环境知识，是环境系统受人类活动等外来影响作用后的反馈，是人类认知环境状况的来源。因此，环境信息是环境管理工作的主要依据之一。

“环境信息”的内涵，包括三类内容：①各种环境要素的状况；②正在影响或可能影响上述环境要素的各种因素；③可能受环境要素状况影响的人类健康安全状况及生活条件。环境信息的形式可以是书面形式、影像形式、音响形式、电子形式或任何其他物质形式。

环境信息具有一般信息的基本属性，如事实性、等级性、传输性、扩散性和共享性，还具有以下特点。①时空性。环境信息是对一定时期、一定区域的环境状况的反映。针对某一国家或地区而言，其环境状况是不断变化的，而对于不同地区，由于其自然条件、经济结构及社会发展水平各异，因此其环境状况也各不相同，这表明环境信息具有明显的时间和空间特征。②综合性。环境信息是对整个环境状况的客观反映，“环境”本身以及“环境-经济-社会”都是复杂系统，因而决定了环境信息必须具有综合性。③连续性。一般地说，环境状况的改变是一个由量变到质变的过程，因此环境信息也就必然体现出连续性。④随机性。环境信息的产生与生成都受到自然因素、社会因素及特定环境条件的随机作用，因此它具有明显的随机性。

环境信息种类繁多，内容纷繁而复杂，相互包含而交叉。目前，对环境信息没有公认的分类标准和方法。按信息类型可分为决策信息和交流信息，按信息的状态可分为固定信息和流动信息。

从结构上可将环境信息大致分为两大类：结构化信息和非结构化信息。结构化环境信息包括环境统计信息、排污申报信息、环境质量信息、自然生态信息、污染源管理等；非结构化环境信息包括环保政策和法规信息、环境政务信息和多媒体信息等。

结构化数据信息可以使用关系数据库（如 SQL Server，ORACLE，SYBASE）进行建库，实现资源化；而非结构化数据信息宜采用面向非结构化信息的数据库（如 Lotus Notes)，采用 B/S（Brower/Server）结构的 WWW 数据库资源化工作。

（二）环境信息系统

信息从产生到应用构成的系统，这个系统称为信息系统。环境信息从产生到应用于环境保护工作所构成的系统，称为环境信息系统。

环境信息系统是从事信息处理工作的部门，它由工作人员、设备（计算机、网络技术、GIS 技术、模型库等软硬件）及环境原始信息等组成。环境信息系统按内容可分为环境管理信息系统（EMIS）和环境决策支持系统（EDSS）。

1. 环境管理信息系统

环境管理信息系统（environmental management information systems，EMIS)，是一个以系统论为指导思想，通过人-机（计算机等）结合收集环境信息，利用模型对环境信息进行转换和加工，并根据系统的输出进行环境评价、预测和控制，最后再通过计算机等先进技术实现环境管理的计算机模拟系统。

环境管理信息系统的基本功能包括环境信息的收集和录用，环境信息的存储和加工处理，以报表、图形等形式输出信息，为决策者提供依据。

2. 环境决策支持系统

决策支持系统也是一种人机交互的信息系统，是从系统观点出发，利用现代计算机存储量大、运算速度快等特点，应用决策理论方法，对定结构化、未定结构化或不定结构化问题进行描述、组织，进而协助人们完成管理决策的支持技术。

环境决策支持系统（environmental decision support systems，EDSS）是将决策支持系统引入环境规划、管理、决策工作中的产物，它是环境信息系统的高级形式。环境决策支持系统是以环境管理信息系统 EMIS 为基础，使决策者通过人-机对话，直接应用计算机处理环境管理工作中的未定结构化的决策问题。它为决策者提供了一个现代化的决策辅助工具，并且提高了决策的效率和科学性。

环境决策支持系统的主要功能有：收集、整理、储存并及时提供本系统与决策有关的各种数据；灵活运用模型与方法对环境信息进行加工、处理、分析、综合、预测、评价，以便提供各种所需环境信息；友好的人机界面和图形输出功能，不仅能提供所需环境信息，而且具有一定推理判断能力；良好的环境信息传输功能；快速的信息加工速度及响应时间；具有定性分析与定量研究相结合的特定处理问题的方式。

（三）中国的环境信息系统建设

1. 机构能力建设

中国在环境信息机构能力建设方面基本形成了由国家级、省级、城市级信息中心组成的机构体系。这一环境信息管理体系功能比较齐全，能够直接为各级环境保护管理部门提供信息支持。

目前，整个组织体系包括国家环境保护部信息中心、32个省级环境信息化机构和110个城市环境信息中心。各级信息中心基本上配备了较为先进的计算机软、硬件和网络设备，具备了开展环境信息技术支持和服务的工作能力。

国家环境信息中心是全国环境信息系统管理网络中枢，其主要任务是指导全国环境信息网络系统的网络建设、业务建设和技术管理；收集、处理、存储、分析和传递全国环境信息；组织开发和推广环境管理应用软件；编制国家环境信息标准和规范；培训全国环境信息网络系统管理和技术人才；开展国内外环境信息技术交流与合作；实现全国环境信息计算机联网与共享；为国家环境保护部环境管理与决策提供环境信息支持和服务等。

省级环境信息中心是全国环境信息系统管理的区域中枢，负责本辖区内环境信息的网络建设和业务应用系统建设；进行本辖区环境信息汇总分析和数据上报；为省环保局环境管理与决策提供环境信息技术支持和服务。

城市级环境信息中心是全环境信息系统管理的重要基础组成部分，是全国环境信息网络系统的重要信息源。主要任务是负责本辖区内环境信息的网络建设和业务应用系统建设；进行本辖区环境信息收集、汇总分析和数据上报；为城市环保局环境管理与决策提供环境信息技术支持和服务。

2. 网络建设

国家环境信息网络总体框架是以国家环境信息中心网络系统为中枢，省级环境信息化机构为网络骨干，以城市环境信息中心为网络基础，连接国家环境保护部、各省（自治区、直辖市）环保局、重点城市环保局以及其他单位和部门的环境信息网络系统，形成了覆盖32个省会（包括直辖市）和110个重点城市的环境信息卫星通信专用传输网络，形成了全国环境信息网络系统的基础能力。

国家级环境信息网络系统以国家环境保护部信息中心计算机网络系统为主体，系统组成还包括国家环境保护部机关办公自动化网络系统、中国环境科学研究院信息网络系统、中国环境监测总站环境监测信息网络系统以及国家环境保护部在京直属单位环境信息网络系统等。

省级环境信息网络系统以各省（自治区、直辖市）环境信息中心计算机网络系统为主体，系统组成还包括各省（自治区、直辖市）环保局机关办公自动化网络系统、各省环境监测站环境监测信息网络系统和直属单位环境信息网络系统。

城市级环境信息网络系统以各城市环保局环境中心计算机网络系统为主体，系统组成还包括城市环保局机关办公自动化网络系统、城市环境监测站环境监测信息网络系统等。

3. 系统建设

环境信息系统建设的根本目的是提高环境信息资源的开发与利用水平，为环境管理与决策提供环境信息支持和服务。国家环境保护部以环境管理数据库开发为基础，以环境管理应用系统建设为核心，开展了一系列环境管理应用系统的开发与建设，目前已初步形成以环境统计、污染源管理、环境监测为主要信息源的环境信息管理系统网络。

近年来，国家环境保护部相继开发了《全国环境统计管理信息系统》、《全国环境质量监测管理系统》、《全国排放污染物申报登记信息管理》、《全国生态环境状况调查信息管理系统》等一系列环境管理应用软件，并在全国范围内推广使用。这些系统通过各类环境信息采集手段获取的污染源、环境质量和生态环境数据，采用地（市）级—省级—国家级的数据传输通道，分别传输到相应的数据管理系统中，再由系统进行处理、加工（包括汇总、统计分析等），形成国家环境信息资源基础业务数据库，为各级环境保护部门进行环境管理决策和科学研究提供大量环境信息产品，实现了环境监督、管理等业务的信息化管理。

在环境管理和辅助决策方面，国家环境保护信息管理部门广泛采用环境信息资源和信息技术，如网络技术、多媒体技术、GIS 技术、数据分析和挖掘技术等，配合国家环境保护部的环境管理工作，进行了大量的信息和数据处理工作，发布了《全国环境统计年报》、《中国环境状况公报》、《全国重点流域水质月报》、《长江三峡工程生态与环境监测公报》等一系列信息公报，以促进环境信息资源的开发与利用，提高环境管理工作效率和决策支持水平。

六、环境规划

环境规划是指在一定的时期、一定的范围内整治和保护环境，达到预定的环境目标所做的布置和规定，是对不同地域和不同可见尺度的环境保护的未来行动进行规范化的系统筹划，是实现预期环境目标的一种综合性手段。

制定和实施环境规划是环境管理的重要内容和手段。在环境管理中，环境规划是环境决策的具体安排，它产生于环境决策之后；预测是规划的前期准备工作，是使规划建立在科学分析基础上的前提。环境规划是环境预测与环境决策的产物，是环境管理的重要内容和主要手段。环境规划的内容详见第五章。

思考题

1. 简述环境管理的主要手段。
2. 环境管理的主要职能是什么？
3. 环境管理的技术手段通常包括哪些？
4. 环境监测分为哪些类型？
5. 简述环境评价的概念。通常环境评价可以分有哪些？
6. 简述环境预测的原理、内容和方法。
7. 什么是环境统计？环境统计有什么作用？
8. 按照内容划分，环境信息系统可以分为哪两种？

第四章 中国的环境管理体系与制度

自1972年以来，中国环境管理经过40年的发展，已经建立了以“预防为主，防治结合”、“谁污染谁治理”和“强化环境管理”为核心的政策体系；基本形成了具有中国特色的环境保护法规体系，建立并完善了包括八项基本制度在内的管理制度体系，并形成了国家、省、市、县、镇（乡）五级行政管理机构体系。

第一节 中国环境管理的发展历程

1972年，中国派团参加斯德哥尔摩人类环境会议，中国环境管理工作由此起步。此后至今的40多年里，中国环境管理经历了以下阶段。

一、起步阶段

这个阶段为1972～1978年。1972年斯德哥尔摩人类环境会议之后，为了开展我国的环境保护工作，由国家计委牵头成立了国务院环境保护领导小组筹备办公室，标志着我国环境保护事业的开始。

1973年8月，我国召开第一次全国环境保护会议。会议上，第一次承认中国存在环境问题，同时通过了中国环境保护的三十二字方针：“全面规划、合理布局、综合利用、化害为利、依靠群众、大家动手、保护环境、造福人民”。

1973年11月，国务院批转了《关于保护和改善环境若干规定》（试行草案）。同年12月颁发了《工业“三废”排放试行标准》，明确提出新建、改建、扩建项目的防治污染和其他公害的设施必须与主体工程同时设计、同时施工、同时投产的“三同时”要求，对污染严重的企业采取限期治理的措施。

1974年12月，国务院环境保护领导小组正式成立。领导小组主要职责是制定环境保护的方针政策，审定国家环境保护规划，组织协调和监督检查各地区和各有关部门的环境保护工作。领导小组下设办公室，负责日常工作。随后，全国各地方政府也相继设置地方环保机构。国务院环境保护领导小组的成立，标志着我国环境保护机构建设的起步。

在这一阶段，当时的历史条件下，国家的法制建设很薄弱，环境立法更是一片空白。

二、创建阶段

这个阶段为1979～1988年。十年动乱结束后，随着中国共产党十一届三中全会的召开，国家进入了一个新的历史发展时期。全党的工作重点转移到以经济建设为中心的现代化建设，环境保护工作开始列入党和国家的重要议事日程。

1978年国家颁布了新宪法，新宪法规定：“国家保护环境和自然资源，防治污染和其他公害。”首次将环境保护确定为政府的一项基本职能。在此基础上，1979年国家颁布了《中华人民共和国环境保护法（试行）》，明确规定了包括“三同时”制度、环境影响评价制度和排污收费制度在内的“老三项制度”，同时规定了各级环保机构建设的原则及其职责，从而为我国环保机构的建设提供了法律依据。

1979年3月，国务院环境保护领导小组在成都召开了全国环境保护工作会议。会议总结了环境保护工作的经验教训，提出了“加强全面环境管理，以管促治”的方针。随后，开展了一系列的环境保护工作，包括机构建设、法规、科研等方面。

1979年3月，中国环境科学学会在成都成立，学会提出要发展有中国特色的环境科学。1980年2月，在太原市召开中国环境管理、经济与法学学会成立大会，会议提出“要把环境管理放在环境保护工作首位”，会后出版了论文集《论环境管理》。

1980年，中国环境科学研究院和中国环境监测总站成立。1980年11月，召开了第一次全国环境监测工作会议，会议决定每年向政府提交环境质量报告。随后，大部分重点企业建立了监测站，部分工业部门建立了监测中心，并开展新建企业的环境影响评价工作。

1980年开展了环境标准制定的一系列工作，包括环境质量标准、行业排放标准和部分地方排放标准等的制定。

1981年5月，国家计委、建委、经委以及国务院环境保护领导小组联合颁发《基本建设项目环境保护管理办法》。1982年2月，国务院发布《征收排污费暂行办法》。1982年8月，全国工业污染防治会议在北京召开。1983年2月，国务院发布了《关于结合技术改造防治工业污染的几项规定》。

至此，随着环保工作的不断深入和环境保护基本法的颁布实施，我国环境管理机构建设也初具规模。在中央政府一级，国务院环境保护领导小组办公室已经制定了一套比较完整的管理制度，并逐步成为我国环境管理的实体机构；在地方政府一级，大多数地方成立了一级局建制的环境保护局，或具有相对独立的并且进入政府行列的环保办公室。

1983年12月，国务院召开第二次全国环境保护会议。这次会议标志着我国环境管理进入一个崭新的阶段，为开创环境保护工作的新局面奠定了思想和政策基础。会议上，党和政府明确宣布环境保护是我国的一项基本国策，提出了“经济建设、城乡建设和环境建设同步规划、同步实施、同步发展，实现经济效益、社会效益和环境效益统一”的战略方针。这是我国第一次在战略高度上确定环保工作的指导方针，为处理环境与发展的关系指明了正确方向。基于对国情的认识，即环境问题普遍由于管理不善引起，同时政府财力有限，无法为环境保护加大投入，会议明确提出把“强化环境管理”作为环保工作的中心环节。这是对基本国情的深刻认识和对以往十年环保实践进行反思和总结的结果，并由此实现了环境管理思想认识和工作方式上的重大转变。可以说，这次会议是环境管理认识上的一次重大飞跃。

1984年5月，国务院成立环境保护委员会，进一步加强对环境保护的统一领导。同年，国务院发布《关于加强环境保护工作的决定》。

1984年10月，党的十二届三中全会通过了《关于经济体制改革的决定》。该文件明确指出，“城市政府应当集中力量做好城市的规划、建设和管理，加强各种公用设施的建设，进行环境的综合整治”。1985年10月，国务院在河南省洛阳市召开“全国城市环境保护工作会议”，会议原则通过了《关于加强城市环境综合整治的决定》，会议明确提出当前综合整治的重点是“除四害”，即大气污染防治、水污染防治、固体废物处理与利用、噪声污染防治。随后，在各地政府的支持下，城市环境综合整治工作逐渐在各大中城市推广开来。

在本阶段，我国还陆续颁布了各种环境保护法律法规，包括：《中华人民共和国水污染防治法》（简称《水污染防治法》）（1984年11月颁布）、《中华人民共和国大气污染防治法》（简称《大气污染防治法》）（1987年5月通过）、《中华人民共和国海洋环境保护法》（简称《海洋环境保护法》）（1982年8月颁布）等。环境立法工作所取得的进展，使环境管理逐步向法制管理发展。

三、发展阶段

发展阶段为1989～1995年。1989年4月召开了第三次全国环境保护会议。会议上正式推出新的五项环境管理制度，包括环境保护目标责任制、城市环境综合整治定量考核制度、排污许可证制度、污染集中控制制度、污染限期治理制度。这五项制度概括了多年来全国各地的环境管理实践经验，是我国在实践中形成的环境管理战略总体构想的体现和深化，适应了强化环境管理的需要。

1989年12月，第七届全国人大常委会第十一次会议通过了《中华人民共和国环境保护法》（简称《环境保护法》）的修正。1990年12月，国务院颁布《关于进一步加强环境保护工作的决定》[国发（1990）65号]，该"决定"指出，"当前，防治环境污染和生态破坏已成为十分紧迫的任务。为促使经济持续、稳定、协调发展，深入贯彻执行《环境保护法》，在改革开放中进一步搞好环境保护工作"。这个决定是进一步加强和发展我国环境管理的纲领性文件。

1992年6月，联合国环境与发展大会在巴西里约热内卢召开。会议通过《里约热内卢环境与发展宣言》。国务院总理李鹏率团参加会议，并在会上作出了履行《21世纪议程》等文件的承诺。1992年7月，党中央、国务院批准了《中国环境与发展十大对策》，这是我国最早明确提出可持续发展原则的重要文件。

1993年，全国人民代表大会设立了环境保护委员会。同年，国家环保局与国家经贸委联合召开了第二次全国工业污染防治工作会议，进一步明确了防治工业污染的基本方针。提出要转变传统的发展战略，积极推行清洁生产，走持续发展的道路。要适应市场经济新形势，不断深化政府的环境管理职能。并且提出工业污染防治的指导思想实行"三个转变"，即逐步转变末端治理为工业生产全过程控制，污染物排放控制由浓度控制转变为浓度与总量双轨控制，工业污染治理由分散治理转变为集中控制与分散治理相结合。

1994年3月，国务院发布了我国第一个可持续发展方面的综合性文件《中国21世纪议程——中国21世纪人口、环境与发展白皮书》，它针对可持续发展的各个领域提出了指导原则、具体措施和优先项目。

1995年12月，全国环境保护厅局长会议在江苏省张家港市召开，会议推出了两大举措，即"实施污染物排放总量控制计划"和"中国跨世纪绿色工程计划"。

在这一阶段里，环境保护管理机构和队伍建设有了较快的发展，确立了可持续发展战略，并制定一系列纲领性文件。

四、深化阶段

深化阶段为1996～2005年。

1996年7月，国务院召开第四次全国环境保护会议。会议对实现跨世纪的环境保护目标进行了总体部署，提出了建立和完善环境与发展综合决策等四大机制。8月，国务院作出《关于环境保护若干问题的决定》。9月，国务院批准《国家环境保护"九五"计划和2010年远景目标》，其附件《"九五"期间全国主要污染物排放总量控制计划》和《中国跨世纪绿色工程规划（第一期）》是实现"九五"环保目标采取的两项重大举措。

1997年3月8日，中共中央召开了计划生育和环境保护工作座谈会，江泽民总书记主持会议并发表重要讲话，标志着党中央对环境保护高度重视，环境管理已经进入党和国家最高领导层的重要议事日程。

1998年6月，根据第九届全国人民代表大会第一次会议批准的国务院机构改革方案和

《国务院关于机构设置的通知》（国发［1998］5号），经国务院批准，国务院办公厅发布《国家环境保护总局职能配置、内设机构和人员编制规定》，设置正部级的国家环境保护总局。

1998年11月，国务院发布了《建设项目环境保护管理条例》。

2001年12月，国务院批准了《国家环境保护“十五”计划》，确定了“十五”期间的环境保护目标：“到2005年，环境污染状况有所减轻，生态环境恶化趋势得到初步遏制，城乡环境质量特别是大中城市和重点地区的环境质量得到改善，健全适应社会主义市场经济体制的环境保护法律、政策和管理体系”。

2002年1月，国务院召开第五次全国环境保护会议，提出环境保护是政府的一项重要职能，强调走可持续发展的道路。同年1月，国务院颁布了《排污费征收使用管理条例》；6月，全国人大常委会颁布了《中华人民共和国清洁生产促进法》，自2003年1月1日起施行；10月，全国人大常委会颁布了《中华人民共和国环境影响评价法》，2003年9月实施。

2003年10月，根据《关于环保总局调整机构编制的批复》（中央编办复字［2003］139号）文件，国家环境保护总局调整了内部机构设置，撤销监督管理司，设置环境影响评价管理司、环境监察局。

2005年12月，为全面落实科学发展观，加快构建社会主义和谐社会，实现全面建设小康社会的奋斗目标，国务院发布了《关于落实科学发展观加强环境保护的决定》，把环境保护摆在更加重要的战略位置。

五、转型提高阶段

转型提高阶段从2006年至今。

2006年2月，国家环保总局印发《“十一五”国家环境保护标准规划》和《环境影响评价公众参与暂行办法》。

2006年3月十届人大四次会议批准的《国民经济和社会发展第十一个五年规划纲要》，将“单位国内生产总值能源消耗降低20%”和“主要污染物排放总量减少10%”确定为“十一五”经济社会发展的约束性指标，把节能减排放在十分突出的战略位置。

2006年4月召开的第六次全国环境保护大会提出要把环境保护摆在更加重要的战略位置，并提出了“三个转变”：一是从重经济增长轻环境保护转变为保护环境与经济增长并重，把加强环境保护作为调整经济结构、转变经济增长方式的重要手段，在保护环境中求发展；二是从环境保护滞后于经济发展转变为环境保护与经济发展同步，做到不欠新账、多还旧账，改变先污染后治理、边治理边破坏的状况；三是从主要用行政办法保护环境转变为综合运用法律、经济、技术和必要的行政办法解决环境问题，自觉遵循经济规律和自然规律，提高环境保护工作水平。

2007年1月，国家环保总局首次采取“区域限批”等措施，使环境准入进一步成为国家宏观调控的重要手段。

2007年11月，国务院印发了国家环保总局、国家发展和改革委员会制定的《国家环境保护“十一五”规划》。

2008年2月，全国人大常委会通过了经修订的《中华人民共和国水污染防治法》，该法自2008年6月1日起施行。

2008年3月15日，为加大环境政策、规划和重大问题的统筹协调力度，十一届全国人大一次会议决定组建环境保护部。同年3月27日，环境保护部揭牌仪式在北京举行。

2008 年 7 月，环境保护部和中国科学院联合发布了《全国生态功能区划》，划出了 216 个生态功能区，确定了 50 个对保障国家生态安全具有重要意义的区域，分析了各类生态功能区的生态问题、生态保护、限制措施。2008 年 9 月环境保护部印发了《全国生态脆弱区保护规划纲要》，明确了生态脆弱区的概念、基本特征，划分出八大生态脆弱区，确定了下一步生态脆弱区的重点建设任务和优先领域。

2008 年 8 月全国人大常委会通过了《中华人民共和国循环经济促进法》，2009 年 1 月 1 日起施行。

2009 年 8 月国务院常务会议通过《规划环境影响评价条例》，自 2009 年 10 月 1 日起正式施行。

2009 年，环境保护部印发了《环境监测质量管理三年行动计划（2009～2011 年）》，推动了环境监测质量管理工作的标准化、规范化、制度化和科学化。

“十一五”期间实施了污染源普查、中国环境宏观战略研究和水体污染控制与治理科技重大专项（即“水专项”）三大基础性战略性工程。中国环境宏观战略研究提出探索中国环境保护新道路，须正确处理好“六个关系”，构建“六大体系”：一是正确处理全局与局部的关系，制定与我国基本国情相适应的环境保护宏观战略体系；二是正确处理预防与控制的关系，建立全防全控的防范体系；三是正确处理成本与效益的关系，健全高效的环境治理体系；四是正确处理激励与约束的关系，完善与经济发展相协调的环境法规政策标准体系；五是正确处理统一监管与分工负责的关系，构建完备的环境管理体系；六是正确处理规范引导与自觉自律的关系，形成全民参与环境保护的社会行动体系。

“十一五”期间，国家环境保护标准以每年 100 项的速度递增，发布了 60 余项重点行业污染物排放标准，开展了 1050 项国家环境保护标准的制定及修订工作。

2011 年 10 月，国务院印发了《关于加强环境保护重点工作的意见》，包括全面提高环境保护监督管理水平、着力解决影响科学发展和损害群众健康的突出环境问题、改革创新环境保护体制机制三个部分，体现了我国在新时期环境保护工作的重担内容。

2011 年 12 月，国务院印发了《国家环境保护“十二五”规划》，以解决危害群众健康和影响可持续发展的突出环境问题为重点，提出了深入推进总量减排、强化环境质量改善、防范环境风险和完善环境基本公共服务体系四大战略任务。

2011 年 12 月在北京召开了第七次全国环境保护大会，提出要坚持在发展中保护、在保护中发展，积极探索“代价小、效益好、排放低、可持续”的环境保护新道路。

综上所述，党的十一届三中全会确定以经济建设为中心后，我国经济发展进入快车道，但与之伴生的环境问题使人们无法回避。顺应社会经济发展的需要，我国的环境管理实践与时俱进，无论管理思想，抑或管理手段和技术、政策以及法律体系和管理制度，还是管理机构等，都发生了巨大的变化。中国环境管理将通过自身的完善和建设，为中国的环境保护事业和可持续发展发挥了巨大的作用。

第二节　中国环境管理体系

一、中国环境管理的方针和政策体系

1972 年联合国人类环境会议是世界环境保护的里程碑，也是中国环境保护事业的转折点和环境政策发展的新起点。

（一）中国环境保护的基本方针

基于我国社会经济和环保事业的发展，环境保护的基本方针也随之发生适时的变化。

1972年，人类环境会议上中国代表提出了三十二字方针："全面规划、合理布局、综合利用、化害为利、依靠群众、大家动手、保护环境、造福人民"。这一方针在1973年第一次全国环境保护会议上被确定为环境保护工作的指导方针，并在我国第一个环境保护文件——《关于保护和改善环境的若干规定（试行草案）》中得到了肯定。1979年9月，全国人大常委会颁布的《中华人民共和国环境保护法（试行）》中以法律的形式明确了这一环境保护工作的方针。

1983年，在第二次全国环境保护会议上，党和政府明确宣布环境保护是我国的一项基本国策。根据我国环境保护面临的问题及其特点，以及环境保护工作的重点发生的变化，制定了"经济建设、城乡建设和环境建设同步规划、同步实施、同步发展，实现经济效益、社会效益和环境效益统一"，即"三同步、三统一"的指导方针。这一方针反映了经济、社会发展和环境保护的共同要求，成为了我国环境保护工作的基本方针。

1992年联合国环境与发展大会之后，党中央、国务院批准了《中国环境与发展十大对策》，并率先编制了《中国21世纪议程》、《中国环境保护行动计划》等纲领性文件，实施可持续发展战略成为了我国环境管理的基本指导方针。

《中国环境与发展十大对策》的具体内容包括：①实现持续发展战略；②采取有效措施，防治工业污染；③深入开展城市环境综合整治，认真治理城市"四害"；④提高能源利用效率，改善能源结构；⑤推广生态农业，坚持不懈地植树造林，切实加强生物多样性的保护；⑥大力推进科技进步，加强环境科学研究，积极发展环保产业；⑦运用经济手段保护环境；⑧加强环境教育，不断提高全民族的环境意识；⑨健全环境法制，强化环境管理；⑩参照环发大会精神，制订我国行动计划。

1996年7月，国务院召开第四次全国环境保护会议，国家把"三同步、三统一"与国家的发展战略紧密联系起来，并在同年9月国务院批准的《国家环境保护"九五"计划和2010年远景目标》明确阐述了指导中国今后环境保护工作的根本性方针："坚持环境保护基本国策，推行可持续发展战略，贯彻经济建设、城乡建设、环境建设同步规划、同步实施、同步发展的方针，积极促进经济体制和经济增长方式的转变，实现经济效益、社会效益和环境效益的统一"。

2005年，国务院发布的《国务院关于落实科学发展观加强环境保护的决定》提出，"按照全面落实科学发展观、构建社会主义和谐社会的要求，坚持环境保护基本国策，在发展中解决环境问题。积极推进经济结构调整和经济增长方式的根本性转变，切实改变'先污染后治理、边治理边破坏'的状况，依靠科技进步，发展循环经济，倡导生态文明，强化环境法治，完善监管体制，建立长效机制，建设资源节约型和环境友好型社会"。

2006年召开的第六次全国环境保护大会，明确提出要实现"三个转变"：从重经济增长轻环境保护转变为保护环境与经济增长并重；从环境保护滞后于经济发展转变为环境保护和经济发展同步推进；从主要用行政办法保护环境转变为综合运用法律、经济、技术和必要的行政办法解决环境问题。

2011年第七次全国环境保护大会进一步提出，要坚持在发展中保护、在保护中发展，积极探索"代价小、效益好、排放低、可持续"的环境保护新道路。探索环保新道路的根本要求是大力推进环境保护与经济发展的协调融合，核心是注重保障和改善民生，目标是着力构建六大体系。六大体系包括：与我国国情相适应的环境保护宏观战略体系，全面高效的污染防治体系，健全的环境质量评价体系，完善的环境保护法规政策和科技标准体系，完备的环境管理和执法监督体系，全民参与的社会行动体系。

2012年11月，胡锦涛总书记在"十八大"报告中提出，建设生态文明是关系人民福祉、关乎民族未来的长远大计。面对资源约束趋紧、环境污染严重、生态系统退化的严峻形势，必须树立尊重自然、顺应自然、保护自然的生态文明理念，把生态文明建设放在突出地位，融入经济建设、政治建设、文化建设、社会建设各方面和全过程，努力建设美丽中国，实现中华民族永续发展。自此，我国的社会主义现代化建设形成经济建设、政治建设、文化建设、社会建设和生态文明建设"五位一体"的总体布局。

（二）中国环境保护的基本政策

1973 年的第一次全国环境保护会议正式揭开了中国环境保护工作的序幕。1983 年召开的第二次全国环境保护会议，明确提出了环境保护是现代化建设中的一项战略任务，把环境保护确立为我国的一项基本国策，并确定了"三同步、三统一"的环境保护方针，以及基本环境政策——"预防为主，防治结合"、"谁污染谁治理"和"强化环境管理"。其中，"强化环境管理"是环境政策的中心和主体，"预防为主，防治结合"和"谁污染谁治理"是环境政策的两翼。这三大政策具有总体性、基础性和方向性，此后我国的许多环境管理和技术政策都是从这三项政策中衍生和延伸出来的。实践证明，这些环境政策在控制环境污染和保护自然生态方面发挥了积极的作用，而且仍然是我国现行环境管理政策的主体结构，将继续发挥基础性作用。

1. "预防为主，防治结合"

"预防为主，防治结合"的基本思想是，在经济开发和建设过程中采取消除环境破坏的行为和措施，实行全过程控制，从源头解决环境问题，避免或减少末端的污染治理和生态保护需要付出的沉重代价。

中国作为发展中的大国，经济发展需要大量的资源，这限制了对环境保护的投入。同时，在提高经济发展质量水平，包括产业结构、生产布局和技术水平等各方面有很大的潜力。这样的具体国情决定了采取预防为主的政策是理性的选择。

"预防为主，防治结合"政策的主要内容包括以下几点。

① 在宏观层次上，把环境保护纳入国民经济和社会发展计划中，进行综合平衡。这是从宏观层次上贯彻预防为主环境政策的先决条件。自"六五"计划以来，从在中央到地方政府，环境保护被纳入各级政府的国民经济和社会发展计划中，包括中长期计划和年度计划，内容包括指标的纳入、技术政策的纳入和资金平衡和项目的纳入。

② 在中观层次上，把环境保护与调整产业结构和工业布局、优化资源配置相结合，促进经济增长方式的转变。在城市环境综合整治中，把环境保护规划纳入城市总体发展规划，调整城市产业结构和工业布局，优化资源配置并提高资源利用率，从源头减少污染排放等。实行"三废"综合利用和能源环保等政策。

③ 在微观层次上，加强建设项目的管理，严格控制新污染的产生，实行环境影响评价制度和"三同时"制度，大力推行清洁生产。

2. "谁污染谁治理"

实行"谁污染谁治理"政策，是要明确经济行为主体的环境责任，解决环境保护资金来源问题。广义的"经济行为主体"，既包括生产企业，也包括消费者。污染者必须承担和补偿由污染产生的损失以及治理污染所需要的费用，从而使"外部不经济性"内部化。

1996 年第四次全国环境保护会议后，为适应新的环境保护形势，满足可持续发展的战略需要，国家对环境保护工作中心进行重大调整，由过去的以工业污染防治为中心转变为污染防治与生态保护并重，于是"谁污染谁治理"的环境政策内涵扩展为"污染者付费、开发者保护、利用者补偿、破坏者恢复"。

体现"谁污染谁治理"的具体举措如下。

① 排污收费政策。2003年7月我国开始正式施行《排污费征收使用管理条例》，以及与之配套的《排污费征收标准管理办法》和《排污费资金收缴使用管理办法》，要求直接向环境排放污染物的单位和个体工商户（即排污者）缴纳排污费。

② 2011年3月，经修订的《中华人民共和国水土保持法》正式施行。其中规定，“在山区、丘陵区、风沙区以及水土保持规划确定的容易发生水土流失的其他区域开办生产建设项目或者从事其他生产建设活动，损坏水土保持设施、地貌植被，不能恢复原有水土保持功能的，应当缴纳水土保持补偿费，专项用于水土流失预防和治理”。

③《中华人民共和国矿产资源法（1996年修正）》明确规定，“开采矿产资源，应当节约用地。耕地、草原、林地因采矿受到破坏的，矿山企业应当因地制宜地采取复垦利用、植树种草或者其他利用措施”。

3. “强化环境管理”

“强化环境管理”是三大政策的核心。“强化环境管理”的核心地位是由我国国情决定的。中国作为发展中国家，一方面受到资金和技术水平的限制，无法依靠高投入治理污染来改善和保护环境，另一方面中国的许多环境问题由管理不善造成。在这种情况之下，通过改善和强化环境管理，可以利用有限的资金有效地解决主要环境问题，同时也有利于引导环境投资有效地发挥作用，提高投资效率。

“强化环境管理”的主要措施有以下内容。

① 逐步建立和完善环境保护法规与标准体系，加大执法力度。自1979年颁布了《环境保护法（试行）》之后，我国先后出台了各单项环境保护法律以及一些与环境保护密切相关的资源法规。到2005年底为止，共出台了9部环境保护法律，15部自然资源法，50部环境保护行政法规，200多件环境保护部门规章和规范性文件，以及1600余件地方性环境法规和地方政府规章。“十一五”期间，全国人大常委会修订了《水污染防治法》，制定了《循环经济促进法》，国务院制定或修订了7项环保行政法规，国务院环保部门出台了26个部门规章。至此，基本形成了以《环境保护法》为核心的、比较完善的环境保护法律法规体系。作为环境法律法规的重要组成部分，我国环境保护标准自1973年创立以来，经过近40年的发展，已逐步形成了以环境质量标准、污染物排放（控制）标准、环境监测规范为核心，包括环境基础标准、标准制定及修订规范、管理规范类环境保护标准等环境标准体系。以国家的环境法律法规和标准为依据，加强环境执法，解决有法不依、执法不严的问题。

② 加强和完善各级政府的环境保护机构及完整的国家和地方环境监测网络。自1983年第二次全国环境保护会议以来，中国的各级环境管理机构建设得到加强，形成了五级环境管理组织机构体系，包括国家、省、市、县、乡镇五级环境管理体系，同时，在国家、省、市三级还建立了科学研究、监测和宣传教育等配套机构。至2008年成立环境保护部，进一步强化了环境保护参与综合决策的能力。

③ 建立健全的环境管理制度，实行地方各级政府环境保护目标责任制、对设市城市全部纳入城市环境综合整治定量考核范围、排污许可制度、实行污染物排放总量控制等制度，使环境保护工作落到实处，收到了显著成效。

二、中国环境管理法律法规体系

环境与资源保护法体系是指由国家制定的开发利用自然资源、保护改善环境的各种法律规范所组成的相互联系、相互补充、内部协调一致的统一整体。

我国现行的环境与资源保护法体系由以下七部分构成：①宪法关于环境与资源保护的规定；②环境与资源保护基本法；③环境与资源保护单行法规；④其他部门法中的环境与资源

保护法律规范；⑤环境保护行政法规；⑥地方环境保护法律法规；⑦国际法中的环境保护规范。

（一）宪法关于环境与资源保护的规定

宪法关于环境与资源保护的规定是环境与资源保护法的基础，是各种环境与资源保护法律、法规和规章的立法依据。

《中华人民共和国宪法》第二十六条规定，“国家保护和改善生活环境和生态环境，防治污染和其他公害。”这一规定是国家环境保护的总政策，明确环境保护是国家的一项基本职能。此外，还有如下相关内容。

第九条规定，“矿藏、水流、森林、山岭、草原、荒地、滩涂等自然资源，都属于国家所有，即全民所有；由法律规定属于集体所有的森林和山岭、草原、荒地、滩涂除外。国家保障自然资源的合理利用，保护珍贵的动物和植物。禁止任何组织或者个人用任何手段侵占或者破坏自然资源”。

第十条规定，“城市的土地属于国家所有。农村和城市郊区的土地，除由法律规定属于国家所有的以外，属于集体所有；宅基地和自留地、自留山，也属于集体所有”。

第二十二条规定，“国家保护名胜古迹、珍贵文物和其他重要历史文化遗产”。

《宪法》的上述各项规定，是我国环境与资源保护立法的指导原则和立法依据。

（二）环境与资源保护基本法

环境与资源保护基本法是环境与资源保护法体系的核心，它是一项综合性的实体法。该法环境与资源保护方面的重大问题进行全面综合调整，对环境与资源保护的目的、范围、方针政策、基本原则、重要措施、管理制度、组织机构、法律责任等诸多方面作出原则规定。

我国的环境与资源保护基本法是1979年颁布的《中华人民共和国环境保护法（试行）》，该法在1989年12月经修订后重新颁布，即《中华人民共和国环境保护法》。作为一部综合性的基本法，它对环境保护的重要问题作了全面的规定。该法的颁布对于促进我国环境与资源保护法体系的完备化和加强我国的环境管理，起了重要的作用。其主要内容如下。

规定环境法的目的和任务是保护和改善生活环境和生态环境，防治污染与其他公害，保障人体健康，促进社会主义现代化建设的发展。

规定环境保护的对象是大气、水、海洋、土地、矿藏、森林、草原、野生生物、自然遗迹、人文遗迹、自然保护区、风景名胜区、城市和乡村等直接或间接影响人类生存与发展的环境要素。

规定一切单位和个人均有保护环境的义务，对污染或破坏环境的单位或个人有监督、检举和控告的权利。规定防治环境污染、保护自然环境的基本要求及相应的法律义务。规定中央和地方环境管理机关的环境监督管理权限及任务。

规定环境保护应当遵循预防为主、防治结合、综合治理原则、经济发展与环境保护相协调原则、污染者治理、开发者养护原则、公众参与原则等基本原则；应当实行环境影响评价制度、“三同时”制度、征收排污费制度、排污申报登记制度、限期治理制度、现场检查制度、强制性应急措施制度等法律制度。

（三）环境与资源保护单行法规

环境与资源保护单行法规是针对特定的保护对象（例如，某种环境要素或特定的环境社会关系）而进行专门调整、由全国人大常委会制定通过的单项法律。它以宪法和环境与资源保护基本法为依据，是宪法和环境与资源保护基本法的具体化。

环境保护单行法包括以下类型。

① 综合管理性的环境保护单行法。该类单行法适用于多种环境要素和自然资源保护，如《环境影响评价法》、《清洁生产促进法》、《循环经济促进法》等。

② 污染防治单行法，是传统环境保护法中最重要的规范，较为重要的单行法包括《水污染防治法》、《大气污染防治法》、《固体废物污染环境防治法》、《环境噪声污染防治法》、《海洋环境保护法》等。

③ 自然资源保护单行法。主要用于规范自然资源利用、管理和防治对该类自然资源污染和破坏的法律规范，如《中华人民共和国水法》、《土地管理法》、《城乡规划法》、《渔业法》、《森林法》、《草原法》、《水土保持法》、《野生动物保护法》等。

环境与资源保护单行法规一般比较具体详细，是进行环境管理、处理环境纠纷的直接依据。

（四）其他部门法中的环境与资源保护法律规范

由于环境与资源保护的广泛性，在其他部门法（如民法、刑法、经济法、劳动法、行政法）中包括不少关于环境与资源保护的法律规范。这些法律规范，是环境与资源保护法体系的组成部分。

如《中华人民共和国民法通则》中第八十、八十一条关于国家和集体所有的土地、森林、山岭、草原、荒地、滩涂、水面、矿藏等自然资源，一方面规定了所有权、使用权、经营权、收益权受法律的保护，另一方面也规定了使用单位和个人有管理、保护和合理使用的义务；第九十八条规定，公民享有生命健康权。由于污染环境而危害公民生命和健康的行为，应该属于民事侵权行为。《中华人民共和国刑法》在第六章中专门设立了“破坏环境资源保护罪”，对各种严重污染环境和破坏自然资源的犯罪行为规定了相应的刑事责任。

（五）环境行政法规

国家环境管理通常表现为行政管理活动，常常以法规的形式明确对环境管理机构的设置、职权、行政管理程序、行政管理制度，以及行政处罚程序等方面的规定。环境行政法规由国务院制定并颁布，其效力低于宪法和法律，高于地方性法规和行政规章。我国颁布了大量的行政法规，如《排污费征收使用管理条例》、《建设项目环境保护管理程序》、《海洋倾废管理条例》、《环境标准管理办法》、《环境统计管理暂行办法》等。主要有两种情况：一是国务院制定行政法规为全国人大及常委会颁布的法律提供实施细则或实施条例；二是对尚未纳入全国人大常委会立法规划但亟须予以规范，常常由国务院制定相关的行政法规进行规范。

（六）地方环境保护法律法规

地方环境保护法律法规指有立法权的地方人民代表大会及其常委会和地方政府制定的环境保护规范性文件，是对国家环境保护法律、法规的补充和完善。一般而言，地方环境保护法律、法规是为解决本地区某特定环境问题而制定的，具有较强的针对性和可操作性。如《北京市水污染防治条例》、《上海市化学工业区管理办法》、《广东省机动车排气污染防治条例》、《江苏省湖泊保护条例》等。

（七）国际法中的环境保护规范

国际法中的环境保护规范包括我国参加的并已对我国生效的一般性国际条约中的环境保护规范，以及专门性国际环境保护条约的环境保护规范，如我国参加或缔结的有关环境资源保护的国际条约、双边和多边协定以及履约相关的国内法律，这些规范是我国环境法律法规体系的一个重要组成部分。

如自 1972 年以来，中国积极参与全球环境管理，先后缔结或参加了多项与环境和资源保护有关的国际公约，涉及臭氧层保护、化学品和危险废物、气候变化、生物多样性保护、核与辐射安全等诸多方面。具体包括《联合国气候变化框架公约》、《关于持久性有机污染物的斯德哥尔摩公约》、《生物多样性公约》、《蒙特利尔议定书》、《巴塞尔公约》、《鹿特丹公约》等。

根据《环境保护法》第四十六条规定，“中华人民共和国缔结或者参加的与环境保护有关的国际条约，同中华人民共和国的法律有不同规定的，适用国际条约的规定，但中华人民共和国声明保留的条款除外。”意即，一般而言，我国加入的国际环境公约具有优先于国内环境法的地位。

三、中国环境管理的制度体系

自1972年中国的环境保护工作正式开展以来，中国的环境管理制度不断地发展和完善。1979年《环境保护法（试行）》明确规定了老三项制度，包括“三同时”制度、环境影响评价制度和排污收费制度；继而1989年第三次全国环境保护会议上正式推出新五项制度，即环境保护目标责任制、城市环境综合整治定量考核制度、排污许可证制度、污染集中控制制度、污染限期治理制度。此八项管理制度目前仍然是中国最主要的环境管理制度。其他的制度，如总量控制制度、环境标准制度、排污申报登记制度、环境监测制度、重点污染排放量核定、现场检查制度、落后工艺设备限期淘汰制度、环境污染与破坏事故报告制度、环境标志制度等，都是在中国环境管理实践中得以形成、确立，并一直发挥着积极而重要的作用。详细内容见本章第三、四节。

四、中国环境管理的机构体系

中国的环境管理机构建设经历了从无到有、从弱到强的发展过程。目前，我国的环境保护行政管理机构体系包括国家、省、市、县、镇（乡）等五级机构。

（一）发展历程

1972年人类环境会议后，国家计委牵头成立了国务院环境保护领导小组筹备办公室。1974年12月，国务院环境保护领导小组正式成立。领导小组负责制定环境保护的方针政策，审定国家环境保护规划，组织协调和监督检查各地区和各有关部门的环境保护工作。领导小组下设办公室，负责日常工作。随后，全国各地方政府也相继设置地方环保机构。国务院环境保护领导小组的成立，标志着我国环境保护机构建设的起步。

1982年国务院机构改革，成立城乡建设环境保护部，并撤销原国务院环境保护领导小组，将其办公室并入城乡建设环境保护部，称环境保护局，成为城乡建设环境保护部内设的司局级机构。绝大多数地方的各级政府上行下效，将环保与城建部门合并，形成“城乡建设与环境保护一体化”的管理模式。由于环境保护与城乡建设内涵不一致，二者存在管理与被管理、监督与被监督的关系，所以这两项职能应该分别由不同的机构（载体）承担。这次机构改革本意是通过设立一个高规格的常设机构来加强环境保护工作，但反而冲击了刚刚成型的环境保护队伍，削弱了环境保护力量。

为适应环境保护工作的需要，1984年底，原城乡建设环境保护部环境保护局升格为部委归口管理的国家局，对外称国家环境保护局。地方各级政府也随之进行调整。至此，我国环境管理机构建设初显规模。

1988年，国务院机构改革将国家环境保护局从原城乡建设环境保护部独立出来，成为国务院直属机构，原城乡建设环境保护部改为建设部。国家环保局的成立标志着我国的环境管理机构建设进入一个新时期。实践表明，独立的具有执行权限的环境保护管理常设机构的设置，能够显著地改善国家的环境管理，提高管理水平。

1998年6月，国务院办公厅发布了《国家环境保护总局职能配置、内设机构和人员编制规定》，设置正部级的国家环境保护总局，同时明确国家环境保护总局的职能和内部机构设置与职能分工。总局内共设置10个职能司（厅），包括：办公厅（宣传教育司）、规划与财务司、政策法规司、行政体制与人事司、科技标准司、污染控制司、自然生态保护司、核安全与辐射环境管理司（国家核安全局）、监督管理司、国际合作司。

2008年3月15日，为加强环境政策、规划和重大问题的统筹协调能力，十一届全国人大一次会议决定组建环境保护部。同年3月27日，环境保护部揭牌仪式在北京举行。至此，环境保护部正式成为国务院组成部门。根据国务院办公厅的《环境保护部主要职责内设机构和人员编制规定》，强化了环境保护部的职能配置，减少其技术性和事务性的工作，进一步理顺部门职责分工，强化其统筹协调、宏观调控、监督执法和公共服务职能。

（二）现行的环境管理机构体系

1. 环境管理行政机构

目前，我国的环境管理行政机构体系包括国家、省、市、县、乡五级。

国家环境保护部是国家级的环境管理行政机构，部里共有内设机构14个：办公厅、规划财务司、政策法规司、行政体制与人事司、科技标准司、污染物排放总量控制司、环境影响评价司、环境监测司、污染防治司、自然生态保护司（生物多样性保护办公室、国家生物安全管理办公室）、核安全管理司（辐射安全管理司）、环境监察局、国际合作司和宣传教育司。

各省、市、自治区环境保护局的机构设置与国家环保部类似，地、市级和县级环境保护行政主管部门的内设机构相对简化，乡、镇级常为无下设机构的环保办公室。

其他的国家机关就其业务范围设置相应的环境与资源保护部门，如国家林业局内设森林资源管理司、野生动植物保护与自然保护区管理司、造林绿化管理司等，国家海洋局内设海洋环境保护司，水利部内设水资源司、水土保持司，国家农业部及其管理的渔业局也设有相应的环境与资源保护职能。

2. 环境管理立法机构

我国现行的环境管理立法机构是全国人民代表大会环境与资源保护委员会（简称全国人大环资委）。该委员会是全国人民代表大会所属的专门委员会之一，是全国人民代表大会在环境和资源保护方面行使职权的常设工作机构，受全国人民代表大会领导。全国人大环资委负责拟订并提出环境与资源方面的法律草案和有关的其他议案，审议与环境与资源有关的议案，协助全国人大常委会进行资源与环境方面的执法监督等。各省、直辖市的地方人民代表大会也设置了相应的委员会。

第三节 中国环境管理的八项基本制度

经过近40年的发展，我国环境管理制度日益丰富和健全。现行的环境管理制度主要包括：环境影响评价制度、“三同时”制度、排污收费制度、限期治理制度、排污申报登记制度、环境标准制度、环境监测制度、现场检查制度、环境污染事故报告制度、废物综合利用制度、排污许可证制度、污染物排放总量控制制度、环境标志制度等。

本节首先介绍在20世纪80年代末之前形成的八项基本制度，包括老三项制度和新五项制度。这些制度目前仍然在我国的环境管理中发挥着基础性的作用，是现行的、最重要的环境管理制度。

老三项环境管理制度产生于20世纪70年代，包括环境影响评价制度、“三同时”制度和排污收费制度，是在1978年颁布的《环境保护法（试行）》确立下来。第三次全国环境保护会议继续推出具有中国特色的新五项制度，包括排污许可证制度、污染集中控制制度、环境保护目标责任制、城市环境综合整治定量考核制度和污染限期治理制度。这些制度有效地控制了一些危害大、扰民严重的污染源以及新建项目可能带来的环境损害，推动企业和区域层面开展环境管理和治理工作，建立了从以污染源为控制对象、以单项治理为主体，到区域综合污染防治的一整套行政监督管理制度，在环保事业的开展中发挥了巨大的作用。

一、环境影响评价制度

环境影响评价（environmental impact assessment，简称 EIA）指一项社会活动、经济建设活动实施前，就其活动过程对环境系统可能造成的影响进行分析、评估和预测，并为预防和减轻不良的环境影响提出措施和对策。这种科学方法和技术被法律强制规定为指导人们开发活动的必要行为，就成为环境影响评价制度。

（一）外国环境影响评价制度的发展

美国是世界上第一个把环境影响评价用法律形式规定下来的国家。1969 年，美国国会通过的《国家环境政策法》（The National Environmental Policy Act，简称 NEPA）把环境影响评价确立为联邦政府的一项环境管理制度。随后，瑞典（1970 年）、新西兰（1973 年）、加拿大（1973 年）、澳大利亚（1974 年）、马来西亚（1974 年）、德国（1976 年）、印度（1978 年）、菲律宾（1979 年）、泰国（1979 年）、中国（1979 年）、印度尼西亚（1979 年）、斯里兰卡（1979 年）、日本（1984 年）等 100 多个国家陆续建立了环境影响评价制度。

与此同时，一些国际组织设立了环境影响评价的相关机构，召开了有关环境影响评价的会议和国际交流，推动了各国环境影响评价的应用与发展。1970 年，世界银行设立环境与健康事务办公室，对其投资项目的环境影响进行审查和评价。1974 年，联合国环境规划署与加拿大联合召开第一次环境影响评价会议。1984 年，联合国环境规划理事会第 12 届会议建议组织各国专家进行环境影响评价研究，为各国开展环境影响评价提供相应的方法和理论基础。1992 年，在联合国环境与发展大会上通过的《里约环境与发展宣言》和《21 世纪议程》中写入了有关环境影响评价的内容。《里约环境与发展宣言》的原则十七宣告：对于拟议中可能对环境产生重大不利影响的活动，应进行环境影响评价，并由国家相关主管部门当局作出决策。

在环境影响评价的实践过程中，其内涵不断丰富，从对自然环境影响评价发展到社会环境影响评价；不仅关注环境污染，也注重生态影响；开展环境风险评价；关注对累积性影响并开始对环境影响进行后评估；环境影响评价并从最初单纯的工程项目环境影响评价，发展到区域开发环境影响评价和战略环境影响评价。期间，环境影响评价技术方法和程序不断完善。

（二）中国的环境影响评价制度

1. 中国环境影响评价制度的发展

1973 年，环境影响评价的概念被引入中国。1973 年“北京西郊环境质量评价研究”协作组成立，开展环境质量评价研究。1978 年 12 月 31 日，中共中央批转国务院环境保护领导小组的《环境保护工作汇报要点》，首先提出开展环境影响评价工作的意向。1979 年 4 月，国务院环境保护领导小组在《关于全国环境保护工作会议情况的报告》中，把环境影响评价作为一项方针政策再次提出。在政府部门支持下，北京师范大学等单位率先在江西永平铜矿开展了我国第一个建设项目的环境影响评价工作。

1979 年 9 月颁布的《环境保护法（试行）》中，第一章第六条规定：“一切企业、事业单位的选址、设计、建设和生产，都必须充分注意防止对环境的污染和破坏。在进行新建、改建和扩建工程时，必须提出对环境影响的报告书，经环境保护部门和其他有关部门审查批准后才能进行设计……”至此，中国的环境影响评价制度正式确立。至今，该制度经历了三个阶段。

(1) 引入和确立阶段（1979～1989年）

1973年第一次全国环境保护会议后，环境影响评价的概念开始引入我国。1979年《环境保护法（试行）》的颁布标志着我国环境影响评价制度正式确立。随后颁布的相关法规、措施和政策逐步规范了环境影响评价的内容、范围和程序，环境影响评价的技术方法也得到不断完善。

法律法规方面，除《环境保护法（试行）》外，相关法律也明确提出开展环境影响评价的要求，如《海洋环境保护法》、《水污染防治法》、《大气污染防治法》等。

职能部门的行政规章是制度执行的具体工作准则，可以保证环境影响评价制度的有效执行。1981年颁布的《基本建设项目环境保护管理办法》明确将环境影响评价制度纳入基本建设项目审批程序中。1986年颁布了《建设项目环境影响评价证书管理办法（试行）》，开始了对环境影响评价单位资质的规范和管理。1989年9月，国家环保局重新颁布《建设项目环境影响评价证书管理办法》。

各地方根据《建设项目环境保护管理办法》编制适用于本地建设项目环境管理办法的实施细则，各行业主管部门也陆续编制建设项目环境保护管理的行业行政规章措施，逐渐形成了国家、地方、行业相配套的建设项目环境影响评价的多层次法规体系。

在此期间，基本理顺了环境影响评价工作的程序，规范了环境影响评价单位的资质要求，确定了“按工作量收费”的环境影响评价收费原则，培育了一支环境影响评价专业队伍。通过建设项目环境影响评价实践，对环境影响评价技术方法进行了广泛研究和探讨，取得了显著进展。环境影响评价覆盖面迅速扩大，全国完成大中型建设项目环境影响报告书从“六五”期间（1980～1985年）的445项，迅速增加到“七五”期间（1986～1990年）的2592项。

(2) 强化和完善阶段（1990～2002年）

1989年12月全国人大常委会通过了《环境保护法》，其中第十三条重新规定了环境影响评价制度，为行政法规中具体规范环境影响评价制度提供了法律依据和基础。

本阶段里，国家环保局发布了包括大气环境、地面水环境、声环境、辐射、非污染生态影响等方面的环境影响评价技术导则。1990年，国家环保局与国际金融组织合作，开始对环境影响评价人员进行培训，实行持证上岗制度。1992年，国家环保局成立了“环境工程评估中心”作为建设项目环境保护管理的技术支持单位，对环境影响报告书进行技术审查。

1998年11月国务院253号令发布实施建设项目环境管理的第一个行政法规——《建设项目环境保护管理条例》详细地明确了环境影响评价的相关规定。此后，国家环保总局陆续颁布了一系列配套法规，并对评价队伍进行了大力整顿。1999年3月，国家环保总局颁布《建设项目环境影响评价资格证书管理办法》；同年4月，《关于公布建设项目环境保护分类管理名录（试行）的通知》公布了分类管理名录。

(3) 提高和拓展阶段（2002年至今）

2002年10月全国人大常委会通过了《中华人民共和国环境影响评价法》（2003年9月1日起实施）。该法第一次将环境影响评价的对象从单纯的建设项目扩展到各类发展规划，为决策源头防止环境污染和生态破坏提供法律保障。

2004年2月，人事部、国家环保总局决定建立环境影响评价工程师职业资格制度，发布了《环境影响评价工程师职业资格制度暂行规定》、《环境影响评价工程师职业资格考试实施办法》和《环境影响评价工程师职业资格考核认定办法》。

2006年，国家环保总局印发《环境影响评价公众参与暂行办法》，推进和规范了环境影响评价活动中的公众参与。

2009年8月通过《规划环境影响评价条例》，同年10月开始实施。

2. 中国现行环境影响评价制度的内容

自1979年确立的环境影响评价制度，经过30多年的实践，对推进产业合理布局、预防因开发建设活动产生的环境污染和生态破坏，发挥了不可替代的积极作用。为了实施可持续发展战略，预防因规划和建设项目实施后对环境造成不良影响，促进经济、社会和环境的协调发展，2002年10月颁布的《中华人民共和国环境影响评价法》(以下简称《环境影响评价法》)，进一步将各类发展规划纳入评价对象，规定对有关的规划和建设项目必须进行环境影响评价。

(1) 规划的环境影响评价

《环境影响评价法》要求开展环境影响评价的规划包括：①国务院有关部门、设区的市级以上地方人民政府及其有关部门，对其组织编制的土地利用的有关规划，区域、流域、海域的建设、开发利用规划，即“综合性规划”；②国务院有关部门、设区的市级以上地方人民政府及其有关部门，对其组织编制的工业、农业、畜牧业、林业、能源、水利、交通、城市建设、旅游、自然资源开发的有关专项规划。

该法把应进行环境影响评价的规划分为指导性规划和非指导性规划两类。其中，指导性规划包括综合性规划，以及专项规划中宏观性、预测性的规划；非指导性规划包括工业、农业、畜牧业、林业、能源、水利、交通、城市建设、旅游、自然资源开发的规划等。

对于指导性规划，应当在规划编制过程中组织进行环境影响评价，并编写该规划对环境影响的篇章或说明；对于非指导性规划，应当在该专项规划草案上报审批前，由组织编制该规划的机关组织对其进行环境影响评价，并向审批该规划的机关提出环境影响评价书。

规划环境影响评价的内容主要包括：①实施该规划对环境可能造成的影响的分析、预测和评估；②预防或者减轻不良环境影响的对策和措施；③环境影响评价的结论。

(2) 建设项目的环境影响评价

根据建设项目对环境的影响程度不同，对建设项目的环境影响评价实行分类管理。由国务院环境保护行政主管部门编制并公布建设项目的环境影响评价分类管理名录，现行名录是2008年8月国家环保部修订通过的《建设项目环境影响评价分类管理名录》。

建设单位应当按照规定组织编制环境影响评价文件（包括环境影响报告书、环境影响报告表或者填报环境影响登记表)：①可能造成重大环境影响的，应当编制环境影响报告书，对产生的环境影响进行全面评价；②可能造成轻度环境影响的，应当编制环境影响报告表，对产生的环境影响进行分析或者专项评价；③对环境影响很小、不需要进行环境影响评价的，应当填报环境影响登记表。

建设项目的环境影响报告书应当包括下列内容：建设项目概况；建设项目周围环境现状；建设项目对环境可能造成影响的分析、预测和评估；建设项目环境保护措施及其技术、经济论证；建设项目对环境影响的经济损益分析；对建设项目实施环境监测的建议；环境影响评价的结论。环境影响报告表和环境影响登记表的内容和格式，由国务院环境保护行政主管部门编制并确定。

3.《环境影响评价法》的特点

一是评价对象扩大。《环境影响评价法》在评价范围上将环境影响评价从单纯的建设项目扩展到各类发展规划，为从决策源头防止环境污染和生态破坏提供了法律保障。

二是突出公众参与。《环境影响评价法》强调公众参与在环境影响评价中的作用，第五条规定："国家鼓励有关单位、专家和公众以适当方式参与环境影响评价"。但是，国家规定需要保密的情形除外。

对于专项规划，对可能造成不良环境影响并直接涉及公众环境权益的规划，其编制机关应在该规划草案报送审批前举行论证会、听证会，或采取其他形式征求有关单位、专家和公众的意见。在审批专项规划草案，作出决策前，应当先由人民政府指定的环保部门或其他部门召集有关部门代表和专家组成审查小组，对环境影响报告书的书面审查意见。注意，这里不包括指导性规划。

对于建设项目，对环境可能造成重大影响、应当编制环境影响报告书的建设项目，建设单位应当在报批建设项目环境影响报告书前，举行论证会、听证会，或采取其他形式，征求有关单位、专家和公众的意见。

三是确立跟踪评价和后评价制度。为了保证环境影响评价制度得到切实执行并实现污染控制的效果，《环境影响评价法》增添了对规划实施和项目建设后的跟踪评价和后评价制度。

对于规划环评，该法规定："对环境有重大影响的规划实施后，编制机关应当及时组织环境影响的跟踪评价，并将评价结果报告审批机关；发现有明显不良环境影响的，应当及时提出改进措施"。

对于建设项目环评，该法规定："在项目建设、运行过程中产生不符合经审批的环境影响评价文件的情形的，建设单位应当组织环境影响的后评价，采取改进措施，并报原环境影响评价文件审批部门和建设项目审批部门备案；原环境影响评价文件审批部门也可以责成建设单位进行环境影响的后评价，采取改进措施"；"环境保护行政主管部门应当对建设项目投入生产或者使用后所产生的环境影响进行跟踪检查，对造成严重环境污染或者生态破坏的，应当查清原因、查明责任"。

二、"三同时"制度

"三同时"是指建设项目（包括新建、改建、扩建和技改项目）需要配套建设的环境保护设施，必须与主体工程同时设计、同时施工、同时投产使用。

1972 年，在国务院批转的《国家计委、国家建委关于官厅水库污染情况和解决意见的报告》中第一次提出工厂建设和三废利用工程要"同时设计、同时施工、同时投产"的要求。"三同时"的概念最早在 1973 年国务院《关于保护和改善环境的若干规定》中正式提出。1979 年，《环境保护法（试行）》以法律的形式确定了"三同时"制度。1989 年经修订重新颁布的《环境保护法》的第 26 条明确，"建设项目中防治污染的措施，必须与主体工程同时设计、同时施工、同时投产使用。防治污染的设施必须经原审批环境影响报告书的环境保护行政主管部门验收合格后，该建设项目方可投入生产或者使用"。

2009 年出台的《环境保护部建设项目"三同时"监督检查和竣工环保验收管理规程（试行）》，对国家环境保护部负责审批环境影响评价文件的建设项目建立了"三同时"的监督检查机制，进一步了规范竣工环保验收管理。该规程明确，依据建设项目规模、所处环境敏感性和环境风险程度，其竣工环保验收现场检查按Ⅰ及Ⅱ两类实施分类管理。环保部直接负责重大敏感项目、跨大区项目等Ⅰ类建设项目的监督监察和竣工环保验收；并委托环境保护督查中心和省级环境保护行政主管部门参与建设项目竣工环保验收，承担Ⅱ类建设项目（即Ⅰ类建设项目以外的非核与辐射项目）的竣工环保验收现场检查。

"三同时"制度是建设项目中严格控制新污染的根本性措施和重要的环境保护法律制度。它与环境影响评价制度相辅相成，是中国《环境保护法》中"预防为主"基本原则的具体化、制度化和规范化，是加强开发建设项目环境管理的重要措施。

“三同时”具体管理措施主要包括以下内容：可能对环境造成影响的建设项目必须执行环境影响评价制度，环境影响评价文件里应包括相应的环境保护措施；建设项目的初步设计，应当按照环境保护设计规范的要求，编制环境保护篇章，并依据经批准的建设项目环境影响报告书或报告表，在环境保护篇章中落实防治环境污染和生态遭破坏的措施以及环境保护设施投资概算；建设项目主体工程完工后的试生产期间，其配套建设的环境保护设施必须与主体工程同时投入试运行，建设单位应对环境保护设施运行和建设项目对环境的影响进行监测；环境保护设施竣工验收，应与主体工程竣工验收同时进行。环保设施必须经原审批环境影响报告书的环境保护行政主管部门验收合格后，该建设项目才能投入生产或使用。

三、排污收费制度

1972年5月，经济合作和发展组织（OECD）环境委员会提出“污染者负担”原则（即PPP原则，polluter pays principle），要求排污者承担治理污染源、消除环境污染、赔偿受害人损失的费用。根据此原则，一些国家和地区相继建立排污收费制度。

排污收费是一项重要的环境经济政策。该政策主要有两方面作用：一是经济刺激，通过征收排污费，让排污者承担治理污染费用和补偿污染受害者的经济损失，促进排污者减少污染物排放；二是筹集资金，实施排污收费制度筹集到的资金为环境保护工作提供一定的资金来源。

（一）中国排污收费制度的发展历程

中国自20世纪70年代末期引入排污收费制度，至今已经历30多年，该制度的发展历程可分为以下三个阶段。

1. 提出及试行阶段（1978年12月～1982年1月）

1978年，根据国外实际经验和“污染者付费”的原则，原国务院环境保护领导小组在向中央及国务院提交的《环境保护工作汇报要点》中，提出要建立排污收费制度。1979年9月颁布的《环境保护法（试行）》明确规定，“超过国家规定的标准排放污染物，要按照排放污染物的数量和浓度，根据规定收取排污费”，为排污收费制度提供了法律依据，标志着我国排污收费制度开始确立。

1979年9月，苏州市率先开始排污收费试点工作。河北省1980年1月1日起在全省范围实施排污收费。随后，山西省、辽宁省、杭州市、济南市、淄博市陆续开展征收排污费的试点工作。至1981年底，除西藏、青海外，全国各省（包括直辖市、自治区）都开展了排污收费的试点工作。

2. 建立与实施阶段（1982年2月～2001年12月）

1982年2月，国务院颁布《征收排污费暂行办法》，该文件明确了征收排污费的目的，并对排污费的征收、管理和使用等各方面作出了一系列明确具体的规定。至此，排污收费制度在全国范围推广实施。

1984年5月，全国人大常委会通过《水污染防治法》，第十五条规定：“企业事业单位向水体排放污染物的，按照国家规定缴纳排污费；超过国家或者地方规定的污染物排放标准的，按照国家规定缴纳超标准排污费，并负责治理”。根据这一规定，我国部分省、市开始在征收超标排污费的同时，开征污水排污费。

1991年6月，国家环境保护局、国家物价局及财政部联合发布《关于调整超标污水和统一超标噪声排污费征收标准的通知》，提高污水超标排污费收费标准，同时统一了噪声超标排污费收费标准。

1992 年 9 月，国家环保局、国家物价局、财政部、国务院经贸办发布《关于开展征收工业燃煤二氧化硫排污费试点工作的通知》，决定对两省（广东、贵州）九市（重庆、宜宾、南宁、桂林、柳州、宜昌、青岛、杭州、长沙）的工业燃煤征收二氧化硫排污费。

1993 年 7 月，国家计划委员会、财政部发布《关于征收污水排污费的通知》，使我国的污水排污费征收工作全面展开。

1994 年 6 月，由国家环保局主持的世界银行环境技术援助项目《中国排污费制度设计及其实施研究》正式启动，经过 3 年多的工作，1997 年 11 月完成。该研究的主要成果是建立了我国的总量收费理论体系并编制了实施方案。

1998 年 4 月，国家环保局、国家计委、财政部、国务院经贸委发布了《关于在酸雨控制区和二氧化硫控制区开征二氧化硫排污费扩大试点的通知》，将二氧化硫排污费的征收范围由两省九市扩大到“两控区”。

1998 年 5 月，国家环保总局、国家发展计划委员会、财政部联合发文《关于在杭州等三城市实行总量排污收费试点的通知》，规定从 1998 年 7 月 1 日起，杭州市、郑州市、吉林市开始进行总量收费的试点工作。

3. 改革和完善阶段（2002 年至今）

为了适应新时期社会经济发展情况，加强排污费征收、使用的管理，使排污收费制度发挥其应有的作用，2002 年 1 月国务院发布《排污费征收使用管理条例》，进一步规范了排污费的征收和使用。2003 年 2 月，国家发展计划委员会、财政部、国家环境保护总局和国家经济贸易委员会联合颁布了《排污费征收标准管理办法》（2003 年 7 月 1 日起施行），详细规定了排污费征收标准和计算方法。

（二）中国现行的排污收费制度

中国的排污收费制度经过 30 多年的发展和改革，排污收费从开始的超标排污收费到排污收费和超标收费并行、单因子收费到现在的多因子收费、浓度收费到总量收费等；排污费的使用从无偿使用改为有偿使用。根据《排污费征收使用管理条例》和《排污费征收标准管理办法》等有关政策法规，中国现行的排污收费制度主要包括以下内容。

1. 排污收费

（1）排污收费对象

根据《排污费征收使用管理条例》，排污收费的对象是“直接向环境排放污染物的单位和个体工商户”。不需要缴纳排污费的情况包括：①排污者向城市污水集中处理设施排放污水，并缴纳污水处理费用；②排污者建成或改造原有的工业固体废物贮存或处置设施、场所并使之符合环境保护标准。

（2）排污收费的范围

现行的收费标准以排污收费为主，即是“排污收费、超标罚款”。由于考虑到法规的适用性，对某些项目（如固定源噪声）采用超标排污收费的方式。

向大气排放污染物的，征收排污费。对机动车、飞机、船舶等流动污染源暂时不征收废气排污费。

向水体排放污染物的，征收排污费。若超标排放污染物，加倍征收排污费。

若固体废物产生单位没有符合环境保护标准的工业固体废物贮存或处置设施、场所，征收固体废物排污费；若以填埋方式处置危险废物不符合国家有关规定的，征收危险废物排污费。

噪声污染超过国家环境噪声标准的，征收超标排污费。对机动车、飞机、船舶等流动污染源，暂不征收噪声超标排污费。

(3) 排污收费标准

排污收费标准主要包括两个方面：一是污染物排放标准，污染物排放标准通常包括国家排放标准、行业排放标准和地方排放标准；二是排污费的征收标准，《排污费征收标准管理办法》详细规定了排污费征收标准和计算方法。

① 污水和废气排污费。按照排污者排放污染物的种类、数量以污染当量计征。污染当量是根据各种污染物或污染排放活动对环境的有害程度、对生物体的毒性以及处理技术经济性，规定的有关污染物或污染排放活动的一种相对数量关系。它综合考虑了各种污染物或污染排放活动对环境的有害程度、对生物体的毒性以及处理的费用等方面的因素，主要在水污染收费和大气污染收费标准中采用。可以说，污染当量是有害当量、毒性当量、费用当量的一种综合关系的体现。

一般污染物污染当量数的计算公式如下：

$$\text{某污染物的污染当量数}=\frac{\text{该污染物的排放量(千克)}}{\text{该污染物的污染当量值(千克)}}$$

对每一排污口征收排污费的污染物种类数，以污染当量数由多到少的顺序，最多不超过三项。排污费收费额的计算公式如下：

排污费收费额＝每一污染当量征收标准×前3项污染物的污染当量数之和

注：a. 根据《排污费征收标准管理办法》，污水排污费的每一污染当量征收标准为0.7元，废气排污的为0.6元；b. 各种污染物的污染当量值详见《排污费征收标准管理办法》。

对污水超过国家或地方规定的污染物排放标准的，按照排放污染物的种类、数量和所规定的收费标准计征污水排污费的收费额加一倍征收超标排污费。

② 固体废物及危险废物排污费。在这两种情况下，工业固体废物排放需要计征排污费：a. 没有专用贮存或处置设施；b. 专用贮存或处置设施不符合环境保护标准。

危险废物处置不符合国家有关规定时，要计征排污费。危险废物是指列入国家危险废物目录或者根据国家规定的危险废物鉴别标准和鉴别方法认定的具有危险特征的废物。

《排污费征收标准管理办法》规定了每排放一吨固体废物或危险废物的征收标准。

③ 噪声超标排污费。排污者产生的环境噪声超过国家规定的环境噪声排放标准，并且干扰他人正常生活、工作和学习的，按照超标的分贝数征收噪声超标排污费。

(4) 排污费的征收

排污费的征收程序如下：

① 排污者按照有关规定，向县级以上地方人民政府环境保护行政主管部门申报排放污染物的种类、数量，提供有关的资料；

② 县级以上地方人民政府环境保护行政主管部门核定污染物排放种类、数量；

③ 负责污染物排放核定工作的环境保护行政主管部门根据排污费征收标准和排污者排放的污染物种类、数量，确定排污者应缴纳的排污费数额，并予以公告；

④ 确定排污费数额后，由负责污染物排放核定工作的环境保护行政主管部门向排污者送达排污费缴纳通知单；

⑤ 排污者在接到排污费缴纳通知单之日起7日内，到指定的商业银行缴纳排污费。

因不可抗力遭受重大经济损失的情况下，排污者可以申请减半缴纳排污费或免排污费。但是，如果由于未及时采取有效措施而造成环境污染的，排污者不能申请减半缴纳排污费或免排污费。

2. 排污费管理

排污费的征收、使用严格实行“收支两条线”。商业银行应将收到的排污费按照规定的比例分别解缴中央国库和地方国库。

征收的排污费上缴财政，纳入财政预算，列入环境保护专项资金，主要用于下列项目的拨款补助或贷款贴息：①重点污染源防治；②区域性污染防治；③污染防治新技术、新工艺的开发、示范和应用；④国务院规定的其他污染防治项目。

使用环境保护专项资金的单位和个人必须按照资金批准的用途使用，否则要追究责任。县级以上的人民政府财政部门、环境保护行政主管部门应加强对环境保护专项资金使用的管理和监督。

四、排污许可证制度

排污许可证制度指任何单位欲向环境中排放污染物，应向有关机关（一般是环境保护行政主管部门）申报所排放污染物的种类、性质、数量、排放地点和排放方式等，经审查同意，发给许可证后方可排放。实施排污许可证的目标是改善环境质量，实施的基础是污染物排放总量控制。

中国从20世纪80年代中期开始试行水污染排放许可证制度，1988年3月国家环保局颁布了《水污染物排放许可证管理暂行办法》。1990年后在17个城市试行大气污染物排污许可证制度。此后，全国各地纷纷推行排污许可证制度。

现行排污许可证制度的主要法律依据为《大气污染防治法》、《水污染防治法》及其实施细则。《大气污染防治法》第十五条规定，“有大气污染物总量控制任务的企业事业单位，必须按照核定的主要大气污染物排放总量和许可证规定的排放条件排放污染物”。经修订2008年颁布的《水污染防治法》第二十条规定了“国家实行排污许可制度”，并进一步作出详细规定，“直接或者间接向水体排放工业废水和医疗污水以及其他按照规定应当取得排污许可证方可排放的废水、污水的企业事业单位，应当取得排污许可证；城镇污水集中处理设施的运营单位，也应当取得排污许可证。申请排污许可证的具体办法和实施步骤由国务院规定。禁止企业事业单位无排污许可证或者违反排污许可证的规定向水体排放前款规定的废水、污水”。

（一）实施排污许可证制度的具体步骤

排污许可证的实施程序包括：①排污单位申报登记；②排污指标的规划分配；③许可证的申请、审批和颁发；④执行情况的监督检查。

1. 排污申报

排污申报是实行排污许可证制度的基础，也是一项法律规定的管理制度。排污申报的目的是要掌握排污现状和排污规律，作为分配排污负荷、确定污染物削减量及采取削减措施的前提和依据。排污申报是对污染源动态跟踪的一种定量化管理。

排污申报的主要内容包括：①排污单位的基本情况；②生产工艺、产品和材料消耗情况（包括用水量、用煤量等）；③污染排放状况（包括排放种类、排放去向、排放强度）；④污染处理设施建设、运行情况；⑤排污单位的地理位置和平面示意图。

各单位的申报登记表报齐后，环保部门组织汇总建档。汇总的主要内容应有：①各类污染物日排放量；②各类污染物年排放总量；③按污染物排放量大小对申报单位排序编号；④绘制区域性污染物排放状况示意图，提出各排污口位置、排放污染物种类、数量、浓度等；⑤对各申报单位的排污情况进行系统分析，确定重点污染物控制对象；⑥建立污染申报登记档案库。

专栏 4-1

排污申报登记制度

排污申报登记制度是指由排污者向环境保护行政主管部门申报其污染物的排放和防治情况，并接受监督管理的一系列法律规范构成的规则系统。它是排污申报登记法律化的具体体现。实行这一制度，有利于环境保护行政主管部门及时、准确地掌握有关污染物排放和污染防治情况的准确信息，为环境管理提供依据。

《大气污染防治法》第十二条和《水污染防治法》第二十一条分别明确了排污申报的要求以及申报内容。规定排放污染物的单位，必须按照国务院环境保护行政主管部门的规定向所在地的环境保护行政主管部门申报拥有的污染物排放设施、处理设施和在正常作业条件下排放污染物的种类、数量、浓度，并提供防治污染方面的有关技术资料；并要求，当排污单位排放污染物的种类、数量、浓度有重大改变的，应当及时申报。排污单位的污染物处理设施必须保持正常使用；拆除或者闲置污染物处理设施的，必须事先报经所在地的县级以上地方人民政府环境保护行政主管部门批准。

2. 排污指标的规划分配

这是分配污染物排放总量指标的阶段，也是发放和管理排污许可证的核心工作，包括以下步骤。

① 确定发放排污许可证的范围。首先是列出排污清单，发放“排污许可证申请表”。

② 确定总量控制目标值。须对当地的环境目标、经济发展、财政实力、治理技术等因素进行综合考虑和分析，科学地确定污染物排放总量控制指标，并合理地分配污染物削减指标

③ 分配排污总量负荷。即将该地区的污染物排放总量按照某种方法分配给各个排污单位。

3. 许可证的申请、审批和颁发

排污单位根据当地环境保护行政主管部门批准的排污申报登记表申请《排污许可证》。

根据 2000 年颁布的《中华人民共和国水污染防治法实施细则》，地方环境保护行政主管部门，根据当地污染排放总量控制的指标核准排污单位的排放量。对不超出排污总量控制指标的排污单位，颁发《排放许可证》；对超出排污总量控制指标的排污单位，颁发《临时排放许可证》，并限期削减排放量。

排污许可证的审批，主要包括五个方面：排污量、排放方式、排放去向、排污口位置和排污时间。污染源分配的排污量之和必须与总量控制指标一致，并留有余地。

排污许可证的有效期限由当地环境保护行政主管部门规定，《排放许可证》的有效期限最长不得超过 5 年，《临时排放许可证》的有效期限最长不得超过 2 年。在有效期结束前，排污单位必须重新申请换证。

4. 排污许可证的监督管理

排污许可证的监督管理是一项关键的、艰巨的、经常性的工作，是保证排污许可证制度有效实施的关键。主要措施包括排污单位执行情况上报制度、环保部门抽查监督制度等。

持有《临时排放许可证》的排污单位，必须定期向当地环境保护行政主管部门报告排放量削减的情况。经削减达到排污总量控制指标的单位，可以申请《排放许可证》。

对违反《排放许可证》规定额度超量排污的单位，当地环境保护行政主管部门有权中止

或吊销其《排放许可证》。被中止排放许可证的单位，若在规定时间内达到排放许可证要求，当地环境保护行政主管部门可以恢复其被中止的《排放许可证》。被吊销《排放许可证》的单位，必须重新申请《排放许可证》。

（二）排污许可证交易

排污许可证交易又称排污权交易，排污许可证交易是一项重要的环境经济政策。排污许可证交易的思想首先是由戴尔兹（J. H，Dales）在1968年提出，被美国国家环保署于1979年首先应用于大气中SO_2控制项目中，以后逐渐扩展到水污染、汽油铅污染、机动车污染等控制项目中。而后，德国、澳大利亚、英国等国家相继进行了排污许可证交易政策的实践。

中国的排污权交易实践开始20世纪80年代初。1982年，上海市进行了排污指标有偿转让的尝试。早期典型的案例是上海灯泡厂与宏文造纸厂的排污权交易。

1991年，国家环保局开始在包头市、柳州市、太原市、平顶山市、贵阳市和开远市试行SO_2和烟尘的排污权交易政策。

1999年4月，国家环保总局与美国环保署签署了关于“在中国运用市场机制减少了二氧化硫排放的可行性研究”的合作协议，并确定了江苏省南通市与辽宁省本溪市为该项目的试点城市。2001年该项目取得初步进展，达成了充分体现市场经济特征的排污权交易合同。此项交易是由卖方南通天生港发电有限公司将1800吨“富余”的SO_2有偿转让给一家年产值数十亿元的大型化工合资企业，供其在今后六年内使用。

2001年9月开始，由美国未来公司和中国环境科学院共同承担亚洲银行的赠款项目“二氧化硫排污交易制”，太原市26家二氧化硫排放严重的企业参与示范，目的是总结出值得推广的排污权交易体制框架。

2002年7月，国家环保总局在山东省、山西省、江苏省、河南省、上海市、天津市、柳州市等七省市以及中国华能集团公司实行“二氧化硫排放总量控制及排放交易试点”项目，取得一定的成绩。如江苏省环保厅率先完成了《江苏省二氧化硫排污权交易管理暂行办法》和《江苏省电力行业二氧化硫排放总量控制指标分配方案》，决定从2002年10月1日起，在江苏省全面推行二氧化硫排污权交易。

2003年，江苏太仓港环保发电有限公司与南京下关发电厂达成SO_2排污权异地交易，开创了中国跨区域交易的先例。

2007年11月10日，国内第一个排污权交易中心在浙江嘉兴挂牌成立。标志着我国排污权交易逐步走向制度化、规范化、国际化。2008年各地先后出现了环境交易所和碳交易中心，丰富了我国排污权交易的实践内容。

专栏4-2

美国排污权交易实践——政策设计的角度

美国的排污交易政策包括以下四种。

① 泡泡政策（bubble policy）：在环境管理中，将一定区域内的多个排污口视为一个整体，即一个泡泡。在一个泡泡内部，不同的排污单位之间可以交易排污许可证指标。

② 补偿政策（offset policy）：补偿政策是指在保证同一种污染总量下降的前提下，才允许建立新的排污单位，以此保证区域环境质量不断改善。即要新建、扩建企业时，必须首先削减现有污染源的污染排放量，新建、扩建企业增加的排污量应该小于现有污染源的污染削减排放量。

③ 节余政策（netting policy）：节余政策要求企业生产规模扩大时，必须通过改进生产工艺，使其排污水平不超过其拥有的排污许可证（emission right certification）。

④ 排污银行（banking）：将企业生产的污染削减量以信用证的形式存入排污权“银行”，信用证可以留在将来使用或用于交易、抵消新污染源排放量的增加，也可以转让给其他排污单位。

五、污染集中控制制度

污染防治技术的演变过程中，20 世纪 40 年代主要采取污染物稀释排放的方法，到 50 年代发展为单项处理，即在排污口进行无害化处理。单项处理的方法能够达到污染控制的目的，但其处理技术要求高、费用大。于是，20 世纪 70 年代以后，世界各国逐步推行综合治理，把单一的污染源控制发展为集中控制，把局部治理扩展到区域性治理。

我国多年的实践证明，污染治理必须以改善环境质量为目的，以提高经济效益为原则。也就是说，治理污染的根本目的不是追求单个污染源的处理率和达标率，而是要改善整个区域的环境质量，并体现经济效率，以尽可能小的投入获取尽可能大的效益。由此，我国在环境管理实践中提出了污染集中控制制度。

污染集中控制指在一个地区里，综合考虑资源开发利用、生产布局和污染治理等各种因素，采用系统分析的办法，找出解决本地区环境问题的最优方案，以花费最少的代价，取得最佳的效果。污染集中控制体现了区域环境综合防治的概念，旨在集中力量解决区域最主要的环境问题，而非分散地单一解决每个污染源。

（一）污染集中控制的优点

实行污染集中控制的优点体现在以下几个方面。

① 有利于集中人力、物力、财力解决重点污染问题。集中治理污染是实施集中控制的重要内容。根据规划，对选定的重点控制对象进行集中治理，有利于调动各方面的积极性，把分散的人力、物力、财力集中起来，重点解决最敏感或者最严重的污染问题。

② 有利于利用新技术，提高污染治理效果。实行污染集中控制，使污染治理由分散的点源治理转向社会化综合治理，有利于采用新技术、新工艺、新设备，提高污染控制水平。

③ 有利于提高资源利用率，加速废物资源化。实行污染集中控制，可以节约资源、能源，提高废物综合利用率。譬如，集中控制废水污染，可把处理过的污水用于农田灌溉；集中治理大气污染，可同时考虑节煤、节电等。

④ 有利于减少防治污染的总投入。由于规模效应，相比分散治理污染，集中控制污染可以节省投资、设施运行费用等，也有利于提高管理效率，解决某些污染企业由于资金、技术和管理等方面的困难而难以承担污染治理责任的问题。

⑤ 有利于改善和提高环境质量。集中控制污染是以流域、区域环境质量的改善和提高为直接目的，其实行结果将有助于环境质量状况在相对短的时间内得到较大改善。

（二）实施污染集中控制的必要措施

为了有效地推行污染集中控制制度，必须有一系列的有效措施加以保障。

① 以规划为先导。城市污染集中控制是一项复杂的系统工程，关系到社会和经济发展的各个方面，涉及整个城市的结构布局，与城市建设密切相关。譬如，完善城市排水管网、建立城市污水处理厂、发展城市煤气化和集中供热、建设城市垃圾处理厂、发展城市绿化等。因此，污染集中控制必须与城市建设同步规划、同步实施。

② 与城市功能区划结合起来。由于各区域的污染物种类和性质、环境功能不同，其主要环境问题也各不相同，所以要根据不同的功能区划，突出重点，分别整治，对不同的环境

问题采取不同的处理方法。

③ 以分散治理为基础，与分散治理相结合，不能完全代替分散治理。尤其是对于一些危害严重、不易集中治理的污染源，以及一些大型企业或远离城镇的个别污染企业，应以单独点源治理为主。

④ 实行污染集中控制不仅涉及企业，也涉及地方政府各部门，因此必须充分依靠地方政府协调。地方政府协调是落实污染集中控制方案的关键。

⑤ 疏通多种资金渠道。与分散治理相比，污染集中治理的一次性投资比较大，因此必须落实资金，充分利用环保基金贷款、企业建设项目环境保护资金、银行贷款及地方财政补贴等多种渠道筹措资金。污染集中处理的资金应按照“污染者付费”的原则，主要由排污单位和受益单位来承担，以及从城市建设费用中解决。

（三）污染集中控制方式

我国不少地区和城市采取了污染集中控制的措施，创造出多种形式的集中控制模式。以下介绍废水、废气、固废的污染集中控制的基本模式。

1. 废水污染的集中控制

以大企业为骨干，实行企业联合集中处理。例如，兰州市西固地区有几十家大中型企业，废水排放量大，对黄河兰州段水质影响很大。环保部门和有关部门最后确定发挥大企业的资金和技术优势，由兰州石化公司自筹资金扩建改造原污水处理厂，取得了很好的经济效益和环境效益。

同等类型工厂联合对废水进行集中控制。根据同行业废水水质相似的特点，采用合并处理的方式，可以收到很好的效果。

对含特殊污染物的废水实行集中控制。例如，对电镀废水，全国各地大多采取了压缩厂点、合并厂点、集中治理的措施，可以达到投资少、效果好，而且利于处理设施的日常运行和管理。

工厂对废水进行预处理后送到城市综合污水处理厂进行进一步处理。这是目前我国大部分城市普遍采用的一种集中处理模式。这种方法效益好，设施运行稳定，但一次性投资比较大。

2. 废气污染的集中控制

废气污染的集中控制是从城市生态系统整体出发，合理规划，科学地调整产业结构和城市布局，特别是改善能源利用方式。

改变居民能源机构。城市民用燃料向气体化方向发展；合理分配煤炭，把低硫、低灰分的煤炭优先供应居民使用，积极推广和发展民用型煤。

回收企业放空的可燃性气体，集中起来供居民使用。这样既可以减少大气污染物的排放量，也可以解决民用能源问题，能够同时取得较好的经济效益、社会效益和环境效益。

实行集中供热取代分散供热。集中供热的效益主要表现在：节约能源、改善大气环境质量、提高供热质量、节省占地面积、缓解当地电力紧张局面、便于综合利用灰渣和提高机械化程度等等。

改变供暖制度，将间歇供暖改为连续供暖。连续供暖与间歇供暖相比，可以减少点火次数，削减污染源的源强，避开早晚出现的煤烟型污染高峰，有利于改善大气环境质量。

加速“烟尘控制区”建设，对烟尘加强管理和治理，加强对锅炉厂、炉排厂、除尘器厂的管理。

扩大绿化覆盖率，铺装路面，对垃圾坑、废渣山覆土造林，合理洒水，防止二次扬尘。

3. 有害固体废物集中控制

提高综合利用率，包括回收利用有用物质、将废物转变成其他有用物质、将废物转变成能源等。

建设固体废物集中处理设施，如：生物工程处理场、卫生填埋场、固体废物处理厂等。

六、环境保护目标责任制

环境保护目标责任制是指一种具体落实各级地方政府和污染排放单位对环境质量负责的行政管理制度。

（一）环境保护目标责任制的含义

环境保护目标责任制是一项综合性的管理制度，通过目标责任书确定一个区域、一个部门乃至一个单位环境保护的主要责任者和责任范围，运用定量化、制度化和目标管理方法，把贯彻执行环境保护这一基本国策作为各级领导的政绩考核内容，纳入到各级政府的任期目标之中。这项制度的执行主体是各级地方政府，环保部门作为政府的职能部门具有指导与监督的作用。

环境保护目标责任制具有以下的特点：①有明确的时间和空间界限，一般以一届政府的任期为时间界限，以行政单位所辖地域为空间界限；②有明确的环境质量目标、定量要求和可分解的环境质量指标；③有明确的年度工作指标；④有配套的措施、支持保证系统和考核奖惩办法；⑤有定量化的监测和控制手段。

环境保护目标责任制有利于加强各级政府对环境保护的重视和领导；有利于把环境保护纳入国民经济和社会发展计划及年度工作计划，疏通环境保护资金渠道，使环保工作落到实处；有利于协调政府各部门的环境保护工作，调动各方面的积极性；有利于区域综合防治，实现大环境的改善；有利于环保管理工作的科学化、定量化和规范化；有利于加强环保机构建设，强化环保部门的监督管理职能；有利于动员全社会对环境保护的参与和监督，提高环保工作的透明度。

（二）实施环境目标责任制的程序

实施环境保护目标责任制，是一项复杂的系统工程，涉及面广，政策性和技术性强。其工作程序大致要经过四个阶段，包括责任书的制订、责任书的下达、责任书的实施、责任书的考核。

1. 责任书的制订

各级政府组织有关部门通过广泛调查研究、充分协商，确定实施责任制的基本原则，建立指标体系，制订责任书的具体内容。

环境保护目标责任书制订的原则包括以下几点。①确定责任目标时，要以国民经济和社会发展计划、环保计划以及本地区的城市规划、国土整治规划和环境规划为依据，并根据国家要求和本地区、本行业的实际情况，抓住重点，兼顾一般。同时，应本着积极稳妥的原则，既要实事求是、科学合理，也要高标准严要求。②环境质量指标要与具体工作指标相结合，长期计划与短期安排相结合。③要明确地方政府和排污单位领导者对本地区、本企业应负的责任，着眼于区域、流域和行业的环境综合整治，把环境保护的各项任务作为“硬指标”，做到目标化、定量化、制度化管理。责任书规定的任务由地方和企业领导“总承包”，同时应明确各项指标的具体承办单位，使指标逐级分解、落实。

环境保护责任书的内容包含环境质量指标、污染控制指标、改善区域环境质量所需完成的工作指标，同时还可以将其他管理制度作为管理内容纳入责任书，如环境影响评价、三同时、污染集中控制、污染源限期治理等。

指标体系主要包括两个部分：一是本届政府的环境目标，对于大多数城市来说，其基本内容为预期达到的城市环境综合整治定量考核综合得分，具体确定各考核指标的得分，并根据实际情况因地制宜地提出某些考核内容以外的要求；二是分年度的工作指标，年度工作指标主要是为实现本届政府的环境目标，把责任制落到实处而提出。其内容主要包括城市环境综合整治定量考核、城市环境建设项目、重点污染源治理项目、强化环境管理与环保系统的自身建设。

2. 责任书的下达

责任书一旦确定，以签订“责任状”的形式正式下达责任目标。将各项指标逐级分解，层层建立责任制，落实责任和任务。

3. 责任书的实施

在各级政府的统一指导下，责任单位按各自承担的任务，分头组织实施，政府和有关部门对责任书的执行情况定期调度检查，采取有效措施，保证责任目标的完成。

4. 责任书的考核

责任书期满时，须对责任书完成情况进行考核。根据考核结果，对相关责任承担者给予奖励或处罚。

七、城市环境综合整治定量考核制度

（一）城市环境综合整治

城市是人口密集居住、生产强度较大的地区，面临的环境破坏较大。我国政府一直把城市作为环境保护的重点，对城市采取了一系列污染控制和改善环境质量的措施。自1972年第一次人类环境会议召开以来，中国城市环境保护经历了三个发展阶段：第一阶段是工业污染点源治理阶段（1973～1978年）；第二阶段是区域污染综合防治阶段（1979～1983年）；第三阶段是城市环境综合整治阶段（1984年至今）期间，我国对城市环境问题的解决途径从单纯的治理逐渐转向采用综合的、系统的防治方式。

从20世纪80年代中期开始，我国城市环境保护进入了城市环境综合整治阶段。我国《环境保护法》中明确规定：“地方各级人民政府，应当对本辖区的环境质量负责，采取措施改善环境质量”。1984年10月，中共中央《关于经济体制改革的决定》中明确指出，“城市政府应当集中力量做好城市的规划、建设和管理，加强各种公用设施的建设，进行环境的综合整治”，从而明确了城市环境综合整治是城市政府的一项主要职责。1985年，国务院在河南省洛阳市召开“全国城市环境保护工作会议”，会议原则通过了《关于加强城市环境综合整治的决定》。此后，在各地政府的支持下，城市环境综合整治工作逐渐在各大中城市推广开来。

所谓城市环境综合整治，是把城市环境作为一个系统整体，运用城市生态理论为指导，以发挥城市综合功能和整体最佳效益为前提，采用系统工程的理论和方法，采取多功能、多目标、多层次的综合的战略、手段和措施，对城市环境进行综合规划、综合管理和综合控制，以最小的投入换取城市环境质量的优化，解决复杂的城市环境问题，实现城市的可持续发展。

城市环境综合整治的目的是解决城市环境污染和提高城市环境质量。基本做法包括：①结合城市基础设施建设，改善城市环境面貌；②依靠科技进步，减少工业污染；③实行集中治理城市重点污染源；④以大企业为骨干，实行企业联合集中治理污染；⑤充分利用自然净化能力和环境容量。

（二）城市环境综合整治定量考核

城市环境综合整治定量考核是通过定量化指标对城市环境综合整治的成效和城市环境质量进行考核，评价城市环境建设与环境管理的总体状况。

1. 城市环境综合整治定量考核制度的确立

1985 年，国务院在“全国城市环境保护工作会议”中通过了《关于加强城市环境综合整治的决定》之后，各地大中城市积极开展了城市环境综合整治工作。1988 年 7 月，国务院环境保护委员会发布《关于城市环境综合整治定量考核的决定》指出，“环境综合整治是城市政府的一项重要职责，市长对城市的环境质量负责，把这项工作列入市长的任期目标，并作为考核政绩的重要内容”。同时规定，考核工作自 1989 年 1 月 1 日起实施。1990 年 12 月，国务院发布《关于进一步加强环境保护工作的决定》，其中明确规定：省、自治区、直辖市人民政府环境保护部门对本辖区的城市环境综合整治工作进行定量考核，每年公布结果。直辖市、省会城市和重点风景游览城市的环境综合整治定量考核结果由国家环保局核定后公布。至此，城市环境综合整治定量考核作为我国城市环境管理的一项制度确立下来。

2. 城市环境综合整治定量考核的范围

自 1989 年开始，国家环保局对直辖市、26 个省会城市（拉萨除外）和 3 个重点旅游城市大连、苏州、桂林共 32 个实施定量考核；1992 年，增加了青岛、宁波、厦门、深圳、重庆等 5 个计划单列市，考核城市达到 37 个。同时，各省、自治区也组织开展了对辖区城市的考核，被考核城市达 520 个。1996 年，国家考核城市中增加了秦皇岛、南通、连云港、温州、烟台、珠海、汕头、湛江、北海等 9 个沿海开放和经济特区城市，考核城市数达到 46 个，2003 年，拉萨市开始试报城考结果，考核城市数达到 47 个。2009 年，全国首次将设市城市全部纳入年度“城考”范围，考核城市达到 655 个。至此，定量考核工作在全国范围内全面展开。

3. 城市环境综合整治定量考核的主要内容以及指标设置

1989 年开展定量考核工作以来，考核指标主要反映环境质量、污染控制、环境建设及环境管理四方面内容。随着城市环境综合整治工作的不断深入，以及社会经济状况和环境问题的变化，考核指标先后作过数次调整。

指标设置和调整的原则主要有以下几个方面。

① 代表性。各项指标分别反映城市环境质量、污染控制、环境建设、环境管理，从而使整个指标体系能够概括反映城市环境综合整治工作的成效。

② 可比性。指标设置尽可能照顾到不同性质、不同地域、不同规模和不同发展水平城市间的差异，使之具有可比性，尽量做到纵向可比，横向也相对可比。

③ 可行性。考核指标要具备实施的基本条件，特别是经济、技术可行，而且经过努力可以达到或逐步提高。

④ 可靠性。所设指标与相关部门的工作指标尽可能保持一致，指标的统计、测算可以通过正常的管理渠道认证，从理论和实践上保障指标值的可靠性。

⑤ 可分解性。考核指标的内容能按实施操作的需要进行分解，便于实现各级管理部门的落实。

1988 年 9 月，国务院环保委员会颁布的《发布〈关于城市环境综合整治定量考核的决定〉的通知》明确了城市环境综合整治定量考核范围，包括：大气环境保护、水环境保护、噪声控制、固体废弃物处置和绿化五个方面，共 20 项指标，指标体系分为环境质量和污染控制两部分。

1991～1995 年采用的城市环境综合整治定量考核指标体系包括三个方面共 21 项考核指标，其中环境质量 6 项、污染控制 9 项、基础设施建设 6 项。

随着环境管理的不断深化，1996 年 1 月，国家环保局公布了“九五”期间城市环境综合整治定量考核指标，进一步调整了城市环境综合整治定量考核指标，除原有三个方面以外，增加了环保机构建设、环境保护投入、排污收费状况、重点污染物总量削减率等指标，进一步反映城市污染控制的综合性要求。这套城市环境综合整治定量考核指标体系共有28项指标，包括环境质量类7项指标、污染控制类9项指标、环境建设类6项指标和环境管理类6项指标。比原来考核指标总数增加了6项指标（南方城市增加7项指标），并增加了环境管理的内容。1997年，国家环保总局下发《“九五”期间城市环境综合整治定量考核指标实施细则》，考核指标体系调整为环境质量、污染控制、环境建设和环境管理四大部分共24项指标。

2001年9月，国家环保总局下发《“十五”期间城市环境综合整治定量考核指标实施细则》（环发［2001］161号），考核指标体系调整为环境质量、污染控制、环境建设和环境管理四部分共20项指标（其中2项暂不考核）。2002年11月，国家环保总局下发了《关于调整〈“十五”期间城市环境综合整治定量考核指标实施细则〉的通知》，对城考指标进行了调整。该指标体系共分为环境质量、污染控制、环境建设、环境管理等四部分内容，20项指标。

2006年3月国家环保总局印发了《“十一五”城市环境综合整治定量考核指标及实施细则》和《全国城市环境综合整治定量考核工作管理规定》。对指标体系做进一步的调整，经调整的考核指标具体情况见表4-1。“十一五”期间的考核指标中增加了“公众对城市环境保护的满意率”，体现了环境管理中“以人为本”的原则。

表4-1 “十一五”期间城市环境综合整治定量考核指标及权重分配

项目	序号	指标名称	权重
环境质量（44%）	1	API指数≤100的天数占全年天数比例	20
	2	集中式饮用水水源地水质达标率	8
	3	城市水环境功能区水质达标率	8
	4	区域环境噪声平均值	4
	5	交通干线噪声平均值	4
污染控制（30%）	6	城市清洁能源使用率	3
	7	机动车环保定期检测率	2
	8	工业固体废物处置利用率	5
	9	危险废物处置率	5
	10	重点工业企业排放稳定达标率	7
	11	万元GDP主要工业污染物排放强度	8
环境建设（20%）	12	城市污水集中处理率	8
	13	生活垃圾无害化处理率	8
	14	建成区绿化覆盖率	4
环境管理（6%）	15	环境保护机构建设	3
	16	公众对城市环境保护的满意率	3

2011年11月，国家环保部发布《“十二五”城市环境综合整治定量考核指标及其实施细则（征求意见稿）》，拟对城市环境综合整治定量考核指标再次进行修订。

4. 城市环境综合整治定量考核制度的意义

城市环境综合整治定量考核制度自1989年开始推行至今已经历20余年，对城市环境保护工作有极大的促进作用。具体表现如下。

① 促进了城市政府对环境保护工作的高度重视。定量考核的对象是城市政府，城考工作能提高城市政府领导开展城市环境综合整治的积极性，将环境保护作为城市管理的重要目标。

② 调动了城市政府各部门和广大市民群众的积极性。通过城市环境综合整治定量考核

工作，建立了“在城市政府领导下，各部门分工负责，广大群众积极参与，环保部门统一监督管理”的城市环境管理体制和“制定规划、分解落实、监督检查、考核评比”的运行机制。将城市环境保护工作与政府各部门的工作紧密结合，并通过公布考核结果引导广大市民群众积极参与城市环境保护工作。

③ 城市环境质量得到改善。全国城市环境质量从整体上趋于好转，部分城市的环境质量有明显改善。2005 年全国参加“城考”的城市数量已达 509 个，2010 年“城考”工作覆盖全国所有 661 个城市。2005 年和 2010 年的“城考”结果显示，空气质量劣于Ⅲ级的城市分别占 10.6%和 1.7%。

④ 环保投入加大，城市防治污染能力显著提高。“十五”期间，全国环保投资累计突破 7000 亿元，环境保护投入占 GDP 的比重逐年上升。城市环境基础设施进一步完善，2005 年和 2010 年的全国城市生活污水集中处理率分别为 29.44%和 65.12%；生活垃圾无害化处理率分别为 59.71%和 72.91%。

⑤ 加强了统一监督管理，提高了环保管理工作水平。由于城市环境综合整治定量考核是由城市环保部门牵头的一项综合性工作，考核对象是城市政府，从而确立了城市环保部门对城市环境保护工作统一监督管理的地位。同时，由于定量考核将各项管理工作量化进行考核，城市的环境管理工作由过去的定性管理转变为定量管理，对各项相关业务工作要求更加严格并具有时效，使得城市环保部门的基础工作和队伍的业务素质有了明显的提高。

八、污染限期治理制度

1973 年 8 月，我国召开第一次全国环境保护会议。在国家计委给国务院的《关于全国环境保护会议情况的报告》中，明确提出：对污染严重的城镇、工矿企业、江河湖泊和海湾，要一个一个地提出具体措施，限期治理好。

1979 年 9 月颁布的《中华人民共和国环境保护法（试行）》中第三章第十七条规定：“在城镇生活居住区、水源保护区、名胜古迹、风景游览区、温泉、疗养区和自然保护区，不准建立污染环境的企业、事业单位。已建成的，要限期治理、调整或者搬迁”。第十八条规定：“加强企业管理，实行文明生产，对于污染环境的废气、废水、废渣，要实行综合利用、化害为利；需要排放的，必须遵守国家规定的标准；一时达不到国家标准的要限期治理……”。1989 年 12 月颁布的《环境保护法》的第四章第二十九条规定：“对造成环境严重污染的企业事业单位，限期治理”。同时，限期治理制度在《大气污染环境防治法》、《水污染环境防治法》等各单项环境立法中也都得到完善和体现。

2009 年 9 月开始施行的《限期治理管理办法（试行）》，重点对水污染问题的“限期治理”进行了规范。

（一）限期治理的含义和适用范围

限期治理，是指对污染严重的污染源，由法定国家机关依法限定责任人在一定期限内治理并完成治理任务，达到治理目标的行政行为。限期治理具有四个基本要素，即限定时间、治理内容、限期对象、治理效果，四者缺一不可。限期治理具有严厉的法律强制性，若未按规定履行限期治理决定，排污单位会受到法律制裁。

限期治理的适用范围主要包括：①排放污染物超过标准的单位；②排放重点污染物超过总量的单位；③未完成排污削减任务的单位；④造成严重污染的单位。

我国《水污染防治法》的第七十四条明确规定，“排放水污染物超过国家或者地方规定的水污染物排放标准，或者超过重点水污染物排放总量控制指标的，由县级以上人民政府环境保护主管部门按照权限责令限期治理”；《海洋环境保护法》第十二条规定，“对超过污染物排放标准的，或者在规定的期限内未完成污染物排放削减任务的，或者造成海洋环境严重污染损害的，应当限期治理”；《环境噪声污染防治法》第十七条规定：“对于在噪声敏感建筑物集中区域内造成严重环境噪声污染的企业事业单位，限期治理”。

（二）限期治理的工作程序

根据《限期治理管理办法（试行）》，作出限期治理决定有以下五个步骤。

① 立案调查。环保部门现场检查时，可以凭环保部门工作人员现场即时采样或者监测的结果，判定污染源排放水污染物是否超标或者超总量。

② 监测评估。对已被立案调查的排污单位，负责立案调查的机构应当通过现场监测和技术评估，对排放水污染物超标或者超总量是否因水污染物处理设施与处理需求不匹配所致作出判断，并报环保部门。

③ 事先告知。环保部门根据监测数据和技术评估结果，判断水污染物处理设施与处理需求不匹配导致排放水污染物超标或者超总量的，应当向排污单位发出《限期治理事先告知书》。

④ 作出决定。环保部门对因水污染物处理设施与处理需求不匹配导致排放水污染物超标或者超总量的，应当作出限期治理决定，制作《限期治理决定书》，并当自作出限期治理决定之日起 7 个工作日内，将《限期治理决定书》送达排污单位。

⑤ 结果处理。排污单位接到《限期治理决定书》后，应根据限期治理任务和期限，制订限期治理方案，并报知作出决定的环保部门。环保部门的责任则是监督排污单位治理，环保部门不负责指定或者推荐具体的治理技术和设备，不能指定或者推荐施工单位。环保部门作出限期治理决定后，指定负责跟踪检查的工作机构，由该机构跟踪检查治理方案的落实，通过现场检查、采样监测等方式，对排污单位执行限期治理决定的治理进度和排放水污染物状况加强后督察。限期治理期限届满之日起 7 个工作日内，作出限期治理决定的环保部门应当及时组织现场核查，对已完成限期治理任务的排污单位，解除限期治理；对逾期未完成限期治理任务的排污单位，报请有批准权的人民政府责令关闭。

《限期治理事先告知书》应当包括以下内容：①排污单位名称；②水污染物处理设施与处理需求不匹配导致排放水污染物超标或者超总量的事实和证据；③拟作出的限期治理决定和法律依据；④未完成限期治理任务的法律后果；⑤排污单位陈述、申辩和申请听证的权利。

排污单位对排放水污染物超标或者超总量的事实以及是否应当适用限期治理有异议时，可以自收到《限期治理事先告知书》之日起 7 个工作日内，向环保部门进行陈述、申辩，或者以书面形式提出听证申请；而后，环保部门应当组织听证。环保部门应当在综合考虑监测数据和技术评估结果、排污单位的陈述申辩意见或者听证结果的基础上，对水污染物处理设施与处理需求是否匹配作出认定。对因水污染物处理设施与处理需求不匹配导致排放水污染物超标或者超总量的，环保部门应当作出限期治理决定，制作《限期治理决定书》。

《限期治理决定书》应当包括以下内容：①排污单位的名称、营业执照号码、组织机构代码、地址以及法定代表人或者主要负责人姓名；②事实、证据和作出限期治理决定的法律依据；③限期治理任务，即排污单位在限期治理后应当稳定达到的排放标准或者总量控制指标；④限期治理的期限，一般而言，限期治理期限最长不超过 1 年。

对被决定限期治理的排污单位，环保部门还应当在《限期治理决定书》中告知以下事项：①排污单位负责自行选择限期治理具体措施；②限期治理期间排放水污染物超标或者超总量的，环保部门可以直接责令限产限排或者停产整治；③逾期未完成限期治理任务的，环保部门将报请人民政府责令关闭。

被责令限期治理的污染源，经过限期治理后，符合下列条件的，可认定为已完成限期治理任务。

① 在工况稳定、生产负荷达75%以上、配套的水污染物处理设施正常运行的条件下，按照污染源监测规范规定的采样频次监测认定，在生产周期内所排水污染物浓度的日均值能够稳定达到排放标准限值。

② 生产负荷无法调整到75%以上，但经行业生产专家、污染物处理技术专家和企业代表，采用工艺流程分析、物料衡算等方法，认定水污染物处理设施与处理需求相匹配。

③ 所排重点水污染物未超过有关地方人民政府依法分解的总量控制指标。

限期治理期限届满之日起7个工作日内，作出限期治理决定的环保部门应当及时组织现场核查。排污单位在限期治理期限届满前，认为自己已完成限期治理任务，也可以向决定限期治理的环保部门提出解除申请。

（三）责任界定

限期治理遵从“谁污染谁治理”的原则，即污染源应承担限期治理的相应费用和责任。比如，《陕西省环境污染限期治理项目管理办法》第十六条明确，“限期治理按照‘谁污染谁治理’的原则，所需资金由企业、事业单位自筹解决。改建、扩建、技术改造项目的限期治理，其治理资金可纳入改建、扩建、技术项目的改造总投资；结合城市基础建设的区域性环境污染限期治理项目，其治理资金可纳入城市建设改造投资计划和城市维护费用计划”。同时也提出对限期治理项目实行优惠政策，比如，各级人民政府和各主管部门对纳入规划的限期治理项目要在资金、材料、设备等方面优先安排；限期治理项目免交投资方向调节税等。

《深圳市污染源限期治理管理办法》第六条规定了被限期治理污染源的主要义务，其中包括“筹措治理资金，组织人力、物力，如期完成治理任务”。

《贵州省环境污染限期治理管理办法》第六条指出，“限期治理项目所需资金，主要由限期治理项目单位自筹；已缴纳排污费的，可按规定向环保部门申请环境保护补助资金或省级污染源治理专项基金”。

（四）分级管理

限期治理实现分级管理。

国家重点监控企业的限期治理，由省、自治区、直辖市环保部门决定，报环境保护部备案；省级重点监控企业的限期治理，由所在地设区的市级环保部门决定，报省、自治区、直辖市环保部门备案；其他排污单位的限期治理，由污染源所在地设区的市级或者县级环保部门决定。

下级环保部门实施限期治理有困难的，可以报请上一级环保部门决定。下级环保部门对依法应予限期治理而不作出限期治理决定的，上级环保部门应当责成下级环保部门依法决定限期治理，或者直接决定限期治理。造成的社会影响特别重大，或者有其他特别严重情形的，国家环境保护部可以直接决定限期治理。

第四节　其他环境管理制度

除了在上文介绍的八项基本环境管理制度以外，中国现行的环境管理制度还包括总量控制制度、环境标准制度、排污申报登记制度、环境监测制度、环境监察制度、现场检查制度、落后工艺设备限期淘汰制度、环境污染与破坏事故报告制度、环境标志制度、环境规划制度、环境信息公开制度、环境保护公众参与制度等。

本节重点介绍总量控制制度、环境标准制度和环境标志制度。

一、总量控制

总量控制方法自20世纪70年代末由日本提出以后，在日本、美国等发达国家得到了广泛应用，并取得了良好的效果。20世纪90年代中期，我国开始推行污染物排放总量控制措施。污染物排放总量控制是我国“九五”期间推行两大环境保护重要举措之一，至今仍然是我国环境管理的重要制度之一。

（一）总量控制的概念

总量控制是“污染物排放总量控制”的简称，它将某一区域作为一个完整的系统，采取措施将排入这一区域内的污染物总量控制在一定数量之内，以满足该区域的环境质量要求。

总量控制是一种环境管理思想，也是一种环境管理的手段，即为了使某一时空范围的环境质量达到一定的目标标准，控制一定时间、区域内排污单位污染物排放总量的环境管理手段。

我国的《水污染防治法》第十八条明确了“国家对重点水污染物排放实施总量控制制度”。《大气污染防治法》第三条提出，“国家采取措施，有计划地控制或者逐步削减各地方主要大气污染物的排放总量”。

总量控制制度是排污许可证制度的基础，如《大气污染防治法》第十五条规定，“大气污染物总量控制区内有关地方人民政府依照国务院规定的条件和程序，按照公开、公平、公正的原则，核定企业事业单位的主要大气污染物排放总量，核发主要大气污染物排放许可证”。

（二）总量控制的类型

总量控制的真正意义是负荷分配，即根据排污地点、数量和方式对各控制区域不均等地分配环境容量资源。严格地说，总量控制可分为目标总量控制、容量总量控制、行业总量控制三种类型。

① 目标总量控制。以排放限制为控制基点，从污染源可控性研究入手，进行总量控制负荷分配。目标总量控制的优点是：不需要过高的技术和复杂的研究过程，资金投入少；能充分利用现有的污染排放数据和环境状况数据；控制目标易确定，可节省决策过程的交易成本；可以充分利用现有的政策和法规，容易获得各级政府支持。但目标总量控制具有明显的缺点，在污染物排放量与环境质量未建立明确的响应关系前，不能明确污染物排放对环境造成的损害及其对人体的损害和带来的经济损失。所以，目标总量控制的“目标”是基于排放控制的“目标”，而非以环境质量为导向的“目标”。

② 容量总量控制。以环境质量标准为控制基点，从污染源可控性、环境目标可达性两方面进行总量控制负荷分配。容量总量控制是环境容量所允许的污染物排放总量控制，它从环境质量要求出发，在充分考虑环境自净能力的基础上，运用环境容量理论和环境质量模型，计算环境允许的纳污量，据此确定污染物的允许排放量；通过技术经济可行性分析、优化分配污染负荷，确定出切实可行的总量控制方案。总量控制目标的真正实现必须以环境容量为依据，充分考虑污染物排放与环境质量目标间的输入响应关系，这也是容量总量控制的优点所在——将污染源的控制水平与环境质量直接联系。

③ 行业总量控制。以能源、资源合理利用为控制基点，从最佳生产工艺和实用处理技术两方面进行总量控制负荷分配。

我国目前的总量控制计划主要采用目标总量控制，辅以部分的容量总量控制。具体地说，一方面在宏观层面，即全国范围实施目标总量控制，从国家一级下达到各省、自治区、直辖市，各省、自治区、直辖市再将指标分解后下达到辖区的地、市，最后各地、市根据省、自治区、直辖市下达的总量控制指标，按照污染物来源，核定分配污染源总量控制指标；另一方面，针对重点污染控制区域，如“三河”、“三湖”、“两区”等，实施容量总量控制。

（三）我国总量控制制度的实施

1. 实施总量控制的污染物指标

我国实施总量控制的指标根据这三个原则确定：①对环境危害大的、国家重点控制的主要污染物；②环境监测和统计手段能够支持的；③能够实施总量控制的。

“九五”期间，我国对12种污染物实行排放总量控制，包括大气污染物指标（3个，包括烟尘、工业粉尘、二氧化硫）、废水污染物指标（8个，包括化学需氧量、石油类、氰化物、砷、汞、铅、镉、六价铬）、固体废物指标（1个，即工业固体废物排放量）。“十五”期间，我国实行排放总量控制的指标有所变化，共有6个指标，包括二氧化硫、尘（烟尘和工业粉尘）、化学需氧量、氨氮、工业固体废物、危险废物。

“十一五”和“十二五”的国民经济和社会发展规划将重点污染物减排指标列为“约束性指标”。重点污染物减排指标也就是总量控制指标。“十一五”期间总量控制指标有两个，即化学需氧量和二氧化硫；“十二五”期间国家对化学需氧量、氨氮、二氧化硫、氮氧化物四种主要污染物实施排放总量控制。

2. 总量分解原则

我国总量控制的总量分解原则如下。

① 服从总目标。要求总体上不得突破全国的主要污染物排放总量控制。

② 突出重点。指在国家重点污染控制的地区和流域，控制的污染物排放总量应当有所削减。

③ 区别对待。根据不同地区经济与环境现状，适当照顾地区差别，而且要从严控制危害性大的有毒污染物如氰化物、砷、重金属等。

④ 扶持优强。污染物总量分解时，结合国家的相关产业政策、企业具体情况以及环境资源优化配置等多方面因素的考虑，对某些企业实行一定程度的扶持。扶持优强的原则必须以企业达标排放为基础。

3. 我国总量控制制度的实践

我国目前总量控制制度的具体做法是：国家环境保护部牵头在我国国民经济和社会发展计划实施期间制订出相应的污染物排放总量控制计划，如《“十二五”期间全国主要污染物排放总量控制计划》及《分地区排放总量控制指标》；经国务院批准后将污染物排放总量分解到各省（市、自治区），各省（市、自治区）再将排放总量逐级分配；最终落实到排污单位。国家环境保护部、国家统计局和国家发展和改革委员会定期（一般是半年和年度）对各省（市、自治区）执行情况进行考核和检查。各省（市、自治区）的相关部门也定期考核和检查排污单位。

为配合总量控制制度，我国2002年颁布了《水污染物排放总量监测技术规范（HJ/T 92—2002）》，指导水污染物排放总量监测工作。

污染物总量减排是总量控制的一项重要工作。从“十一五”期间开始，节能减排作为约束性指标，污染物总量减排成为环境保护工作的重点内容之一。作为配套措施，2007年国务院同意并发布了由环保总局制定的《主要污染物总量减排统计办法》、《主要污染物总量减排监测办法》、《主要污染物总量减排考核办法》。这三个文件构成了总量减排工作的统计、监测和考核三大体系。此外，污染减排完成情况被纳入各地经济社会发展综合评价体系，作为政府领导干部综合考核评价和企业负责人业绩考核的重要内容，实行严格的问责制，强化了政府和企业的环保责任，为减排任务的完成提供了制度保障。

二、环境标准制度

（一）环境标准的概念

环境标准是国家为了保护人民健康，促进生态良性循环，实现社会经济发展目标，根据国家的环境政策和法规，在综合考虑本国自然环境特征、社会经济条件和科学技术水平的基础上规定环境中污染物的允许含量和污染源排放污染物的数量、浓度、时间和速率以及其他有关技术规范。

环境标准随环境问题的产生而出现，伴随科技进步和环境科学的发展而发展，并受到社会生产力发展水平的制约。环境标准是国家环境政策在技术方面的具体体现，是行使环境监督管理和进行环境规划的主要依据，是推动环境科技进步的动力。

环境标准法，是指调整因环境标准而发生的社会关系的法律规范的总称，是有关制定、实施、管理环境标准的法规。它包括各种法规中有关环境标准的条文，以及有关环境标准的专门法规。在我国的标准工作和立法工作中环境标准与环境法或环境标准法具有如下区别。

第一，制定的机关不同。国务院环境保护行政主管部门虽然可以制定有关环境标准的行政规章，但这种行政规章的效力级别处于法规体系中的最低级，且不得与法律、法规相抵触。

第二，制定程序和方式不同。环境标准按照制定标准的特定程序制定，环境标准主要是由环境科学技术专家通过科学技术研究、调查和试验后而编制；环境法或环境标准法则按立法方式制定。

第三，强制力不同。环境法或环境标准法本身具有强制性，不必依赖环境标准文件给予其强制力；环境标准有的属于指导性、推荐性标准，有的属于指令性、强制性标准，并且环境标准的强制性是由法律、法规赋予的。环境标准的制定程序、适用对象和法律效力，应由环境法或环境标准法规定。

环境标准与有关环境标准的法律规定和环境标准法结合在一起，共同形成环境法体系中一个独立的、特殊的、重要的组成部分。若无环境标准法，环境标准就不可能进入环境法体系；若无环境标准，环境标准法就是没有内容的、空洞的法律条文。环境标准虽然不是所有环境法律规范的必要组成部分，但却是环境标准法律规范的必要组成部分。

（二）制定环境标准的原则

环境标准体现国家技术经济政策。它的制定要充分体现科学性和现实性相统一，才能既保护环境质量的良好状况，又促进国家经济技术的发展。

① 需要有充分的科学依据。标准中指标值的确定，要以科学研究的结果为依据，如环境质量标准，要以环境质量基准为基础。所谓环境质量基准，是指经科学试验确定污染物（或因素）对人或生物不产生不良或有害影响的最大剂量或浓度。例如，经研究证实，大气中二氧化硫年平均浓度超过 0.115mg/m^3 时对人体健康就会产生有害影响，这个浓度值就是大气中二氧化硫的基准。制定监测方法标准要对方法的准确度、精密度、干扰因素及各种方法的比较等进行试验。制定控制标准的技术措施和指标，要考虑它们的成熟程度、可行性及预期效果等。

② 既要技术先进、又要经济合理。环境质量标准是以环境质量基准为依据，考虑社会、经济、技术等因素而制定，并具有法律强制性，它可以根据情况变化进行修改、补充。

污染控制标准制定的焦点是如何正确处理技术先进和经济合理之间的矛盾，标准要定在最佳实用点上。这里有“最佳实用技术法”（简称 BPT 法）和“最佳可行技术法”（简称 BAT 法）两种。BPT 法是指工艺和技术可靠，从经济条件上国内能够普及的技术。BAT 法是指技术上证明可靠、经济上合理，代表工艺改革和污染治理方向的技术。与 BPT 排放限值相比，BAT 的排放限值更为严格。环境污染从根本上讲是资源、能源的浪费，因此污染控制标准应促使工矿企业技术改造，采用少污染、无污染的先进工艺。

③ 要与有关标准、规范、制度协调配套。质量标准与排放标准、排放标准与收费标准、国内标准与国际标准之间应该相互协调，才能在实践中贯彻执行。

④ 要积极采用或等效采用国际标准。一个国家的标准应该反映该国的技术、经济和管理水平。积极采用或等效采用国际标准，是我国重要的技术经济政策，也是技术引进的重要部分，它能了解当前国际先进技术水平和发展趋势。

（三）环境标准的产生及其在我国的发展

环境标准最早出现于 20 世纪 60 年代。1972 年，国际标准化组织（ISO）开始制定环保基础标准和方法标准，以统一各国环境保护工作中的名词、术语，单位、取样与监测方法工作等，并先后设立了多个技术管理委员会，如 TC146 大气技术委员会、TC147 水质技术委员会、TC190 土壤质量委员会、TC200 固体废弃物技术委员会、TC207 环境管理技术委员会等。

我国的环境标准与我国环保事业同步发展。1973 年我国环保工作的起步，召开了第一次全国环保工作会议，同年我国发布了第一个环境标准——《工业三废排放试行标准》。1979 年颁布了《中华人民共和国环境保护法（试行）》，法律中明确规定了环境标准的制订、修订、审批和实施权限，使环境标准工作有了法律依据和保证。20 世纪 80 年代上半期，我国制定了大气、水质和噪声等环境质量标准及钢铁、化工、轻工等 40 多个国家工业污染物排放标准。20 世纪 80 年代中期，为配合环境质量标准和污染物排放标准，制定了相应的方法标准、标准样品。

1991 年我国推出了新的环境标准体系，并着手修订综合排放标准和重点行业的排放标准，进一步理顺和解决了在实施中出现的一些问题。1996 年，在国家环境标准清理、整顿过程中，制定和颁布了一批水、气污染物排放标准。

2000 年 4 月第九届全国人大第 15 次常委会议通过了新修订的《中华人民共和国大气污染防治法》，该法阐明了“超标即违法”的思想，使环境标准在环境管理中的地位进一步明确。之后，我国着手调整国家污染物排放标准体系。

至“十一五”期末，我国共发布国家级环境保护标准 1400 余项，其中现行的标准有 1263 项，并废止 162 项实施时间较长的标准，现行标准比“十五”末增加了 438 项。现行标准中，包括国家环境质量标准 14 项、国家污染物排放（控制）标准 130 项、环境监测规范 688 项、环境基础标准与标准制修订规范 18 项，管理规范类环境保护标准 413 项。基本建立了包括环境质量标准、污染物排放（控制）标准、环境监测规范等重要环境保护标准体系，国家环境保护标准体系框架已经基本建成。

“十一五”期间，地方环境保护标准工作有所发展。全国各地出台了一系列符合地方发展水平和环境管理要求的地方环境保护标准，地方环境保护标准包括环境质量标准和污染物排放标准。“十一五”期末，已依法在国家备案的地方环境保护标准共 60 项，其中现行标准 51 项，已废止或被代替标准 9 项，现行地方环保标准比“十五”末增加了 37 项。

国家还发布了《国家环境保护标准制修订工作管理办法》、《国家环境保护标准制修订项目计划管理办法》、《加强国家污染物排放标准制修订工作的指导意见》、《地方环境质量标准和污染物排放标准备案管理办法》等一系列的规范性文件，用以规范相关工作。

（四）我国现行的环境标准体系

所谓环境标准体系，就是根据环境标准的特点和要求，按着它们的性质功能和内在联系进行分级、分类，构成一个有机联系的整体。环境标准体系应与一定时期的技术经济水平以及环境状况相适应，因此它将随着经济发展、科技水平和环保要求的提高而不断变化。

我国现行环境标准体系，是由两个层级构成的，即国家标准和地方标准；包括五大类别，即环境质量标准、污染物排放（控制）标准、环境监测规范、环境基础标准与标准制修订规范、管理规范类标准。

国家环境标准是国家环境保护行政主管部门制定并在全国范围内或特定区域内适用的标准，如《地表水环境质量标准》（GB 3838—2002）适用于全国范围，《城市区域环境噪声标准》（GB 3096—1993）适用城市区域环境，也适用于农村建成区；国家行业标准是指全国某个行业内统一的技术要求，适用于我国部门的环境管理，如《炼焦化学工业污染物排放标准》（GB 16171—2012）。地方环境标准是对国家标准的补充或提高，其效力高于国家污染物排放标准，由地方省级政府制定和批准颁布，在特定行政区适用，如北京市的《水污染物排放标准》（DB 11/307—2005）、《山东省固定源大气颗粒物综合排放标准》（DB 37/1996—2011）、广东省的《家具制造行业挥发性有机化合物排放标准（DB 44/814- 2010）》，《兰州市锅炉大气污染物排放标准》（DB 62/1922—2010）等。

此外，需要注意的是，环境保护行业标准指适用于某特定行业的环境标准，是环境标准的一种发布形式。因其在制定主体、发布方式、适用范围等方面的特征，环境保护行业标准应属于国家级环境保护标准。

国家环境保护标准分为强制性环境标准和推荐性环境标准。环境质量标准和污染物排放标准和法律、法规规定必须执行的其他标准为强制性标准。强制性环境标准必须执行，超标即违法。强制性标准以外的环境标准属于推荐性标准。国家鼓励采用推荐性环境标准。推荐性环境标准一旦被强制性标准引用，也必须强制执行。

我国环境标准体系的构成如图 4-1 所示。

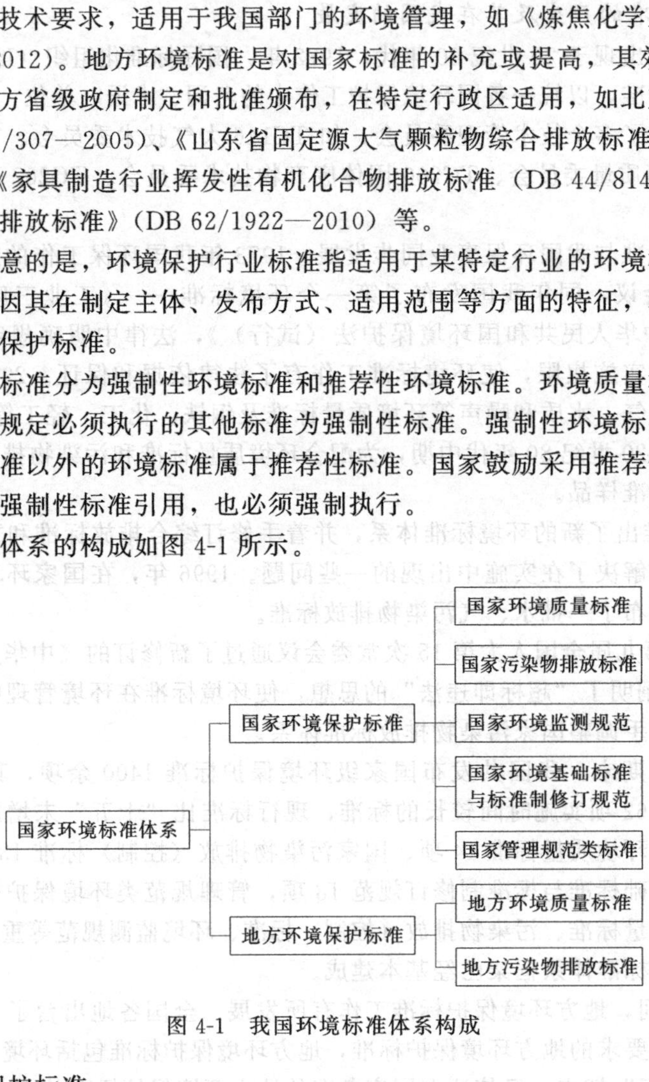

图 4-1 我国环境标准体系构成

1. 国家环境保护标准

（1）环境质量标准

国家环境质量标准是为保障人群健康、维护生态环境和保障社会物质财富，并考虑技术、经济条件，对环境中有害物质和因素所作的限制性规定。国家环境质量标准是一定时期内衡量环境优劣程度的标准，从某种意义上说，它是环境质量的目标标准。它是制定环境政策的目标和环境管理工作的依据，也是制定污染物控制标准的依据，是评价我国各地环境质量的标尺和准绳，如《声环境质量标准》（GB 3096—2008）、《环境空气质量标准》（GB

3095—2012）等。

（2）污染物排放（控制）标准

国家污染物排放标准是根据国家环境质量标准，以及适用的污染控制技术，同时考虑经济承受能力，对排入环境的有害物质和产生污染的各种因素所做的限制性规定，是对污染源排放进行控制的标准。控制标准是实现环境质量目标的手段，其作用在于直接控制污染源，以达到污染控制的目的。如《火电厂大气污染物排放标准》（GB 13223—2011）、《纺织染整工业水污染物排放标准》（GB 4287—2012）等。

（3）环境监测规范

环境监测规范包括：环境监测方法标准、环境标准样品、环境监测技术规范。

国家环境监测方法标准为监测环境质量和污染物排放，规范采样、分析测试、数据处理等所做的统一规定，主要包括分析方法、测定方法、采样方法、试验方法、检验方法、生产方法、操作方法等所做的统一规定。环境监测方法标准中最常见的是分析方法、测定方法、采样方法的标准，如《大气固定污染源　镍的测定　火焰原子吸收分光光度法》（HJ/T 63.1—2001）、《城市区域环境噪声测量方法》（GB/T 14623—1993）、《生物质量　六六六和滴滴涕的测定　气相色谱法》（GB/T 14551—1993）等。

国家环境标准样品标准是为保证环境监测数据的准确、可靠，对用于量值传递或质量控制的材料、实物样品而制定的标准物质。标准样品在环境管理中起着甄别的作用，可用来评价分析仪器、鉴别其灵敏度；评价分析者的技术，使操作技术规范化，如《空气质量　氮氧化物标准样品》（GBZ 50015—1988）、《土壤 ESS-4》（GSBZ 500014—1988）、《水质　甲醛标准样品》（0.2～5mg/L）（GSB 07-1179—2000）。

环境监测技术规范是针对环境监测过程的全面质量管理，包含了保证环境监测数据准确可靠的全部活动和措施，例如《环境空气质量手工监测技术规范》（HJ/T 194—2005）、《土壤环境监测技术规范》（HJ/T 166—2004）等。

（4）国家环境基础标准与标准制修订规范

对环境标准工作中，国家环境基础标准对相关的技术术语、符号、代号（代码）、图形、指南、导则、量纲单位及信息编码等作出统一规定。它是制定其他环境标准的基础及技术依据。环境基础标准要积极采用国际标准和国外先进标准，逐步做到与国际标准基本一致，如《水质　词汇　第七部分》（HJ 596.7—2010）、《空气质量　词汇》（HJ 492—2009）、《环境工程技术分类与命名》（HJ 496—2009）等。

标准制修订规范主要用于规范标准的修订和制定活动。例如，《制定地方水污染物排放标准的技术原则与方法》（GB 3839—1993）主要用于指导制定排入江、河、湖、水库等地面水的污染排放标准；《制定地方大气污染物排放标准的技术方法》（GB/T 3840—1991）包括，燃料燃烧过程产生的气态大气污染物排放标准的制定方法，生产工艺过程中产生的气态大气污染物排放标准的制定方法，有害气体无组织排放控制与工业企业卫生防护距离标准的制定方法，烟尘排放标准的制定方法等，适用于指导各省、自治区、直辖市及所辖地区制定大气污染物排放标准；《环境监测　分析方法标准制修订技术导则》（HJ 168—2010）对环境监测分析方法标准的制定及修订工作程序、基本要求，环境监测分析方法标准的主要技术内容，以及方法验证、标准开题报告和标准编制说明的内容等进行了技术规定；《环境保护标准编制出版技术指南》（HJ 565—2010）规定了国家环境保护标准的结构、编写排版规则，量、单位和符号使用的一般原则，以及标准出版的编排格式、字体和字号等。

（5）管理规范类标准

管理规范类标准是服务于环境管理全过程的环境保护标准，包括清洁生产标准、环境影响评价技术导则、环境功能区划分技术规范、环境质量评价技术规范、资源开发与管理生态保护类标准、核与辐射管理类标准、化学品环境管理类标准、环境信息标准等。

例如，《清洁生产标准 石油炼制业》（HJ/T 125—2003）、《环境影响评价技术导则 总纲》（HJ/T 2.1—1993）、《建设项目竣工环境保护验收技术规范 火力发电》（HJ/T 255—2006）、《环境空气质量功能区划分原则与技术方法》（HJ/T 14—1996）、《生态环境状况评价技术规范（试行）》（HJ/T 192—2006）、《新化学物质危害评估导则》（HJ/T 154—2004）、《环境标志产品技术要求 水性涂料》（HJ/T 201—2005）、《湖库富营养化防治技术政策》（环发［2004］59 号）、《环境保护档案管理规范 污染源》（HJ/T 8.4—1994）、《环境保护档案管理数据采集规范》（HJ/T 78—2001）等。

2. 地方环境保护标准

地方环境标准是对国家环境标准的补充和完善，由省、自治区、直辖市人民政府制定。根据《环境保护法》第九条规定，“省、自治区、直辖市人民政府对国家环境质量标准中未作规定的项目，可以制定地方环境标准”；第十条规定，“省、自治区、直辖市人民政府对国家污染物排放标准中未作规定的项目，可以制定地方污染物排放标准；对国家污染物排放标准中已作规定的项目，可以制定严于国家污染物排放标准”。两种标准并存的情况下，优先执行地方标准。

为加强对地方环境质量标准和污染物排放标准的管理，2010 年 1 月环境保护部颁布了《地方环境质量标准和污染物排放标准备案管理办法》（简称《办法》），该《办法》自 2010 年 3 月 1 日起施行。该办法规范了地方省级政府依法制定的地方环境质量标准和污染物排放标准的备案管理。地方环境质量标准和污染物排放标准在报批前，应当征求环境保护部意见。在地方环境质量标准和污染物排放标准发布之日起 45 日内，地方省级政府或者受其委托的环境保护行政主管部门应向环境保护部备案；地方环境质量标准和污染物排放标准若有修订，亦须重新报送环境保护部备案。

截至 2012 年 6 月 30 日，我国符合备案要求、有效的地方环境质量标准和污染物排放标准信息共有 80 项。

三、环境标志制度

（一）环境标志的含义

环境标志，又称生态标志、绿色标志、环境标签等。它是由政府环境管理部门依据有关的法规、标准向符合要求的商品颁发的一种张贴在产品上的图形，用以标识该产品从生产到使用以及回收的整个过程都符合规定的环境保护要求，对生态环境无害或危害极小，并易于资源的回收和再生利用。

国际标准化组织（ISO）将其统称为环境标志，并定义为：印在或贴在产品或其包装上的宣传环境品质或特性的用语或符号。获得环境标志的产品，表明该产品比其他同类产品对环境将产生较小的危害。

环境标志产品的范围主要是那些对人类和环境有危害、但采取适当措施后可以减小或消除危害的产品。实施环境标志可以使公众清楚地识别产品在环境保护方面的差异，提高公众的环境保护意识，还可以提升企业的形象，增强企业在市场上的竞争能力。

（二）环境标志的发展

德国是世界上第一个建立绿色标志的国家。1978 年德国率先推出“蓝色天使”（blue angel）计划。随后，其他发达国家也先后推出本国的环境标志，如 1988 年加拿大推出“环境选择”（environmental choice），日本推出“生态标志”（Eco Mark），丹麦、芬兰、冰岛、挪威、瑞典于1989年实施了统一的北欧标志，1991年法国开展环境标志工作。美国于1988年开始实行环境标志制度，有36个州联合立法，在塑料制品、包装袋、容器上使用“绿色印章”(green seal)，并率先使用“再生标志”，标识该产品可重复回收，再生使用。欧洲联盟（EU）于1993年7月正式推出欧洲环境标志，凡有此标志的产品，可在欧盟成员国自由通行，各国可自由申请。目前，美国、德国、日本、加拿大、挪威、瑞典、法国、芬兰、澳大利亚等发达国家都已建立了环境标志制度，并趋向于相互承认。

1996年，国际标准化组织（ISO）推出了ISO14000环境管理标准，其下属机构环境管理技术委员会（ISO/TC 207）先后颁布了ISO14020（环境标志和声明、通用原则)，ISO14021（环境管理 环境标志和声明 自我声明的环境宣言Ⅱ型环境标志），ISO14024（环境管理 环境标志和声明Ⅰ型环境标志 原则与程序），ISO14025（环境管理 环境标志和声明Ⅲ型环境标志 指导原则和程序）等环境标志标准。

Ⅰ型环境标志是认证机构（第三方）根据已经颁布的特定类型产品质量与环境标志标准，对企业申请的相应类型产品进行评估，根据评估结果决定是否授予产品环境标志；Ⅱ型环境标志认证是企业自我向经销商和消费者声明并保证产品与服务环境信息，原则上并不要求任何第三方组织对声明进行认证；Ⅲ型环境标志，根据ISO14025的定义，是“用基于ISO14040系列标准的预设参数类型来量化一种产品的环境数据，而不排斥在Ⅲ型环境标志计划内的其他附加的环境信息”。Ⅲ型环境标志可为市场上的产品和服务提供基于科学的、可验证和可比性的量化环境信息，可以科学、合理地评价产品对环境所造成的影响。

（三）环境标志制度的作用

1. 促进公众参与环境保护

实施环境标志，为公众参与环境保护提供了一个好的方式，它能扩大环境保护在公众中的影响，培养消费者的环境意识。

2. 有明显的环境效益和经济效益

环境标志在市场中对购买者的直接引导作用，使相应产品的生产能够实现明显的环境和经济效益。实施环境标志，对公众来说，他们可以从标志上识别哪些产品的环境行为更好，买哪些产品对保护生态环境更有利；对于生产环境标志产品的企业来说，须对产品从设计、生产、实用到处理处置全过程（也称“从摇篮到坟墓”）环境行为进行控制。不但要求尽可能地把污染消除在生产阶段，同时应最大限度地减少产品在使用和处理处置过程中对环境的危害程度。例如，德国实施环境标志之后，促使相关企业建立完整的再生纸生产线，包括卫生纸、手巾纸和厨房纸等均可进入该生产线，由此节约了填埋空间和大量森林资源。

环境标志制度使广大公众将购买力作为一种保护环境的工具，促使生产者从产品生产到废弃处置的各个阶段都注意其环境影响，从而达到预防污染、保护环境、增加效益的目的。

3. 推动全球贸易

世界贸易组织（WTO）的运转使国际贸易中的关税大幅度降低，同时在很大程度上限制了不少非关税壁垒。现在“绿色壁垒”作为非关税壁垒的主要类型之一，造成了国际贸易的严重障碍。特别是发达国家，利用国际社会对环保问题的广泛关注和人们环保意识的日益增强，开始筑起“绿色壁垒”，以阻挡发展中国家产品进入其市场。这种贸易保护主义的新动向，不仅损害发展中国家的经济利益，而且对国际贸易将产生重大影响。各国环境标志的相互承认，以及全球范围通用的环境标志的推广应用，可以在一定程度上 减轻绿色壁垒对国际贸易的负面影响。

（四）我国的环境标志制度

1. 管理机构和制度的建立

1993年，国家环保总局倡导并具体组织了中国环境标志制度的开创和建立。1993年8月，中国“环境标志”图形（即“十环”标志）由国家环境保护局正式发布，该图形的中心由青山、绿水和太阳组成，表示人类赖以生存的环境，外围是10个紧扣的“环”，表示公众参与，共同保护环境。该标志已经在国家工商行政管理总局商标局注册，成为环境保护领域的证明商标，国家环境保护总局依法为该证明商标的注册人。

1994年5月，由国家环保总局、国家质检总局等11个部委的代表和知名专家组成的中国环境标志产品认证委员会在北京成立，该委员会挂靠国家环保局，是国家最高规格的认证委员会，其常设机构认证委员会秘书处是经国家产品认证机构认可委员会认可的、代表国家对绿色产品进行权威认证，并授予产品环境标志的惟一机构。

2003年初，国家环保总局整合中国环境标志产品认证委员会秘书处、环认委秘书处、环注委秘书处和中国环科院环境管理体系认证中心的认证资源，组建了中环联合（北京）认证中心有限公司（以下简称“认证中心”）。中国环境标志产品认证委员会及其秘书处的产品认证职能转由该认证中心承担，授权该公司向符合环境标志产品认证技术要求，并按照认证规则和程序对产品进行认证，核发环境标志《证明商标准用证》，准予产品的生产者、销售者在规定的范围内使用环境标志。目前，该认证中心是对产品实施环境标志认证的惟一机构。

2. 认证程序

中国环境标志产品认证，首先要求申请产品的质量、安全、卫生必须达到相关标准，申请企业污染物排放必须达标；然后，依据国家环保总局颁布的环境标志产品技术要求的相关规定，技术专家现场检查，行业权威检测机构检验样品，最终由技术委员会综合评定。具体程序如下。

① 企业材料报送。企业将《环境标志产品认证申请表》、环境标志保障体系文件连同认证要求上交的有关材料报送认证中心。

② 文件审核。认证中心对申请材料进行文件审核，提出审核意见。企业按该文审意见进行整改。

③ 现场审核。现场审核按环境标志产品保障体系要求和相应的环境标志产品认证技术要求进行。对需要进行检验的产品，由检查组负责对申请认证的产品进行抽样并封样，送指定的检验机构检验。

④ 评价审查。检查组根据企业申请材料、现场检查情况、产品环境行为检验报告撰写环境标志产品综合评价报告，提交技术委员会审查。

⑤ 批准发证。认证中心收到技术委员会审查意见后，汇总审查意见，报认证中心总经理批准。通过批准后，认证中心向认证合格企业颁发环境标志认证证书。

⑥ 监督检查。年度监督审核每年实行一次。认证中心组成检查组，按照年检计划到企业进行现场检查工作。现场检查时，对需要进行检验的产品，由检查组负责对申请认证的产品进行抽样并封样，送指定的检验机构检验。检查组根据企业材料、检查报告、产品检验报告撰写综合评价报告，报认证中心总经理批准。

⑦ 复评认证。三年到期的认证企业，应重新填写《环境标志产品认证申请表》，连同有关材料报认证中心。其余认证程序同初次认证。

中国环境标志产品是环境行为优、产品质量优的“双优产品”，中国环境标志认证企业是建立绿色体系、生产绿色产品的“双绿企业”，环境标志工作的最终目的是实现经济发展与环境保护的“双赢”。

3. 环境标志制度实施概况

中国环境标志开始于1994年，经过近20年的发展，到2012年底，我国现行有效环境标志产品标准近100项，有力地推动了环境标志产品和市场的发展。经统计，截至2010年，通过中国环境标志认证的产品涉及七大类，共1800多家企业和40000多个规格、型号，环境标志产品产值达到2000多亿元。环境标志产品成为我国绿色经济的重要组成部分。

政府的绿色采购有力地推动了环境标志产品的发展。2006年，财政部和国家环保总局联合印发了《关于环境标志产品政府采购实施的意见》，要求各级国家机关、事业单位和团体组织用财政性资金采购时，须优先采购环境标志产品。我国2007年开始实行、2008年全面实行的《环境标志产品政府采购清单》标志着我国绿色政府采购制度正式开始推行。统计数据显示，2010年，政府绿色采购产品已覆盖23大类、450多家企业生产的17000多个规格型号的产品。

目前，我国环境标志产品优先发展种类主要包括以下七大类：

① 国际履约类，如ODS替代产品和冰箱；

② 可再生/回收利用类，如建筑砌块、复印纸等；

③ 改善区域环境质量类，如轻型汽车、洗涤剂等；

④ 改善居室环境质量类，如水性涂料、人造板、建筑装饰装修工程等；

⑤ 保护人体健康类，如生态纺织品、文具、电视机等；

⑥ 提高资源/能源利用类，如陶瓷砖等；

⑦ 促进节能减排/减少温室效应类，如洗衣机、复印机等。

在环境标志国际互认的大趋势下，2005年，我国与日本、韩国、澳大利亚分别签署了环境标志互认协议，并已经加入由美国、加拿大、德国等20多个国家组成的全球环境标志网（GEN）及由瑞典、加拿大、丹麦等多个国家组成的全球环境产品声明网（GED）。作为“绿色通行证”的中国环境标志在国际贸易中发挥越来越重要的作用，为中国企业跨越绿色贸易壁垒提供了有效途径。

专栏4-3

其他环境管理制度

其他环境管理制度包括环境监测制度、环境监察制度、现场检查制度、环境保护设施正常运转制度、落后工艺设备限期淘汰制度、强制应急措施制度、环境污染与破坏事故报告制度、环境信息公开制度、环境保护公众参与制度等。

1. 环境监测制度

环境监测指在一定时间和空间范围内，间断或不间断地测定环境中污染物的含量和浓度，观察、分析其变化和对环境影响过程的工作。环境监测制度是环境监测的法律化，是围绕环境监测而建立的一整套规则体系。它通常由环境监测组织机构及其职责规范、环境监测方法规范、环境监测数据管理规范、环境监测报告规范等组成。

环境监测报告制度是指环境监测实行月报、年报（建立自动连续监测站的地区正逐步实行监测日报）与定期编报环境质量报告书的制度。环境监测报告中的各项基础数据和资料，由各级监测站按要求提供，环境保护行政主管部门是提出监测报告书的责任者，同级人民政府为接受者。各级监测站在提供有关数据的同时，还要一年一度地编写监测年鉴，监测年鉴及有关数据在报送主管部门的同时抄送上一级监测站。

2. 环境监察制度

环境监察指环境保护主管部门依据环境保护法律、法规、规章和其他规范性文件实施的行政执法活动，其主要任务为依法对辖区内污染源排放污染物情况和生态破坏事件实施现场监督、检查，并参与处理。环境监察是一种具体的、直接的、“微观”的环境保护执法行为，是环境保护行政部门实施统一监督、强化执法的主要途径之一。2012 年 7 月，国家环境保护部颁布了《环境监察办法》，规范了该项制度的实施。

3. 现场检查制度

环境保护现场检查制度是关于环境保护部门和有关的监督管理部门对管辖范围内的排污单位进行现场检查的一整套措施、方法和程序的规定。它是环境管理的重要法律制度，也是环境执法的重要手段之一。它能够促使排污单位依法加强环境管理，积极采取污染防治措施，减少污染物的排放和消除污染事故隐患，并可以使环境管理机关及时发现和处理环境违法行为。

4. 环境保护设施正常运转制度

该制度指已经投入使用的环境保护设施，必须保持其正常运转状况的一项法律制度。对违反该制度的单位要按有关规定进行相应的处理，直至追究法律责任。“正常运转”是指无故障运转，以竣工验收时确定的运行能力作为判断标准。该制度是“三同时”制度的配套制度。

5. 落后工艺设备限期淘汰制度

该制度指对严重污染环境的落后生产工艺和设备，由国务院经济综合主管部门会同有关部门公布名录和期限，由县级以上人民政府的经济综合主管部门监督各生产者、销售者、进口者和使用者在规定的期限内停止生产、销售、进口和使用的法律制度。

6. 强制应急措施制度

这是在某些特定的环境要素受到严重污染，威胁到人民生命财产安全时，有关政府机关依法采取强制性应急措施以解除或者减轻危害的环境法律制度。采取应急措施制度的主体只能是政府及其职能部门。“强制应急措施”中的“强制”仅指有关部门对排污单位及相关单位和个人的强制。

7. 环境污染与破坏事故报告制度

这是指因发生事故或其他突发性事件，造成或者可能造成污染与破坏事故的单位除了必须立即采取措施进行处理外，还必须通报可能受到污染危害的单位和居民，并且向当地环境保护行政主管部门和有关部门报告，接受调查处理，以及当地环境保护行政主管部门向上一级主管部门和同级人民政府报告的法律制度。所谓环境污染与破坏事故，是指由于违反环境保护法规的经济、社会活动以及受意外因素的影响，或因不可抗拒的自然灾害等原因，致使环境受到污染或破坏，人体健康受到危害，社会经济与人民财产受到损失，造成不良社会影响的突发性事件。环境污染与破坏事故报告制度是防止环境污染或破坏发生或其后果扩大的有效措施。

8. 环境信息公开制度

环境信息公开指依据和尊重公众知情权，政府和企业以及其他社会行为主体向公众通报和公开各自的环境行为，以利于公众参与和监督。环境信息公开制度既要公开环境质量信息，也要公开政府和企业的环境行为，为公众了解和监督环保工作提供必要条件，这对于加强政府、企业、公众的沟通和协商，形成政府、企业和公众的良性互动关系有重要的促进作用，有利于社会各方共同参与环境保护。国家环境保护总局 2007 年颁布的《环境信息公开办法（试行）》2008 年 5 月 1 日起施行。该办法规范了我国政府环境信息公开的内容和要求，对企业环境信息实行自愿公开和强制性公开相结合的做法。

9. 环境保护公众参与制度

这是指在环境保护领域里，公民有权通过一定的程序或途径，参与一切与环境利益有关的决策活动，从而保证该项决策符合公众切身利益的一项制度。我国在《环境保护法》、《环境影响评价法》、《水污染防治法》等诸多法律中均规定了公众参与的内容，2006年国家环保总局发布了《环境影响评价公众参与暂行办法》，进一步规范了环境影响评价工作中的公众参与。

第五节 中国环境管理的发展趋势

我国开展环境管理工作40多年以来，从管理思想、管理手段、法律法规、政策制度以至于管理机构等各方面，都经历了从无到有，逐渐发展完善的过程。

但同时也要看到，我国改革开放以来40多年经济粗放型的高速增长带来了严重的资源压力和环境问题。目前，中国的污染已经呈现出“复合型、压缩型”的特点，发达国家在工业化中后期出现的污染公害已在我国普遍出现。我国环境问题的严重性在于，一方面，粗放型的经济增长方式对能源、资源的巨大需求，使得我国在较长时期内难以改变污染加剧的发展趋势；另一方面，由于地方保护主义、资金投入不足、治污工程建设滞后、结构性污染依然突出等多方面的原因，使得污染治理的速度赶不上环境遭破坏的速度。

在这种形势下，中国环境管理必须适应建立社会主义市场经济体制和转变经济增长方式的要求，在实践中加快发展完善，为保护我国的资源环境、协调经济与环境的关系，以及促进我国的可持续发展发挥应有的关键作用。

一、影响环境管理的因素

1. 经济发展水平和体制改革趋势

根据环境库兹涅茨（environmental kuznets curve）理论，环境质量与经济增长存在倒U形曲线关系，即环境质量通常随着经济增长出现先下降再上升的过程。因此，经济发展水平对环境质量产生影响，也对环境管理制度发生作用。

我国正在进入建立社会主义市场经济体制的关键时期，在经济逐步市场化的同时，政府管理发生演变，随着政府职能转变，环境管理成为国家政府社会管理职能的重要内容。

2. 人们生活水平与社会环境意识

环境管理演变与人类对环境问题的认识过程有关。20世纪50年代末至70年代末，人们把环境问题作为技术问题，以污染治理（即末端治理）为主要管理手段，致力于生产技术、工艺革新和污染废物治理；20世纪70年代末至90年代初，资源枯竭、生态遭破坏问题逐步显现出来，末端治理难达到预期，人们认识到环境污染外部性，于是把环境问题作为经济问题，以经济刺激为主要管理手段，根据外部性内在化采取收费、税收、补贴等经济手段；至今，人们认识到环境问题产生于发展过程，于是把环境问题作为发展问题，以协调经济、社会发展与生态环境保护为主要管理手段。

3. 生态环境变化趋势

我国在经济快速发展、实现现代化的同时，面临人口膨胀、资源约束、环境限制、生态负荷等一系列问题，环境形势非常严峻，成为制约我国现代化进程的重要因素。因此，加强环境管理，也是未来政府的必然选择。

4. 对外开放的形势

我国已经成为世界贸易组织（WTO）成员，迫切需要解决贸易与环境的矛盾、跨国投资与跨境污染分担等问题。面对环境外交中环境谈判和国际环境义务分担的压力，选择更加严格有效的环境管理也是我们融入世界的必然途径。

二、我国环境管理发展趋势

1. 环境管理手段不断丰富和完善

在过去的三十多年里，我国采取了法律的、行政的、经济的、科技的以及宣传教育等多种手段来管理环境，解决各种环境问题，使环境状况有了很大改善。但是，这些环境管理手段也存在自身的局限性，如立法手段的调控能力会因为立法不完备和执法不完善而受到削弱，行政手段可能会过多地干预企业的生产经营而容易激化环境管理部门与排污企业之间的矛盾，技术手段会因为资金财力问题而失效，宣传教育手段无法强制约束破坏环境行为的发生。要使环境管理取得良好的效果，应该审时度势，进行灵活的制度安排。

环境管理中将增加经济手段的运用，从环境税收、排污权交易（已有二氧化硫排污权交易）、排污收费政策改革到生态补偿。根据我国的实际情况，要在市场经济条件下实现环境管理的目标，可以充分利用经济手段。通过价值规律的作用，靠市场来调节、刺激、影响企业的行为，一方面利于实现长远的环境管理目标，另一方面能够激发排污单位进行清洁生产和治理污染的自觉性和积极性。

环境管理中自愿手段增加，如ISO14000、环境标志等。环境管理的法制化进一步健全，执法监督手段增加，在此引导下，企业的自主环境管理行为强化。

环境教育和环境宣传不断促进公众的环境意识的提高，环境管理的公众意识得到增强，有效地推动环境保护中的公众参与。公众参与环境管理成为一个重要趋势，得到加强。这既有利于维护公众环境权益，也有利于推动政府决策科学、民主化进程。环境管理将不再限于是环境管理部门的事业，而是全社会协同走向可持续发展的唯一通道。

2. 环境管理的内容更加全面

环境管理从污染防治为重点转向生态保护与污染防治并重。环境污染防治和自然生态环境保护是环保工作中不可或缺的两个部分，具有同等重要的地位。环境管理从单个污染源控制走向区域污染控制，从污染防治和末端治理走向全过程控制，包括资源管理、污染治理和生态保护在内。

3. 环境管理参与综合决策的力度得到加强

环境管理力度将进一步得到加强，尤其是环境管理将成为经济和社会发展决策中的一项重要因素加以考虑。随着环境科学进步，环境管理的科学性加强，定量手段、总量控制等成为重要手段，战略环境影响评价也将逐步兴起并发挥作用。环境管理从污染治理走向广义的环境管理——协调经济、社会与环境三者关系的工作，环境管理融入发展决策将成为必然。

4. 环境管理机构得到强化

环境管理机构将不断强化、其在政府部门内的地位将逐步提高。一方面，表现在环境管理机构的不断专业化、在政府中的地位不断提升，例如江苏省环境保护局成为政府组成部门便是个有利的信号；另一方面随着政府机构改革以及政府职能转变，政府越来越重视环境的公益性，将环境和生态保护作为政府提供公共服务的重要领域。《国家环境保护“十二五”规划》提出要完善环境保护基本公共服务体系。《国民经济和社会发展“十二五”规划纲要》也将环境保护列为国家基本公共服务的九大领域之一。

三、新世纪我国环境政策发生的积极转变

经过三十多年来环境保护实践后，我国环境保护政策发生了历史性转变，即环境保护的指导思想从环境保护与经济和社会发展相协调到环境优先。

1. 环境保护与经济和社会发展相协调

自1981年以来，我国在环境保护总体政策方面，国务院共发布了五个《决定》。即

1981 年 2 月的《国务院关于在国民经济调整时期加强环境保护工作的决定》、1984 年 5 月的《国务院关于环境保护工作的决定》、1990 年 12 月的《国务院关于进一步加强环境保护工作的决定》、1996 年 8 月的《国务院关于环境保护若干问题的决定》和 2005 年 12 月的《国务院关于落实科学发展观加强环境保护的决定》。

在前四个《决定》中，涉及环境保护与经济发展的关系时，始终贯穿的指导思想就是环境保护与经济和社会发展相协调。如 1984 年《决定》的第一段明确提出"为了实现党的十二大提出的促进社会主义经济建设全面高涨的任务，保障环境保护和经济建设协调发展，使我们的环境状况同国民经济发展以及人民物质文化生活水平的提高相适应，特做如下决定"。1996 年的《决定》比前三个决定有所变化，没有明确提环境保护与经济发展相协调，代之以"各省、自治区、直辖市应遵循经济建设、城乡建设、环境建设同步规划、同步实施、同步发展的方针，切实增加环境保护投入，逐步提高环境污染防治投入在本地区同期国民生产总值的比重"。但还是把经济建设放在了最前面。现有的国家立法也都是按照环境保护与经济社会发展相协调的指导思想做出规定的。

实行环境保护与经济社会发展相协调的过程中，许多地方在环境保护与经济发展产生矛盾时，往往让环境保护给经济发展让路，实际上变成了经济发展优先于环境保护。

2. 确立了环境优先策略

2005 年 12 月，国务院发布了《关于落实科学发展观加强环境保护的决定》（国发[2005] 39 号，以下简称《决定》）。这个政策性文件，是落实中央提出的科学发展观的行动，明确了当前和今后我国相当一个时期的环境保护基本方向和任务，标志着我国的环境保护进入了一个新阶段。

《决定》第八条明确提出了要"促进地区经济与环境协调发展"，首次提出了在一定的地区"坚持环境优先"、"保护优先"、"禁止开发"。也就是，"在环境容量有限、自然资源供给不足而又经济相对发达的地区实行优化开发，坚持环境优先"；"在生态环境脆弱的地区和重要生态功能保护区实行限制开发，在坚持保护优先的前提下，合理选择发展方向，发展特色优势产业，确保生态功能的恢复与保育，逐步恢复生态平衡；在自然保护区和特别有保护价值的地区实行禁止开发，依法实施保护，严禁不符合规定的任何开发活动"。这种"经济社会发展与环境保护相协调"和"环境优先"、"保护优先"作为政策性要求，在国务院的文件中是第一次出现。这一规定表明，我国的环境保护指导思想和环境政策有了重大的战略性转变。从过去的"环境保护与经济社会发展相协调"改变为"经济社会发展与环境保护相协调"，坚持一定程度的环境优先，将对我国今后一个时期正确处理环境与经济、保护与发展的关系及其环境保护立法将产生重大影响。

首先，在发展思路上，不能再继续沿用过去和现在的高投入、高消耗、重污染、低效益的经济发展模式，而要坚决淘汰严重污染环境、破坏资源和生态的落后生产方式。当环境保护与经济发展产生矛盾时，不再是环境保护服从于经济发展，而是要让经济建设、社会发展建立在我国环境和资源能够承载的基础上。在一些地区要让经济发展服从于环境保护，实行环境优先。

其次，在考核政绩时，不能再把国民生产总值的增长作为政绩考核的唯一标准，而应把环境的保护与改善作为政绩考核的重要指标，把发展过程中的资源消耗、环境损失和环境效益纳入经济发展的评价体系。

最后，在环境立法方面，应当改变过去一直贯彻的环境保护与经济社会发展相协调的基本原则，而要将环境优先、保护优先的政策逐渐发展为环境立法的基本原则。

2011 年 12 月举行的第七次全国环境保护大会强调了以环境保护优化经济增长。2012 年

11月召开的中国共产党第十八次全国代表大会报告中提出："把生态文明建设放在突出位置，融入经济建设、政治建设、文化建设、社会建设各方面的全过程，努力建设美丽中国，实现中华民族永续发展。"将生态文明建设上升到更高的战略地位，进一步强化了环境保护的优先地位。

思考题

1. 简述中国环境管理实践经历的主要阶段及各阶段的主要特点。
2. 中国环境管理的基本方针和政策是什么？
3. 简述中国环境管理的八项基本制度。
4. 简述环境影响评价制度的发展过程。
5. 排污收费制度作为一项环境经济政策，怎样才能发挥其应有的作用？
6. 简述污染集中控制制度的实施条件。
7. 什么是总量控制？
8. 什么是环境标准制度？
9. 简述环境标志制度及在我国的运用。
10. 分析我国环境管理的发展趋势。

第五章 环境规划的原理与方法

制定和实施环境规划是实施环境管理的重要内容和手段。在环境管理中，环境预测、决策和规划这三个概念，既相联系又相区别。环境预测是环境决策的依据；环境规划是环境决策的具体安排，它产生于环境决策之后；预测是规划的前期准备工作，是使规划建立在科学分析基础上的前提。可见，环境规划是环境预测与环境决策的产物，是环境管理的重要内容和主要手段。探讨环境规划的理论和方法，在定量上体现"协调发展"，是环境科学和环境保护工作的一个重要课题。

第一节 环境规划的概念

一、环境规划的含义

规划指进行比较全面、长远的发展计划，是人们以思考为依据，安排其行为的过程。规划与计划近义，规划与计划皆兼有两层含义：一是描绘未来，规划是人们根据现在的认识对未来目标和发展状态的构想；二是行为决策，即实现未来目标或达到未来发展状态的行动顺序和步骤的决策。

根据《环境科学大辞典》，"环境规划"是为使环境与经济社会协调发展，人类对自身活动和环境所做的时间和空间的合理安排。

有学者从实际工作角度提出，环境规划指"政府（或组织）根据环境保护法律和法规所做出的、今后一定时期内保护生态环境功能和环境质量的行动计划"。

（一）环境规划的目的和基本原理

环境规划的目的在于调控人类自身的开发活动，指导人们开展各种环境保护活动，根据设定的目标和措施，约束排污者的行为，改善生态环境，防止资源破坏，协调人与自然的关系，从而保护人类生存和社会、经济持续发展所依赖的基础，实现环境与社会、经济协调发展。

要实现环境规划的目的，如何进行"合理安排"？主要思路是，以最小的成本达到预期的环境规划目标，或是以既定的成本获得最佳的环境效益。环境规划就是基于这一原理，对环境保护活动进行的系统筹划和安排。

具体言之，人类活动如工程建设项目、开发活动、规划或发展政策等，会对社会、经济和环境带来不同的影响，从而产生相应的效益或损失。这些效益和损失可以通过一些技术手段用统一标准来度量，比如将之货币化，以货币形式反映效益和损失。那么，在保证实现环境目标或不超过环境容量的前提下，应该使净效益最大化或净损失最小化❶。据此，可以构造出环境规划的最优化模型

目标函数 $$\begin{bmatrix}\max\\ 或\\ \min\end{bmatrix} Z=f(x) \tag{5-1}$$

约束条件：$G(x)>(或<)B$

❶ 净效益是指某特定活动带来的全部效益与全部损失之差。净损失是指某特定活动带来的全部损失与全部效益之差。

非负条件：$x \geqslant 0$

式中 max(min)——最优化，根据具体问题，可取值最大（max）或最小（min）；

$Z=f(x)$——目标函数，一般是总投资、年费用、总收益、年收益或净收益等；

x——决策变量向量，可以是环境投资、污染物削减量等；

$G(x)$——约束转换系数；

B——环境资源或环境质量限制向量。

（二）环境规划的作用

环境规划是基于依据有限的环境承载力，调整人们的经济社会行为，提出保护和建设环境的方案，促进环境与经济社会协调发展。实践证明，环境规划是改善环境质量、防止生态破坏的重要措施，在社会经济发展和环境保护中具有重要作用，概括起来包括以下几点。

1. 环境规划是协调经济社会发展与环境保护的重要手段

环境问题和资源、经济、社会等问题紧密结合，事关人类发展。环境问题的解决，必须注重预防为主、统筹安排。环境规划将环境与经济社会发展问题结合起来，起到有效预防的效果。环境规划是环境决策在时间、空间上的具体安排，是规划管理者对一定时期内环境保护目标和措施所作的具体规定，是一种带有指令性的环境保护方案。其目的是在发展经济的同时保护环境，使经济与社会协调发展。

在我国，制定规划、加强和改善对经济社会发展的调控，是政府的一项重要职能。中长期规划在指导国民经济和社会发展中起着十分重要的作用。制定环境规划并将之纳入国民经济和社会发展规划，对环境保护的目标、项目、资金和政策等予以科学论证和精心规划，为实施环境保护战略提供有力的保障。

2. 环境规划是实施环境保护战略的重要手段

环境保护战略通常提出环境保护的方向性和指导性的原则、方针、政策、目标、任务等方面的内容。要把环境保护战略落到实处，需要通过环境规划实现。通过环境规划来具体贯彻环境保护的战略方针和政策，完成环境保护的任务。环境规划要在一定的区域范围内进行全面规划、合理布局，采取有效措施预防产生新的环境污染和生态破坏，同时有计划、有步骤、有重点地解决历史遗留的环境问题，改善区域环境质量和恢复自然生态的良性循环，使环境保护战略落到实处，得以实施。

3. 环境规划是实施有效环境管理的基本依据

环境规划提出特定区域在一定时期内环境保护的总体设计和实施方案，为各级环境保护部门提出明确的方向和工作任务，在环境管理活动中占有较为重要的地位和作用。环境规划制定的功能区划、质量目标、控制指标、各种措施以及工程项目，可以指导环境建设和环境管理活动的开展，对有效实现环境科学管理起关键作用。根据环境纳污容量以及“谁污染谁承担削减责任”的基本原则，公平地分配各排污者的允许排污量和应削减量，为合理地、强制性地约束排污者的排污行为、消除污染提供科学依据。

（三）环境规划的特点

环境规划具有综合性、时空特性、公共管理属性、效率与公平属性、信息密集等特征。

1. 综合性

当代环境保护的兴起和发展是从治理污染、消除公害开始的，经历了以单纯运用工程技术措施治理污染为特征的第一阶段；以污染防治相结合为核心的第二阶段；以环境系统规划与综合管理为主要标志的第三阶段。随着人类对环境保护认识的提高和实践经验的积累，环境规划的综合性和集成性越来越显著。环境规划涉及的领域广泛，影响因素众多、对策措施综合、部门协调复杂。进入21世纪以来，环境规划更是成为越来越广泛涉及自然、工程、技术、经济、社会相结合的综合体，成为多部门的集成产物。

环境规划的综合性也明显反映在方法学方面。环境规划必须同时遵守社会系统、经济系统和自然生态系统的规律。它对环境、经济、社会以及科学与工程的多学科结合要求相当突出，需要整合发挥多学科技术的综合优势。在环境规划的各个环节，包括：环境信息的收集、储存、识别、核定，功能区的划分，评价指标体系的建立，环境问题的识别，未来趋势的预测，方案对策的制订，环境影响的技术经济模拟，多目标方案的评选等，均涉及大量的定性和定量因素，这些因素相互交织在一起，需要进行系统的、综合的分析。

2. 时空特性

从空间角度，环境问题的地域性特征十分明显，因此环境规划必须注重“因地制宜”。环境规划的编制和实施应该充分考虑区域特定的生态环境条件、社会经济发展状况、趋势以及污染排放及控制系统的情况。对于不同的区域，环境规划的控制方案评价指标体系的构成及指标权重不同，各类模型中参数、系数也应根据不同区域的情况进行适当修正。环境规划的基本原则、规律、程序和方法必须充分客观地体现地方特征，才能够有效地发挥其作用。

鉴于环境的行政管理是解决环境问题的主要手段，行政区域管理层次和地域范围也因此成为环境规划区域划分的主要依据。从规划空间范围的角度，环境规划包括全国环境规划、大区（如经济区）环境规划、省域环境规划、流域环境规划、城市环境规划、区县环境规划、乡镇环境规划、小区（控制单元）环境规划、企业环境规划等。环境系统是一种开放系统，各层次和地域之间相互联系、相互影响，决定了各层次和地域之间的环境规划必然存在相应的内在联系。

从时间角度，环境问题及其影响因素都随时间发生不断变化，因此环境规划具有较强的时效性。随着社会经济发展方向、发展政策、发展速度以及实际环境状况的变化，势必要求环境规划工作具有快速响应和不断更新的能力。因此，应从理论、方法、原则、工作程序、支撑手段、工具等方面逐步建立起一套滚动环境规划管理系统，以适应环境规划不断更新、调整、修订的需求。

3. 公共管理属性

究其实质，环境规划是一种公共管理和公共政策，会与其他公共政策发生相互联系和相互作用。

环境保护活动具有公共物品属性，环境规划表达了不同利益主体之间的经济关系，起到社会财富再分配的作用。比如，环境规划确定政府投资开发以及保护的重点，这会影响公共投资的去向，这将改变不同主体的利益分配状况。环境规划本身是一种重要的公共政策。我国《环境保护法》第四条和第十二条规定了环境规划在国民经济发展中的地位，同时明确组织编制规划是政府的责任，明示了环境规划所具有的指导性、规范性和权威性。

环境规划从最初立题、课题总体设计至最后的决策分析、制订实施计划的每一个技术环节都面临从各种可能性中进行选择的问题，其重要依据是我国现行的环境及相关领域的政策、法规、制度、条例和标准。因此，环境规划离不开国家和地方的环境政策。目前，我国已形成环境政策、法规、制度、条例和标准等在内的国家级总体框架，在国家级总体框架下，地方环境政策有一定的余地和发展空间，地方性环境战略、环境规划和环境政策工作正在逐步完善。在进行区域环境规划时，要严格把握好国家和地方的各项环境及相关的法规、政策，必须根据地方实际情况，积极作好环境规划与其他规划的衔接。环境规划涉及范围和领域广，要求规划决策人员具有较高的政策水平和政策分析能力。环境规划的过程也是环境政策的分析和应用过程。

4. 效率与公平属性

环境规划作为一种公共政策和公共管理手段，需要兼顾政策的效率和公平。环境规划的经济效率指，环境规划改善总体环境状况，这给所有利益相关者带来的新增福利应大于改善环境的成本。环境公平性有两层含义：一是所有人都应该享受清洁的环境，不遭受环境破坏带来的伤害；二是环境破坏的责任和环境保护的义务相对应。环境公平性的实现，重点在于保护弱势群体的环境利益，合理界定污染者和受益者的义务和责任。

5. 信息密集

环境规划过程覆盖了不同类型、来自不同部门、存载于不同介质上、表现出不同形式的信息，是一项信息高度密集的智能活动。环境规划自始至终需要收集、消化、吸收、参考和处理这些相关的综合信息。规划成功与否很大程度上取决于搜集的信息是否完整，取决于能否识别、提取准确可靠的信息，也取决于是否能有效地组织和利用信息。正是由于环境规划的信息密集性，计算机成为环境规划的重要工具，用来集中储存、处理环境信息，譬如，地理信息系统（GIS）等在环境规划中发挥越来越重要的作用。

二、环境规划的类型

在国民经济和社会发展规划体系中，环境规划是一种多层次、多要素、多时段的专项规划，内容丰富。根据环境规划的特征，从不同的角度，环境规划可以有不同的分类。不同类型的环境规划在内容、深度和规划方法等方面都存在差异。应根据环境建设和管理的需要，选择环境规划的类型。

（一）按规划主体划分

按照规划主体划分，环境规划包括区域环境规划和部门（行业）环境规划。

区域环境规划，按地域范围划分，可以分为：全国环境规划、大区（如经济区）环境规划、省域环境规划、流域环境规划、城市环境规划、乡镇环境规划、厂区（如开发区）环境规划等。区域环境规划综合性、地域性很强，它既是制定上一级环境规划的基础，又是制定下一级区域环境规划和部门环境规划的依据和前提。

不同的国民经济行业，有不同的部门环境规划，例如工业部门环境规划（冶金、化工、石油、电力、造纸等）、农业部门环境规划、交通运输部门环境规划等。

（二）按规划的层次划分

按规划的层次划分，环境规划包括宏观环境规划，专项环境规划，以及环境规划决策实施方案。以区域环境规划为例，有区域宏观环境规划、区域专项环境规划和区域环境规划实施方案，它们的内容既有区别也有联系。

① 区域宏观环境规划。这是一种战略层次的环境规划，主要包括：环境保护战略规划、污染物总量宏观控制规划、区域生态建设与生态保护规划等。

② 区域专项环境规划。例如：大气污染综合防治规划、水环境污染综合防治规划、城市环境综合整治规划、乡镇（农村）环境综合整治规划、近岸海域环境保护规划等。由于区域的地理分布、生态特征和环境特征，以及经济技术发展水平等各不相同，制定区域专项环境规划一定要因地制宜。

③ 区域环境规划实施方案。宏观环境规划是战略决策，最低层次的规划实施方案是决策和规划的落实和具体的时空安排。

（三）按环境规划的要素划分

按环境规划的要素划分，环境规划可分为两大类型：一是污染防治规划，二是生态规划。环境保护应坚持污染防治与生态保护并重，生态建设与生态保护并举。

1. 污染防治规划

污染防治规划，通常也称为污染控制规划，是我国当前环境规划的一个重点。根据范围和性质可分为区域（或地区）污染防治规划、部门污染防治规划、环境要素（或污染因素）污染防治规划。

(1) 区域（或地区）污染防治规划

该类规划主要包括：城市污染综合防治规划、工矿区污染综合防治规划、江河流域污染综合防治规划、近岸海域污染综合防治规划等。

城市污染综合防治规划是常见的一种区域环境规划。该规划主要包括：①按照区域环境要求和条件，实行功能分区，合理部署居民区、商业区、游览区、文教区、工业区、交通运输网络、城镇体系及布局等；②大气污染防治规划，考虑产业结构和产业布局、能源结构等，提出大气主要污染物环境容量和优化分配方案，提出污染物削减方案和控制措施；③水源保护和污水处理规划，规定饮用水源保护区及其保护措施，根据产业发展情况，规定污水排放标准，确定排水管网与污水处理厂的建设规划；④垃圾处理规划，规定垃圾的收集、处理和利用指标和方式，争取由堆积、填埋、焚烧处理垃圾走向垃圾的综合利用；⑤绿化规划，规定绿化指标、划定绿地区等。

(2) 部门污染防治规划

该类规划也称行业污染防治规划。不同部门的经济活动会带来不同的环境影响，因此污染防治规划的侧重点有所不同。例如，燃煤电厂主要产生粉尘、二氧化硫、氮氧化物等大气污染、热污染，以及粉煤灰的处理和利用等问题；化工、冶金等行业主要是废水、重金属污染等。部门污染防治规划主要包括：工业系统污染综合防治规划，农业污染综合防治规划，交通污染综合防治规划，商业污染综合防治规划等。

部门污染防治规划，是在行业规划的基础上，以重点污染行业加强技术改造和点源治理为主的规划。该类规划充分体现工业或行业特点，突出总量控制和治理项目的实施。规划的主要内容包括：①布局规划，按照生产组织和环境保护两方面要求，划定工业或行业的发展区，并确定工业或行业的发展规模；②根据区域内工业污染物现状和规划排放总量，按照功能目标要求，确定允许排放量或削减量；③对新建、改建、扩建项目，根据区域总量控制要求，确立新增污染物排放量和去除量；④对老污染源治理项目，制定淘汰落后工艺和产品的规划，提出治理对策，确定污染物削减量；⑤制定工业污染排放标准和实现区域环境目标的其他主要措施。

(3) 环境要素（或污染因素）污染防治规划

该类规划可以分为大气污染防治规划、水污染防治规划、固体废物防治规划等。

大气污染防治规划。包括城市大气污染防治规划、区域大气污染防治规划、全球性大气污染防治规划等。针对区域内的主要大气污染问题，根据大气环境质量的要求，运用系统工程的方法，以调整经济结构和布局为主、工程技术措施为辅而确定的大气污染综合防治对策。该类规划的关键内容是：①明确具体的大气污染控制目标；②优化大气污染综合防治措施。防治措施主要包括：减少污染物排放，改革能源结构，对燃料进行预处理，改进燃烧装置和燃烧技术，采用无污染或少污染的工艺，节约能源，加强企业管理，减少事故性排放，妥善处理废渣以减少地面扬尘等；治理污染物，回收利用废气中有用物质或使有害气体无害化，有计划、有选择地扩大绿地面积，发展植物净化；利用大气环境的自净能力，合理确定烟囱高度，充分利用大气在时间和空间上的稀释扩散自净能力等。

水环境污染防治规划，包括饮用水源地污染防治规划、城市水环境污染防治规划等。规划的对象可以是江河、湖泊、海湾、地下水等，针对水体的环境特征和主要污染问题，制定防治目标和措施。水污染防治规划的主要内容是：①水环境功能区规划，按照不同的水域用途、水文条件、排污方式、水质自净特征，划分水质功能区，确定监控断面，建立水质管理信息系统等；②制定水质目标与污染物排放总量控制指标；③治理污水规划，提出水体污染控制方案，以及工程设施的分期实施计划和投资概算等。

固体废物处理和利用规划，主要包括工业固体废物污染综合防治规划（包括减排、综合利用及无害化处理），危险固体废物处理、处置规划，城市生活垃圾处理和利用规划等。

土壤污染防治规划，一般侧重于农药、化肥污染防治、重金属污染防治等问题。

物理污染防治规划，主要包括噪声污染综合防治规划、光污染防治规划、电磁波污染防治规划、放射性污染防治规划、热污染防治规划等。

2. 生态规划

一般认为，生态规划是以生态学原理和城乡规划原理为指导，根据社会、经济、自然等条件，应用系统科学、环境科学等多学科的手段辨识、模拟和设计人工复合生态系统内的各种生态关系，确定资源开发利用与保护的生态适宜度，合理布局和安排人类社会经济活动，探讨改善系统结构与功能的生态建设对策，以促进人与自然环境的协调发展。生态规划充分运用生态学的整体性原则、循环再生原则、区域分异原则，将生态评价、生态设计、生态管理融于一体。

① 生态环境建设规划。包括区域生态建设规划、城市生态建设规划、农村生态建设规划、海洋生态环境保护规划、生态特殊保护区建设规划、生态示范区建设规划。

② 自然保护规划。根据不同要求、不同保护对象划分，常分为两类：自然资源开发与保护规划和自然保护区规划。

自然资源开发与保护规划包括森林、草原等生物资源开发与保护规划，土地资源开发与保护规划，海洋资源开发与保护规划，矿产资源开发与保护规划，旅游资源开发与保护规划等。

自然保护区规划是在充分调查的基础上，论证建立自然保护区的必要性、迫切性、可行性，确立保护区范围，拟建自然保护区等级和保护类型，提出保护、建设、管理对策的建议和意见。自然保护区一旦确立，便成为一个占有特定空间、具有特定自然保护任务、受法律保护的特殊环境实体。我国自然保护区分国家级自然保护区和地方级自然保护区，地方级包括省、市、县三级。建立、变更、撤销各级各类自然保护区，必须符合法律规定的条件、要求和审批程序。

（四）按时间跨度划分

按照时间尺度划分，环境规划常分为：远期环境规划、中期环境规划和短期环境规划。不同时间尺度的环境规划之间进行有效衔接和配合，才能确保环境规划的时效性。

长期环境规划是纲要性计划，一般时间跨度在10年以上，其主要内容是：确定环境保护战略目标、主要环境问题的重要指标、重大政策和措施。

中期环境规划是环境保护的基本计划，一般时间跨度为5～10年，其主要内容是：确定环境保护目标和指标、环境功能区划、主要的环境保护措施、环境保护设施建设，以及环境保护投资的估算和筹集渠道等。

短期环境规划一般时间跨度在5年以内，短期环境规划或年度环境保护计划是中期规划的实施计划，内容比中期规划更为具体、可操作。一般是针对当前突出的环境问题制订的短期环境保护行动计划，内容上可能有所侧重，不一定面面俱到。

（五）按环境与经济的制约关系划分

按照环境与经济的制约关系，可以划分为经济制约型规划、环境与经济协调发展型规划和环境制约型规划。

经济制约型规划是在既定的经济和社会发展目标、产业结构、生产布局、技术水平的前提下，预测污染物的产生量，根据环境质量要求和环境容量情况，规划去除污染物的数量和方式。经济和社会发展规划的制定过程不考虑环境保护的反馈要求。

环境与经济协调发展型规划将环境与经济看作为一个大系统，既考虑经济对环境的影响，也考虑环境对经济发展的制约关系。对经济发展目标、规模、结构、布局、技术选择等方面进行规划时，以环境承载力作为约束条件，考虑环境质量的要求；在设定环境目标、提出环境保护措施和设施建设等过程中，充分尊重社会经济发展的需要，切合实际，实现经济与环境的协调发展。

环境制约型规划是在某些特殊情况下，环境保护成为了环境与经济关系的主要矛盾方面，经济发展要服从环境质量的要求，例如，饮用水源保护区、重点风景游览区、历史遗迹等的环境规划。

三、环境规划与相关规划的关系

当前，生态与环境问题已成为与国民经济与社会各领域发展密切相关的问题。环境规划与国民经济和社会发展规划、城市规划等相互支持，互为参照，互为基础，关系紧密。

1. 与国民经济发展规划的关系

环境规划已被纳入国民经济和社会发展规划，成为国民经济发展规划的有机组成部分和重要内容。随着规划编制理念的不断更新，尤其是可持续发展战略的深入推进，发展规划越来越强调以人为本，强调经济、社会和环境协调发展。环境规划在国民经济发展规划中的地位越来越突出，越来越受到重视。

环境规划是经济社会发展规划的基础，它为预防和解决经济社会发展带来的环境问题提供解决方案；经济社会发展规划必须充分考虑环境资源支撑条件、环境容量和环境保护的目标要求，充分利用环境资源促进经济社会发展。

2. 与城市总体规划的关系

城市规划是国民经济与社会发展在空间上进行布局和安排的一种手段。生态与环境问题是城市规划必须研究和解决的重要内容之一。通过对城市生态与环境状态的分析评价，找出解决其生态和环境问题的途径、方法与措施，为城市规划提供参考和依据。

环境规划是城市总体规划中不可缺少的组成部分。环境规划与城市规划互为参照、互为基础，保护好生态环境是城市规划的目标之一，环境规划目标作为城市总体规划的目标，参与综合平衡并纳入其中。中华人民共和国建设部（原）《城镇体系规划编制审批办法》中第十三条明确要求，“确立保护区域生态环境、自然和人文景观以及历史文化遗产的原则和措施”。国家规划设计标准规定了城镇体系规划内容中应包括生态与环境保护的内容。

第二节 我国的环境规划实践

我国的环境规划实践伴随着环境保护工作的发展而发展，经历了从无到有、从局部到全面开展的历程。进入21世纪以来，环境规划的编制、实施和评价等环节都有所发展，并逐步规范和完善。

一、发展历程

我国环境规划的发展历程大致分为以下五个阶段。

1. 孕育阶段（1973～1980 年）

1973 年第一次全国环境保护会议上提出的 32 字方针中，明确了“全面规划、合理布局”的指导思想。同年，国务院批转国家计划委员会的《关于全国环境保护会议情况的报告》要求，“要做好环境保护规划工作，使工业和农业，城市和乡村，生产和生活，发展和环境保护，同时并进，协调发展”。

20 世纪 70 年代初，环境保护部门着手制定污染治理规划，如“北京东南郊环境质量评价与污染防治途径的研究”、“沈阳市环境质量评价与污染防治途径研究”等，开始了环境状况调查、环境质量评价等环境规划相关工作的探索。

2. 探索阶段（1981～1985 年）

我国在编制国民经济和社会发展“六五”计划时明确提出，要社会、经济、科学技术相结合，人口、资源、环境相结合，计划中设了环境保护专章，其他部分也体现了环境保护的要求。这是首次将“环境保护”纳入国民经济计划，成为经济、社会发展规划的有机组成部分。

1982 年，国务院技术经济研究中心与山西省人民政府联合组织制定了国内最早的区域环境规划——《山西能源重化工基地综合经济规划》，同步制定经济建设、城乡建设、环境建设的规划。

1983 年，第二次全国环境保护会议总结已有的实践经验，明确提出，“经济建设、城乡建设与环境建设同步规划、同步实施、同步发展”，实现“经济效益、社会效益与环境效益的统一”。这是对经济建设与环境保护关系的认识的一个飞跃，对环境规划实践产生了深远影响。

在此阶段，环境规划的重要地位得以明确。国家开始研究制定各类环境规划，从国家级到地方层级、从综合性到单项规划、从中长期到年度规划，初步形成较为完整的环境规划体系。在规划研究和编制过程中，对相关的理论和方法进行了有益的探讨，如生态特征调查与评价、环境影响评价、环境容量分析、环境预测方法、环境区划等，为环境规划的规范化发展提供了丰富的经验和良好的基础。

3. 发展阶段（1986～1995 年）

20 世纪 80 年代末，中国社会经济的发展以及决策层环境意识的提高，环境与经济的协调发展理论得到重视。1989 年正式颁布的《环境保护法》第四条规定，“国家制定的环境保护规划必须纳入国民经济和社会发展计划，国家采取有利于环境保护的经济、技术政策和措施，使环境保护工作同经济建设和社会发展相协调”；第十二条规定，“县级以上人民政府环境保护行政主管部门，应当会同有关部门对管辖范围内的环境状况进行调查和评价，拟定环境保护规划，经计划部门综合平衡后，报同级人民政府批准实施”。法律层面的规范为环境规划工作的全面铺开提供了制度依据。

“七五”期间，全国广泛开展环境调查、环境评价和环境预测工作，环境保护规划工作结合国民经济和社会发展第七个“五年计划”开展，环境保护规划的技术方法和实践推广有了很大发展。《国家环境保护“八五”计划》开始将总量控制、重点项目作为计划重要内容，环境规划在规划方法和体系方面都取得了较大发展，形成了国家、地方、行业、重点项目、重点工程、重点流域等多层次的环境规划体系。

1992 年联合国环境与发展大会之后，解决环境与发展问题，实行可持续发展战略，促进经济与环境协调发展，成为环境规划的主要目的和中心内容，这种规划实质上是宏观与微观相结合的“环境与发展规划”。1992 年，中共中央和国务院批转的《环境与发展十大对策》中明确要求，“各级人民政府和有关部门在制定和实施发展战略时，要编制环境保护规划，切实将环境保护目标和措施纳入国民经济和社会发展中长期规划和年度计划，并将有关的污染防治费用纳入各级政府预算，确保其实施”，推动了我国环境规划进入一个崭新的阶段。是年，环境保护年度计划首次正式被纳入国民经济与社会发展计划体系。

1993 年国家环保局发文要求各城市编制城市环境综合整治规划，并颁布了《城市环境综合整治规划编制技术大纲》，技术大纲的实施使我国的城市环境规划上了一个新台阶。国家计委和国家环保局 1994 年发布的《环境保护计划管理办法》，规范了环境规划的编制、实施和检查。

4. 提高阶段（1996～2005 年）

1996 年，第四次全国环境保护会议后制定的国家环境保护“九五”规划，推出了主要污染物排放总量控制计划和跨世纪绿色工程规划两大重要举措，这是环境规划的一个创新和突破。2000 年，国家环境保护总局制定了《〈地方环境保护“十五”规划和 2015 年长远目标纲要〉编制技术大纲》，提出国家环境保护战略实行污染防治和生态保护并重，实施污染物总量控制、生态分区保护与管理、绿色工程规划三大措施。2001 年，国家环境保护总局发布了《生态功能保护区规划编制导则（试行）》，2002 年，国家环境保护总局和建设部联合发布了《小城镇环境规划编制导则（试行）》。

在此阶段，研究者对环境规划的理论基础、规划程序、编制内容、规划模式等方面进行了丰富的研究和探讨。环境规划工作实践中，逐步形成了以环境质量评价、环境信息统计等工作为基础条件，以功能区划分和总量控制的方法为技术路线，以环境规划与国民经济和社会发展计划的紧密结合为实施的根本保证，以环境规划与环境政策协调统一为发挥作用的重要途径等特点，构建了较为成熟的环境规划理论和实践系统。

5. 深化完善阶段（2005 年至今）

国民经济和社会发展“十一五”规划提出了我国处于全面建设小康社会的关键时期判断，提出我国的环保工作进入了以保护环境优化经济增长的新阶段。这对环境规划提出了新的要求，环境规划得到了高度的重视，环境规划的编制和实施逐步成为环境决策和管理的重要环节。

对比以往，“十一五”和“十二五”环境保护规划设定的目标构成相对简化了，但是设定了约束性指标，意味着规划目标实施的力度得到了加强和保证。

《国家环境保护“十一五”规划》提出，“环保部门要建立评估考核机制，加强对规划执行情况的督促和检查……”。在 2008 年底和 2010 年底，分别对本规划执行情况进行中期评估和终期考核。这是我国第一次以国发文的形式发布对国家级环境规划进行跟踪评价的规定。2008 年 11 月，国家环境保护部发布了《〈国家环境保护“十一五”规划〉中期评估技术指南》。2010 年 1 月国务院常务会议原则通过了《国家环境保护“十一五”规划中期评估报告》。

2012 年 10 月，国务院印发了《〈国家环境保护“十二五”规划〉重点工作部门分工方案》，要求各部门“明确责任，各司其职，抓出成效”，“对工作分工中涉及多个部门的工作，部门间要密切协作，牵头部门要加强协调，及时跟踪进展情况”。同年，国家环境保护部也配套提出了《〈国家环境保护“十二五”规划〉重点工作部内分工方案》，落实规划推进实施的责任分工。

在此期间，环境保护部组织编制了不少资金落实的供给型的环境保护规划，如环境监管能力建设规划、危险废物和医疗废物处置设施建设规划、节能减排综合性工作方案等，通过了规划编制和实施，厘清了部分领域的事权、财权，开辟了新的工作领域。

本阶段的环境规划在目标设定、规划的落实、规划实施的监督评价等方面有显著突破。目前，基于国内30多年环境规划工作实践的经验积累和可借鉴的国际经验，我国的环境规划仍在不断改革、创新和完善，目的是使之成为参与政府综合决策的有效手段。

二、环境规划工作的一般过程

根据相关的制度规定和实践情况，以下介绍我国环境规划工作的概况。

从纵向看，我国目前的环境规划体系基本上依照我国的行政层级进行分级，包括国家、省（自治区、直辖市）、市（地）、县四个层级，一般以5年为规划周期，或以10年、20年设定远景目标年，与相应层级的国民经济和社会发展规划相协调。环境规划一般包括谋、断、行、督四个环节。

1. 谋

涉及环境规划编制的国家级技术规范有：污染防治类规划编制规范，如《城市环境综合整治规划编制技术大纲》(1993)、《小城镇环境规划编制导则（试行）》(2002)、《〈全国饮用水水源地环境保护规划〉编制技术大纲》(2006) 等；生态规划编制规范，如《生态功能保护区规划编制导则（试行）》(2001)、《国家级自然保护区总体规划大纲》(2002)、《生态县、生态市建设规划编制大纲（试行）》(2004)、《国家重点生态功能保护区规划纲要》(2006)、《国家重点生态功能区保护和建设规划编制技术导则》(2009) 等。也有地方出台相关的规划编制规范，如《广东省环境保护规划编制技术导则》(2006)、《四川生态市（州）、生态县（市、区）建设规划编制导则》(2008) 等。

环境规划的编制须以相关的法律法规、标准和政策等为依据。环境规划一般由各级环保部门会同政府相关部门编制，以环保部门为牵头单位，规划技术编制常常委托专业机构帮助完成。

国家级的环境规划一般以宏观指导为主；地方环境规划应该包括国家环境规划的内容，同时还应包括相关的环境治理和建设项目，并根据具体情况适当增加必要的内容和指标。省级环境规划草稿编制完成后，须报送国家发展和改革委员会和环境保护部，计划单列市的环境规划须同时报送所在省发改部门和环保部门。国家环保部对省级环境规划草案审核的基础上，开展国家级环境规划的编制工作。

2. 断

完成编制的环境规划须上报同级人民政府，由同级人民政府审核批准。环境规划作为国民经济和社会发展计划的组成部分，被纳入综合平衡，必须保障其资金需求和项目建设。

3. 行

各级环境规划是国民经济和社会发展计划的组成部分，其中设定的目标和任务须按相应程序分解下达。

地方各级人民政府要根据上级下达的环境保护计划认真组织实施。具体的做法包括：层层建立环境目标责任制；把环境保护投资纳入政府或企业的预算，把环境保护项目列入基本建设、技术改造计划之中；加强对重大污染源的管理和治理，严格执行“三同时”制度和“污染限期治理”制度，保证环境规划目标和任务的完成等。

4. 督

根据我国《环境保护计划管理办法》要求，国家环境规划实行半年报制度，国务院有关部门和各地应在每年8月底和第二年3月底以前将半年和全年环境保护计划的检查结果报送国家发展和改革委员会，并同时抄报国家环境保护部。

地方环境保护年度计划的检查要与环境保护任期目标责任制、城市环境综合整治定量考核和环境执法检查等相结合；应该包括相关污染治理项目的实施和运行情况等相关内容。

三、我国环境规划的改革

环境规划实践经历了30多年后，为了充分发挥环境规划的作用，管理者和研究者开始反思以往环境规划工作从编制到实施的全过程中存在的问题，提出了改进设想。我国的环境规划工作在实践中不断改革和完善。

环境规划在国民经济和社会发展规划中的定位逐步得到强化，从原来的游离于经济发展之外，发展到置于经济发展的要素中。具体来看，"九五"期间，国民经济和社会发展规划把环保作为污染治理放在"社会事业发展"里；"十五"规划将之作为预期目标放在"可持续发展能力目标"中；"十一五"规划则将环保作为"约束性指标"放在转变经济增长方式中。这意味着环境规划的实施力度得到加强。"十一五"期间，环境规划的目标对经济发展起到刚性约束作用，总量控制的约束性指标、优化经济发展成为环境保护规划的主要特征之一，环境保护成为加快转变经济增长方式的主要内容。

从环境规划的理念和路线图设计上，环境规划越来越重视"以人为本"的原则，环境保护规划路线图设计的主线为"污染防治－质量改善－人体健康－生态系统"。

规划编制强调环境要素导向。比如《国家环境保护"十一五"规划》对水、气、固体废物等要素设定重点领域和主要任务，实施分类管理。"九五"、"十五"及之前的规划强调区域性、行业性，大多分为城市环境保护、农村环境保护、工业污染防治等领域。这一转变体现了对环境问题自然属性的充分重视。

逐步强化环境规划的实施和监督，已经逐步建立环境规划评估制度，逐步强化规划部门的规划实施评估、监测和调控的职能。"十一五"期间，我国开展了环境规划的跟踪评估工作，要求各省进行"十一五"环境规划的中期评估。根据《国家环境保护"十一五"规划中期评估技术指南》的要求，须同时进行定量和定性评估。评估内容包括：规划确定的总量和质量目标实现情况，规划目标可达性分析，规划任务、措施、政策的有效性分析等。通过分析规划中期实施取得的成效、存在问题或差距、原因等，预测"十一五"末期规划目标能否完成。定性评估作为分析定量指标是否可达的基础与依据，用于分析环保工作、政策的效能，分析经济社会变化对"十一五"环保规划目标实现的影响。

其他方面，如强化规划的法律效力、增强规划编制和实施过程中的公众参与、规划实施中的投入资源保障、环境规划之间以及与其他规划之间的衔接、规划的动态调整等问题，仍需要在未来进一步完善和规范。

专栏5-1

环境规划的国际经验

20世纪下半叶，随着环境问题日益突出以及人们的环境认识不断深化，各国陆续开展环境规划实践，以协调环境保护和经济发展的关系。以下简要介绍美国、日本和荷兰的环境规划经验。

1. 美国经验

美国的环境规划体系由环境法、战略规划体系和环境项目执行计划三个部分组成。

① 环境法是该体系的核心，它规定了规划内容的法律效力和规划的资金来源。如 2005 年颁布的清洁空气州际法规（Clean Air Interstate Rule，CAIR）对东部地区的二氧化硫和氮氧化物设定了总量削减目标，并规定排放总量的分配、参与方式和预算保障等。

② 战略规划体系（strategic plans）是美国环保署根据 1993 年起实施的《政府绩效法》（Government Performance and Results Act，GPRA）和 2001 年颁布的《总统管理议程》（The President's Management Agenda，PMA）的需要而建立的部门发展规划。

③ 环境项目执行计划。环境法规定了大量环境项目（program）的实施，项目的主管部门根据需要制订环境项目的执行计划，便于环境项目的有序开展和公众质询。一般而言，这些环境项目的时间跨度较长，空间范围较大。一些大型环境项目的执行计划相当于中国环境规划中的专项规划或要素规划。如：1972 年颁布 1987 修订的《大型湖泊水质协定》（the Great Lakes Water Quality Agreement）中提出的“全湖管理计划”（lakewide management plans，LaMPs），制定了降低湖区关键污染物的时间表，以达到设定的水质目标。

美国环境保护的战略规划（strategic plans）由美国环保署编制，年限为 5 年，每 3 年更新一次，战略规划设定环保署未来 5 年的总体目标（goal）和具体目标（object），并对实现目标的环境政策工具和环境项目做出纲领性的安排和说明。根据战略规划的环境目标体系，环保署每年须制订年度绩效计划和年度预算。并根据要素管理原则，颁布国家计划管理者年度指引（Annual National Program Manager Guidance）。美国环境规划的实施由国会拨付资金，美国国会严格规定每一笔资金的使用范围。

美国的环境规划具有健全的财政负责和行政问责制度。环保署须进行年度的财务和绩效报告。环境保护的战略规划是环保署的部门考核和规划评估的依据和内容，美国总统根据年度绩效评估结果考核美国环保署的政绩，美国国会也据此审计核查其财务状况。

2. 日本经验

早在 1977 年，日本制定了“环境保护长期规划”，1986 年制定了“环境保护长期构想”，这些文件是日本国家层次的环境管理综合框架。1993 年，日本发布的《环境基本法》规定，“为了有效推进保护环境的措施，政府必须制定保护环境的基本规划”，确立环境基本计划的半法律性质和地位。据此，1995 年内阁批准了第一次的环境规划。随后，2000 年和 2006 年，内阁分别批准了第二次和第三次的环境规划。环境基本计划是日本国家级的环境规划。

《环境基本法》的第 15 条规定了环境基本计划的流程，其第 3 款规定，“环境部长听取中央环境理事会的意见制定规划，并由内阁决定是否采用”，第 4 款规定“内阁决定后即时公示，不得拖延”。公示过程中募集国民和各团体意见，经政府内阁讨论通过后，作为政府规划实施。从环境基本计划的内容上看，以日本的第三次环境规划为例。其标题为“环境、经济、社会综合提高”，规划确定了 10 个重点领域的政策规划，同时制订了展望 2050 年的超长期计划，通过量化的目标和指标进行管理。

日本通过点检制度监督管理环境基本计划的实施，该制度还起到沟通公众、修正和确保环境基本计划方向的作用。

3. 荷兰经验

荷兰环境规划体系有三个层级：环境政策计划、要素规划和行动计划。环境政策计划起着宏观、全面的指导作用；要素规划和行动计划在内容上充实相应级别的环境政策计划。

(1) 环境政策计划

1993 年颁布的《环境管理法》（The Environmental Management Act，EMA）对规范

荷兰环境规划的制定并促使其有效实施起到重要作用，为荷兰环境规划提供了法律依据。

环境政策计划是荷兰环境规划体系中最重要的环节，由国家级和各级地方环境政策计划组成。1989 年荷兰政府编制了第一个《国家环境政策计划》（National Environment Policy Plan，NEPP），此后每隔 4 年更新一次，每个 NEPP 针对当前最紧急的环境问题适时调整其主题和相应目标。NEPP 是其他各规划计划的基础，各省、区域及地方环境政策计划在 NEPP 的框架下制定其环境政策计划目标，是本级行政机构开展环境保护工作的基础。

NEPP 是一个战略框架，识别环境问题及原因，设定近期和远期的国家环境目标，提出改善环境质量目标的行动计划。每个 NEPP 提出一代人内（即 25 年）期望达到的可持续发展长期目标，同时也提出其 4 年期限内的短期目标。

（2）要素规划

要素规划指对特定环境要素制定的规划，类似我国的专项规划。要素规划主要包括废物管理规划、污水处理规划、自然规划等。如，地方污水处理规划，该规划在地方环境政策计划框架下，对本地区污水收集和排放设施进行总体评价，明确其更换周期，并规定需要新建或更换的设施及其建设或更换的期限。

（3）行动计划

已有的行动计划如环境健康行动计划和可持续发展行动计划。环境健康行动计划是第 4 个 NEPP 中环境与健康政策计划的体现，关注减少环境因素带来的健康影响和避免环境风险。可持续发展行动计划主要包括两部分内容：一是国内措施，旨在引导公众关注自身行为带来的社会、文化、经济和生态后果，通过“范例、学习、动员”的过程促进国内措施的实施；二是国际措施，关注包括水、能源、健康、农业和生物多样性在内的 5 个优先主题。

荷兰政府推进环境计划实施的重要手段是与产业谈判协商签订盟约（covenant），由政府与企业磋商确定盟约的目标。业者、中央政府和地方自治团体各方选出的监督委员会负责监督盟约的实施。

荷兰的环境规划重视公众参与。EMA 规定所有级别的环境政策计划定稿后都应在相应级别的报纸予以公布。公众参与贯穿了环境规划的制定、实施到评价监督的各个环节。

国家公共卫生与环境保护研究院（RIVM）提供的数据作为荷兰环境政策的基础，这些权威的数据来源是环境问题研究和规划的前提，同时也是进行规划评估的重要依据。RIVM 每年公布国家环境展望，每 4 年就 NEPP 执行情况等提交一份科学报告。

4. 小结

作为协调人类发展与环境保护的一个重要管理手段，环境规划得到世界各国的广泛应用。由于环境问题自身的特征、社会经济发展的过程、规划内容落实等诸多方面存在不确定因素，环境规划作为一种环境管理的手段，其实施效果也会具有不确定性。成功的环境规划需要在谋、断、行、督的全过程与各利益相关者充分沟通和合作、保障资源投入、实施有效的监督和评价等。

第三节　环境规划的工作程序及编制

一、环境规划的基本要素

一个完整的环境规划，应包括六个基本要素：问题界定、利益相关者确认、目标确定、行动清单筛选、实施计划制订、实施控制和评估。环境规划的一般模式见图 5-1。

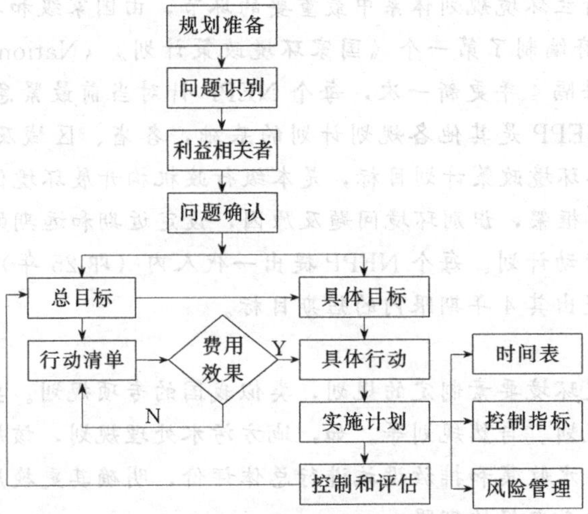

图 5-1　环境规划的一般模式

问题界定是环境规划的第一步。也就是，确认所要解决的问题。问题界定可以用定性和定量描述相结合的方式进行。问题界定需要有利益相关者的参与，不同的环境问题牵涉到不同利益相关者的利益。

利益相关者指在某活动中涉及的所有既定利益者，该项活动的发展会使其利益发生损益。不同的利益相关者在环境规划中承担不同的角色，环境规划是不同的利益群体共同参与、博弈到均衡的结果。利益相关者的全程参与能够促进和监督环境规划的制定和实施。一般而言，环境规划的利益相关者包括：政府、规划师、社区代表、排污者和非政府组织。

理想状态下，环境规划的目标确定应由所有利益相关者共同参与决定。环境规划目标的描述要清晰明确、可以用指标来测度，一般应当有合适的定量指标来表示和度量目标。可行性是环境规划目标确定的关键原则。

环境规划的行动清单指为实现预定目标而需要采取的所有行动和措施。行动清单筛选需考虑政治可行性、合法性和费用有效性。

实施计划是行动清单的时空分解，是实施环境规划行动的具体安排，反映何人、何时、何地完成何种活动。

控制是检查各项活动是否按计划进行，并纠正各种重要偏差的过程。评估是判断环境规划实施效果是否满足预期目标，并分析其中原因。

二、我国环境规划的编制

（一）规划的原则

环境规划必须坚持可持续发展战略的指导，围绕促进可持续发展的根本目标。制定环境规划必须遵循以下基本原则。

1. 促进环境与经济社会协调发展

保障环境与经济社会协调、持续发展是环境规划最重要的原则。环境是一个多因素的复杂系统，包括生命物质和非生命物质，涉及自然、社会、经济等许多方面的问题。环境系统中的各个因素，彼此相互联系、互相制约，随着物质循环和能量流动产生直接或间接的影响，构成一个有机的统一体。其中任何一个因素发生变化或不协调，都会影响到其他因素，甚至使整个系统失调而引起平衡的破坏。

人类的生活和生产过程中，不断地由环境系统输入物质和能量，通过消耗和生产，而后将各种废弃物排放到环境中，由此形成人类与环境系统的生态循环。环境规划就是通过调查、分析与研究人类生态系统中物质和能量的转化运动，对各因素之间的相互关系加以研究，并通过各种结构模型进行计算、分析和评价，确定出适宜的尺度，使其保持相对稳定的动态平衡状态。

环境规划必须将环境、经济和社会作为一个大系统来规划，从环境的系统性和整体性出发，将经济、社会和自然系统作为一个整体来考虑，研究经济和社会的发展对环境的影响(正影响和负影响)，环境质量和生态平衡对经济和社会发展的反馈要求与制约，进行综合平衡，遵循经济规律和生态规律，做到经济建设、城乡建设、环境建设同步规划、同步实施、同步发展，使环境与经济、社会发展相协调，实现经济效益、社会效益和环境效益的统一。

2. 遵循经济规律和生态规律

环境规划要正确处理环境与经济的关系，实现环境与经济协调发展，必须遵循经济规律和生态规律。在经济系统中，经济规模、增长速度、产业结构、能源结构、资源状况与配置、生产布局、技术水平、投资水平、供求关系等都有着各自及相互作用的规律。在环境系统中，污染物产生、排放、迁移转换，以及环境自净能力、污染物防治、生态平衡等也有自身规律。经济系统与环境系统之间的相互依赖、相互制约的关系也存在客观的规律性。要协调好环境与经济、社会发展，必须既要遵循经济规律，又要遵循生态规律，否则会造成环境恶化、危害人类健康、制约经济正常发展的恶果。

3. 环境承载力有限

环境承载力是指在一定时期内，在维持生态环境系统相对稳定的前提下，该系统能容纳的人口规模和经济规模的大小。地球的面积和空间是有限的，自然环境中的各种资源是有限的，环境对污染和生态破坏的承载能力也是有限的。人类的活动必须保持在地球承载力的极限之内。如果超过这个限度，就会使自然环境失去平衡稳定的能力，造成严重后果。因此，人类对环境资源的开发利用，不应超过生物圈的承载容量或容许极限，以维持自然资源的再生功能和环境质量的恢复能力。制定环境规划时，应该根据环境承载力有限的原则，对环境质量进行慎重的分析研究，对经济社会活动的强度、发展规模等做出适当的调节和安排。

4. 因地制宜、分类指导

环境和环境问题具有显著的区域性。不同地区其地理条件、人口密度、经济发展水平、能量资源的储量、文化技术水平等方面千差万别。环境规划必须按区域环境的特征，科学制定环境功能区划，开展环境评价，掌握自然系统的复杂关系，准确地预测其综合影响，因地制宜地采取相应的策略措施和设计方案。坚持对环境保护工作实行分类指导，突出不同地区和不同时段的环境保护重点和领域。要把城市环境保护与城市建设紧密结合，实行城市与农村环境整治的有机结合，防治城市污染向农村转移。按照因地制宜的原则，从实际出发，制定切合实际的环境保护目标，提出切实可行的措施和行动。

5. 强化环境管理

环境规划要成为指导环境与经济社会协调发展的基本依据，必须适应我国建立社会主义市场经济体制的趋势，充分运用法律、经济和行政手段，体现环境管理的基本要求。环境规划，必须坚持“以防为主，防治结合，全面规划，合理布局，突出重点，兼顾一般”的环境管理主要方针；做到新建项目不欠账，老污染源加快治理。坚持工业污染与基本建设和技术改造紧密结合，实行全过程控制，建立清洁文明的工业生产体系。积极推行经济手段的运用，坚持“污染者负担”和“谁开发谁保护，谁破坏谁恢复，谁利用谁补偿，谁受益谁付费”的原则。只有把“强化环境管理”的原则贯穿到环境规划的编制和实施之中，才能有效避免“先污染、后治理”的旧式发展道路。

（二）环境规划编制的基本程序

环境规划是协调环境资源的利用与经济社会发展的科学决策过程。环境规划因对象、目标、任务、内容和范围等不同，其侧重点可能各不相同，但规划编制的基本程序大致相同，如图 5-2 所示。主要程序包括：编制环境规划工作计划、现状调查和评价、环境预测分析、确定环境规划目标、制定环境规划方案、环境规划方案的审批、环境规划方案的实施等步骤。

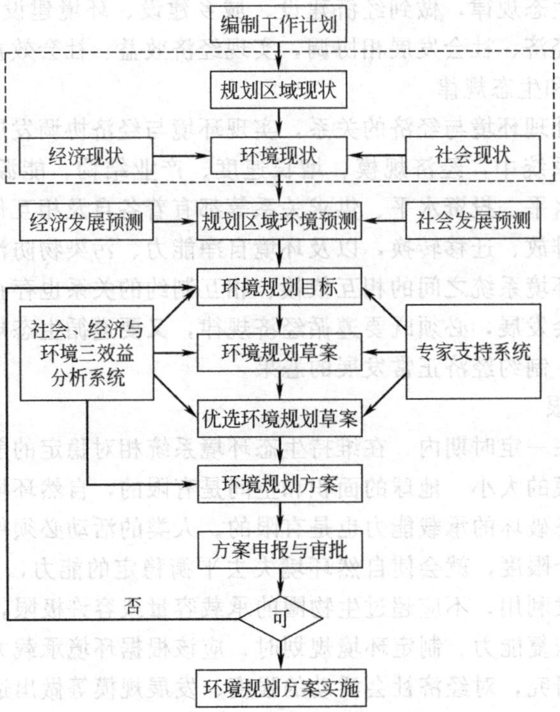

图 5-2 环境规划编制基本程序图

三、环境规划编制的主要步骤和内容

（一）编制环境规划的工作计划

开展规划工作前，有关人员需根据环境规划目的和要求，对整个规划工作进行组织和安排，提出规划编写提纲，明确任务，制订翔实的工作计划。

（二）环境、经济和社会现状调查和评价

环境规划的现状调查包括规划区域内环境质量现状、自然资源现状及相关的社会和经济现状调查，对于明确存在的主要环境问题，进行科学分析和评价。

通过环境调查与评价，认识环境现状，发现主要环境问题，确定造成环境污染的主要污染源。环境评价包括自然环境评价、经济和社会评价、污染评价。环境调查与评价要特别重视污染源的调查与评价，掌握污染物排放总量、“三废”超标排放情况，分析本区域污染物总量控制的主要污染物和主要污染源。对区域环境的功能、特点、结构及变化规律进行分析研究，建立环境信息数据库，为合理利用环境资源、制定切实可行的环境规划奠定基础。

1. 经济和社会发展概况调查

环境与经济、社会相互依赖、相互制约。随着工业化进程加快，尤其是科技进步，经济和社会发展在人地系统中的主导作用越来越明显。经济和社会发展规划是制定环境规划的前提和依据；但经济和社会发展又受环境因素的制约，经济和社会发展要充分考虑环境因素，满足环境保护要求。在某些条件下，环境因素可能成为决定性因素。因此，对于区域经济和社会发展规模、速度、结构、布局，应在环境规划中给予概要说明（包括现状及发展趋势），阐述经济发展对资源需求的变化及其伴生的环境问题，以及人口、技术和社会变化带来的消费需求增长及其环境影响。

2. 环境调查

基本内容包括环境特征调查、生态调查、污染源调查、环境质量调查、环保治理措施效果调查以及环境管理现状调查等。

（1）环境特征调查

该调查内容主要有：自然环境特征调查（如地质地貌、气象条件和水文资料、土壤类型、特征及土地利用情况、生物资源种类情况、生态习性、环境背景值等）；社会环境特征调查（如，人口数量和密度分布、产业结构和布局、产品种类和产量、经济总量和结构、农田面积、作物品种和种植面积、灌溉设施、渔牧业等）；经济社会发展规划调查（如规划区内的短、中、长期发展目标，包括国民生产总值、国民收入、工农业生产布局以及人口发展规划、居民住宅建设规划、工农业产品产量、原材料品种及使用量、能源结构、水资源利用等）。

（2）生态调查

该调查内容主要有环境自净能力、土地开发利用情况、气象条件、绿地覆盖率、人口密度、经济密度、建设密度、能耗密度等，以及物种情况。

（3）污染源调查

该调查主要包括工业污染源、农业污染源、生活污染源、交通运输污染源、噪声污染源、放射性和电磁辐射污染源等。对海域进行污染源调查时，主要按陆上污染源、海上污染源、大气型污染源（扩散污染源）分类作调查。污染源调查旨在获取以下的资料或数据：

① 污染源密度及分布，以及排污口分布；

② 各污染源的主要污染物年排污量及污染负荷量；

③ 按行业计算的工业污染源排污系数；

④ 各污染源的排污分担率及污染分组率；

⑤ 本区域内的主要污染物及重点污染源。

（4）环境质量调查

主要调查区域内大气、水及生态等环境质量，一般可以通过环境保护部门及工厂企业历年的监测资料获得。

① 环境污染现状调查。其中包括：江河湖泊污染现状及污染分布，地下水污染现状及分布；海域污染现状及分布；大气环境污染现状及分布；土壤污染现状及分布。另外，还应对城镇污染现状作专项调查（包括大气污染、水污染特别是饮用水源的污染、固体废物污染、噪声及电磁污染）。

② 生态破坏现状调查。主要的调查内容是：土地荒漠化现状，水土流失状况，沙尘暴出现的频率及影响范围，土地退化的状况，森林、草原破坏现状，生物多样性的锐减，以及海洋生态破坏现状等。

（5）环保治理措施效果调查

主要是对环境保护工程措施的削减效果及其综合效益进行分析评价。根据“三同步”方针，城乡建设与环境建设要同步规划、综合平衡。所以，编制区域环境规划时，要对城乡建设的现状及发展趋势进行调查并作概况分析，参照城乡建设总体规划和实地调查，了解建设过程中可能出现的问题，以及对土地和水资源等的需求。

（6）环境管理现状调查

主要调查环境管理机构、环境保护工作人员业务素质、环境政策法规和标准的实施情况、环境监督的实施情况等。

3. 环境质量评价

环境质量评价是按一定的评价标准和方法，对一定区域范围内的环境质量进行定量评价，查明规划区环境质量的历史和现状，确定影响环境质量的主要污染物和主要污染源，掌握规划区域环境质量变化规律，预测未来的发展趋势，为规划区域的环境规划提供科学依据。环境质量评价的基本内容如下。

① 污染源评价。通过调查、监测和分析研究，找出主要污染源、主要污染物以及污染物的排放方式、途径、特点、排放规律和治理措施等。

② 环境污染现状评价。根据污染源结果和环境监测数据的分析，评价环境污染的程度。

③ 环境自净能力的确定。

④ 对人体健康和生态系统的影响评价。主要包括环境污染与生态破坏导致的人群健康效应（对居民发病率和死亡率的影响）、经济效应（直接及间接的经济损失）以及生态效应。

⑤ 费用效益分析：调查因污染造成的环境质量下降带来的直接、间接的经济损失，分析治理污染的费用和所得经济效益的关系。

（三）环境预测分析

环境预测是根据所掌握的区域环境信息资料，结合国民经济和社会的发展状况，对区域未来的环境变化（包括环境污染和环境质量变化）的发展趋势做出科学的、系统的分析，预测未来可能出现的环境问题，包括预测环境问题出现的时间、分布范围及可能产生的危害，并针对性地提出防治可能出现的环境问题的技术措施及对策。它是环境决策的重要依据，没有科学的环境预测就不会有科学的环境决策，也就不会有科学的环境规划。环境预测通常需要建立各种环境预测模型。

环境预测的主要内容如下。

1. 社会和经济发展预测

社会发展预测重点是人口预测，包括人口总数、人口密度以及分布等；经济发展预测包括能源消耗预测、国民生产总值预测、工业部门产值预测，以及产业结构和布局预测等内容。社会和经济发展预测是环境预测的基本依据。

2. 资源供需预测

自然资源是区域经济持续发展的基础。随着人口的增长和国民经济的迅速发展，我国许多重要的自然资源开发强度都较大，特别是水、土地和生物资源等。在资源开发利用中，既要做好资源的合理开发和高效利用，同时关注资源开发和利用过程中的生态环境问题，分析其产生原因并预测其发展趋势。所以，制定环境规划时必须对资源的供需平衡进行预测分析，主要有水资源的供需平衡分析、土地资源的供需平衡分析、生物资源（森林、草原、野生动植物等）供需平衡分析、矿产资源供需平衡分析等。

3. 污染源预测

污染源预测包括大气污染源预测、废水排放总量及各种污染物总量预测、废渣产生量预测、噪声预测、农业污染源预测等。污染源预测必须结合区域产业发展的趋势，包括产业结构调整情况、区域产业布局情况、区域人口和城市功能分区等，提出环境污染源排放量和分布变化趋势。

4. 环境质量预测

根据污染源预测结果，结合区域环境模型（如大气质量模型、水质模型等），分别预测环境质量的变化情况，包括大气环境、水环境、土壤环境等环境质量的时间和空间变化。

5. 生态环境预测

生态环境预测包括城市生态环境预测、农业生态环境预测、森林环境预测、草原和沙漠生态环境预测、珍稀濒危物种和自然保护区现状及发展趋势预测、古迹和风景区的现状及变化趋势预测等。

6. 环境污染和生态污染造成的经济损失预测

环境污染和生态破坏会给区域经济发展和人民生活带来损失。环境污染和生态污染造成的经济损失，是根据环境经济学的理论和方法，调查和计量因环境污染和生态破坏而带来的直接和间接经济损失。

（四）确定环境规划目标

环境目标是在一定的条件下，决策者希望达到的环境质量状况或标准，是特定规划期限内需要达到的环境质量水平与环境状态。

环境目标一般分为总目标、单项目标、环境指标三个层次。

总目标是指区域环境质量所要达到的要求或状态。

单项目标是依据规划区域环境要素、环境特征以及环境功能区别所确定的环境目标。环境规划目标可用精练而明确的文字进行表述。在确定总目标的基础上，单项目标针对最突出的环境问题和规划期的工作焦点，将必须实施的规划目标和措施作为纲领或总任务确定下来，充分体现规划的重点。

环境指标是体现环境目标的指标体系，是目标的具体内容。环境规划指标体系是由一系列相互联系、相互独立、互为补充的指标所构成的有机整体。在实际规划工作中，须根据规划区域对象、规划层次、目的要求、范围、内容而选择适当的指标。指标选取的基本原则是：科学性原则、规范化原则、适应性原则、针对性原则、超前性原则和可操作性原则。指标类型主要包括：环境质量指标、污染物总量控制指标、环境管理与环境建设指标、环境投入以及相关的社会经济发展指标等。

需特别强调的是，环境规划目标必须科学、切实、可行。确定恰当的环境目标，即明确所要解决的问题及其解决效果，是制定环境规划的关键。规划目标要与该区域的经济和社会发展目标进行综合平衡，针对当地的环境状况与经济实力、技术水平和管理能力，制定出切合实际的规划目标及相应措施。目标太高，环境保护投资多，超过经济负担能力，环境目标会无法实现；目标太低，就不能满足人们对环境质量的要求，造成严重的环境问题。因此，制定环境规划时，确定恰当的环境保护目标十分重要。环境规划目标是否切实可行是评价规划好坏的重要标志。

1. 确定环境目标的原则

确定环境目标，需要遵循这些原则：①要考虑规划区域的环境特征、性质和功能要求；②要有利于环境质量的改善；③要体现人们生存和发展的基本要求；④要掌握好“度”，使环境目标和经济发展目标能够同步协调，同时实现经济、社会和环境效益的统一。

2. 环境功能区划与环境目标的确定

功能区是指对经济和社会发展起特定作用的地域或环境单元。环境功能区划是依据社会发展需要和不同区域在环境结构、环境状态和使用功能上的差异，对区域进行合理划分。进行环境功能分区是为了合理地进行经济布局，确定具体环境目标，便于进行环境管理与环境政策执行。环境功能区，实际上是社会、经济与环境的综合性功能区。

环境功能区划可分为综合环境功能区划和分项（专项）环境功能区划两个层次，后者包括大气环境功能区划、水环境功能区划、声环境功能区划、近海海域环境功能区划等。

环境功能区划应考虑以下原则。

① 环境功能与区域总体规划相匹配，保证区域总体功能的发挥；

② 根据地理、气候、生态特点或环境单元的自然条件划分功能区，如自然保护区、风景旅游区、水源区或河流及其岸线、海域及其岸线等。

③ 根据环境的开发利用潜力划分功能区，如新经济开发区、生态绿地等。

④ 根据社会经济的现状、特点和未来发展趋势划分功能区，如工业区、居民区、科技开发区、教育文化区、开放经济区等。

⑤ 根据行政辖区划分功能区，按一定层次的行政辖区划分功能，往往不仅反映环境的地理特点，而且也反映某些经济社会特点，便于管理。

⑥ 根据环境保护的重点和特点划分功能区，特别是一些敏感区域，可分为重点保护区、一般保护区、污染控制区和重点整治区等。

对规划区内不同的环境功能区，分别采取不同的对策，确定并控制其环境质量。确定环境保护目标时，至少应包括环境总体目标（战略目标）、污染物总量控制目标和各环境功能区的环境质量目标三项内容。

在区域环境规划的综合环境功能区划中，常划分出以下几类区域。

① 特殊（重点）保护区：包括自然保护区重要文物古迹保护区、风景名胜区、重要文教区、特殊保护水域或水源地、绿色食品基地等。

② 一般保护区：主要包括生活居住区、商业区等。

③ 污染控制区：往往是现状的环境质量尚好，但需严格控制污染的工业区。

④ 重点治理区：通常是受污染较严重或受特殊污染物污染的区域。

（五）提出环境规划方案

规划方案是实现规划目标的具体途径。编制规划方案需要针对环境调查和评价识别出的主要环境问题，根据所确定的环境目标和环境目标指标体系，提出环境对策措施，包括具体的污染防治和自然保护的措施和对策。

1. 拟定环境规划草案

根据国家或地区有关政策、法规和标准，基于区域环境保护战略、环境目标及环境预测分析，结合区域或部门财力、物力和管理能力的实际情况，拟定切实可行的规划方案。在进行某个区域环境规划时，通常可以拟定若干种满足环境规划目标的规划草案，以供选择。

2. 优选环境规划草案

基于对各种草案的系统分析和专家论证，环境规划工作人员筛选出最佳的环境规划草案。环境规划方案的确定是对各种方案权衡利弊，选择环境、经济和社会综合效益高的方案，推荐其中的优选方案供决策参考。

3. 形成环境规划方案

根据环境规划目标和规划任务的要求，对优选出的环境规划草案进行修正、补充和调整，形成最后的环境规划方案。

（六）环境规划方案的申报与审批

环境规划的申报与审批，是把规划方案变成实施方案的必要程序，也是环境管理的一项重要工作制度。环境规划方案必须按照一定的程序上报有关决策机关，等待审核批准。

（七）环境规划方案的实施

环境规划的实用价值主要取决于它的实施程度。环境规划的实施既与编制规划的质量有关，又取决于规划实施所采取的具体步骤、方法和组织。环境规划按照法定程序审批下达后，在环境保护部门的监督管理下，各级政府和有关部门应根据规划提出的任务要求，推进规划执行。实施环境规划的具体要求和措施，归纳如下。

1. 切实把环境规划纳入国民经济和社会发展计划

保护环境是发展经济的前提和条件，发展经济是保护环境的基础和保证。切实把环境规划的指标、环境技术政策、环境保护投入以及环境污染防治和生态环境建设项目纳入国民经济与社会发展规划，是协调环境与社会经济关系不可缺少的手段。同时，以环境规划为依据，编制环境保护年度计划，把规划确定的环境保护任务、目标进行分解、落实，使之成为可实施的年度计划。

2. 强化环境规划实施的政策与法律保证

政策与法律是保证规划实施的重要方面，尤其是经济政策中，逐步体现环境保护的思想和具体规定，将环境规划结合到经济发展建设中，是推进规划实施的重要保证。

3. 多方面筹集环境保护资金

环境保护是全社会的共同责任。一方面，积极推动落实“污染者负担”原则，要求各类排污者承担污染治理的责任；另一方面，政府要加大对公共环境建设的投入，鼓励社会资金投入环境保护基础设施建设。多方面筹集环境保护建设资金，确保环境保护的必要资金投入。

4. 实行环境保护的目标管理

环境规划是环境管理制度的先导和依据，同时管理制度是环境规划的实施措施与手段。把环境规划目标与政府和企业领导人的责任制紧密结合起来，实现有效的目标管理。

5. 强化环境规划的组织实施，进行定期检查和总结

组织管理是对规划实施过程的全面监督、检查、考核、协调与调整。完善组织机构，建立环境规划实施的目标责任制，实行目标管理，建立和完善环境规划的评估考核制度，保证规划目标的实现。

专栏 5-2

小城镇环境规划编制的工作程序

编制小城镇环境规划是小城镇环境管理的一项基础性工作。为指导和规范小城镇环境规划的编制工作，国家环保总局和建设部2002年制定并颁布了《小城镇环境规划编制导则》（以下简称《导则》）。《导则》规定了小城镇环境规划编制的工作程序如下。

1. 确定任务

当地政府委托具有相应资质的单位编制小城镇环境规划，明确编制规划的具体要求，包括规划范围、规划时限、规划重点等。

2. 调查、收集资料

规划编制单位应收集编制规划所必需的当地生态环境、社会、经济背景或现状资料，社会经济发展规划、城镇建设总体规划，以及农、林、水等行业发展规划等有关资料。必要时，应对生态敏感地区、代表地方特色的地区、需要重点保护的地区、环境污染和生态破坏严重的地区以及其他需要特殊保护的地区进行专门调查或监测。

3. 编制规划大纲

按照有关要求编制规划大纲。规划大纲应根据调查和所收集的资料，对小城镇自然生态环境、区位特点、资源开发利用的情况等进行分析，找出现有和潜在的主要生态环境问题，根据社会、经济发展规划和其他有关规划，预测规划期内社会、经济发展变化情况，以及相应的生态环境变化趋势，确定规划目标和规划重点。

4. 规划大纲论证

环境保护行政主管部门组织对规划大纲进行论证或征询专家意见。规划编制单位根据论证意见对规划大纲进行修改后作为编制规划的依据。

5. 编制规划

按照规划大纲的要求编制规划。规划成果包括规划文本和规划附图。规划文本一般包括总论、基本概况、现状调查与评价、预测与规划目标、环境功能区划分、规划方案、可达性分析及实施方案等部分。规划附图应包括生态环境现状图、主要污染源分布与环境监测点位置图、生态环境功能分区图、生态环境综合整治规划图以及环境质量规划图等。

6. 规划审查

环境保护行政主管部门依据论证后的规划大纲组织对规划进行审查，规划编制单位根据审查意见对规划进行修改、完善后形成规划报批稿。

7. 规划批准、实施

规划报批稿报送县级以上人大或政府批准后，由当地政府组织实施。

资料来源：《小城镇环境规划编制导则（试行）》

第四节　环境规划编制的基本方法

环境规划是一个多目标、多层次、多个子系统的研究与技术开发工作，具有综合性、区域性、长期性、政策性等特点。环境规划编制主要包括环境预测、环境区划、环境规划优化或系统模拟等环节，其关键是合理选用各种规划方法，将其组成一个方法体系，恰当运用环境区划技术、环境预测技术等一系列技术方法，完成规划编制任务。

一、环境预测技术和方法

（一）环境预测内容和基本程序

环境预测是通过已取得的情报资料和监测统计数据，对未知的环境前景进行估计和推测。具体而言，就是研究在未来一定时期、某个空间范围内，经济和社会活动对环境产生的影响，估计环境要素和系统将可能出现的状态和态势。

环境预测是环境决策的依据，也是制定环境规划的基础。没有科学的环境预测，便没有正确的环境决策，也不可能制定出合理的环境规划。环境预测同时也是环境管理的重要基础工作。环境管理的各项职能，包括决策、计划、指挥、协调、监督等，其有效实施都需要遵从科学性原则。科学的环境预测是合理决策和计划的前提和依据。

1. 环境预测的内容

环境预测的主要研究内容有：①能源、资源消耗的增长，土地利用，资源开发的规模和速度，预测供求矛盾及其对环境的影响；②社会经济发展对环境产生的各种影响及污染源的变化情况；③大气环境、水环境、土壤环境等环境要素污染状况的可能变化；④开发活动可能造成的生态破坏；⑤环境污染与破坏造成的经济损失和对人体健康的损害；⑥主要污染物的削减量。

2. 环境预测的一般程序

环境预测的一般程序如下。

①确定预测的目的和任务。对具体预测来说，首先要明确预测目的。根据预测的目的，确定预测任务。

②收集和分析有关资料。明确目的后，就必须围绕环境预测目标，收集有关的历史和现实资料。需要收集影响环境预测对象未来发展的内部条件和外部环境的各种有关资料，包括文字说明和各种数据。本环节里，一方面要尽可能将有关的原始资料收集完整，另一方面须对资料进行整理、分析和选择，剔除非正常因素的干扰。

③ 选择预测方法。在确定目标、收集资料的基础上，根据环境过程的特点、资料的掌握情况、预测要求的精确程度以及可投入预测工作的人力、时间和费用限制等情况，选择恰当、可行的预测方法。选择预测方法时，应考虑的基本要素包括：预测方法的应用范围，包括预测对象、预测时段、预测条件、预测资料的性质、预测模型类型、预测方法和精确度、预测方法的适用性及预测方法的费用等。

④ 建立预测模型。环境预测模型的建立应以正确认识和客观分析经济社会发展对环境状况的影响为基础。所建立的模型应能够反映预测对象的基本特征，反映经济与环境之间的本质联系，能够较准确地反映该预测对象内部因素与外部因素的相互制约关系。建立预测模型，是进行预测的关键性步骤，直接关系到预测的有效性和准确性。

⑤ 进行预测计算。将所收集的环境信息以及有关的资料代入环境预测模型中，进行数值计算，求出初步的环境预测结果。这实质上是外延类推的过程。

⑥ 对预测结果的鉴别和分析。预测总会有误差。但若误差太大，与未来情况完全不符，预测就毫无价值。因此，对于初步得到的预测结果，需要进行分析、鉴别。

(二) 环境预测的方法

预测为决策提供必需的未来信息。根据预测结果，预测方法一般可分为两类，即定性预测和定量预测。定性预测比较抽象，只能定性地推测事物未来的发展方向，而定量预测则可以用定量方式、比较具体地描述未来事物发展的具体情况。定量预测方法与定性预测方法可以相互补充，结合应用。

1. 定性预测方法

预测者利用直观的材料，根据自己的专业知识和实际经验，运用逻辑思维方法，对未来环境变化作出定性的预计推断和环境交叉影响分析。对经济社会发展造成的环境影响和环境变化作出客观性评估和预测，需要长期的观察、监测和详细的资料分析。通常，为了在开发初期能较全面地把握和评估经济社会活动对环境的影响，主观性预测和判断具有重要作用。定性预测方法包括专家会议法、德尔菲法、历史回顾法等。

(1) 专家会议法

专家会议法又称为集合意见法，是将有关人员集中起来，针对预测的对象，相互交换意见预测环境变化情况。参加会议的人员，一般选择经验丰富、熟悉环境规划和环境问题、熟悉经营和管理，并有一定专长的各领域专家。这个方法可以避免依靠个人经验进行预测而产生的片面性。

（2）德尔菲法

德尔菲法又称“专家调查法”、“函询调查法”，是专家意见法的一种。由预测主持者反复向专家寄发调查表，经过综合整理形成最终预测结论。该方法包括五个基本步骤：设计调查表；发放调查表、实施调查；回收调查表进行统计处理；将所有调查对象对每项指标权重的平均估计值及个人估计值的离差反馈给对应的参加调查者，进行第二轮调查；收回调查表进行统计处理。

通常，在采用德尔菲法时，专家之间互不见面，各自对自然环境的影响（包括对动、植物的影响，对自然生态系统保护的影响等）和人文环境的影响（包括当地政府、居民、旅游者的环境意识）进行独立的分析、判断，降低专家间的相互干扰。

（3）主观概率法

主观概率法是将专家会议法和专家调查法相结合的方法。即允许专家在预测时可以提出几个估计值，并评定备选值出现的可能性（概率）；然后，计算各个专家预测值的期望值；最后，对所有专家预测期望值水平均值，得到预测结果。

（4）层次分析法（analytic hierarchy process，简称 AHP）

该方法是系统工程中对定性问题作定量评定的一种有效方法。AHP 利用递阶层次结构和矩阵方程将思维过程数学化，采用 1～9 标度构造判断矩阵，通过求解矩阵特征向量及最大特征根，最终求得低层因素相对目标层的相对重要性权重值，以决定其影响程度。

2. 定量预测技术

根据历史数据和资料，应用数理统计方法预测事物的未来，或者利用事物发展的因果关系来预测事物的未来，是为定量预测。这类方法以运筹学、系统论、控制论、系统动态仿真和统计学为基础。环境规划中常用的定量方法有时间序列法、回归分析法、环境系统的数学模型等。选用何种预测方法，应根据环境条件、资料、技术等情况决定。

（1）时间序列法

时间序列预测法是一种定量分析方法。它是在时间序列变量分析的基础上，运用一定的数学方法建立预测模型，使时间趋势向外延伸，从而预测未来的发展变化趋势，确定变量预测值。时间序列预测法也称为历史延伸法或外推法。

时间序列是指同一变量按事件发生的先后顺序排列起来的一组观察值或记录值。构成时间序列的要素有两个：其一是时间，其二是与时间相对应的变量水平。实际数据的时间序列能够展示研究对象在一定时期内的发展变化趋势与规律，因而，可以从时间序列中找出变量变化的特征、趋势以及发展规律，从而对变量的未来变化进行有效预测。

（2）回归分析法

回归分析法通过对历史资料的统计与分析，寻求变量之间相互依存的相关关系的一种数量统计方法。应用回归分析法需要注意：一是回归模型中的因变量和自变量间必须具有因果关系；二是自变量与因变量之间必须具有强相关关系，自变量之间必须具有弱相关关系；三是自变量的预测值较准确且易得到；四是正确选定回归模型的形式；五是回归模型必须通过各种检验后方可用于预测。

回归预测法的基本步骤为：①进行因素分析，确定回归模型的自变量；②绘制散点图，构造回归模型的理论形式；③利用最小平方法估计模型参数，建立模型；④对建立的回归模型进行检验；⑤利用检验后的回归模型进行预测。

（3）环境系统的数学模型

通常，环境系统的数学模型依据科学定律，或者依据数据的统计分析，或者两者兼而有之。例如，物质不灭定律是用来预测环境质量影响的数学模型的重要基础之一。环境系统的数学模型包括代数方程模型、微分方程模型等。

（三）环境预测的常见类型

环境是多要素组成的系统。环境规划涉及的环境预测主要内容如下。

① 社会发展预测，重点是人口预测，也包括一些其他社会因素的确定。

② 经济发展预测，重点是能源消耗预测、国民生产总值预测、工业总产值预测等，同时也包括对经济布局与结构、交通和其他重大经济建设项目的预测与分析。

③ 环境质量与污染预测，环境污染防治是环境规划的基本任务之一，与之相关的环境质量与污染源预测是环境预测的重要内容。例如，污染物总量预测的重点是确定合理的排污系数（如单位产品和万元工业产值排污量）和弹性系数（如工业废水排放量与工业产值的弹性系数）；环境质量预测的主要问题是确定排放源与受纳环境介质之间的输入输出响应关系。

④ 其他预测。根据规划对象的具体情况和规划目标，选定的其他预测内容，如重大工程建设的环境效益或影响，土地利用、自然保护、区域生态环境趋势分析，科技进步及环保效益等。

1. 社会经济发展预测

(1) 人口预测

人口是环境规划和环境预测的基本参数之一。通常，人口预测的变量主要采取直接影响人口自然变动的出生率、死亡率和社会变动的迁移率等。这些变量的选取必须考虑约束条件。人口预测常用的经验模型基本形式为

$$N_t = N_{t_0} e^{K(t-t_0)} \tag{5-2}$$

式中　N_t——t 年的人口总数；

N_{t_0}——$t=t_0$ 年时即预测起始年时的人口基数；

K——人口增长系数或人口自然增长率；

e——自然对数的底，e≈2.718。

人口规模预测的关键是求算 K 值。人口自然增长率（K）是人口出生率与死亡率之差，常表示为人口每年净增的千分比。其计算方法是：在一定时空范围内，人口自然增长数（出生人数减死亡人数）与同期平均人口之比，并用千分比表示。平均人口数是指计算初期（如，年）人口总数和期末人口总数之和的 1/2。K 值的选取除与时间 t 有关外，还与预测的约束条件有关，即与社会的平均物质生产水平、文化水平、战争与和平状态、人口政策和人口年龄结构有密切关系。

(2) 经济预测

国内生产总值（GDP）预测是经济预测的重要内容。国内生产总值是一定时期内（一个季度或一年），一个国家或地区的经济活动生产出的全部最终产品和劳务的价值。通过大量数据的回归分析，国内生产总值预测的常用经验模型形式是

$$GDP_t = GDP_0 (1+a)^{t-t_0} \tag{5-3}$$

式中　GDP_t——t 年 GNP 数；

GDP_0——t_0 年即预测起始年的 GDP 数；

a——GDP 年增长速率，%。

规划期国内生产总值的平均年增长率是国民经济发展规划的主要指标。环境预测可直接用它来预测有关的参数。

同理，可以根据年平均增长率来预测工业、农业等产业发展规模。

2. 大气污染预测

大气污染预测包括两个基本内容：一是大气污染源的源强预测，主要是大气污染物排放量预测；二是大气环境质量预测，即对污染物排放所造成的大气环境影响进行预测。

(1) 大气污染源源强预测

源强是研究大气污染的基础数据，其定义是污染物的排放速率。对瞬时点源，源强是点源一次排放的总量；对连续点源，源强是点源在单位时间里的排放量。预测源强的一般模型为

$$Q_i = K_i W_i (1-\eta_i) \tag{5-4}$$

式中 Q_i——源强，对瞬时排放源以 kg 或 t 计；对连续稳定排放源以 kg/h 或 t/d 计；

W_i——燃料的消耗量，对固体燃料以 kg 或 t 计；对液体燃料以 L 计；对气体燃料以 $100m^3$ 计；时间单位以 h 或 d 计；

η_i——净化设备对污染物的去除效率；

K_i——某种污染物的排放因子；

i——第 i 种污染物。

例如，二氧化硫排放量预测可以这样进行：若将燃烧量记为 W，煤中的全硫分含量记为 S，根据硫燃烧的化学反应方程式，可用下式计算吨煤燃烧后二氧化硫的排放量，即

$$G_{SO_2} = 1.6WS \tag{5-5}$$

式中 G_{SO_2}——二氧化硫排放量，t/a；

W——燃煤量，t/a；

S——煤中的全硫分含量，%。

烟尘排放量预测可以这样进行

$$G_{尘} = WAB(1-\eta) \tag{5-6}$$

式中 $G_{尘}$——烟尘排放量，t/a；

A——煤的灰分，%；

B——烟气中烟尘占灰分的百分数，%；

W——燃煤量，t/a；

η——除尘效率，%。

若有二级除尘器，$(1-\eta)=(1-\eta_1)(1-\eta_2)$，$\eta_1$ 为第一级除尘效率，η_2 为第二级除尘效率。

(2) 大气环境质量预测

大气环境质量预测是预测大气环境中污染物的含量。常见的方法有箱式模型、高斯模式等。下面简单介绍高斯模式。

高斯扩散模式是预测环境空气质量的一种常用方法，适用于大气污染物浓度分布符合正态分布的情况。建立高斯扩散模式的基本假设如下：

① 烟气扩散时，污染物浓度在 y、z 风向上分布为正态分布；

② 在全部空间中风速是均匀、稳定的；

③ 污染源为连续的均匀排放；

④ 在扩散过程中，污染物质量不变，即污染物在大气中不发生沉降、分解和化合，地面对其起全反射作用，不发生吸收和吸附作用。

坐标系的原点是高架点源排放点在地面的投影点。x 轴正方向为平均风向，y 为横风向，在水平面上垂直于 x 轴，z 轴垂直于水平面 xOy，向上为正向。根据上述假设导出的一般高斯扩散模式（高斯烟流模式）其数学形式为

$$C(x,y,z;H) = \frac{Q}{2\pi \bar{u}\,\sigma_y \sigma_z} \exp\left(-\frac{y^2}{2\sigma_y^2}\right)\left\{\exp\left[-\frac{(z-H^2)}{2\sigma_z^2}\right] + \exp\left[-\frac{(z+H^2)}{2\sigma_z^2}\right]\right\} \tag{5-7}$$

式中　C——某种污染物在大气中的预测浓度，mg/m^3；

Q——污染物排放源强，g/s；

$\bar{u}$——平均风速，m/s；

H——烟流中心线距地面的高度，m；

σ_y——用浓度标准差表示的 y 轴上的扩散系数，m；

σ_z——用浓度标准差表示的 z 轴上的扩散系数，m。

扩散系数 σ_y、σ_z 的估算方法很多，常用的是帕斯奎尔扩散曲线法。

应用一般高斯扩散模式可以求出下风向任一点的污染物浓度。但是，在实际预测工作中，主要关注地面浓度和地面轴线浓度。

3. 水污染预测

水污染预测包括两个方面内容：一是水污染物的排放状况，二是污染物的迁移转化规律及水质未来的变化趋势。

(1) 水污染源的预测

① 工业废水排放量预测。工业废水排放量预测，通常采用以下公式

$$W_t = W_0(1+r_w)^t \tag{5-8}$$

式中　W_t——预测年工业废水排放量；

W_0——基准年工业废水排放量；

r_w——工业废水排放量年平均增长率；

t——基准年至某水平年的时间间隔。

式(5-8) 中，预测工业废水排放量的关键是求出 r_w。如果资料比较充足，可采用统计回归方法求出 r_w；如果资料不够完善，则可结合经验判断方法估计 r_w。为了使预测结果比较准确，一般常采用滚动预测的方式进行。

② 工业污染物排放量预测。工业污染物排放量预测可采用下式

$$W_i = (q_i - q_0)C_0 \times 10^2 + W_0 \tag{5-9}$$

式中　W_i——预测年份某污染物排放量，t；

q_i——预测年份工业废水排放量，万立方米；

q_0——基准年工业废水排放量，万立方米；

C_0——含某污染物废水工业排放标准或废水中污染物浓度，mg/L；

W_0——基准年某污染物排放量，t。

污染物的排放量与企业的生产规模及其生产类型有直接关系，同时须考虑污染防治的技术进步因素，以及由此带来的污染物减排。污染防治技术进步的减排作用，可考虑一个特定的指标，即技术进步减污率，它表示由于治理技术进步使污染物减少的程度。各行业技术水平不同，其减污率也不同。

③ 生活污水量预测。生活污水的排放预测可用以下公式计算

$$Q = 0.365AF \tag{5-10}$$

式中　Q——生活污水量，万立方米；

A——预测年份人口数，万人；

F——人均生活污水量，L/(d·人)；

0.365——单位换算系数。

通常，预测年份人均生活污水量可用人均生活用水量代之，根据国家有关标准换算。预测年份人口可采用地方人口规划数据。当没有人口规划数据时，可根据基准年人口增长率计算获得。其计算式为

$$A=A_0(1+p)^n \tag{5-11}$$

式中 A_0——基准年人口；

p——人口增长率；

n——规划年与基准年的年数差值。

(2) 水环境质量预测

河流、湖泊、海洋等不同的水体，适用的水质量预测模式各不相同。以下主要介绍水质相关法和水质模型法两类。

① 水质相关法。水质相关法是指将水质参数与影响该水质参数的主要因素建立相关关系，以此预测水质参数的方法。由于所建立的相关关系必然忽略一些次要的因素，这会使预测精度受到一定影响。

水质流量相关法。水质相关法中，如将流量作为影响水质的主要因素，与水质参数建立相关关系，称为水质流量相关法。如在莱茵河威沙登站曾对溶解有机碳（DOC）与月平均流量建立关系。该曲线呈上升趋势，即流量越大，DOC的输送率也越大。该模型假设难降解的有机污染物与流量无关，是一常数；而易降解的有机污染物随流量呈指数衰减。例如，河流的有机污染物总量预测可表达为

$$L_t=L_R+L_a\exp(-Kn/Q) \tag{5-12}$$

式中 L_t——有机污染物总量，kg/s；

L_R——难降解的有机污染物量，kg/s；

L_a——易降解有机污染物量，kg/s；

K——降解系数；

Q——流量，m^3/s；

n——比例常数。

② 水质模型法。水环境污染预测最基本的问题，是要找出污染排放变化与水质控制点污染物浓度之间的相关关系，以此预测某区域未来的水环境质量。为此，可选用或建立水质预测模型，现有的各类水体水质模型包括河流模型、河口、湖泊水库模型等，均是进行水质预测最常采用的方法。

应用水质模型法预测水质时，通常要根据水质模型条件和要求，将水域划分为若干预测单元。如：在一维水体条件下可把水质、水量变化处作为节点划分区段，并使区段内的水质参数一致；进一步利用一套实测资料推求模型的参数，以建立确定的水质模型。此外，还应利用另一套实测资料进行模型验证，分析其误差。若误差在允许范围内，即可在水质预测中应用。

例如，完全混合的河流水质预测方法。当河流流量稳定，背景浓度稳定，污染物流量与浓度也稳定时，污染物排入河流后能够与河水完全混合，此时的河流水质预测模型为

$$C=\frac{Q_0C_0+qC_i}{Q_0+q} \tag{5-13}$$

式中 C——河流下游某断面污染物浓度，mg/L；

Q_0——河流上游断面河水流量，m^3/s；

C_0——河流上游断面污染物浓度，mg/L；

C_i——废水中的污染物浓度，mg/L；

q——废水流量，m^3/s。

该模型适用于相对窄而浅的河流，河流为稳态，均匀河段，定常排污，即河流过水断面、流速及污染物排入量不随时间变化，污染物为难降解的有机物、可溶性盐类、悬浮固体情况下的预测。

若考虑污染物的削减，式(5-13) 可表示为：

$$C=\frac{(1-k)Q_0C_0+qC_i}{Q_0+q} \tag{5-14}$$

式中　k——污染物削减综合系数。

k 值可根据上、下断面水质监测资料及排污口、支流来水水量、水质资料反推计算

$$k=1-\frac{[C(Q_0+q)-q_0C_i]}{Q_0C_0} \tag{5-15}$$

其他的水质预测方法参见相关书籍。

4. 固体废物污染预测方法

固体废物污染主要来源于工业固体废物和生活垃圾。固体废物排入环境后会污染水环境，破坏植被和污染土地，降低土地的利用能力。此外，还会污染大气环境。

(1) 工业固体废物产生量预测

工业固体废物有不同的种类，应分别进行预测。常用预测方法有如下三种。

① 系数预测法。公式为

$$W=PS \tag{5-16}$$

式中　W——预测年固体废物排放量，万吨/年；

P——固体废物排放系数，即单位工业产量的固体废物产生量；

S——预测的年产品产量，万吨/年。

② 回归分析法。根据固体废物产生量与产品产量或工业产值的关系，建立一元回归模型如下

$$y-a+bx \tag{5-17}$$

若固体废物产生量受多种因素影响，可建立多元回归模型进行预测。

③ 灰色预测法。固体废物产生量灰色预测是根据历年固体废物产生量时间序列来建立灰色预测模型。其基本方法可参见大气、水环境污染预测有关内容。

(2) 城市垃圾产生量预测

与工业固体废物预测一样，城市垃圾产生量预测常采用排放系数预测法、回归分析法和灰色预测法进行。例如，利用排放系数的预测方法如下

$$W_{生}=f_{生}\,N \tag{5-18}$$

式中　$W_{生}$——预测年城市垃圾产生总量，万吨/年；

$f_{生}$——排放系数，kg/(人·d)；

N——预测年人口总数。

没有第一手资料的情况下，可利用经验数据估计排放系数 $f_{生}$。如，中小城市的生活垃圾排放系数可取值 1～3kg/(人·d)，粪便（湿）的排放系数可取值 1kg/(人·d)。

(3) 固体废物的环境影响预测

固体废物对环境影响是多方面的，对这类预测问题，一般是进行某种模拟试验，根据试验结果建立预测模型，进行相应环境问题的预测。

5. 噪声污染预测方法

噪声污染预测主要包括：一是交通噪声预测；二是环境噪声预测。

(1) 交通噪声预测方法

常用的交通噪声预测方法有：多元回归预测方法，即根据用车流量、道路宽度、本底噪声值与交通噪声等效声级之间的关系，建立多元回归预测模型；灰色预测方法，即根据历年噪声等效声级值，通过原始数据生成处理，建立灰色预测模型。此外还可采用随机车流量预

测方法。

(2) 环境噪声预测方法

常见的环境噪声预测方法主要有两种：一种是多元回归预测方法，通过分析车流量、固定噪声源、本底噪声与噪声等效声级之间的关系，建立多元回归预测模型；另一种为灰色预测方法，即根据历年环境噪声值，建立灰色预测模型。

建筑施工噪声问题是一类重要的环境噪声污染问题。建筑设备的噪声常用声源在特定距离（r_1）的声压级（L_1）来表征。预测建筑噪声一般是用已知的L_1、r_1去求出声源在指定距离（r_2）上的声压级（L_2）。对于最简单的情况，设备是安置在没有障碍物影响声音传播的平地上，由于“波的发散”，当与噪声源的距离增加时，散发出的声能散布到越来越大的表面积上，所以声音随着距离的增加而减小。声音的衰减用下面的公式预测

$$L_2=L_1-10\lg(r_2/r_1) \tag{5-19}$$

该公式也被称为“平方反比律”，它表明，对于有障碍而没有环境损耗的点源，距离每增加一倍，声压级就减少一定分贝。如果噪声源被附近的墙壁或建筑物干扰，由于障碍物表面对声波的反射，须修正上述公式。声波的发散不是使声压级随距离增加而减少的唯一因素，物体阻碍、大气吸收作用和气候影响等综合作用也会使声音进一步削弱。这种“额外衰减”的影响可由以上公式给出的声压级减去一个具有代表性的经验因素（以分贝为单位）来估算。

这个关系式适用于点源的预测，如气锤的噪声污染。而对于线源，如有固定运输流量的公路等，则应采用不同的模型进行预测。

二、环境功能区划主要技术

区域环境功能区划一般分两个层次，即综合环境区划与单要素环境区划。综合环境区划依据区域环境特征，服从区域总体规划，满足各个分区功能的要求，并充分考虑土地利用现状、发展趋势，根据敏感目标、保护级别而确定，常用专家咨询法，辅以数学计算分析。其基本工作程序如图 5-3 所示。

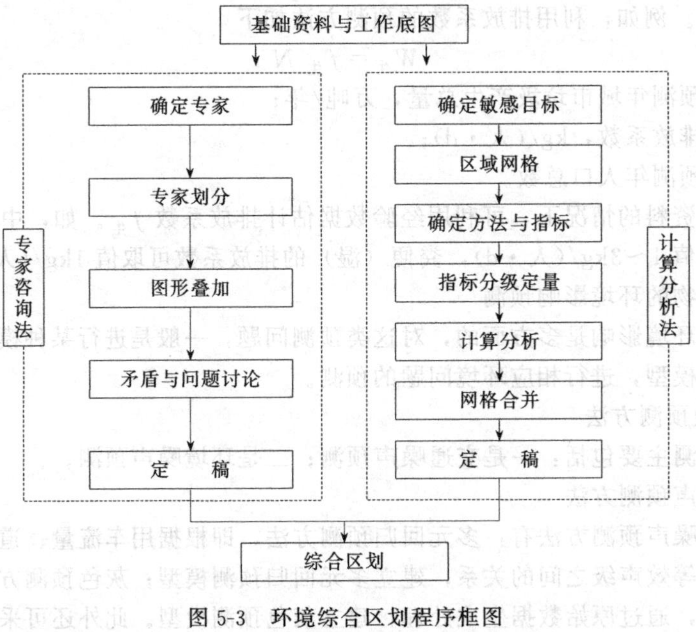

图 5-3 环境综合区划程序框图

单要素环境区划是以综合环境区划为基础，结合每种要素自身的特点进行区划，主要分项是大气环境区划、水环境区划及噪声环境区划等。

1. 大气环境功能区划

大气环境功能区划根据空间的主要功能，结合环境规划保护目标，确立一、二、三类区域及其相应的环境质量要求。各分区在相应目标下的污染物控制总量及其计算方法如下。

$$Q_{ak}=\sum_{i=1}^{n}Q_{aki} \tag{5-20}$$

$$Q_{aki}=A_{ki}\frac{S_i}{\sqrt{S}} \tag{5-21}$$

$$A_{ki}=A(C_{ki}-C_0)$$

$$S=\sum_{i=1}^{n}S_i \tag{5-22}$$

式中　S——总量控制区面积；

S_i——第 i 功能区面积；

A——地理区域性总量控制系数，$10^4 t/km^2$；

C_{ki}——有关大气环境质量标准规定的与第 i 功能区相应的第 k 类污染物的单日平均浓度限值，mg/m^3；

C_0——当地背景年日平均浓度，mg/m^3；

A_{ki}——第 i 功能区第 k 类污染物的总量控制系数，$10^4 t/(a \cdot km)$；

Q_{aki}——第 i 功能区第 k 类污染物年允许排放总量，$10^4 t$；

n——功能区总数；

i——功能区编号；

a——总量下标。

2. 水环境功能区划

水环境功能区划分为两个层次：水环境功能区划和水环境控制单元。根据环境保护目标的要求，地表水域可分为如下的水环境保护功能区类型：①自然保护区及源头水；②生活饮用水水源区；③水产养殖区，包括珍贵鱼类及经济鱼类的产卵、索饵、回游通道、历史悠久或新辟人工养殖保护的渔业水体、自然水域；④旅游区、游泳区、景观功能区、划船功能区、水上运动区等；⑤工业用水区；⑥农业灌溉区；⑦排污口附近混合区（带）等。

计算各功能区和控制单元的水污染物控制总量，应选择适宜的水质模型和模型参数。

3. 声学环境功能区划

声环境要素主要是对城镇、村庄、居住区等区域敏感。声污染源的影响范围一般较小，区域间相互影响较轻，功能区划分的区域空间可以相对较小。可根据《城市区域环境噪声标准》的分类方法进行划分，各功能区范围可参照区域土地利用规划功能区范围，落实到相应的网格区上。

三、总量控制技术

总量控制是区域污染防治规划方法的核心，分为宏观规划总量控制和详细规划总量控制。宏观规划总量控制是研究规划区污染物的产生、治理、排放规律和治理资金的需求与经济、人口发展的协调关系，以及从宏观上把握经济、人口的发展对环境的影响，提出对策，促进环境与社会经济的协调发展。详细规划总量控制是受纳环境容许纳污总量的控制，是寻求技术经济条件与环境质量要求的最佳结合。

（一）宏观总量控制

为环境规划，污染源与环境目标是环境规划的两个对象。环境规划需要建立这两个规划对象之间的两个定量关系：第一是污染源排放量与环境保护目标之间的输入响应关系；第二是为实现环境目标，在限定的时间、投资和技术条件下，确定治理费用最小的优化决策方案。因此，需要认识环境自净规律、环境容量、污染物迁移转化规律等；需要研究技术经济约束、管理措施与工程效益等问题。解决上述两个定量关系的工具包括各类数学模型和经济优化模型。宏观总量控制模型的结构设计见图 5-4。

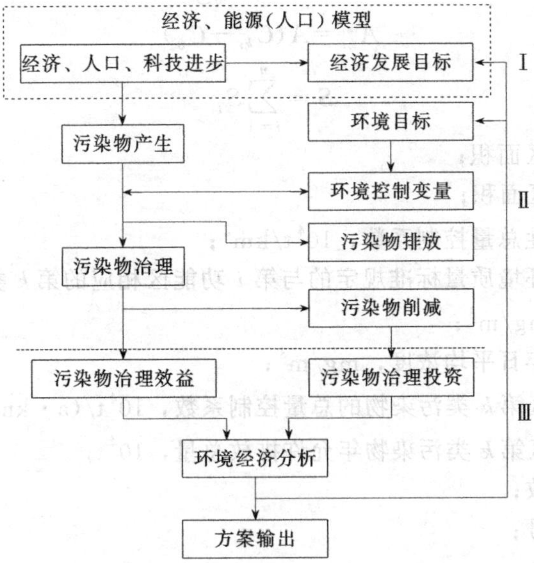

图 5-4　污染物宏观总量控制总体结构框图

（二）详细总量控制

具体污染物的详细总量控制中，环境容量是一个重要参数。建立详细总量控制模型，还须考虑以下要素：①污染物产生量；②污染物的治理（去除）量；③污染物回收利用量；④污染物排放量；⑤污染物治理投资；⑥回收利用效益或综合利用效益等。

1. 水污染物总量控制

实施总量控制有两种方法，即目标总量控制和容量总量控制。目标总量控制是从污染源可控性出发，强调控制目标，强调技术、经济可行，一般称为最佳适用方法；容量总量控制是从纳污水体允许纳污量出发，强调环境目标，强调环境、经济、技术三种效益的统一。具体模型根据具体情况进行选择。

水域允许纳污量，是在给定水域和水文、水力学条件、排污口位置情况下，满足水域某些功能要求而确定的水质标准的最大排放量，称为该水域所能容纳污染物质总量，通称水域允许纳污量或水环境容量。

关于水环境容量的计算，考虑因素包括：水文条件、水域功能要求、污染物性质、污染物排放方式和排放强度、环境背景状况等。根据测算水体和污染物排放的具体情况，建立恰当的模型，确定合理的参数，进行计算。

2. 大气污染物总量控制

大气污染物总量控制是从功能区划分和环境质量目标出发，考察污染物排放与功能区大气质量关系，确定各区域的大气环境容量。按照环境容量开发与社会经济发展相协调的原则，分析达到功能区环境空气质量要求的途径和措施，编制达标方案，进行效益费用分析，协调与综合目标可达性及目标调整等。

建立大气污染物总量控制的重要步骤包括：核定大气污染物排放量、建立大气环境质量模型系统、建立大气环境容量优化模型及相关参数指标体系（包括环境质量目标、临界负荷目标、控制技术及控制费用、其他社会经济发展指标等）、分配总量控制指标、监控大气污染物排放总量等。

四、污染物总量控制规划常用方法

污染物总量控制规划中，已有多种方法的应用和探索，一般通过线性规划方法求得总污染源排放最大、总污染源削减量最小或污染削减措施总投资费用最小的目标方案；通过整数规划方法或离散规划模型可获得最佳削减污染物措施和方案；通过动态规划模型求得总排放量的分配方案等。具体规划方法参见有关文献。

思考题

1. 什么是环境规划？环境规划有哪些特点？
2. 简述环境规划与国民经济与社会发展规划、城市规划的关系。
3. 环境规划有哪些原则？
4. 环境规划可以划分为哪些类型？
5. 环境规划通常包含哪些步骤？其主要内容是什么？
6. 如何进行人口增长和经济发展总量预测？
7. 简要介绍环境预测的一般程序。
8. 简述大气污染源的分类及其大气环境质量预测的基本模型。
9. 如何使环境规划在环境管理中更有效地发挥其作用？

第六章 企业环境管理

第一节 概 述

个人、企业和政府是社会经济活动中的三大主体。企业，作为其中之一，其主要任务是向社会提供物质性产品或服务。企业，尤其是工业企业，其生产过程中需要从环境中获取资源（包括能源），并向环境输出废物，给环境系统的结构、状态和功能带来有极大的影响。因此，企业是环境管理最主要的对象之一，企业环境管理是国家实行环境管理的重要内容。

随着人们环境保护意识的提高，全球社会对可持续发展的共同要求，以及各国政府对环境管理工作的加强，世界各国企业面临着越来越大的环境压力。企业在环境保护方面的社会责任感和污染防治水平成为影响企业社会认可度的一个重要方面，使得企业环境管理成为企业管理的一个重要组成部分，在企业管理中显得日益重要。

一、企业环境管理的概念、原则和任务

1. 企业环境管理的含义

企业环境管理是指企业运用行政、教育、法律、经济和技术等手段，对企业生产建设活动的全过程及其对生态和环境的影响，进行综合的调节与控制，以削减污染物排放，使生产与环境协调发展，实现经济效益、社会效益与环境效益的统一。

具体来说，就是企业按照国家和区域环境政策的要求，设立专门机构，指定专职人员，建立一系列配套的规章制度，必须在产品的制作、包装、运输、销售、售后服务以及生产过程中出现的废品处置和产品使用价值实现后的处理、处置等全部环节上，从节约资源、减少投入、降低环境污染的角度进行严格的审查、监督，采取有效、有力的措施。

2. 企业环境管理的原则

企业环境管理应当坚持以下的原则。

环境与经济协调发展的原则。企业必须正确处理环境保护与生产发展的关系，必须认识到推动经济社会可持续发展，企业具有重要和不可推卸的责任。企业必须要把企业的经济活动和环境意识、环境责任联系起来，将环境保护作为企业管理的重要目标。要实现经济效益、社会效益与环境效益相统一，必须从作为经济活动基本单元的企业做起，做到全员教育、全程控制、全面管理。

符合国家和区域环境政策。企业必须遵守国家和区域的环境政策，包括环境战略要求、环境管理的总体目标和环境标准等规范。同时，将企业环境管理与区域环境规划相结合。企业环境管理的目的是为改善区域环境质量，因而企业环境管理必须符合区域环境规划的要求。

“预防为主，管治结合”的原则。企业必须最大限度地控制和减少污染物的发生量，对排放的污染物进行达标排放的净化处理；尤其是要积极推行清洁生产技术，对环境污染实行综合防治。

综合运用各种手段的原则。企业环境管理必须有效地运用技术、宣传、管理、经济等手段。其中，提高全员的环境意识和素质是企业环境管理的首要条件，依靠科技是企业环境管

理的基础条件，健全组织和各种环境目标责任制是企业环境管理的保证条件。

3. 企业环境管理的主要任务

根据上述原则，企业环境管理的主要任务包括以下内容。

制定企业环境保护规划。尤其是针对企业生产流程和废物情况，制定企业污染物排放控制规划，从资源利用、废物产生到污染物的治理和废物综合利用，进行全面规划，使企业实现发展生产与保护环境相互协调。

建立和执行企业环境管理制度。根据国家和地方的环境保护方针、政策及各项规定，建立和督促执行企业的环保管理制度和有关规定。其中包括做好环境保护宣传和教育工作，提高企业员工的环境意识。

开展环境监测。掌握企业污染状况，分析和整理环境监测数据，及时向有关部门通报监测数据，对污染事故进行调查，提出处理意见。

遵守国家和地区环境规范。遵守国家和区域环境保护的总体要求、环境污染排放标准等。企业要采取综合措施防治污染，实行清洁生产，充分利用资源与能源，减少污染物排放，开展“三废”综合利用，使企业的污染控制符合地区的环保要求。

开展环境技术研发，包括资源利用技术、污染无害化技术、废物综合利用技术、清洁生产工艺、企业环境管理信息技术等环境友好技术。把组织开展环境保护技术研究作为企业环境管理的基础性工作。

二、企业环境管理的体制

企业环境管理体制指企业内部为了实施有效的环境管理，从企业领导、职能科室到各层单位，对其环境管理的职权范围、责任分工、相互关系的结构进行规定。企业环境管理体制的作用在于明确企业内部“上、下、左、右”各方在企业环境保护方面的责、权、利，以及它们之间的相互关系和相互协调方式。

1. 企业环境管理体制的特点

企业环境管理体制要充分发挥作用，必须与企业的管理体制相适应，同时也要适应环境管理的特点和需要。

首先，企业生产的领导者必须同时是环境保护的责任者。企业既是生产单位，同时也是污染的产生者和防治单位，这是同一过程的两个方面。所以企业生产的领导者不仅对企业生产发展负领导责任，同时也必须对企业的环境保护负领导责任。许多国家都明确规定企业的厂长（经理）是公害防治的法定责任者。1989 年我国第三次全国环境保护会议上推出了包括环境保护目标责任制在内的新五项制度，也有同样规定。此外，国务院有关工业部门所颁布的环境保护条例中也明确规定厂长、经理负有环境保护的法律责任。

其次，企业环境管理要与企业生产经营管理紧密结合。企业经济活动的各个方面和各个环节，都可能产生污染，所以企业环境管理必须向企业管理的各个方面渗透，密切结合，纳入企业管理的各个环节中。因此，企业环境管理具有突出的综合性、全过程性及专业性等特点。

最后，企业环境管理的基础在基层，必须把企业环境管理的工作落实到生产第一线，落实到各个车间和岗位，建立企业环境管理网络，明确相应的管理人员及职责，使企业环境管理在厂长、经理的领导下，通过企业自上而下的分级管理，得到有效的实施。

2. 企业环境管理机构

根据企业环境管理的主要任务，企业环境管理机构一般应该由综合管理、环境监测和环境科研三方面构成。根据相关法律法规和政策规定，企业结合自身具体情况和条件，包括企业生产规模、污染产生情况、企业发展规划以及企业所在区域环境保护的要求等，设置内部的环境管理机构，并配置相应的专职或兼职人员，负责企业的环境保护工作。

企业环境管理机构作为企业管理工作的职能部门，具有以下三项基本职能。

一是组织编制环境计划与规划。这是企业环境管理机构的首要职能，企业环境规划和年度计划是企业总体规划的一个重要组成部分。

二是组织、协调环境保护工作。企业环境管理机构要把企业内各单位的环境保护工作统一的目标下联系起来，防止脱节和相互矛盾。做好企业环境保护规划和计划的综合平衡、环境控制指标的协调、综合项目的协同组织以及企业环境科研项目的协调等工作，建立企业环境保护工作的正常秩序，保证企业环境保护与生产经营协调发展。

三是实施企业环境保护的监督检查。包括监督企业对国家和地方环境保护法律法规、相关政策指令等的贯彻执行情况；通过环境监测掌握企业污染动态，对企业污染源和污染防治设施进行有效的监督和控制；根据控制指标和各项制度，组织对车间、班组的环境保护工作实施监督检查、考核和奖惩工作。

第二节 企业环境管理的内容

企业的环境管理是企业管理的一个重要组成部分，也是国家环境管理的主要内容之一。企业环境管理包括两个含义：一是企业作为管理的对象、被其他管理主体如政府职能部门所管理，也可称为企业外部环境管理；二是企业作为管理的主体对企业自身内部进行管理，即企业内部环境管理。这两方面的内容之间有十分密切的内在联系，只有企业内部环境管理达到了一定的效果，才能符合企业外部环境管理的要求；明确了企业外部环境管理的要求，才能确立企业内部环境管理的目标，有力地推动企业内部环境管理工作的开展。

企业环境管理的核心是要把环境保护融入企业经营管理的全过程。不论作为环境管理的主体，还是作为环境管理的对象，企业本身都必须在企业的经营活动全过程中贯彻经济与环境相协调的原则。

一、企业外部环境管理

企业外部环境管理指企业作为管理对象，由其他管理主体所进行的环境管理。一般来说，“其他管理主体”主要指政府职能部门，包括国家以及各级地方政府的环境保护机构。这些机构依据国家的环境保护法规、政策和标准，采取法律、经济、技术、行政和教育等手段，对企业实施环境监督管理。政府对企业的环境管理主要包括三个方面：一是企业建设过程的环境管理，二是生产过程的环境管理，三是企业自身环境管理体系的环境管理。

（一）企业建设过程的环境管理

企业建设过程大体分为四个阶段，即筹划立项阶段、设计阶段、施工阶段和验收阶段。在各个阶段，政府都有相应的环境管理措施。

1. 筹划立项阶段

在企业发展建设的筹划立项阶段，环境管理的主要任务是妥善解决建设项目的合理布局，制订恰当的环境对策，选择减轻对环境不利影响的有效措施。

此阶段企业环境管理的主要内容如下。

依据国家和地方的政策和法律规定，进行企业建设项目的环境保护审查，包括产品项目的审查、企业布局的审查以及污染物排放情况的预审核。

进行企业建设项目环境影响评价，把环境影响评价纳入企业建设发展管理的全过程。这是政府环保职能部门对企业发展行为进行环境管理的有效手段。

在企业建设项目的环境审查和环境影响评价基础上，政府职能部门对企业建设项目的选址及污染防治措施等环境对策，提出明确的审查意见。

2. 设计阶段

建设项目设计阶段中，企业环境管理工作的中心任务是将建设项目的环境目标和环境污染防治对策转化成具体的工程措施和设施，进行环境保护设施的设计。因此，企业建设项目的初步设计中，要把各项环境保护要求、目标和标准贯彻到各个部分及具体设计中，主要体现在以下两个方面。

一是生产工艺设计，要体现清洁生产和产品生命周期分析的思路，尽量选用能充分、合理地利用资源和能源的综合生产工艺，选用高效率、少排污的先进工艺和设备，采用无害无毒或低害的原料路线和产品路线，尽量减少生产过程的污染物排放。简而言之，就是要做到“节能、降耗、减污”。

二是环保设施设计，要保证生产排放的污染物净化或处理效果达到排放标准，并要求环境保护设施能够长期稳定地运行，同时需要注意技术经济指标的合理性。此外，设计时应考虑废弃物的资源化、无害化和综合利用，如通过地区性的专业协作使某个企业的废弃物能作为其他企业的原材料等。

3. 施工阶段

施工阶段的环境管理工作，有两个重点内容。

一是检查督促环境保护设施的施工，包括检查施工现场中环境保护设施设计的落实情况、施工进度和施工质量。如果建设项目有较大的设计变更，如规模、工艺技术或厂址等变更，就必须重新修订环境影响报告书，并报原审批部门审批。

二是注意采取行之有效的防护措施，防止和减轻施工现场对周围环境产生的不利影响，包括对自然环境和周围居住区的污染和生态破坏；并要求施工单位在项目竣工后负责修整和复原在建设过程中受到破坏的自然环境。

4. 验收阶段

该阶段企业环境管理的主要内容，是验收环境保护设施的建设完成情况。验收过程，必须有环境保护部门参与，而且环境保护设施必须与主体工程一起进行验收。验收时，要依据相关的文件，如经批准的设计任务书、初步设计或扩大初步设计、施工图纸和设备技术说明以及检测单位提交的检测报告等。只有在原审批环境影响报告书的环境保护行政主管部门验收合格后，该建设项目方可投入生产。

在环保验收中发现的问题，由参加验收的部门提出具体的处理意见，不同情况有不同的处理方法。若环境保护设施没有建成或达不到规定要求，应不予验收；若环境保护设施存在一定的问题，但不是严重危害环境的，可以采取同意投产、预留投资、限期解决的方式处理；对于暂时无法处理解决的遗留问题，应作为专题，拟定处理意见，上报主管部门会同有关部门审查批准后执行。

（二）企业生产过程的环境管理

企业生产过程的环境管理主要包括污染源管理和环境审计。

1. 污染源管理

政府环境保护职能部门对污染源的监督管理，主要有以下内容。

① 浓度控制，监控企业污染物排放是否符合国家及地方法定的排放标准。

② 总量控制，这是为了使某一时空范围的环境质量达到一定的目标标准，控制一定时间、区域内排污单位污染物排放总量的环境管理手段。作为政府环境保护职能部门，重点工

作是负荷分配，即根据排污地点、数量和方式对各控制区域不均等地分配环境容量资源。总量控制要在分配排污指标和签发排污许可证的过程中，建立起环境容量资源有偿使用的机制，既要体现区域经济效益最好、污染削减费用最小，又要兼顾公平合理的原则。对企业而言，关键是得到的允许排放总量的份额。

③ 落实环境影响评价。即对环境影响报告书（表）中环境保护措施的落实和跟踪。对矿产资源开发利用项目，要做好开发后的回顾性评价。

④ 排污收费。根据污染者付费原则，制定合理的排污收费政策，做好排污收费工作，促进企业治理污染，并由此带动企业内部的经营管理，节约和综合利用自然资源，减少或消除污染物的排放，实现改善和保护环境的目的。

2. 环境审计

环境审计是近年来发展起来的一种对生产过程进行环境管理的方法。

环境审计是审计机构接受政府授权或其他有关机构的委托，依据国家的环保法律、法规，对排污企业的污染状况、治理状况以及污染治理专项资金的使用情况，进行审查监督，并向授权人或委托人提交书面报告和建议的一种活动。

环境审计通过定期或不定期地审查企业污染治理状况、污染治理专项资金的使用情况，以及治理效益，监督企业在此过程中的行为，促使企业加强环境管理，有效治理污染，使环境保护得到真正落实。

详见本章第六节介绍。

（三）企业自身环境管理体系的环境管理

企业建立环境管理体系，可以使企业通过资源配置、职责分工以及对惯例、程序和过程的不断评价，有序、一致地处理环境事务，减小直至消除其活动、产品和服务对环境的潜在影响。为推动企业实施持续改进的环境管理体系，有必要对企业的环境管理体系进行外部管理。而这种管理主要通过有关机构对企业环境管理体系进行审核。

环境管理体系审核，指客观地获取审核证据并予以评价，判断一个企业的环境管理体系是否符合该企业所规定的环境管理体系准则，这是一个系统化、文件化的核查过程。

通过环境管理体系的审核，可以明确企业环境管理体系对环境管理体系审核准则的符合情况、体系是否得到正确的实施与保持、内部管理评审过程是否足以确保环境管理体系的持续适用与有效。

详细内容见本章第四节。

二、企业内部环境管理

企业内部环境管理是企业作为管理主体对自身的环境问题进行管理，主要内容包括以下三个方面。

① 生产过程产生污染物的末端治理。在合理利用环境自净能力的前提下，企业利用各种治污技术对产生的污染物进行内部治理，以达到国家或地方规定的有关排放标准及总量控制要求。

② 推行清洁生产。从转变生产方式的角度，对产品生产、包装运输、消费以及消费后的最终去向的全过程进行环境管理。详见本章第三节。

③ 建立内部的管理规章制度体系。企业内部的环境管理体系是企业环境管理行为的系统、完整、规范的表达方式。为了规范全球工业、商业、政府、非营利组织和其他用户的环境行为，改善人类环境，促进世界贸易和经济的持续发展，国际标准化组织（ISO）制定了企业环境管理体系的基本模式——企业环境管理国际标准，ISO14000 系列。有关 ISO14000

系列标准内容见本章第四节。

第三节 清洁生产

一、清洁生产的概念和发展历史

（一）清洁生产的概念和内涵

目前，对“清洁生产”没有统一的概念。1989年联合国提出“清洁生”产这一术语时指出：清洁生产是对生产过程与产品采取整体预防性的环境策略，以减小对人类与环境可能的危害。清洁生产是一种新的创造性思想，该思想将整体预防的环境战略持续应用于生产过程、产品和服务中，以增加生态效率和减少人类及环境的风险。清洁生产包括清洁的生产过程、清洁的产品以及清洁的服务三方面的内容。

① 对生产过程，要求节约原材料和能源，淘汰有毒原材料，削减所有废物的数量和毒性；

② 对产品，要求减少从原材料提炼到产品最终处置的全生命周期的不利影响；

③ 对服务，要求将环境因素纳入设计和所提供的服务中。

《中国21世纪议程》给出的定义为：“清洁生产是指既可满足人们的需要又可合理使用自然资源和能源并保护环境的实用生产方法和措施，其实质是一种物料和能耗最少的人类生产活动的规划和管理，将废物减量化、资源化和无害化，或消灭于生产过程之中”。

清洁生产要求从全方位、多角度的途径去实现“清洁的生产”。与末端治理相比，它具有十分丰富的内涵。清洁生产包括以下四方面的内容。

① 清洁生产强调预防。清洁生产的目标是节能、降耗和减污，减污包括减少污染物的产生量和排放量。用无污染、少污染的产品替代毒性大、污染重的产品；用无污染、少污染的能源和原材料替代毒性大、污染重的能源和原材料；最大限度地利用能源和原材料，实现物料最大限度的厂内循环；强化企业管理，减少跑、冒、滴、漏和物料流失。

② 清洁生产的基本手段是改进工艺技术、强化企业管理。主要方法是排污审计和生命周期分析；用消耗少、效率高、无污染、少污染的工艺、设备替代消耗高、效率低、产污量大、污染重的工艺、设备。

③ 防止污染物转移。将气、水、土地等环境介质作为一个整体，避免出现末端治理中污染物在不同介质之间进行转移的现象。对必须排放的污染物，采用低费用、高效能的净化处理设备和“三废”综合利用的措施进行最终处理和处置。

④ 清洁生产是不断持续的过程。清洁生产是一个相对的、持续改进的过程，清洁生产没有终点。随着科技进步，清洁生产水平不断提高。

事实上，20世纪70年代以来，一些国家在提出转变传统的生产发展模式和污染控制战略时，曾出现了许多关于污染预防的概念，如美国环保署提出的“废物最小量化”和“污染预防”。污染预防的定义是：“在可能的最大限度内减少生产厂地所产生的废物，它包括通过源削减❶来提高能源效率，在生产中重复使用投入的原料以及降低水消耗量来合理利用资源。人们常用的两种源削减方法是改变产品和改进工艺❷”。其他的概念还有“减废技术”、

❶ 源削减指在进行再生利用、处理和处置以前，减少流入或释放到环境中的任何有害物质、污染物或污染成分的数量；减少与这些有害物质、污染物或组分相关的对公共健康与环境的危害。

❷ 改变产品和改变工艺，包括设备与技术更新、工艺与流程更新、产品的重组与设计更新、原材料的替代以及促进生产的科学管理、维护、培训或仓储控制。

"源削减"、"零排放技术"和"环境友好技术"等等。这些概念都与"清洁生产"有许多共同点，但是它们都不如"清洁生产"那样能够确切表达"持续应用整体预防的环境战略将环境污染防治融入生产可持续发展的新战略"的内涵。

（二）清洁生产的产生及发展

清洁生产是人们对环境污染的末端治理进行反思的基础上提出的。

20 世纪 60 年代，工业化国家开始通过各种方法和技术处理生产过程中产生的废弃物和污染物，以减少其排放量，减轻对环境的危害，即所谓的"末端治理"。同时，末端治理的思想和做法也逐渐渗透到环境管理和政府的政策法规中。

随着末端治理措施的广泛应用，人们发现末端治理并不是一个真正有效的解决方案。末端治理针对已经产生的废物和污染进行处置和治理，在一定程度上起到了减轻污染的效果。但是，实践逐步表明，末端治理不是切实解决环境污染和生态破坏的最有效途径。很多情况下，末端治理需要投入昂贵的设备费用、惊人的维护开支和最终处理费用，污染治理本身还要消耗资源、能源，并且会使污染在空间和时间上发生转移而产生二次污染。人类为治理污染付出了高昂的成本，收效却并不理想。到了 20 世纪 70 年代，许多关于污染预防的概念相继问世，包括"污染预防"、"废物最小化"、"减废技术"、"源削减"、"零排放技术"、"零废物产生"和"环境友好技术"等。这些就是清洁生产的前身。

清洁生产起源于 1960 年美国化学行业的污染预防审计。"清洁生产"概念的出现，最早可追溯到 1976 年。当年欧共体在巴黎举行了"无废工艺和无废生产国际研讨会"，提出"消除造成污染的根源"的思想；1979 年 4 月欧共体理事会宣布推行清洁生产政策；1984 年、1985 年、1987 年欧共体环境事务委员会三次拨款支持建立清洁生产示范工程。

1974 年，美国明尼苏达矿业与制造公司（简称 3M 公司）开展实施"3P"计划（pollution prevent pays），即"污染预防获利计划"。该计划使人们认识到革新工艺过程及产品的重要性，即在增强企业竞争力的同时减少对环境的影响。污染预防不仅是引导进入清洁环境的必由之路，而且也是持续减少非生产性成本的有效办法。污染预防既是环境策略，也是财务策略。"3P"计划被认为是清洁生产的第一个里程碑。类似"3P"计划的污染预防行动最初主要在北美的大型加工和制造业中实施，后来一方面逐渐向欧洲、日本等国家和地区扩展，另一方面向其他行业以及中小型企业拓展。

1989 年 5 月，根据联合国环境规划署理事会会议的决议，工业与环境规划活动中心（UNEP IE/PAC）制定了《清洁生产计划》，在全球范围内推进清洁生产，促进清洁生产的国际交流和合作。该计划被认为是清洁生产发展历程的第二个里程碑。该计划的主要内容之一是组建两类工作组：一类为制革、造纸、纺织、金属表面加工等行业清洁生产工作组；另一类则是清洁生产政策及战略、数据网络、教育等业务工作组。该计划还强调要面向政界、工业界、学术界人士，提高他们的清洁生产意识，教育公众，推进清洁生产的行动。1992 年 6 月，联合国环境与发展大会通过了《21 世纪议程》，号召工业提高能效，发展清洁技术，更新替代对环境有害的产品和原料，推动工业可持续发展的实现。

1990 年以来，联合国环境署先后在坎特伯雷、巴黎、华沙、牛津、汉城（首尔）、蒙特利尔等地举办了六次国际清洁生产高级研讨会。1998 年 10 月在韩国汉城召开的第五次国际清洁生产高级研讨会上，出台了《国际清洁生产宣言》，包括 13 个国家的部长、其他高级代表和 9 位公司领导人在内的 64 位签署者共同签署了该宣言。参加这次会议的还有国际机构、商会、学术机构和专业协会等组织的代表。《国际清洁生产宣言》的主要目的是促进公共部门和私有部门的关键决策者对清洁生产战略的理解，强化该战略对他们的影响力，刺激对清洁生产咨询服务的更广泛需求。《国际清洁生产宣言》是对作为一种环境管理战略的清洁生产的公开承诺，成为清洁生产发展历程的第三个重要里程碑。

清洁生产一经提出，就内得到许多国家和组织的积极推进和实践尝试，其最大的优势在于可取得环境效益和经济效益的“双赢”，是实现经济与环境协调发展的有效途径。在联合国的大力推动下，清洁生产逐渐为各国企业和政府认可，清洁生产进入了快速发展时期。世界范围内出现了大批清洁生产国家技术支持中心、非官方倡议、手册、书籍和期刊等，开展了大量清洁生产项目。在各国政府的大力支持下，联合国工业发展组织和联合国环境署启动的国家清洁生产中心项目在约30个发展中国家建立了国家清洁生产中心，这些中心与发达国家的清洁生产组织构成了一个巨大的国际清洁生产网络。可以说，现在清洁生产工作已经在全球范围内大规模地铺开。

20世纪90年代初，经济合作和开发组织(OECD) 在许多国家采取不同措施鼓励采用清洁生产技术。例如：在原西德，将70%的投资用于清洁工艺的工厂可以申请减税。在英国，税收优惠政策是导致风力发电增长的原因。近年来，OECD发达国家清洁生产政策有两个重要的倾向。其一，将着眼点从清洁生产技术逐渐转向清洁产品的整个生命周期。1995年以来，OECD国家的政府开始将其环境战略转向针对产品而不是工艺，引进生命周期分析的技术手段。这一战略有效地引导了生产商和制造商以及政府政策制定者去寻找更富有想象力的途径来实现清洁生产和产品。其二，从过去大型企业在获得财政支持和其他种类对工业的支持方面拥有优先权，转变为更重视扶持中小企业进行清洁生产，包括提供财政补贴、项目支持、技术服务和信息等措施。美国、澳大利亚、荷兰、丹麦等发达国家在清洁生产立法、组织机构建设、科学研究、信息交换、示范项目和推广等领域取得了显著的成就。

大量的实践表明，清洁生产可以实现环境效益和经济效益双赢的目标。然而，其成效很大程度上受政府环境法规的严厉程度、经济刺激强度、原材料和能源价格、管理成本以及废物和污染物的处置费用等诸多因素的影响。

（三）清洁生产在我国的发展

20世纪80年代，我国明确提出“预防为主，防治结合”的环境政策，指出要通过技术改造把“三废”排放减少到最小限度。1993年10月，在上海召开的第二次全国工业污染防治会议上，国务院、国家经贸委及国家环保总局的领导强调了清洁生产的重要意义和作用，明确了清洁生产在我国工业污染防治中的地位。

1994年3月，国务院常务会议讨论通过了《中国21世纪议程——中国21世纪人口、环境与发展白皮书》，专门设立了“开展清洁生产和生产绿色产品”领域。1996年8月，国务院颁布了《关于环境保护若干问题的决定》，明确规定所有大、中、小型新建、扩建、改建和技术改造项目，要提高技术起点，采用能耗物耗小、污染物排放量少的清洁生产工艺。1997年4月，国家环保总局制定并发布了《关于推行清洁生产的若干意见》，要求地方环境保护主管部门将清洁生产纳入已有的环境管理政策中，以便更有效地推动清洁生产。国家环保总局还会同有关工业部门编制了《企业清洁生产审计手册》以及啤酒、造纸、有机化工、电镀、纺织等行业的清洁生产审计指南。

1999年5月，国家经贸委发布了《关于实施清洁生产示范试点的通知》，选择北京、上海等10个试点城市和石化、冶金等5个试点行业开展清洁生产示范和试点。与此同时，陕西、辽宁、江苏、山西、沈阳等许多省市也制定和颁布了地方性的清洁生产政策和法规。1996年陕西省环保局和省经贸委联合下发了《关于积极推行清洁生产的若干意见》，提出将部分排污费返回给企业以开展清洁生产审计；1997年辽宁省政府制定了《关于环境保护若干问题的决定》，明确指出各地区要将排污收费总额的10%以上用于清洁生产试点示范工程。1999年江苏省出台了《关于加快清洁生产步伐的若干意见》，制定了立项审批、资金扶持力度、信贷、科研推广扶持等10个方面的优惠、扶持政策。2000年山西省人大批准颁布了《太原市清洁生产条例》。

2003年1月1日，我国《清洁生产促进法》正式实施，标志着我国污染治理方式的革命性飞跃和对传统发展模式的根本变革。该法在2012年2月第十一届全国人大常委会进行了修订。至2010年中，全国有3个省（市）出台了《清洁生产促进条例》，20多个省（区、市）印发了《推行清洁生产的实施办法》，30个省（区、市）制定了《清洁生产实施细则》。

2010年，我国初步建立了全国重点企业清洁生产公告制度。2010年和2011年分别向社会公布了全国4396家和4692家通过清洁生产审核评估验收的重点企业信息。

2003～2010年中，我国环境保护部陆续出台了50多个行业的清洁生产标准，国家发改委先后发布了煤炭、火电、钢铁、氮肥、电镀、铬盐、印染、制浆造纸等45个行业的清洁生产评价指标体系，对提高清洁生产发展水平具有重要的作用。

（四）清洁生产与末端治理的比较

清洁生产是关于产品和产品生产过程的一种新的、持续的、创造性的思维，是对产品和生产过程持续运用整体预防的环境保护战略。清洁生产要求研究开发者、生产者、消费者（即全社会）共同关注工业产品生产及使用全过程带来的环境影响，使污染物产生量和排放量达到最小，资源充分利用，是一种积极、主动的态度。相对而言，末端治理把环境责任只放在环保研究、管理等人员身上，仅仅关注生产过程中已经产生的污染物的处理问题，处于一种被动的、消极的地位。两者的区别见表6-1中所列，可归纳为以下三个方面。

表6-1 清洁生产与末端治理的比较

项 目	清洁生产	末端治理
指导思想	将污染物消除在生产过程中，在产品生命周期实行全过程控制	产生污染物后再处理，污染物达标排放控制
产生时代	20世纪70年代末期	20世纪60～70年代
控制效果	比较稳定	处理效果受到产污量影响
产污量	污染产生量明显减少，排污减少	可以削减污染排放量
资源利用	资源消耗减少，资源利用率提高	资源消耗增加，资源利用率无显著变化
产品产量	增加	无显著变化
产品成本	降低	增加（治理污染费用）
经济效益	增加	减少（用于治理污染）
治理污染费用	减少	随排放标准要求提高，费用增加
污染转移	无	有可能
目标对象	全社会	企业及周围环境

① 从资源利用角度，清洁生产将污染控制与生产过程控制密切结合起来，能够促进资源和能源充分利用。任何生产过程中排出的污染物实际都是物料。如农药生产，若其物料生产回收率比较低，将对环境产生极大的威胁，同时也造成资源的严重浪费。国外农药生产的回收率一般为70%，我国只有50%～60%，意味着我国生产一吨产品比国外多排放100～200kg的物料。因此，改进生产工艺及生产过程控制，提高产品的回收率，可以大大削减污染物的产生，不但能提高经济效益，同时也减轻了末端治理的负担。又如，硫酸生产中，应有效控制硫铁矿焙烧过程的工艺条件，若能使烧出率提高0.1%，对于10万吨/年的硫酸厂而言，每年的烧渣中将少排放100t硫，多烧出100t硫，又可多生产约300t硫酸。

② 从治理费用看，污染物产生后再进行处理，处理设施基建投资大，运行费用高。“三废”处理与处置往往只有环境效益而无经济效益，常给企业带来沉重的经济负担。目

前，各企业投入的环保资金除部分用于预处理的物料回收、资源综合利用等项目外，大量的投资用于污水处理场设施项目的建设。由于没有抓住生产全过程控制和源削减，生产过程中污染物产生量很大，所以需要大量的污染治理投资，而维持处理设施的运行费用也非常可观。

③ 现有的污染物治理技术有一定的局限性，在处理、处置“三废”过程中存在一定的环境风险。如，废渣堆存可能引起地下水污染，废物焚烧会产生有害气体，废水处理产生含重金属污泥及活性污泥等，都会带来二次污染问题。

值得注意，推行清洁生产的同时，仍需有末端治理。因为工业生产无法完全避免污染物的产生，即使最先进的生产工艺也仍会产生污染物；用过的产品也必须进行最终处理、处置。因此，清洁生产和末端治理将长期并存，双管齐下，实施生产全过程和治理污染过程的双控制，才能保证环境保护最终目标的实现。

（五）清洁生产的意义

清洁生产是一种全新的发展战略，它借助各种相关理论和技术，在产品整个生命周期的各个环节采取“预防”措施，通过将生产技术、生产过程、经营管理及产品等方面与物流、能量、信息等要素有机结合，优化运行方式，从而实现最小的环境影响、最少的资源和能源使用，最佳的管理模式以及最优化的经济增长方式。开展清洁生产的作用和意义包括以下几方面。

① 开展清洁生产是控制环境污染的有效手段，能够大大减轻末端治理的负担。清洁生产彻底改变了过去被动、滞后的污染控制手段（即末端治理），强调在污染产生之前就予以削减，即在产品及其生产过程并在服务中减少污染物的产生和对环境的不利影响。各国的实践证明，清洁生产能够有效减少甚至消除污染物的产生和排放，减轻企业末端治理的负担，能够同时取得较好的经济效益和环境效益，容易被企业接受。

② 开展清洁生产能够实现“节能、降耗、减污、增效”，是提高企业市场竞争力的最佳途径。开展清洁生产的本质在于实行污染预防和全过程控制，它能给企业带来不可估量的经济、社会和环境效益。清洁生产是一个系统工程，一方面通过工艺改造、设备更新、废弃物回收利用等途径，实现“节能、降耗、减污、增效”，从而降低生产成本，提高企业的综合效益；另一方面它强调提高包括管理人员、工程技术人员、操作工人在内的所有员工在经济观念、环境意识、参与管理意识、技术水平、职业道德等方面的素质，从而改善企业的管理水平。同时，清洁生产还可有效改善操作工人的劳动环境和操作条件，减轻生产过程对员工的健康影响，为企业树立良好的社会形象，提高公众对其产品的支持率和企业的市场竞争力。此外，开展清洁生产也是企业解决国际贸易绿色壁垒问题的有效途径。

③ 开展清洁生产有助于实现资源节约和环境保护，是推动可持续发展战略的重要途径。可持续发展战略已经成为世界各国共同的战略选择。实施可持续发展战略，其基本要求是要实现资源的集约高效利用和环境的有效保护，这是人类社会生存和发展的重要基础。《21世纪议程》制订的可持续发展重大行动计划将清洁生产看作实现可持续发展的关键因素，号召工业提高能效，开发更清洁的技术，更新、替代对环境有害的产品和原材料，实现环境、资源的保护和有效管理。

二、清洁生产的原则

清洁生产所遵循的原则可概括如下。

1. 预防性原则

“预防”指预防污染的产生，同时也要求保护工厂免受破坏和操作员工免受不可逆转的不良健康危害。预防性原则寻求生产和消费系统上游部分的改变，要求采用污染预防策略取代污染末端治理策略，减少人类对自然环境的物质输入，并对现行的依赖于过量物质消耗的人类消费和工业系统进行重新设计。

2. 集成性原则

集成性原则指采用全局观点和生命周期分析方法，考虑整个产品生产周期对环境造成的影响。对比传统的末端处理技术，清洁生产从更大的时间和空间跨度上寻求环境问题的解决方案，进行环境保护措施的综合集成。

3. 广泛性原则

广泛性原则指清洁生产要求生产活动所涉及的职工、消费者和社区民众的普遍参与，其中最主要的是信息沟通和决策活动的参与。

4. 持续性原则

清洁生产是一个没有终极目标的活动，是持续改进的过程，需要企业、政府和公众三方面的共同而坚持不懈的努力。

三、清洁生产的主要途径和工具

（一）实现清洁生产的途径

清洁生产需要全社会的共同参与推动，包括企业的经营管理、政府的政策法规、技术创新、教育培训以及公众参与和监督。其中，企业的经营管理是清洁生产的主要载体，政府的政策法规是清洁生产的调控手段，技术创新是清洁生产的强大推动力，教育培训和公众参与是清洁生产的保障。

企业是实施清洁生产的主体。企业的清洁生产活动是技术可行性和经济合理性的有机统一。出于与其他企业竞争和环境法规的要求，本质上是基于自身经济利益的考虑，企业会自愿地选择灵活而且成本较低的清洁生产方案以达到规定的污染物排放标准，也会主动采取提高资源和能源利用率的技术和管理措施。企业清洁生产应当坚持以自愿为原则，但同时企业也有义务开展必要的清洁生产活动，如依法向有关政府部门和社会公众提供有关清洁生产的信息、资料，依法淘汰严重污染环境的落后工艺设备等。

政府为促进清洁生产应该承担的职责主要包括：制定、编制和实施有关清洁生产的战略、计划和规划，加强有关清洁生产的宣传、教育和培训，采取有利于推进清洁生产的经济刺激、技术扶持、信息交流，甚至是必要的行政强制措施等。同时，政府还应保障企业在清洁生产方面的权利，如企业依法从有关政府部门获得有关清洁生产的信息、资料、培训以及资金、技术的优惠和支持等。政府通过制定相关的政策措施，营造有利于企业自觉实施清洁生产的外部环境，推动清洁生产向纵深发展。例如，建立清洁生产公告制度。清洁生产公告制度是指组织（如企业单位）通过清洁生产审核验收后，由政府向全社会宣布该组织为清洁生产组织，并同时公告其资源消耗和排污信息。该制度一方面可以提升组织的公众形象，帮助企业获得公众对其环境表现的认可；另一方面通过信息公开，有利于公众对组织的监督。

技术创新及其推广应用是促进清洁生产的关键手段。企业开发清洁生产技术的决定因素包括技术机遇、市场需求和独占性条件；企业采纳清洁生产技术的决定因素包括价格和质量、知识和信息沟通、风险和不确定性。因此，要发挥技术创新对清洁生产的推动作用需要外部条件的支持和保障，特别是政府扶持，如增加清洁生产技术研究开发的投入，识别清洁生产关键技术，重点研发具有广泛适应性的通用技术等。

教育培训和公众参与是清洁生产的保障。清洁生产的宣传、教育和培训，可以使更多的企事业单位参与清洁生产，提高清洁生产服务机构专业人员和企业管理人员的业务素质；而且可以加强公众，尤其是消费者的环境意识，转变其消费模式，营造推动企业实施清洁生产的外部环境。

（二）清洁生产的工具

清洁生产的工具包括清洁生产审计、环境管理体系、生态设计、生命周期分析、环境标志、环境管理会计、产业生态学和生态产业、循环经济等。这些工具基本上都体现了污染预防的原则❶。

1. 清洁生产审计

清洁生产审计对企业生产全过程的重点或优先环节、工序产生的污染进行定量监测，找出高物耗、高能耗、高污染的原因，然后有的放矢地提出对策、制订清洁生产方案，减少和防止污染物的产生。清洁生产审计是对企业现在的和计划进行的工业生产过程进行分析和评估，是企业实施清洁生产的前提和核心。

清洁生产审计的总体思路是：判明废弃物的产生部位、分析废弃物的产生原因、提出方案以减少或消除废弃物。从广义上讲，清洁生产审计的思路适用于使用自然资源和能源的一切组织，无论生产型企业、服务型企业，还是政府部门、事业单位、研究机构，都可以进行组织的清洁生产审计。

清洁生产审计是实施清洁生产最主要、最具可操作性的方法，它通过一套系统而科学的程序来实现，重点对组织的产品、生产及服务全过程进行分析和评估，从而发现问题，提出解决方案，并通过清洁生产方案的实施在源头消除或减少废弃物的产生。这套程序包括筹划和组织、预评估、评估、方案产生和筛选、可行性分析、方案实施、持续清洁生产等七个具有可操作性的步骤。清洁生产审计是一项系统而细致的工作，审计过程中应充分发动全体员工的参与积极性，对企业员工和管理者的教育和培训是必不可少的。

2. 生态设计

产品的生态设计是20世纪90年代初出现的关于产品设计的新概念，目前已成为清洁生产的一个重要组成部分。生态设计的概念一经提出，就得到一些国际著名大公司的响应，例如荷兰的菲利浦公司、美国的AT&T公司、德国的奔驰汽车公司等在20世纪90年代初即进行产品生态设计的尝试，并取得成功。

生态设计，也称绿色设计或生命周期设计或环境设计，是指将环境因素纳入设计过程，帮助确定设计的决策方向。生态设计要求在产品开发的所有阶段均考虑环境因素，使产品整个生命周期的环境影响最小化，最终引导产生一个更具有可持续性的生产和消费系统。生态设计活动有两个目的：一是从保护环境角度，减少资源消耗、实现可持续发展战略；二是从商业角度，降低成本、减少潜在的责任风险，提高产品的竞争能力。

产品的生态设计战略是生态设计的精髓，它从不同层面提示在生态设计过程要考虑的问题，并提出解决问题的思路。从长期战略来看，其设计理念包括非物质化、产品共享、功能组合和产品（组件）的功能优化。对于中、短期战略，主要是提供近期可以采用的改进方案，包括：选择环境影响较小的原材料并减少原材料使用，减少产品使用期的环境影响，优化生产技术、销售系统、产品寿命和寿命终止系统等。

3. 产业生态学和生态产业

产业生态学是一门研究社会生产活动中自然资源的源、流和汇的全代谢过程及其组织管理体制，以及生产、消费、调控行为的动力学机制、控制论及其与生命支持系统相互关系的

❶ 环境管理体系、生命周期分析、环境标志、环境管理会计将在后文阐述，本节不再赘述。

系统科学。产业生态系统通过重组和调整工业系统，将环境因素整合到经济过程中，使工业系统与生物圈相兼容，实现协调持续的发展。

它从局地、地区和全球三个层次上系统地研究产品、工艺、产业部门和经济部门中的能流和物流，其焦点是研究产业界在降低产品生命周期过程中的环境压力中的作用。

生态产业是按生态经济管理和知识经济规律组织起来的基于生态系统承载能力、具有高效的经济过程及和谐的生态功能的网络型、进化型产业。它通过两个或两个以上的生产体系或环节之间的系统耦合，使物质、能量能多级利用、高效产出，资源、环境能系统开发、持续利用。生态产业的组合、孵化及设计原则可以概括为：横向耦合、纵向闭合、区域整合、柔性结构、功能导向、软硬结合、自我调节、增加就业、人类生态和信息网络。

4. 循环经济

循环经济是对物质闭环流动型经济的简称，是以物质、能量梯次使用为特征，在环境方面表现为低排放，甚至零排放。其基本做法是：通过废弃物或废旧物资的循环再生利用来发展经济，同时包含生产和消费过程减少投入，实施清洁生产等内容。循环经济的目标是使经济系统的资源投入最少，排放废弃物最少，对环境的危害或破坏最小，产品功能具有延续性。循环经济的研究内容包括物质流、能量流和信息流。其中，物质流是载体，信息流是媒体，能量流是核心，此三者共同构成循环经济的三大要素流。

循环经济要求以“减量化、再使用、再循环”为经济活动的行为准则，即 3R 原则。

① 减量化原则(reduce) 要求用较少的原料和能源投入，达到既定的生产目的或消费目的，从而在经济活动的源头节约资源和减少污染。在生产中，减量化原则常常表现为要求产品体积小型化和产品重量轻型化。此外，要求产品包装简单朴实而不是豪华浪费，从而减少废弃物的排放。

② 再使用原则(reuse) 要求产品和包装容器能够以初始的形式被多次使用，而不是用过一次就废弃。

③ 再循环原则(recycle) 要求生产出来的物品在完成其使用功能后，能重新变成可以利用的资源，而不是无用的垃圾。再循环有两种情况：一是原级再循环，即废品被循环用来产生同种类型的新产品；另一种是次级再生产，即将废物资源转化成其他产品的资源。

循环经济产业体系在实践 3R 原则时，有三个层次：一是单个企业的清洁生产，二是企业间共生形成生态工业，三是产品消费后的资源再生回收，形成“自然资源-产品-再生资源”的整体社会循环，完成循环经济的物质闭环运动。

第四节 环境管理体系 ISO14000

一、环境管理体系 ISO14000 的产生背景

联合国人类环境会议后，人们环境保护意识觉醒，进而引发了社会各领域、各层面的深刻变革和广泛行动。人们开始考虑采取一种行之有效的办法来约束自己的行为，使各种各样的组织重视自己的环境行为和环境形象；并希望用一套比较系统、完善的管理方法来规范人类自身的环境活动，以求达到改善生存环境的目的。

20 世纪 80 年代起，美国和西欧的一些公司为了响应持续发展的号召，减少污染，提高自身的公众形象以获得市场支持，开始建立各自的环境管理模式，这是环境管理体系的雏形。1985 年荷兰率先提出建立企业环境管理体系的概念，1988 年试行实施，1990 年进入标准化阶段并开始实行认证制度。

进入20世纪90年代，许多国家纷纷制定自己的环境管理体系标准，如1992年3月，英国标准化协会(BSI) 制定并颁布了环境管理体系规范(specification for environmental management system)，也称作BS7750；1993年7月欧共体(EEC) 制定并颁布了“生态管理与审核计划”(eco-management & audit sceheme)，简称EMAS。这两个标准推出后，得到国际上许多国家的关注和认可，纷纷仿效。但由于各国经济发展的不平衡，各国环境法律、法规及环境标准的差异，各国制定的环境管理体系标准很容易在国际贸易上形成新的非关税贸易壁垒，不利于国际经济的一体化发展。为此，国际标准化组织(international organization for standardization，ISO) 借鉴ISO9000标准的经验，参照BS7750标准和EMAS标准，于1993年开始制定环境管理系列标准。

1993年6月，国际标准化组织成立了ISO/TC207环境管理技术委员会，专门开展制定ISO14000环境管理系列标准的工作。目的是通过在全球范围内实施这套标准，规范企业和社会团体等所有组织的环境行为，最大限度地合理配置和节约资源，减少人类活动对环境的负面影响，维持和持续改善人类生存与发展的环境。1996年底ISO正式颁布ISO14000系列标准，该标准颁布以后，立即被世界各国广泛采用，作为各国的国家标准推广实施。

专栏 6-1

国际标准化组织(ISO)简介

ISO成立于1947年2月23日，是世界上最大的国际性标准化组织。它的前身是1928年成立的“国际标准化协会国际联合会”(简称ISA)。

ISO负责除电工、电子领域之外❶的所有其他领域的标准化活动，以促进世界各国贸易的友好往来以及文化、科学、技术和经济领域内的合作。其宗旨是“在世界上促进标准化及其相关活动的发展，以便于商品和服务的国际交换，在智力、科学、技术和经济领域开展合作”。

ISO现有成员包括163个国家和地区。ISO的最高权力机构是每年一次的“全体大会”，日常办事机构是中央秘书处，设在瑞士日内瓦。

ISO自成立以来，已经制定并颁发了许多国际标准，其下设若干个技术委员会，其中第176个技术委员会(TC176) 在1987年成功地制定和颁布了ISO9000质量管理体系系列标准，对改善企业的质量管理模式发挥了重大作用，在世界范围内引起很大反响。

20世纪90年代以后，环境问题变得越来越严峻，ISO对此作出积极反应。1993年6月，ISO成立第207个技术委员会(TC207)，专门负责环境管理工作，主要工作目的是支持环境保护工作，改善并维持生态环境质量，减少人类各项活动造成的环境污染，使环境保护与社会经济发展达到平衡，促进经济的持续发展。其职责是在制定和提供管理工具和管理体系的国际标准及其服务方面，作为全球的一个先导，主要工作内容就是环境管理体系(EMS) 的标准化。

二、环境管理系列标准ISO14000的构成和特点

(一) 环境管理系列标准的构成

1993年，国际标准化组织(ISO) 成立了环境管理标准化技术委员会(ISO/TC207)。该委

❶ 国际电工委员会(IEC) 负责电工、电子领域的标准化活动。IEC于1906年成立于英国伦敦，是世界上最早的国际性标准化组织。

员会的宗旨是，通过制定和实施一套环境管理国际标准，减少人类各项活动造成的环境污染，以节约资源和改善环境，促进社会可持续发展。其核心任务是研究制定ISO14000系列标准，规范环境管理的手段，以标准化工作支持可持续发展和环境保护，同时帮助所有组织约束其环境行为，实现环境绩效的持续改进。ISO/TC207的工作侧重于管理，所制定的标准不包括污染物测试方法、环境质量、产品质量、污染物排放限值等内容。

ISO/TC207下设6个分技术委员会(SC1～SC6)和2个直属工作组(WG1，WG2)，分别对环境管理体系、环境审核、环境标志、环境绩效评价、生命周期评价、术语和定义以及产品标准中的环境因素和森林保护制定标准。具体内容详见表6-2。

表6-2 ISO/TC207的构成

分技术委员会	任务
SC1	环境管理体系(EMS)
SC2	环境审核(EA)及相关环境调查
SC3	环境标志(EL)
SC4	环境绩效评价(EPE)
SC5	生命周期评价(LCA)
SC7	温室气体管理及相关活动

ISO为ISO14000系列标准预留了100个标准号(ISO14001～ISO14100)。ISO14000系列标准是一个庞大的标准系统，可以从不同的角度进行不同的分类。

1. 按性质分类

基础标准：包括术语和定义。

基本标准：包括环境管理体系标准、产品标准中的环境因素导则。

技术支持标准：包括环境审核标准、环境标志标准、环境绩效评价标准、生命周期评价标准。

2. 按功能分类

评价组织的标准：包括环境管理体系标准、环境审核标准、环境绩效评价标准。

评价产品的标准：包括环境标志标准、生命周期评价标准、产品标准中的环境因素导则。

1996年9月1日，正式颁布ISO14001、ISO14004、ISO14010、ISO14011、ISO14012等ISO14000系列标准，标志着ISO14000系列标准的正式诞生。截至2013年，ISO系列共有27个现行标准。

(二) ISO14000系列标准的特点

ISO14000系列标准的主要特点包括自愿性、灵活性、广泛适用性、持续改进与污染预防四个方面。

① 自愿性。为了顺应环境管理的动力由政府强制性管理向社会与市场压力转变的趋势，ISO14000系列标准被设计为一种自愿标准，其应用基于自愿原则。该国际标准可以转化为各国国家标准，但不等同于各国法律法规，不可能强制要求组织实施，因而不会增加或改变组织的法律责任。组织可以根据自身需要和经济技术条件自愿采用。

② 灵活性。由于期望环境管理体系标准适用于广泛的、条件各异的组织，因此要求该标准具有足够的灵活性。它并不规定具体的环境目标，但注重如何改善环境。其惟一的硬指标是要求建立环境管理体系的组织必须遵守国家法律法规和相关承诺。

③ 广泛适用性。ISO14000系列标准的核心标准ISO14001在引言中指出，该体系适用于任何规模的组织，并适用于各种地理、文化和社会条件。其广泛适用性还体现在该系列标准的内容十分广泛，涵盖了组织的各个管理层次，可适用于各类组织的活动、产品或服务的

许多方面。

④ 持续改进与污染预防。持续改进是 ISO14000 系列标准的灵魂。ISO14001 没有规定绝对的行为标准，在符合法律法规的基础上，要求组织通过对管理体系的定期评审与改进，实现环境绩效的持续改进。

ISO14000 系列标准通过建立严密的管理体系和严格的控制程序实现全过程的管理，体现了环境保护由“末端控制”到“污染预防”的发展趋势。

专栏 6-2

ISO14000 标准与 ISO9000 标准的异同

ISO14000 标准与 ISO9000 标准都是由 ISO 组织制定的针对管理方面的标准，都是国际贸易中消除贸易壁垒的有效手段。这两套标准的要素见下表。

ISO 14000	ISO 9000	ISO 14000	ISO 9000
环境方针	质量方针	应急准备和响应	（部分与消防安全的要求相同）
组织结构和职责	职责与权限	不符合、纠正和预防措施	不符合、纠正和预防措施
人员环境培训	人员质量培训	环境记录	质量记录
环境信息交流	质量信息交流	内部审核	内部审核
环境文件控制	质量文件控制	管理评审	管理评审

ISO14000 标准与 ISO9000 标准的相同点如下。

① 具有共同的实施对象，旨在各类组织建立科学、规范和程序化的管理系统。

② 管理体系相似，ISO14000 某些标准的框架、结构和内容参考了 ISO9000 的做法。

ISO14000 标准与 ISO9000 标准的不同点包括如下内容。

① ISO9000 标准的承诺对象是产品的使用者和消费者；ISO14000 标准则是向相关方面（包括政府、社会和众多相关方如股东、贷款方、保险公司等）的承诺，受益者将是全社会。

② ISO9000 标准是保证产品质量；ISO14000 系列标准要求组织承诺遵守环境法律法规、标准及其他要求，并对污染预防和持续改进作出承诺。

③ ISO9000 的质量管理模式是封闭的；ISO14000 是螺旋上升的升环模式，要求组织不断地有所改进和提高环境绩效。

④ ISO9000 标准是质量管理体系认证的根本依据；而环境管理体系认证除符合 ISO14001 外，还必须结合本国的环境法律法规及相关标准，如组织环境行为不能满足国家要求则不能通过该体系的认证。

⑤ ISO14000 系统标准涉及的是环境问题，为达到预防污染、节能降耗、提高资源能源利用率，最终达到环境行为持续改进的目的，从事 ISO14000 认证的工作人员必须具备相应的环境知识和环境管理经验，否则难以对现场存在的环境问题作出正确判断。

（三）ISO14000 环境管理体系的建立和认证

根据 ISO14001 的定义，环境管理体系是“一个组织内全面管理体系的组成部分，它包括为制定、实施、实现、评审和保持环境方针所需的组织机构、规划活动、机构职责、惯例、程序、过程和资源。还包括组织的环境方针、目标和指标等管理方面的内容”。

1. 环境管理体系的运行模式

环境管理体系围绕环境方针的要求进行环境管理，管理内容包括制定环境方针、实施并实现环境方针所要求的相关内容、对环境方针的实施情况与实现程度进行评审并予以保持等。环境管理体系的运行模式的运行遵循了传统的 PDCA 管理模式：规划（plan）、实施（do）、检查（check）和改进（action）。

① 规划（plan）。组织根据自身的特点确定方针，建立组织总体目标，并制订实现目标的具体措施。

② 实施（do）。为实现组织总体目标，明确职责，根据活动的特点，编制相关的文件化管理程序及技术标准，对活动的全过程实施有效的控制。

③ 检查（check）。在组织活动实施过程中，应有计划、有针对性地对相关过程进行监督、监测和审核，预防并纠正偏离组织总体目标的现象。

④ 改进（action）。由组织的最高管理者定期对组织所建立的管理体系进行评定，确保体系的持续适用性、充分性和有效性，达到持续改进的目的。

2. 环境管理体系的建立

各类组织都可以按 ISO14001 标准的要求，实施适用于组织自身的环境管理体系（environmental management system，EMS）。如图 6-1 所示，EMS 是一个动态的、须不断发展和完善的体系，建立程序与其运作模式都遵循 PDCA 模式，通常可分解为六个阶段。

（1）领导决策与准备

一个组织要建立 EMS，首先必须得到最高管理者（层）的明确承诺和支持。由最高管理者任命环境管理者代表，授权其负责建立和维护体系，并向其汇报体系情况。组织应组建一支精干的 EMS 工作组，在管理者代表的领导下，在通过国际标准、环境知识、环境法律等培训后，即可着手建立体系。

（2）初始环境评审

初始环境评审是组织明确环境管理现状的手段，其结论（评审报告）是建立 EMS 的技术基础和前提条件。初始环境评审主要包括以下内容。

① 明确组织应遵守的与环境相关的法律法规标准及其他要求，对组织的环境表现进行评价，确定改进的需求和可能性。

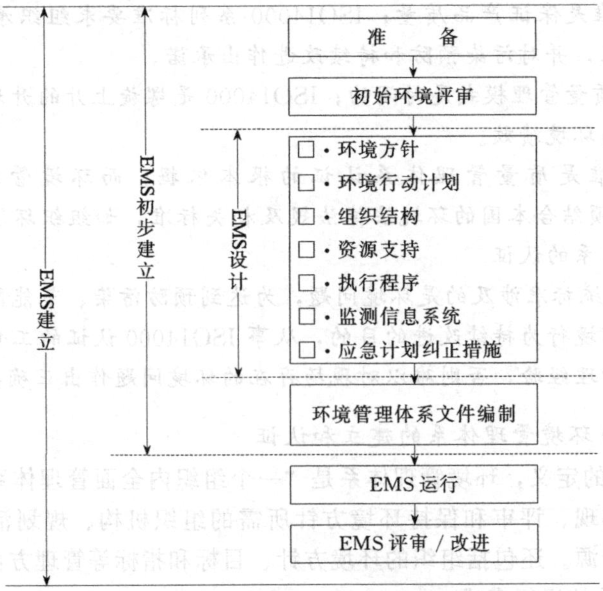

图 6-1 建立环境管理体系的基本步骤

② 利用产品生命周期分析的识别明确组织产品、活动和服务中可以控制和可能施加影

响的环境因素，评价出重要环境因素，作为改进和控制的对象。

③ 收集、分析和评审组织现有与环境相关的管理制度、职责、程序、惯例等信息资源和文件，对照 ISO14001 标准的要求，确认其中的有益合理成分，作为 EMS 的基础。

④ 对以前的环境条件和市场信息进行分析评审，避免环境风险，争取竞争优势。

(3) 体系策划与设计

依据评审结论，结合组织的战略和实力，开展如下策划活动。

① 由最高管理者最终确定和签署环境方针，环境方针应明确承诺遵守法律法规，承诺持续改进和污染预防，应指明总体环境目标指标的架构。

② 确定尽可能量化和分层次的环境目标指标，应符合环境方针的承诺，考虑重要环境因素、法律法规要求、技术和财务自行性及相关方的要求。

③ 编制确保目标指标实现的环境管理方案，明确职责、时限和方法措施。

④ 建立和明确环境管理组织机构和职责权限。

(4) EMS 文件编制

管理者策划 EMS 文件的编写过程。EMS 文件编制应充分利用初始环境评审的结论，对现有体系及文件进行彻底的梳理，取其有用、合理成分（包括 ISO9000 体系中相关文件的采用），将无用文件予以失效处置。组织可采用 ISO10013 标准推荐的模式编制 EMS 文件。EMS 文件可分为手册、程序文件、作业文件、报告记录四个层次。除了满足 ISO14001 标准要求，EMS 应保证文件的适用性、有效性、可操作性以及文件间及不同活动和职责间的接口关系。通常，由 EMS 工作组草拟手册和程序文件，第三层次的作业文件由相关部门的专业人员编制。各类文件应经过文件使用者的充分评审，甚至让使用者代表参与编写过程。

(5) EMS 试运行

EMS 试运行与正常运行无本质区别，均应按 EMS 文件去实施，并记录运行结果。不同的是，EMS 刚建立时需改进的问题相对较多，应通过体系自身调整逐步完善。EMS 试运行工作包括：

① 最高管理者应亲自启动 EMS，各层次管理者应策划各部门的 EMS 运作；

② 对各层次的 EMS 文件使用者实施分层次的 EMS 文件培训；

③ 对 ISO 14001　EMS 实施全面运作；

④ 急于实施第三方认证的组织，应加强运作力度，以便有充分证据证明实施 EMS 的成效。

(6) EMS 内部审核和管理评审

EMS 经过一段时期试运行后，管理者代表应组织培训合格的内审员实施内部审核。

内审工作应按标准要求有计划、程序化、文件化地进行，包括审核 EMS 文件的完整性、一致性、与 ISO14001 标准的符合性，审核环境管理活动是否满足 EMS 文件有关计划安排和标准要求，审核 EMS 是否得到正确实施和保护。审核结果应形成文件并报送最高管理者。此后，最高管理者应组织中层管理者对内审结果、目标指标完成情况、EMS 改进的可能性和需要等进行评审，确保 EMS 持续适用、充分和有效。

至此，EMS 已完成一轮 PDCA 循环。组织在实施改进的同时，EMS 进入新一轮循环。此时，拟进行认证的组织可委托认证机构实施第三方认证审核。

3. 环境管理体系审核认证程序

根据 ISO14011 环境管理体系审核程序的标准，“环境管理体系审核是客观地获取审核证据并予以评价，以判断一个组织的环境管理体系是否符合环境管理体系审核准则的一个系统化和文件化的验证过程，包括将这一过程的结果呈报委托方”。

环境管理体系审核是判定一个组织的环境管理体系是否符合环境管理体系审核准则、进而决定是否给予该组织认证注册的一个重要步骤。因此，环境管理体系审核首先应以客观事实为依据，审核证据必须真实可靠；其次，审核工作要遵循严格的程序，审核内容应覆盖环境管理体系标准的十七个要素；最后，审核中各个步骤的工作内容都需形成文件，以保持可追溯性。

环境管理体系审核与认证的一般程序大致分为四个阶段。

(1) 受理申请方的申请

申请认证的组织首先根据各认证机构的权威性、信誉和费用等方面的因素，选择合适的认证机构，并与其取得联系，提出环境管理体系认证申请。认证机构接到申请方的正式申请书后，将对申请方的申请文件进行初步审查，如果符合申请要求，与其签订管理体系审核/注册合同，确定受理申请。

(2) 环境管理体系审核

对申请方环境管理体系的审核是整个认证过程中最关键的环节。认证机构正式受理申请方的申请之后，迅速组成一个审核小组，并任命一个审核组长，审核组中至少有一名具有该审核范围专业项目种类的专业审核人员或技术专家，协助审核组进行审核工作。审核工作大致分为以下三个步骤。

① 文件审核。审核小组详细审查申请方提交的准备文件，这是实施现场审核基础工作。申请方需要编写好环境管理体系文件，在审核过程中，若发现申请方的 EMS 手册不符合要求，则应采取有效措施纠正直至符合要求。认证机构对 EMS 文件进行认真审核之后，如果认为合格，就准备进入现场审核阶段。

② 现场审核。完成对申请方的文件审查和预审后，审核组长要制订一个审核计划，告知申请方并征求申请方的意见。申请方接到审核计划之后，如果对审核计划的某些条款或安排有不同意见，应立即通知审核组长或认证机构，并在现场审核前解决好这些问题。

问题解决后，审核组正式实施现场审核，主要目的是通过对申请方进行现场实地考察，验证 EMS 手册、程序文件和作业指导书等一系列文件的实际执行情况，评价申请方环境管理体系运行的有效性，判别申请方建立的环境管理体系是否符合 ISO14001 标准。

在实施现场审核过程中，审核小组每天都要进行内部讨论，由审核组长主持，全体审核员参加，对本次审核的结构进行全面的评定，确定现场审核中发现的哪些不符合情况需写成不符合项报告及其严重程度。

③ 跟踪审核。申请方按照审核计划与认证机构商定时间纠正被发现的不符合项，纠正措施完成之后递交认证机构。认证机构收到材料后，组织原来的审核小组成员对纠正措施的效果进行跟踪审核。如果审核结果表明被审核方报来的材料详细确实，则可以进入注册阶段的工作。

(3) 报批并颁发证书

根据注册材料上报清单的要求，审核组长对上报材料进行整理并填写注册推荐表，该表最后上交认证机构进行复审。如果合格，认证机构将发放证书，将该申请方列入获证目录，申请方可以通过各种媒介来宣传，并可以在产品上加贴注册标识。

(4) 监督检查及复审、换证

在证书有效期限内，认证机构对获证企业进行监督检查，以保证该环境管理体系符合 ISO14001 标准要求，并能够切实、有效地运行。证书有效期满后，或者企业的认证范围、模式、机构名称等发生重大变化后，该认证机构受理企业的换证申请，以保证企业不断改进和完善其环境管理体系。

（四）实施环境管理体系的意义

环境管理体系可以帮助组织达到国家或地方法律法规、环境管理政策与制度，以及某些环境保护的强制性要求，并减少由污染事故或违规造成的环境风险。

从组织内部来看，实施环境管理体系可以取得节能降耗、减少污染、降低成本的经济效益，提高组织的管理水平。

随着公众环境意识的提高，产品和生产过程中的环境因素在国际竞争中逐渐成为重要竞争因素，并由此形成国际贸易壁垒。实施环境管理体系可以为企业带来更多的商业机会。

有利于组织的长期良性发展。组织通过ISO14001标准，不但顺应国际和国内在环境方面越来越高的要求，不受国内外在环保方面的制约，而且可以优先享受国内外在环保方面的优惠政策和待遇，有效地促进组织环境与经济的协调和持续发展。

（五）中国环境管理体系认证国家认可制度

1. 国家认可制度

认证与认可是合格评定的两种主要类别。合格评定指直接或间接确定相关要求被满足的任何有关活动。

认证是由认证机构依据特定的审核准则，按规定的程序和方法对受审核方实施审核，并就特定事项（如产品、质量体系、环境管理体系等）的符合性进行确认的活动。

认可指由权威机构依据规定的准则和程序，对某一团体或个人具有从事特定任务的能力给予的正式承认，包括校准/检验机构认可、认证机构认可、审核员/评审员资格认可、培训机构认可等。

国家认可制度是国家为保证认证的客观性和公正性而建立的一套科学化、规范化的程序和管理制度，其中包括对审核人员、认证机构以及对认证活动的具体要求。

2. 中国环境管理体系认证国家认可制度的基本框架

1997年5月国务院批准成立了中国环境管理体系认证指导委员会，负责指导并统一管理ISO14000环境管理系列标准在我国的实施工作，指导委员会主任由国家环境保护总局局长担任，国家商检局、国家技术监督局、国家计委、国家经贸委、地矿部等有关部门和单位为委员单位。指导委员会办公室设在国家环境保护总局，负责承担指导委员会的日常工作。指导委员会下设中国环境管理体系认证机构认可委员会（环认委）和中国认证人员国家注册委员会环境管理专业委员会（环注委），分别负责实施对环境管理体系认证机构的认可和对环境管理体系审核员的注册及培训机构的认可。

我国的环境管理体系认证国家认可制度的基本内容包括以下几点。

（1）认证机构必须经过国家认可

在我国实施环境管理体系认证的认证机构（包括国外认证机构）必须接受环认委的评审，获得认可资格后方可开展环境管理体系认证活动。认证机构必须在认可的期限内从事认可业务范围规定的环境管理体系认证工作，且一切活动均应遵守环境管理体系认证指导委员会规定的相关准则，接受环认委的监督管理。

（2）环境管理体系审核员必须具有国家注册资格

在我国从事环境管理体系认证的审核员必须经环注委评审，取得国家注册资格。凡符合国家注册委员会环境管理专业委员会（环注委）规定的国家注册审核员基本条件的认证人员，均可向委员会提出注册申请。通过规定的考核评定后，由注册委员会批准注册，获得注册资格的审核员可按有关准则从事认证活动。

（3）环境管理体系审核员培训机构、教材必须经环注委认可批准环注委制定了相应的准则，对环境管理体系审核员培训课程、培训教材、培训机构及培训师资进行评审认可。从事环境管理体系审核员培训工作的机构必须满足相应的要求，经环注委审核批准后，方可使用经注册的教材，按照批准的课程从事培训活动。

(4) 环境管理体系认证咨询机构必须经（原）国家环境保护总局评审备案

从事环境管理体系咨询工作必须符合（原）国家环境保护总局的有关规定，向（原）国家环境保护总局评审备案。

第五节 生命周期评价

一、生命周期评价的产生

最早的生命周期评价可追溯到20世纪60年代，美国可口可乐公司用这一方法对不同种类饮料容器的环境影响进行分析。20世纪70年代，由于能源短缺，许多制造商认识到提高能源利用效率的重要性，于是开发出一些方法来评估产品生命周期的能耗情况，以提高总能源利用效率。后来这些方法进一步扩大到资源和废弃物方面。

20世纪80年代初，随着工业生产对环境压力的增加，以及严重环境事件的发生，促使企业要在更大的范围内更有效地考虑环境问题。另一方面，随着环境影响评价技术的发展，例如对温室效应和资源消耗等的环境影响定量评价方法的发展，生命周期评价方法日臻成熟。

进入20世纪90年代，受"美国环境毒理和化学学会"（SETAC）和欧洲"生命周期分析开发促进会"（SPOLD）的推动，该方法在全球范围内得到广泛应用。1992年，SETAC出台了生命周期评价的基本方法框架，随后被列入ISO 14000的生命周期评价标准草案中。1992年，欧洲联合会开始执行"生态标签计划"，其中生命周期的概念作为产品选择的一个标准。

1997年6月，国际标准化组织正式出台了有关生命周期评价的第一个国际标准，即ISO 14040《环境管理——生命周期评价——原则与框架》，以国际标准的形式的提出对生命周期评价方法的基本原则与框架，有效地促进了生命周期评价方法在全世界的推广与应用。

二、生命周期评价的概念和类型

生命周期评价(life cycle assessment，LCA）是一种用于评价产品在其整个生命周期中，即从原材料的获取、产品的生产、使用直至产品使用后的处置过程中对环境产生的影响的技术和方法。这种方法被认为是一种"从摇篮到坟墓"的方法。国际标准化组织的定义是，"生命周期评价是对一个产品系统的生命周期中的输入、输出及潜在环境影响的综合评价"。

生命周期评价的过程是：首先辨识和量化整个生命周期阶段中能量和物质的消耗以及环境释放，然后评价这些消耗和释放对环境的影响，最后辨识和评价减少这些影响的机会。生命周期评价注重研究系统在生态健康、人类健康和资源消耗领域内的环境影响。

生命周期评价（LCA）按照其技术复杂程度可分为三类。

① 概念型LCA（或称"生命周期思想"）。根据有限的（通常是定性的）清单分析评估环境影响。因此，它不宜作为市场促销或公众传播的依据，但可帮助决策人员识别哪些产品在环境影响方面具有竞争优势。

② 简化型LCA（或称速成型LCA)。这一类型的LCA涉及全部生命周期，但仅限于进行简化的评价，例如使用通用数据（定性或定量)、使用标准的运输或能源生产模式、最主要的环境因素、潜在环境影响、生命周期阶段或LCA步骤，同时给出评价结果的可靠性分

析。其研究结果多数用于内部评估和不要求提供正式报告的场合。

③ 详细型 LCA。详细型 LCA 包括 ISO 14040 所要求的目的和范围确定、清单分析、影响评价和结果解释四个阶段。常用于产品开发、环境声明（环境标志）、组织的营销和包装系统的选择等。

三、生命周期评价的技术框架与内容

根据 ISO 14040 标准，LCA 的技术框架（图 6-2）与内容包括目标与范围的确定（goal and scope definition）、清单分析（inventory analysis）、影响评价（impact assessment）和结果解释（interpretation）四个部分。

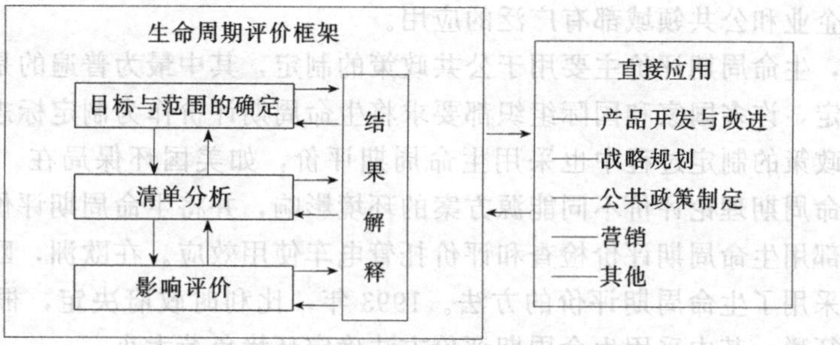

图 6-2 生命周期评价技术框架

（一）目标和范围的确定

目标和范围的确定为开展 LCA 研究提供一个初步计划。它说明开展 LCA 的目标和意图、研究结果的可能应用领域，确定 LCA 的研究范围，保证研究的广度、深度与要求的目标一致。研究范围确定应保证能满足研究目的，包括定义所研究的系统、确定系统边界、说明数据要求、指出重要假设和限制等。确定目标和研究范围在 LCA 中是一个反复的过程，可根据收集到的数据、信息及外界条件变化加以修正。

（二）清单分析

清单分析是量化和评价所研究的产品、工艺或活动整个生命周期阶段资源和能量使用以及环境释放的过程。它是对所有穿过研究系统的物质和能量的输入输出进行的定量描述，包括一种产品、工艺或活动在其整个生命周期内的原材料与能量的需要量以及对环境的废弃物排放量（包括废水、废气、固体废弃物及其他排放物）的量化和计算，使分析贯穿于产品整个生命周期。清单分析是 LCA 四个部分中发展最完善的部分。

（三）生命周期影响评价

它是对清单分析所识别出的环境影响进行定性与定量的表征评价，即确定产品系统的物质能量交换对其外部环境的影响，这种影响主要考虑对生态系统、人体健康等方面的影响。

国际标准化组织、美国“环境毒理学和化学学会”以及美国环保局都倾向于用“三步走”的模型，即分类、特征化和量化，进行影响评价。

① 分类。分类是将清单中的输入和输出数据分类组合成相对一致的环境影响类型。影响类型通常包括资源消耗、生态影响和人类健康三大类，每一大类下再细分为许多亚类。生命周期各阶段所使用的物质和能量以及所排放的污染物经分类整理后，作为胁迫因子。在定义具体的影响类型时，应该关注相关的环境过程，这样有利于尽可能地根据这些过程的科学知识来进行影响评价。

② 特征化。特征化主要是开发一种模型，这种模型能将清单提供的数据和其他辅助数据转译成描述影响的叙词。目前国际上使用的特征化模型主要有：负荷模型、当量模型、固

有的化学特性模型、总体暴露-效应模型和点源暴露-效应模型。

③ 量化。量化是确定不同环境影响类型的相对贡献大小或权重，以期得到总的环境影响水平。

（四）生命周期解释

根据规定的目的和范围，综合考虑清单分析和影响评价的发现，形成结论并提出建议。如果仅仅是生命周期清单研究，则只考虑清单分析的结果。

四、生命周期评价的作用和意义

生命周期评价作为一种评价产品、工艺或活动的整个生命周期环境后果的分析工具，迄今为止在私人企业和公共领域都有广泛的应用。

政府方面，生命周期评价主要用于公共政策的制定，其中最为普遍的是用于环境标志或生态标准的确定，许多国家和国际组织都要求将生命周期评价作为制定标志标准的方法。其他的一些公共政策的制定过程中也采用生命周期评价，如美国环保局在“空气清洁法修正案”中使用生命周期理论评价不同能源方案的环境影响，并将生命周期评价用于制定污染防治政策；能源部用生命周期评价检查和评价托管电车使用效应。在欧洲，欧盟制定“包装和包装法”时也采用了生命周期评价的方法。1993 年，比利时政府决定，根据环境负荷大小对包装和产品征税，其中采用生命周期评价方法确定环境负荷大小。

私人企业方面，生命周期评价主要用于产品的比较和改进。

① 改善生产方面。生命周期评价被用于确定生产过程的哪些环节需要改善，从而减少对环境的不利影响。生命周期评价能够帮助生产企业明确在产品的整个生命周期过程中对环境影响最大的阶段，了解在产品的整个生命周期过程中所造成的环境风险，从而使企业在废弃物的产生过程、能源的使用过程以及在产品的设计过程中考虑到对环境的影响，作出如何改善生产使之对环境影响最小的决策。

② 比较产品方面。如产品 1 和产品 2 的比较，老产品和新产品的比较，新产品带来的效益和没有这种产品时的比较等。国际上较著名的典型案例如布质和易处理婴儿尿布的比较，塑料杯和纸杯的比较，汉堡包聚苯乙烯和纸质包装盒的比较等。

清洁生产、绿色产品、环境标志的推广将会进一步推动生命周期评价的发展。目前，各国环境保护政策重点从末端治理转向控制污染源、进行总量控制，意味着生命周期评价在未来环境政策研究和制定中将有更多的应用机会。从某一角度看，生命周期评价的推广应用反映了现有环境管理已转向从源头入手的以“排放最小化-负面影响最小化”为导向的管理模式，对实现可持续发展战略具有深远的意义。

第六节 环境会计和环境审计

一、环境会计

环境会计产生于 20 世纪 70 年代，它是在自然环境遭受严重破坏、生态环境严重恶化、经济发展的物质基础受到威胁的背景下，人们在分析了传统会计理论和方法的局限性的基础上提出的。

（一）环境会计的概念和目标

环境会计是运用会计学的理论与方法，采用多元化的计量手段和属性，对各会计主体的环境管理系统以及经济活动的环境影响进行确认、计量和报告的一门新兴学科。

环境会计本质上是会计学的一个分支，但它同时又是环境学、环境经济学、发展经济学与会计学相结合的产物，因而环境会计除要秉承会计学的基本原理和基本方法外，还要吸取借鉴包括环境学、环境经济学及其分支学科（如污染经济学、资源经济学、生态经济学）、发展经济学等学科和领域的一系列观念和方法，在此基础上形成环境会计的理论与方法体系。

会计目标是会计理论结构的基础和逻辑起点，是会计活动的出发点和归宿，是联结会计理论与会计实务的桥梁。环境会计的目标，可分为以下两个层次。

① 环境会计的基本目标是可持续发展。企业是社会经济发展中的主角，其经营活动与环境有密不可分的联系。环境会计核算与报告将提供关于环境资源的利用、损失浪费、污染破坏和补偿恢复等方面的信息，从而促使企业，在注重经济效益的同时，高度重视生态环境和物质循环规律，合理开发和利用资源，努力提高社会效益和环境效益，从而达到可持续发展的目标。

② 环境会计的具体目标是组织相应的会计核算，确认和计量企业在一定时期内的环境经济效益和经济损失，为社会提供充分的、与企业环境有关的信息。

环境会计的基本使命是提供企业的环境信息。首先，利用这些信息，企业管理者可以评价企业环境政策履行方案及其结果，衡量企业对社会和环境责任的履行情况，从而对企业的经营前景和财务风险作出全面的、客观的评估。其次，政府环境保护部门可以了解企业环境污染和环境保护的情况，并据此对已采取的措施作出评价，对未来作出规划。再者，投资者和债权人可以对企业的环境风险和盈利前景作出评价，政府主管部门可以了解企业竞争中的合理性和合法性。最后，社会公众可以了解企业的环境表现，对企业的产品和形象作出恰当的定位，参与企业的环境管理。

环境会计应披露的信息主要包括：①环境成本；②环境负债；③与环境负债和成本相关的特定会计政策；④报表中确认的环境负债和成本的性质；⑤与某一实体和其所在行业相关的环境问题的类型等。当然，环境会计提供的信息也在不断丰富与发展。

（二）环境会计的基本假设

环境会计的基本假设是环境会计实践主体对不断变化的环境与会计之间的复杂关系所作的合乎逻辑的推断，是环境会计核算赖以存在、运行和发展的基本前提。环境会计继承了传统会计的特性，但由于它具有的独特性质，必然产生一些特定的假设。

① 会计主体假设。环境会计的主体假设注重会计主体的行为特性，而非所有权特性。当企业生产造成的环境污染影响其他企业的正常经营，或影响周围居民的健康状况时，应该将这种由该会计主体的行为所产生的外部不经济性包含在会计的核算对象之内。这样才能够不脱离环境会计的基本目标。否则，将会计核算局限于会计主体本身所拥有的资产，显然是不合适的。

② 受托责任假设。环境会计的受托责任不应局限于“财产托付论”，而是适用“资源托付论”，即除了财产的保管和使用外，生态环境和治理环境污染也应成为会计中“委托-受托”责任关系的主要内容。环境会计中的“受托”不仅仅是受出资人之托，而是受整个社会之托。受托人有义务和责任向负有直接和间接委托关系的委托人，包括社会的各个方面，充分披露其责任的履行情况。受托责任具有双重性质，它包括以体现企业经济效益为主的经济责任和以体现环境效益、社会效益为主的社会责任两个方面。

③ 环境价值假设。要进行环境会计核算，首先必须承认环境资源是有价值的。它不适用于劳动价值理论，但适用于边际价值理论。

④ 多元计量假设。环境会计核算内容既具有商品性而又不限于商品性，很大一部分在计量上具有模糊性特征。仅以货币作为计量单位，不能客观地反映会计主体的环境状况。因

此，环境会计的计量单位应以货币计量为主，辅之以实物，与自然环境有关的指标甚至用文字说明。总之，环境会计的计量可采用定量计量和定性计量相结合、计量的精确性和模糊性相兼容的办法，以便环境会计信息使用者对环境会计对象的质和量的规定性具有较客观的认识。

（三）环境会计的主体和对象

1. 环境会计的主体

环境资源虽然是人类的共同财产，并有其固有的特点，但环境会计所提供的信息并不是漫无边际的，而是严格地限制在独立具有所有权、使用权或控制权的某一国界或地域内，或是实际开发、利用环境资源的微观经济组织内。这样界定的空间范围，称为环境会计主体。

环境会计主体的特点表现为以下几点。

① 将环境会计主体划分为不同层次。特定的国家或地区边界划定了某会计主体与其他会计主体的空间界限。从国界的角度划分环境会计核算的空间范围，称为宏观环境会计主体；从区域的角度划分环境会计核算的空间范围，称为中观环境会计主体；以各个微观经济组织划分环境会计核算的空间范围，称为微观环境会计主体。

② 将会计主体置于环境系统中，从而将游离于核算系统之外的环境资源的价值消耗与补偿纳入会计核算系统，核算人类与环境系统的物质能量交换。以环境资源为经济活动的物质基础时，必然会形成环境资源的耗费，同时也能够从环境资源中获得效用。

③ 体现代际公平的思想。环境会计主体所拥有的环境资源不仅是当代人进行经济活动和生存的物质基础，也是当代人留给后代人的财产。因此，环境会计的会计主体实际上是处于环境系统中的特定国家或地区的当代人利用环境资源进行生产、消费，并对环境资源进行保护投资而构成的整体。为了给后代人留下可供发展的物质基础，当代人需要一定数量的投资用以保护环境。

2. 环境会计的对象

环境会计的对象是企业的环境活动和与环境有关的经济活动，这些活动分为以下两种。

① 企业单纯的环境活动。包括企业的环境目的与环境政策、措施，员工的环境教育和环境素质的提高。它们虽然暂时并不直接涉及财务状况和经营成果，但从国外的初步实践来看，应将其列入对外信息披露的范围之内。

② 企业与环境有关的经济活动。指由环境问题引发、但能够以货币表现或者形成财务问题，它也是直接涉及财务状况和经营成果的环境活动，这类经济业务表现为环境资产、环境负债、环境成本等环境会计要素。

（四）环境会计要素

环境会计基本要素包括环境资产、环境效益和环境费用，这三个基本要素构成环境会计核算的基本内容。

1. 环境资产

环境资产是指特定个体从已经发生的事项取得或加以控制，能以货币计量，可能带来未来效用的环境资源。

其中，“从已经发生的事项取得”是指特定个体通过某种行为获得环境资源的所有权和使用权。“控制”是指特定主体可能不拥有环境资源的所有权，但能够对其行使使用权。

“环境资源”是指作为人类劳动对象的土地、森林、草原、水域、矿藏等自然资源和由自然资源派生的生态资源，其数量和质量对人类的经济活动有重大影响。

当环境资源是花代价取得时，其价值可以按所花代价进行计量（暂不考虑所花代价是否合理)；当环境资源是凭借某种权利取得，或是大自然赐予时，可以依据合理的估算进行计量其价值，如果无法作出合理的估算，如未探明储量的自然资源，则不能作为环境资产确认。在自然资源和生态资源中，有相当大的部分是无法对其直接计量的，因此环境会计的计量要大量地依靠合理估计的方法。只要估计具有合理性，就可按估计的结果进行计量。

环境资产可以根据不同的方法进行分类。

① 按照环境资产的形态分类，分为自然资源和生态资源。自然资源是指由自然界长期形成的人类生存的物质基础和经济发展的前提条件，包括土地、森林、水域、矿藏草原等。自然资源按照其能否人造，可分为人造自然资源和非人造自然资源。生态资源是指独特的生态系统、独特的地形地貌、野生生物群、优美的自然风景等，以保持原状的形式进入人类生产消费领域。生态资源只有不被开发，不被破坏，才有效用价值。

② 按照环境资产能否再生分类，分为可再生资源和不可再生资源。可再生资源是指能够依靠自然现象或人类的经济活动不断再生的资源，如地球大气层、阳光、空气、人造森林等。不可再生资源是指在短时间内，不论通过何种活动都不能增加其储量的资源，且会随着开发利用而不断减少，如矿藏等。相对来说，可再生资源中的一部分是取之不尽的，而且难以计量，一般不作为环境资产纳入会计核算系统。

③ 按照环境资产的经济学意义分类，分为自由取用资源和经济资源。自由取用资源是指数量非常丰富，任何可能的使用者都可以无偿使用的资源，如未开垦的土地、新鲜的空气、清洁的水源。经济资源是指具有稀缺性，使用者必须付出一定代价才能使用的资源，如矿藏等。由于环境资源的过度开采，使自由取用资源逐渐向经济资源转化，其数量越来越少，例如清洁水源和新鲜的空气。

2. 环境费用

环境费用是指某一主体在其持续发展过程中，因进行经济活动或其他活动而付出或耗用资产的转化形式。

其中，“某一主体”，可以是一个企业，也可以是一个国家、地区。其范围究竟如何，取决于环境会计主体。

“持续发展过程”是指在不牺牲未来几代人需要的情况下，满足本代人的需要。

“经济活动”是指人类开发、利用资源满足本代人需要所进行的活动；“其他活动”是指为维持环境资源的基本存量而进行的环境保护的活动。

“付出或耗用的资产”是指进行经济活动或其他活动时减少的环境资产和其他资产。这些资产一经使用，不能再带来未来效用，资产的价值转化为费用。

环境费用的种类繁多，但它们一般都具有如下特征。

① 环境费用的发生往往伴随着环境资产的减少，有时也体现为社会经济系统内物质资产的减少。如自然资源的耗减费用直接表现为环境资产价值的降低，自然资源的保护费用直接体现为社会经济系统内物质资产的减少。

② 环境费用的发生是间断性与持续性并存的。生态资源保护费用主要是人类耗用一定的人力、物力、财力等保护环境发生的费用，是伴随着环境保护活动的进行而发生的，其费用通常按每次环境保护活动的实际发生额计量，表现在会计核算上具有间断性的特点。同时，自然资源的耗减与生态资源的降级是一个缓慢而持续的过程，具有很强的时滞性，其费用通常在每一会计期末总括计算费用总和，表现在会计核算上具有持续性。

按照环境费用支出的形式进行分类，可分为以下几类。

① 自然资源的耗减费用。自然资源的耗减费用指由于经济活动对自然资源的开发、利用而发生的自然资源实体数量减少的货币表现。自然资源的储量随着开采、利用的规模而逐

渐减少，减少的资源价值即为自然资源的耗减费用，并构成最终产品成本的主要部分。在很多情况下，耗减和降级是同时发生的。如不合理开采矿产资源，一方面减少了矿产储量，另一方面破坏了未开采资源的开采条件，使其降级。这一特点使得耗减费用的计量具有模糊性。

② 生态资源的降级费用。生态资源的降级费用指由于废弃物的排放超过环境容量而使生态资源质量下降所造成损失的货币表现。当废弃物的排放超过环境稀释、分解、净化能力，造成环境污染时，实际上是生态资源等级的下降。将生态资源等级的下降给人类和经济活动带来的损失用货币计量，即为降级费用。

③ 维持自然资源基本存量费用。维持自然资源基本存量费用指为维持自然资源目前的状况而发生的费用。由于人类繁衍和经济发展，自然资源的储量迅速下降。要保持经济的可持续发展，应以总体资源不枯竭为前提。为实现这一前提。人类要付出一定的人力、物力和财力，其货币表现构成维持自然资源基本存量费用。

④ 生态资源的保护费用。生态资源的保护费用指为避免生态资源降级或生态资源降级后消除其影响而实际发生的费用。环境保护费用包括废弃物的处理、环境卫生的维持等。

环境费用计价是指以货币衡量的各项环境费用的发生额。有些环境费用构成资源产品的成本，可按财务会计的计量方法进行计量；有些环境费用虽然不构成资源产品的成本，但仍应对其计价，以便从数量方面客观地反映生态资源降级的代价以及恢复的代价。

3. 环境效益

环境效益指在一定时期之内，环境资产给人类带来的已经实现或即将实现的、能够用货币计量的效用。

如果环境效用的实现过程中，发生了人类劳动并通过交换实现，实现的环境效用可以按该劳动量的货币表现计量；如果没有付出人类劳动，纯粹是大自然的赐予，在计量技术允许的情况下，以包含效用量的货币估算计量。一项环境效用要作为环境效益加以确认，应符合环境效益的定义、确认的标准，能够可靠地加以计量。

环境效益具有以下特征。

① 环境效益不体现为环境资产的增加。环境效益与环境资产的增加之间没有必然的联系，相反，环境效益的产生往往伴随着环境资产的减少，如森林被砍伐、矿藏被采掘。另外，环境资产价值不发生变动也有可能产生环境效益，如森林的存在可以保护土壤与大气层、调节气候，这项效益并不以森林价值的增减为前提。

② 环境效益的产生是一个缓慢而持续的过程。环境效益的产生与环境开发利用项目相关，但开发利用项目的完成与环境效益的完全实现往往需要间隔很长一段时间，另外，环境开发利用项目往往耗时长、重复性强，甚至在可预见的将来将一直持续下去，这决定了环境效益的产生是一个持续的过程。

③ 环境效益的产生往往与会计利润的产生相重合。有些环境效益的产生是环境自发的行为；有些环境效益的产生需要以人类有目的的劳动为前提，如土地需要农民的开垦，由此形成环境效益与会计利润比肩而立的状况。这种效益可以按照会计利润的方法进行确认、计量。

根据环境效益的内容以及环境效益核算的特点，可以将环境效益分为直接环境效益和间接环境效益两大类。

直接环境效益指对环境进行开发利用，取得有形资源产品时获得的环境效益。有形资源产品直接体现为各种物质资料，如合理采伐森林获得林产品，通过销售林产品获得收益。这类效益与人类有目的的环境开发利用相关，它的产生能够增加人类的物质积累。

间接环境效益指人类对环境进行开发利用，取得无形环境效用时获得的环境效益，如森林保护土壤和大气层，调节气候，保护野生动物群带来的效益。这类效益与自发的环境利用相关，获得的环境效用是无形的，并不直接增加人类的物质资本，但从长远来看，也会影响人类物质积累的过程。

由于利用的方式不同，同一环境资产可能产生直接环境效益，也可能产生间接环境效益，而两者往往是不可兼得的，因此要求在开发利用环境资产时谨慎选择。

（五）环境会计的基本程序和方法

环境会计在处理数据、生成和传递环境信息过程中，有四个必经的基本程序，即环境会计要素的确认、计量、记录和披露。其中，关键问题是确认和计量。

目前，环境会计要素的确认、计量、分类以及信息披露，还没有较为完善的准则，环境会计停留在理论探讨阶段，其实务发展缓慢。依据边际价值理论和环境会计要素的特点，环境会计的计量基础可采用机会成本、边际成本和替代成本等理论，计量方法可采用费用效益分析法和数学模型法。

二、环境审计

（一）环境审计的定义及其基本要素

1. 环境审计的含义

目前，环境审计尚无统一公认的概念。美国环保局认为，环境审计是由会计师事务所或其他法定机构对适用于环境要求的有关业务经营及活动所进行的系统的、有证据的、定期的、客观的检查。国际商会认为，环境审计是环境管理的工具，是对与环境有关的组织、管理和设备等业绩进行系统地、有说服力地、客观地估价，并通过有助于环境管理和控制、有助于对公司有关环境规范方面的政策鉴证等手段，来达到保护环境的目的。

通常，环境审计是为了确保受托环境责任的有效履行，由国家审计机关、内部审计机构和社会审计组织依据环境审计准则对被审计单位受托环境责任履行的公允性、合法性和效益性进行的鉴证。

2. 环境审计目标

环境审计的目标可以分为总体目标和具体目标。

环境审计的总体目标是确保受托环境责任履行的公允性、合法性和效益性。“受托环境责任”应当包括执行和报告两个方面。因为受托环境责任是否确实履行、履行得如何都要通过会计记录、原始凭证等相关资料来证明，所以受托人除了执行之外还需要进行相应的记录。

① 公允性。即验证被审计单位的环保资金使用、环保项目收支以及其他与环境有关的经济业务和经济事项是否真实、完整、及时地记录，有关余额和发生额的记录是否正确、适当，有关事项的披露是否恰当，记录和披露环境绩效、环境问题的财务影响的方法是否合理。应当指出，公允性并不能保证报告的内容与事实绝对相符。比如，有些经济活动和事项涉及的金额较小，没有必要逐一反映；涉及环境的负债有许多是否发生及其发生金额都是不确定的。

② 合法性。即验证与环境问题有关的经济活动是否遵循了有关环境法律、规章、制度以及有关的环境标准。

③ 效益性。即验证与环境问题有关的经济活动的经济性、效率性和效果性。

环境审计的具体目标分为两个层次：第一层次是对公允性、合法性和效益性的进一步细化所得到的目标；第二层次是针对某一具体项目结合第一层次目标而制定的相对详细的目标。第二层次目标是结合具体实践制定的。

3. 环境审计的主体、对象和内容

最高审计机关国际组织在《开罗宣言》中将环境审计的内容描述为：国家环境政策和项目的审计；审计政府部门、国有公司、私营公司遵守国家环境法律和规章的情况；评估现有国家环境政策和项目的影响；评估拟议的国家环境政策和项目的影响；审计本国政府遵守国际协议的情况；国有企业履行国际义务的情况；审计非环境政策和项目的影响；审计地区或地方政府的环境政策和项目；鼓励政府制定新的环境政策和项目或修改现有的环境政策和项目。

环境审计主体包括国家环境审计机构、内部环境审计机构和社会环境审计组织。针对不同的环境客体，环境审计主体的审计内容各不相同。

① 国家环境审计机构。国家审计机关环境审计的对象和内容包括：国家环境政策，即国家审计机关可以评估现有的和拟议的国家环境政策的影响；国家环境项目，对政府环境项目和可持续发展项目进行环境审计，评估现有的和拟议的国家环境项目的影响；政府部门遵守国家环境法规情况；国有企事业单位遵守国家环境法规情况；私营公司遵守国家环境法规情况；本国政府和企业遵守国际环境协议情况；非环境项目的环境影响。

根据我国的实践，环境审计的对象和内容如下。

a. 各级人民政府财政部门预算执行情况中环境专项资金支出情况。检查财政预算中用于环保方面支出的比例及其变化，以保证环保资金能够满足治理污染的实际需要。

b. 各级环保部门财务收支和环保工程建设项目。检查其收支的合理性和有效性，以提高环保资金的使用效益。

c. 各项环保资金筹集和使用情况。包括：审查排污费的征收及用于治理污染的支出；利润留成中用于治理污染的投资；银行贷款、治污专项基金、更新改造资金中用于环保的支出部分。

d. 各单位和部门在经济活动中执行环保法规的情况。包括：企事业单位废水、废气等污染物排放是否符合环保法规规定和要求，企事业单位依法缴纳的治污费用是否符合既定标准等。

② 内部审计机构。内部审计部门作为企业管理体系的一部分，对企业的环境管理活动实行监督和评价，以减少企业生产对环境带来的损害，达到促进生产和保护环境的双重目的。

根据国际内部审计师协会的研究报告，企业环境审计可以包括以下内容。

a. 合法性审计。检查企业的经济活动是否遵守有关环境法规和制度。

b. 环境管理系统审计。评价企业环境控制系统的健全、合理、有效性。

c. 交易审计。对企业购买或租赁不动产而产生的环境风险和环境负债进行审查和评估。

d. 处理、贮存和处置审计。对企业危险物品的制造、贮存、处置是否遵守环境法规的要求进行审计。

e. 污染预防审计。检查企业生产经营活动的污染物产生和排放情况。

f. 应计环境负债审计。确认环境负债估计的合理性和在财务报表中反映的恰当性。

g. 产品审计。检查和确认企业生产的产品是否对环境有害，是否符合有关环境技术标准。

③ 社会环境审计组织。社会审计组织（也称民间审计组织）的环境审计是，注册会计师接受委托开展环境审计，主要是对被审计单位的环境信息披露的真实性、公允性进行鉴证和评价。其审计对象和内容还可以根据委托要求，对环境治理项目的效益性进行鉴证和评

价，对企业领导人员环保责任的履行情况进行检查并作出评价。

4. 环境审计依据

环境审计的依据主要包括：①环保政策、方针、战略；②环境法规；③环境标准；④会计准则、财务通则和与环保有关的会计政策及财会制度；⑤审计准则。

（二）环境审计的程序

环境审计的过程包括准备、实施、报告三个阶段。

1. 准备阶段

制定审计方案（计划、大纲）是准备阶段的落足点。为了准确把握实施环境审计的范围、重点和方法，准备阶段需要做以下工作。

① 衡量环境风险。

② 查阅环境法规和有关规章、制度。

③ 查阅环境报告和有关的会计报告等资料。

④ 查阅与环境有关的会议记录、政府通报、舆论反映、投诉文件等，了解环境危害、损失或环保成效等事项。

⑤ 评价环境管理控制系统。

⑥ 听取环保和有关部门的陈述。

2. 实施阶段

实施阶段的主要环节包括检查、取证、分析和评价。环境审计要通过一定的方式和方法进行检查，取得充分、可靠、相关、有效的证据，对照审计依据和环保指标、标准，加以分析、鉴定、综合而形成审计结论，才能完成审计的实施过程。除一般的审计方式和方法外，环境审计还需要注意以下两点。

① 审计方法着重于现场的检查、核对和分析、对比。

② 审计方式除直接、单独实施审计活动之外，有时须采用同期的、联合的、协作的方式进行审计。即：就同一项目由几个审计组在不同区域同期审计；或是对一个项目由几个审计组联合审计，以及联合并同期进行的协作审计。

3. 报告阶段

环境审计的报告阶段，应提出环境审计报告和改进环境管理建设书。

（三）环境审计报告

环境审计报告一般有项目报告和期间（如年度或几年）报告。政府审计的主要报告提交政府和议会；内部审计的报告提交本单位的管理当局和地区环保部门；民间审计是接受委托所作的项目报告，提交委托审计的管理当局并可向社会公布。

环境审计报告一般包括如下主要内容。

① 环境状态。包括本区域或组织的环境状况、存在的风险及其对内部和外部的影响；遵守环保法规和达到环保标准的状况；已揭露和潜在的环境危害的主要事项、成因与治理措施，取得的成果和未解决的问题；环境报告或有关环境资源的真实性与合规性。

② 会计信息。包括遵守和采用的信息披露与资金运用的财务会计政策；环保资金来源的保障程度，包括资金渠道、数量筹集和到位时效；资金使用的合规性；有关环保的资产、负债、费用的真实性和合规性；环保或有负债的评估；会计报告中有关会计信息披露的真实性与合规性。

③ 治理绩效。包括环保治理达到预期目标和法定标准的成果，对内体现的微观效益与对外提供的社会效益；环境治理成本和效益的评价；绿色产品（或区域）对内与对外产生的

效益；对原有环境治理绩效数据的评价。

④ 建议事项。包括待治理或潜在的环境风险，需要采取的主要治理措施；环境管理系统和有关内部控制系统的薄弱环节或失控所在，应予健全或加强的意见。

思 考 题

1. 简述企业环境管理的原则及其主要内容。
2. 什么是清洁生产？清洁生产如何发展起来的？实践中，清洁生产是否一定能够实现经济效益和环境效益的双赢？
3. 什么是环境管理体系 ISO14000？
4. 什么是生命周期评价？生命周期评价有什么作用？
5. 环境会计的含义？环境会计有哪些要素？
6. 简述环境审计的含义。
7. 政府可以采取什么措施推动企业加强其环境管理？

第七章　国外环境管理

“他山之石，可以攻玉”。学习和借鉴国外环境管理的经验，有助于我们加快改进和完善我国环境管理的模式、机制和制度，提高环境管理的效率和水平。

第一节　美国环境管理

一、美国的国家结构

了解美国的国家构成，有助于了解美国的环境管理方式。美国是由 50 个州和华盛顿哥伦比亚特区组成的联邦共和立宪制国家。联邦权力机构本身有三个分支，且互相监督和制衡。

1. 立法机构

由参议院与众议院两部分组成的美国国会是联邦的立法机构，拥有联邦立法权、宣战权、条约批准权、政府采购权和很少行使的弹劾权。参众议院都有负责环境的专门委员会。

国会负责各项法律的起草、修改、制定，授权颁布法律，包括环境法。例如，国会于 1970 年通过了《清洁大气法案》，1985 年重新修订。此外，国会还负责国家环保署的环境预算审批，制定国家的长期环境保护政策，审批最高法院大法官的任命等。各州、地方与联邦有类似的立法机构和运作模式。

2. 行政机关

总统以及总统提名并经由参议院批准的内阁官员及其下属，负责行使基于联邦法律的治理权。

3. 司法机关

美国联邦的司法系统由最高法院、11 个联邦上诉法院和 90 个联邦地方法院构成，法官由总统提名并经参议院批准。主要职责是解释有关的法律，对相关诉讼进行司法判决和司法审查。

各州、地方与联邦有类似的司法系统和运行模式。

二、美国的环境保护管理机构

1. 美国国家环境质量委员会

1969 年，根据《国家环境政策法》(National Environmental Policy Act，NEPA) 的规定，美国总统办公厅设立环境质量委员会(the Council on Environmental Quality，简称 CEQ)。CEQ 直属于总统办公室，其成员由总统任命并需经参议院批准。具体职责包括：协助总统编制环境质量报告；收集有关环境条件和趋势的情报，分析解释这些环境条件和趋势及其对国家环境政策的影响；根据 NEPA 的规定审查、评价联邦政府的项目和活动；向总统提出改善环境质量的政策建议；至少每年一次向总统报告国家环境质量状况。

2. 美国国家环境保护署

1970 年 12 月，尼克松总统发布《政府改组计划第三号令》，成立国家环保署(U.S. Environmental Protection Agency，简称 EPA)。美国国家环保署是联邦政府执行部门的独立机构，直接向总统负责。

国家环保署代表联邦政府全面负责环境管理，是各项联邦环境法案的执行机构。其主要职责是：制定和实施环保政策、法令和标准；对州和地方政府、个人和有关组织控制环境污染的活动提供帮助；协助 CEQ 向总统提供和推荐新的环保政策。EPA 根据《国家环境政策法》的授权，主管大气污染、水污染、固体废弃物污染、农药污染、噪声污染、海洋倾废等各种形式的污染治理和环境影响报告书的审查。

3. 其他联邦政府部门中相关环境保护机构

在美国的环境保护管理体系中，除主管环境保护工作的国家环保署外，其他相关部门也同时分工负责其行政范围内的环保工作。

内务部：国有土地、国家公园、名胜古迹、煤和石油、野生动物的保护。

农业部：湿地保护。

海岸警备队：海洋环境的污染防治。

河流管理委员会：由州际委员会协调州之间的水事纠纷。

商务部：经《1973 年濒危物种法》的授权管理濒危物种。

运输部：管理危险废物运输。

核管理委员会：放射性物质污染的防治。

专栏 7-1

美国国家环保署区域办公室

联邦与州之间的环境管理工作内容的划分经双方协商、然后以法律协议的形式进行规定。这种联邦与州的关系称为“联邦-伙伴关系”。

国家环保署将全国划分为十个大区，设立了十个区域办公室，这些区域办公室是实施这个伙伴关系的关键。它们作为国家环保署的代表，监督各个州的环境保护工作。每个区域办公室在所管理的州内代表国家环保署执行联邦的环境法律、实施国家环保署的各种项目，负责监督各州的环境行为。这十个区域办公室是美国环保署的重要组成部分，所有的区域办公室雇员都是国家环保署的成员，区域办公室向国家环保署负责。

各区环保分署的主要职责是：根据联邦法律对本区域进行环境管理；发放许可证，起诉违法行为，执行审判结果；管理有害废物清除；检查联邦项目对所在区域的环境影响，为州、地方及私人组织补助资金。

4. 各州环保机构

虽然美国环保署的机构遍布各州，但是每个州都设有自己的环境管理机构。各州的环境保护机构在美国环境保护中占有重要地位。

大多数关于污染控制的联邦法规都授权国家环保署把实施和执行法律的权力委托给经审查合格的各州环保机构。此外，各州环保机构和其他行政机关可以依据州的环境保护法规享有环境行政管理权。各州环保机构根据有关授权享有对违法者处以罚款的权力，对被管理者进行现场检查、监测、抽样、取证和索取文件资料的权力。

美国各州的环保署不隶属于国家环保署，而是依照州的法律独立履行职责。除非联邦法律有明文规定，州环保署才与国家环保署合作。各个州的环境管理机构向州政府负责，但是接受美国环保局区域办公室的监督检查。各个州的环境管理机构人员由各州自行决定，负责人、预算与国家环保署的机制相似，由州长提名、州议会审核批准生效。各个州的环境管理机构在执行环境保护政策过程中出现的冲突，由地方法院裁决。

制定环保法时，美国国会考虑由州政府承担重要责任。如果一个州的计划采用的方法和标准与国家环保署的一致，该州就会获得特许地位，即该州有权使用州的法规管理本州的有害废物。除了所采用的方法和标准外，该州还必须拥有足够的执法能力，以及向联邦政府提供信息的能力、举办听证会等能力。

然而，即使州的立法中采用与国家环保署完全相同的标准和方法，它也不能完全取代美国环保署在执法中的角色。

5. 地方（县市）环保机构

有些州的情况比较简单，由州环保机构在全州范围内直接进行环境管理，各个县市不设立任何环境机构。一些比较小的州往往采取这种建制，例如，特拉华州、华盛顿特区等。

有些面积比较大、人口比较多的州往往会在地方再设置相关环保机构，如加利福尼亚州、俄勒冈州等，州环保机构也派出分支机构对地方环保机构进行监督管理。

三、美国环境管理的主要特点

美国是典型的市场经济国家和法治国家，在其社会经济背景下，美国的环境管理具有以下特点：

（一）强化法律手段

正如市场经济必须依靠法律来规范一样，美国的环境管理也突出强调法律的规范作用。例如，美国是世界上第一个把环境影响评价制度以法律形式固定下来的国家。1924 年，联邦政府制定了《油污染法案》(Oil Pollution Act)，禁止向沿海水域排泄石油。1948 年，通过了《水污染控制法案》(Water Pollution Control Act)，法案主要授权州或地方政府处理当地的水污染问题，要求公共健康服务局(Public Health Service) 协调有关环境保护的科研、技术信息提供服务，只有跨州水域的污染纠纷由联邦政府解决。1965 年通过了《水质法》(Water Quality Act)，明确以立法的形式防止水质污染。

美国的《国家环境政策法》(NEPA) 指出，改善环境质量是联邦政府的责任，该责任主要体现为两个内容：一是规定了国家的环境政策，要求联邦政府的计划和活动都应做详尽的环境影响评价报告书；二是成立环境质量委员会 (CEQ)。

20 世纪 70 年代以来，美国联邦政府加强对污染管制的态度。在 70 年代以前，立法的前提是承认工业生产和社会发展必然造成对水体的污染，污染控制立法的目的是将污染程度限制在可接受的范围内。在 1972 年、1977 年和 1987 年三次关于污染控制法案的修正，规定了最终目的要达到水域的“零污染”，并提出首先实现“可垂钓，可游泳”的中间目标。

1970 年，美国通过了《洁净空气法案》(Clean Air Act)，其主要内容包括：从 1975 年起（后改为 1981 年）新出厂汽车的碳氢化合物及一氧化碳排放量要比 1970 年允许的水平减少 90%；规定了全国统一的空气污染标准，要求各州在 4～6 年期内达到此标准。对于故意犯可处以五万美元罚金及二年以下徒刑，任何公民或组织都可以投诉联邦法院控告造成空气污染的责任者（包括美国政府）。该法案还拨款 11 亿美元给州政府用于 3 年内空气污染的研究。

专栏 7-2

20 世纪 70 年代美国颁布的环保法案

1970 年《环境质量改善法》、《美国环境教育法》。

1972 年《联邦水污染控制法》、《联邦灭虫剂、灭鼠剂法》、《水生哺乳动物保护法》、

《噪声控制法》、《海洋管理法》、《海洋保护研究及禁渔区法》。

1973年《濒危物种法》。

1974年《安全饮用水法》。

1975年《有毒物质运输法》。

1976年《有毒物质控制法》、《资源保护和恢复法》、《联邦土地和管理法》、《国家森林法》。

1977年《清洁空气和水法》修订案。

关于空气污染，联邦政府定有两个标准：一是大气标准，二是排放标准。大气标准由国家环保署报国会指定的“清洁空气科学顾问委员会”审核批准后执行，每五年修改一次。此标准并非全国一样，对于工业化程度较低、因而污染较轻的地区有更严格的标准要求。但该标准却并未照顾到人口密度对污染限度的要求。理论上，人口密集处对空气洁净的要求应比地广人稀处的要求更严格些，因为空气洁净的效益显然与人口密度成正比，但联邦标准未考虑该因素。法案要求各州政府根据联邦标准拟订改进空气质量的执行方案，并严格实施。

噪声控制方面，1972年国会通过《噪声控制法》。法案的主要内容是规定了各种商品产生噪声限度的全国统一标准，包括飞机噪声、铁路及汽车噪声。其他方面的噪声控制，如生产及建筑过程中的噪声控制，则由州及地方政府处理。该法案规定，对违反噪声控制条例者可处以每天2.5万美元罚金或一年以内徒刑，屡犯者处罚加倍。居民可以向联邦地区法院起诉违反本法案的个人和团体，包括国家环保署。法案规定，州和地方政府可以取得联邦的技术帮助以制定和实施环境的噪声标准。

对于固体废物，1990年以来，美国政府实施了固体废物回收利用行动。1993年，当时的克林顿总统颁布了12873号总统令，要求各政府部门只能使用再生纸；1996年颁布的《含汞蓄电池管理法案》在全国范围内建立了生产者责任延伸制度，要求其生产者自行回收废旧蓄电池。美国各州和直辖市在加强固体废物管理上也采取了相应的行动。20世纪90年代中期，16个州制定了各种形式的回收利用企业税收优惠政策，9个州建立了饮料瓶的押金返还制度，13个州制定了新闻用纸回收标准。

（二）强调经济手段的运用

在美国，环境管理普遍而充分地运用了环境经济政策手段。环境经济激励政策或者基于市场的政策工具的使用，通过市场信号来改变企业行为，比通过限制诸如污染物控制水平或方法等直接的行政命令更加有效果。

(1) 财政援助及补助金、补贴

1980年的《固体废弃物处置法》明确规定：联邦有必要采取各种行动，包括财政与技术援助，指导能减少各种废弃物和不可利用废品产生的新工艺和改进工艺的发展，示范、推广以及提供既省钱又实用的固体废弃物处置办法。规定对废旧轮胎按标准进行处理的，国家给予相当于该轮胎购买价格5%的补助金。同时，资源回收系统对固体废弃物设施发放补助金作出了限制性规定，要求设施必须具有合理性、合法性、先进性，并规定补助金的资金总额占该工程费用的50%～75%。1974年，美国《大气净化法》规定，对大气污染控制机构和从事此类活动的其他有关机构、燃料和车辆减少排污的研究、大气污染防止和控制计划等提供技术服务和财政援助，并给予有关的机构与个人补贴。

(2) 税收刺激

为了改善环境质量，减少能源消费带来的环境问题，对太阳能利用者给予税收刺激。联邦政府的“1980年原油暴利税收法案”(Crude Oil Windfall Profit Tax Act of 1980)规定，从1979年12月31日起，太阳能使用者有权要求14000美元以上的税款用于补贴安装居民太阳能系统。州政府采用税收刺激方式有：①不动产税的免除，即从不动产价值中免去太阳能设备的价值，实际上减少了上缴州财产税的义务；②销售与使用税免除，允许太阳能装备在设备的销售与使用方面不向州和地方税收机关纳税；③收入税的免除，允许从个人收入中推算出太阳能家庭装备的费用给予免除；④收入信用卡，允许太阳能设备的费用不纳税而获得信用的收入信用卡。1989年，美国联邦政府为了履行《蒙特利尔公约》规定的国际责任，开始对含有氟利昂（CFCS）的商品征收消费税。

(3) 排污交易政策

这项政策激励工厂对容易控制、控制成本低的污染源多削减污染排放，而对那些控制技术要求高、控制成本交高的污染源则少控制或少削减污染物，同类工业部门和同一区域中各工业部门可以进行排污削减量交易或转让。“污染排放削减信用”是交易中的媒介，银行方面参与排放削减信用的保证贮存和流通。该政策的优势在于灵活地控制污染源，既使区域达到污染物排放总量标准的要求，又使得区域的污染治理总费用最小化。

1990年，美国制定了基于市场的环境经济政策——可交易的许可证制度，并计划将SO_2排放量在1980年水平上再削减1000万吨。美国环保署开始推动11个负有大量削减氮氧化物和颗粒物排放义务的汽车引擎制造企业之间开展排污信用的购买、储存和交易。

基于市场的环境经济政策在地方层面也得到了广泛应用。加利福尼亚州南部4个县建立了旨在削减污染物排放量的南海岸空气质量统一管理区。该管理区为削减洛杉矶地区的SO_2和NO_x排放量，在1994年1月份启动了可交易的许可证项目。据测算，该项目的实施可以为削减污染物排放量节省42%的资金。从1989年开始，在美国环保署的排放权交易项目框架下，加利福尼亚州、科罗拉多州、佐治亚州、伊利诺伊州、路易斯安那州、密歇根州、纽约州相继建立了针对NO_x和挥发性有机化合物的排污信用制度。

(三) 自愿性伙伴合作计划

1990年美国通过的《污染预防法》(The Pollution Prevention Act) 提出，工业界应从生产的源头预防污染产生。在此环境政策理念的引导下，企业开始主动在其经营中考虑环境因素，采取污染预防措施，并因此获得了巨大的经济效益。美国的自愿性伙伴合作计划(EPA′s voluntary partnership programs) 就是在这样的情况下产生的。

自愿性伙伴合作计划一般通过与其成员签订共同协议来执行。对于不同的计划，准入的标准以及参与所带来的效益各不相同。自愿性伙伴合作计划主要覆盖十一个领域：农业、空气质量、能源效率与全球气候变化、商品标签、污染防治、制度创新、部门计划、技术、废物管理、水和地区自愿计划。

这一系列的自愿性伙伴合作计划，促使环境管理模式逐步从强制性转变为鼓励性模式，以更灵活而有效的方式鼓励企业超越现行的环境规定和标准，取得更佳的环境表现和社会效益。

典型的自愿性伙伴合作计划包括33/50有毒化学物质削减计划、为环境而设计计划、绿色化学项目、绿光项目、能源之星计划、国家环境表现跟踪计划等。

1. 33/50有毒化学物质削减计划

美国环保署于1990年开始实施“33/50有毒化学物质削减计划（简称33/50计划）”，这是美国第一批环境合作计划之一。依据健康危害、环境影响、暴露几率、生产量和排放量、污染预防潜力等几项指标，33/50计划针对17种有毒化学物质包括苯、镉及其化合物、四氯化碳、氯仿、铬及其化合物、氰化物、二氯甲烷、铅及其化合物、汞及其化合物、甲基乙烷基酮、甲基异丁基酮、镍及其化合物、1,1,1-三氯乙烷、四氯乙烯、三氯乙烯、甲苯、二甲苯等的排放进行削减。根据1988年上报的排放清单（TRI），这些有毒物质的年排放总量达15亿磅以上。该计划确立了这17种有毒化学物质削减的目标：全国范围内总排放量在1992年以前减少33%，在1995年之前减少50%。

33/50计划允许企业根据其减少17种特定化学物质的环境排放量的潜在能力，自愿申请参加。共有1300个企业参与了33/50计划，计划2年之内削减1/3的目标化学物质、5年之内削减1/2的目标化学物质。

环保署以1988年的TRI数据为基准，评价企业取得的成就和由此带来的效益、计划的总进展和目标化学物质削减的总趋势。环保署给每一个参与33/50计划的企业颁发证书，该证书在企业界被普遍承认，当企业扩大生产而需要上新的生产线时，或者当企业销售新产品时，33/50计划证书可为企业赢得优先权。环保署对成效卓越的企业进行宣传，公众对此计划的认可更进一步加强了政府和企业完成削减目标的决心。

实践证明，33/50计划取得了巨大的成功，参与此项目的企业全部提前完成了削减50%的目标。这种非管制型和非对抗性的新方式，加强了政府与企业的合作，促进了环境问题的解决。同时，通过节约资源、废弃物回收利用、减少了废物排放，企业所要交纳的排污费大大减少，所承担的环境风险也大大降低，因此企业获得了明显的经济效益。这种政府与企业之间的自愿性伙伴合作方式显示了比传统的指令性环境管理措施更为有效的优势。

2. 为环境而设计计划

1992年10月，美国环保署启动了“为环境而设计计划”，与工业界、专业组织、州政府和地方政府、其他联邦机构，以及公众建立了自愿合作的伙伴关系，促进工业产品在设计的最初阶段就考虑环境影响，降低环境风险。

通过与贸易和工业部门的人员紧密合作，开发出一些评估和筛选方法，用以比较工业生产和产品的环境交易和风险。例如，美国环保署组织相关研究机构，开发了针对具有持久性、生物累积性和毒性（Persistent，Bioaccumulation and Toxic，简称PBT）的化学物质的分析软件，可进行大约5万种化学物质的PBT性质分析。企业在开发新的人工合成物质时，可免费用此分析软件评估产品的环境影响。

此外，该计划向商业部门提供为环境而设计所需要的信息，协助商业部门利用这些信息作出对环境有利的选择；并向从事重要工业化学品替代性合成途径研究工作的大学提供一定资助。

3. 绿色化学项目

“绿色化学”的概念是由美国绿色化学研究所等机构提出的，它是一种全新的、有别于传统化学工业的化学物质生产系统，从原料的选择到工艺的设计，都将减少或消除有毒有害物质的使用和产生，从根本上保障对人体和环境的安全。

绿色化学，在观念上将人们的视线从“环境”问题转移到“本质”问题，即从污染的表象深入到过程的实质，通过相应的一整套“绿色原则”，指导企业在化学品开发和生产的每个环节将可能的环境风险控制到最低水平。

1995年3月，美国环保署在与其他联邦机构、工业部门和学术机构的合作下，启动了绿色化学项目，通过自愿性伙伴合作方式，推动化学工业的污染预防进程。

例如：Bayer公司改进了亚氨基-双琥珀酸钠合成途径，生产原料为可生物降解的、环境友好的螯合剂，合成过程中不产生任何废物，并减少了有毒物质氰酸（HCN）的使用。Bayer公司因此荣获2001年度“替代合成途径奖”。

又如：PPG公司开发了一种含稀有金属钇的涂料，以阳离子电解沉降法，可以将此涂料覆于材料表面，它可替代含铅涂料，用于汽车的防腐层和雷管的电镀层。以质量计，新涂料毒性小于含铅涂料，而稳定性是含铅涂料的2倍。PPG公司因此荣获2001年度“设计更安全化学品奖”。

绿色化学项目有力地推动了美国企业实施清洁生产，企业参加该项目不仅可获得一定的补助金或奖励；更为重要的是，企业可获得巨大的经济回报。传统的污染型的企业如果不进行绿色革新，已很难在美国立足。

4. 绿光项目

美国的照明系统所消耗电力大约占能源消耗总量的25%，然而，用于照明设备的一半以上的电力是被浪费掉的。为此，美国环保署于1991年1月启动了绿光项目，鼓励政府部门、工业企业、商业部门及其他各类团体组织，将原有的照明系统改换为能源利用率更高的照明系统，从而降低能源生产所造成的污染（如一氧化碳、二氧化碳和氮氧化物的排放，洗涤废水和锅炉灰渣等废弃物等）。

项目参与者包括照明设备制造商、设备销售商、售后服务提供者、电力公司和照明管理公司等。绿光项目向参与者提供技术援助服务，帮助其改善照明设备，将节能信息告知广大用户。许多企业和团体参加绿光项目。至2000年，绿光项目已取得了突出的成就，通过降低电费和维修成本，该项目每年节约超过2.5亿美元的费用，每年削减超过45亿磅的温室气体排放量。

5. 能源之星计划

1992年，美国环保署发起的能源之星计划，该计划是美国环保署、美国能源部、制造商、地方团体及零售商之间的自愿伙伴合作计划。能源之星计划由一系列子项目组成，涉及建筑物、空调设备、办公用品、电子及照明产品等30多个领域。能源之星的标准由环保署确定，达到或超过该标准的产品可获准使用“能源之星”标志，目前“能源之星”已成为节能产品的统一标志。

例如，能源之星建筑物项目中，参加者将实施绿光项目推荐的照明系统，以及其他已被证实的预防污染和节约能源技术。建筑业主可获得更有利的投资机会，减少基建费用，树立负责任和积极合作的好形象；项目能够提高能源效率，减轻大气污染。

通过与7000个私人及公共团体的合作，能源之星已经在消费者中建立了一种有效利用能源的意识。每年因能源之星计划而节省的能源价值高达50亿美元，能源之星现已成为一种节约能源的有效手段。

6. 国家环境表现跟踪计划

国家环境表现跟踪计划（national environmental performance track program，NEPT）是美国国家环保署在2000年正式启动的一项自愿性伙伴合作计划。NEPT通过建立公/私合作伙伴关系，认可并激励环保业绩好的企业通过完善环境管理体系、社区宣传教育等方式自愿提高环境表现，超越环境法律、法规规定的环境要求。

申请加入NEPT计划的企业必须达到以下四项基本条件：已经采用并执行了一套环境管理体系（EMS）；证明环境业绩，承诺持续改善环境；承诺进行社区宣传教育和提交环境表现报告；应具有持续遵守环境法规的记录。

在企业自愿申请的基础上，国家环保署根据计划的要求来进行审定，对已达到国家环境表现跟踪计划项目的要求的企业，环保署将企业名单向社会公布，并允许这些企业使用与NEPT计划相关的标志，并给予企业一定的奖励，如减少环境方面的检查、提高企业知名度、促进相关法规的改进等。

国家环保署每年对一定数量的企业进行现场考察，参加计划的企业每年须向国家环保署及公众提交年度表现报告。当企业达不到承诺的要求时，或者企业在实施NEPT计划时出现重大违规事件，有可能面临被 NEPT 计划开除的危险。

由于 NEPT 计划能够促进工业界持续提高环境表现，密切企业与政府的伙伴关系，提高企业创新和竞争能力。美国环保署十分重视这个计划的推广。美国各分区环保署均设有一名计划协调官员，负责征募计划成员、核查企业申请材料和企业遵守法规的记录、协调环保署内部以及环保署与州之间的关系、落实奖励办法、现场考察、制订成员企业的合同条款。

（四）积极实行环境信息公开

美国环境管理政策中关于环境信息公开的措施日益增加，并取得显著的成效。1975 年颁布的《国家能源政策和能源储备法案》要求家电生产商必须在产品标签上注明该产品的能源使用效率以及一年内需要消耗的能量，要求汽车生产商必须在标签上注明该车辆的燃油效率。1986 年颁布的《应急规划和公众知情权法案》建立了有毒物质名录制度（TRI），要求企业必须向当地应急规划编制机构报告自己使用、贮存、排放有毒有害化学品的情况。政府通过信息收集和公开，为应急规划的编制和实施提供依据，同时也增加了企业排污行为的透明度，迫使企业改善自己的环境行为。

1992 年颁布《能源政策法案》要求白炽灯和荧光灯的标签上注明能源使用效率，淋浴喷头、水龙头、洁具应当注明水流量信息。1996 年开始，美国环保署要求蓄电池产品必须用统一的标记注明电池的类型。1996 年颁布的《饮用水安全法案修正案》要求所有饮用水供应组织必须向它的每个服务对象邮寄年度报告，内容包括水源地水质情况和各类污染物的污染水平。

第二节　欧盟的环境政策及其成员国的环境管理

欧洲联盟（European Union，EU）是目前世界上最强大的地区性国际组织。至 2012 年初，欧盟有 27 个成员国，在贸易、农业、金融等方面趋近于一个统一的联邦国家，而在内政、国防、外交等其他方面则类似一个独立国家所组成的同盟。欧盟内部大范围的环境政策合作是欧盟的一个主要政策议题。

一、欧盟的环境政策概况

欧盟的前身是欧共体(European Economic Community，EEC)，是由原欧洲共同体成员国家根据《欧洲联盟条约》(也称《马斯特里赫特条约》）组成的国际组织。它是一种新型的主权形式，也被称为超越国家性的区域主权。

欧盟在环境和资源保护的立法和行动方面作了大量的工作。早在 1967 年，欧盟就通过了有关危险物质的分类、包装和标识的环境指令。1970 年，欧共体提出了第一个环境口号是“环境无国界”(the environment knows no frontiers)。20 世纪 90 年代以前的环境法令主要关注危险化学制品的测定和标识、饮用水和地表水的保护以及控制空气污染，但各国并没有统一的环境政策。1987 年的单一欧洲法(the Single European Act）为环境保护提供了立法基础，确立了环境保护的目标：保护环境，保护人类的健康，谨慎和理性地利用自然资源(条款 130r)。1992 年，马斯特里赫特条约正式形成了欧盟法律里“可持续发展”的概念。1997 年，阿姆斯特丹条约把可持续发展列为欧盟的优先目标。于是，可持续发展和更高水平的环境保护成为欧盟承诺的未来发展所必须依据的原则，环境保护必须贯彻到欧盟的其他经济和社会的政策中。

欧盟的环境保护经过 40 多年的发展，经历了从各成员国自行负责到形成共同的法律和行动，从工业环境为主到全面生态环境的保护，从治理污染到主动预防，从国家到区域到全球行动的变化。无论是本区域还是全球范围的环境保护行动，欧盟变得更为活跃和日益重要。

（一）欧盟环境政策的决策机构

欧盟内处理环境事务的机构包括以下5个。

① 欧洲议会和欧盟环境部长理事会。欧洲议会的总部设在法国斯特拉斯堡，在布鲁塞尔和卢森堡设常设机构，议员由选民直接选举产生，参与制定法律，批准预算及监督联盟的活动。欧洲联盟理事会由成员国政府的部长组成，理事会主席每六个月依次由各成员国担任，在执行由委员会提议的法律时，该机构有决定权。欧洲议会和欧盟环境部长理事会共同享有欧洲环境政策的立法权。代表环境保护主张的绿党已经成为欧洲议会中的重要政治力量，并在决策层次上推动欧盟有关机构考虑环境问题，具有很强的影响力。

② 欧洲环境委员会。欧洲环境委员会负责起草欧盟环境法律并确保法律的执行。

③ 欧洲法院。欧洲法院总部设在卢森堡，是独立的司法机构。其职责在于确保欧洲条约的实施符合欧洲的法律。在环境事务上，欧洲法院负责解释欧盟的环境法律条款并受理有关环境问题的纠纷，在一些特殊情况下，也可以对欧盟决策机构是否将环境纳入其政策领域的问题进行司法审查。

④ 经济和社会委员会以及地区委员会。经济和社会委员会是一个咨询机构，代表雇主、工会和其他农业工人、消费者等特别行业集团。经济和社会委员会以及地区委员会在制定欧盟环境法律时，向议会、理事会和委员会提供咨询性意见。

⑤ 欧洲环保局。其任务是向各成员国提供欧洲整体的环境现状报告，收集有关环境质量、环境优先和环境易损性的信息，本身不具备环境调查能力，而只能依赖各成员国提供的信息开展工作。

（二）欧盟环境保护的原则

欧盟环境政策的目标是：重点要维持、保护和提高环境质量，保护人类健康及合理谨慎地使用自然资源。1997年《阿姆斯特丹条约》把可持续发展列为欧盟的优先目标，并把环境与发展综合决策纳入欧盟的基本立法中，为欧盟环境与发展综合决策的执行奠定了法律基础。

在环境与发展综合决策战略的指导下，欧盟环境保护遵守以下四个原则。

① 防备原则（precautionary principle），指如果科学上怀疑某种活动对环境可能产生不利影响，应该在不利影响发生之前采取预先防范措施，而不是等到科学上获得明确证据之后再采取补救措施。防备原则明确了科学不确定性与环境保护实际行为的关系，即当存在对环境造成严重或不可逆转的损害的威胁时，不应当以科学上没有完全的确定性为理由而推迟采取保护环境的措施。

② 预防原则(preventative principle)，指在预测认为活动可能对环境产生或增加不良影响时，事先采取防范措施，防止环境问题的产生或扩大，或把不可能避免的环境污染和环境破坏控制在许可的限度之内。

③ 源头原则(environmental damage should be a priority rectified at source)，即从源头上减少污染，在污染没有产生或形成之前，尽量避免或减少污染的产生。“源头”包括有可能产生废物（或污染）的产品开发、设计、生产、储藏、运输和管理等过程。

④ 污染者付费原则(polluter pays principle)，指对环境造成不利影响的污染者应当支付由其活动所形成的环境损害费用或者治理其造成的环境污染与破坏。

（三）欧盟环境管理政策体系

欧盟的环境政策可分为欧盟环境法律和非法律的欧盟环境政策文件。

1. 欧盟环境法律体系

欧盟作为重要的政府间区域组织，其环境法是当今世界最重要的区域性国际法，也是国际社会在跨国环境事务综合性立法的首次尝试。经过40多年的发展，欧盟法律体系已经相当完备，形成了一整套有机联系的法律体系。

欧盟环境法体系包括欧盟环境法、成员国国内环境法和国际环境法。

基本立法(primary community law）即欧盟赖以建立的基本条约，相当于国家的宪法，是欧盟最高层次的法律。具体来说，欧盟的基本立法包括：《巴黎条约》、《罗马条约》、《布鲁塞尔条约》、《单一欧洲法》、《欧洲联盟条约》和《阿姆斯特丹条约》。

在欧盟环境法体系中，宪法性规范即建立欧洲共同体或欧盟的基础条约，起着十分重要的根本性、指导性作用。例如，《单一欧洲法》和《欧洲联盟条约》中的"环境条款"（即第130r条）规定："①共同体的环境政策应该致力于如下目标：保持、保护和改善环境质量；保护人类（人体）健康；节约和合理利用自然资源；在国际一级上促进采用处理区域性的或世界性的环境问题的措施。②共同体的环境政策应该瞄准高水平的环境保护，考虑共同体内各种不同区域的各种情况。该政策应该建立在防备原则以及采取预防行动、优先在源头整治环境破坏和污染者付费等原则的基础上。环境保护要求必须纳入其他共同体政策的制定和实施之中"。

欧盟在其基本立法规定的范围内享有立法权，为完成基本立法中规定的任务和目标，欧盟各权力机构在其立法权限内制定了大量的法律，即二次立法(secondary community law)。二次立法主要有法规、指令和决定三种形式。其中，"条例"具有普遍而直接的适用性、具有全面的约束力，一经颁布即在成员国内发生完全的效力，成员国不得采取任何国内立法或行政措施变更条例的内容或变通实施。"指令"对每个成员国有法律约束力，但是留给成员国的国家当局以形式和方法的选择权。

欧盟通过辅助性原则、直接适用原则、优先适用原则和例外原则来协调联盟环境指令与各成员国国内环境立法之间的关系。

国际条约是指欧盟在其权限范围内代表成员国与其他国家或国际组织缔结的条约，条约对欧盟整体和各成员国均有约束力。

2. 欧盟环境行动纲领

欧盟环境政策文件主要是指不具备法律效力的环境政策建议(recommendation)、意见(opinion)、决议(resolution，如宣言、行动纲领）和其他文件等。

1973年通过的欧洲共同体第一环境行动纲领首次提出将环境问题纳入共同体其他政策领域。1983年通过的欧洲共同体第三环境行动纲领明确提出了将环境问题纳入到共同体的其他政策之中。1987年发布的欧洲共同体第四环境行动纲领对如何纳入作出了解释。这些环境法和行动纲领主要是依据1957年《罗马条约》中的两条规定：允许欧共体理事会通过指令来协调成员国国内影响共同市场运作的立法，赋予共同体为实现共同体的某一目标采取必要行动的权力。

在1993年颁布的欧盟第五环境行动纲领中，特别强调将环境要求优先纳入到5个政策领域，即工业制造业、能源、交通、农业和旅游。除了优先实施的5个政策领域外，纲领还指出欧盟的环境保护不能忽视的其他政策领域。

2001年3月，欧盟颁布了第六环境行动纲领《环境2010：我们的未来、我们的选择》，纲领指明了未来5～10年内欧盟环境政策的目标。纲领明确提出在4个领域（气候变化、自然和物种的多样化、环境与健康、自然资源和废弃物）内优先执行环境与发展综合决策，并确定了执行决策的具体措施。

2010年3月3日欧盟委员会发布了“欧盟2020战略”，该战略是继里斯本战略到期后，欧盟即将执行的第二个十年经济发展规划。该战略提出欧盟未来十年的发展重点和具体目标，并提出了欧洲未来经济发展的三大核心目标（表7-1）、五大量化指标和七大创新议程，其中的三项核心目标涵盖了欧洲社会经济发展模式中的创新、绿色能效、低碳等可持续发展理念，旨在推进欧盟结构改革、实现欧盟社会的全面可持续增长，对于中国可持续发展也具有借鉴意义。

表7-1 “欧盟2020战略”的三项核心目标

3个主题各自的优先课题目标	保护、保持及强化欧盟的自然资本
	使欧盟转变为高资源效率、高环境效率且具备竞争力的低碳经济
	保护欧盟民众远离环境压力和健康福利方面的风险
支持上述课题的4个有效框架	使欧盟环境法的利益最大化
	改善环境政策的科学基础
	确保针对环境及全球变暖政策的投资，保障合理的价格
	提高环境整合及政策的一致性
2个追加优先课题目标	强化欧盟城市的可持续性
	提高欧盟在地区及国际环保和全球变暖课题方面的影响力

3. 欧盟环境政策实施

环境行动纲领只规定了欧盟总体上的环保目标。欧盟主要通过联盟理事会立法，以环境指令的形式使环境目标具体化。环境指令只规定所要达到的具体环境目标，成员国可以自由选择各种环保措施，以实现指令所规定的目标。

在环境政策的实施中，欧盟在其赖以建立的基本立法中确定环境保护在各政策领域的法律地位；在环境行动纲领中确定欧盟在各时期（一般为5年）内环境政策指导思想和目标；在联盟层面上，主要通过环境立法实现环境目标。

考虑到各成员国的差异性，环境立法主要采取环境指令的形式。指令只规定欧盟所要达到的环境目标，将如何实现的问题交给各成员国的立法机构完成。多数情况下，欧盟留有立法的余地，以便各国的立法机构灵活贯彻欧盟的立法。成员国可以根据国情，灵活运用各种环境政策手段以达到指令目标。为了兼顾共同环境政策目标与地区的差异性，欧盟规定，在转化指令过程中成员国可高于或者低于指令目标的两种例外情况。

转化环境指令中对例外情况的规定在很大程度上解决了各成员国环境保护水平的差异。环境保护领域，走在欧盟前列的成员国如瑞典、荷兰等，可以根据例外原则采取高水平的环境保护，实施能够达到环境目标、更为有效的环境政策手段；这类国家的政策手段，随后会逐渐在其他成员国内推广，继而上升为联盟层面上的政策手段。实行高水平环境保护的成员国其环境保护政策是欧盟环境政策的先导。低水平环境保护的成员国在欧盟内部通过信息资源共享，借鉴其他成员国环境保护的经验，充分利用欧盟层面上已有的政策手段和保护措施（如生态标签、生态审计等），以最低的成本达到环境保护的目标。因此，环境指令可以说是给成员国划定了一个环境保护的底线，并为成员国提供了发展更完善的环境政策手段的广阔空间。

例外原则解决了成员国之间地区差异性的问题，但在指令转化过程中也会产生成员国内环境法律和欧盟环境法律间的冲突。欧盟在处理此问题时遵守直接适用原则和欧盟法优先适用的原则。遵守这两个原则有一个前提，即欧盟环境立法必须遵守辅助性原则。总之，无论是欧盟环境法律的制定，还是在成员国环境法律和欧盟环境法律发生冲突时所采取的处理原则，始终贯彻一个更好地实现欧盟的环境保护目标的宗旨。

（四）欧盟的主要环境法律法规

1993年，欧盟制定了《欧洲环境法模式》，以此作为各成员国在制定国内法时的参考。

以新的环境理念为目标的国际环境保护准则逐渐成为成员国国内环境立法的指导原理。

综合污染防治管理指令(Integrated Pollution Prevention and Control, IPPC)、环境影响评价指令(Environmental Impact Assessment, EIA)和战略环境影响评价指令(Strategic Environment Assessment, SEA)、《关于某些工业活动的重大事故危害的指令》(又称欧共体《塞芬索指令》)以及生态管理和审核规则(Eco-Management and Audit Scheme Regulation, EMAS)是欧盟环境污染管理和风险管理最重要的四大支柱法律。

IPPC 指令是欧盟环境法中惟一的综合治理产业污染源的指令，它通过企业操作许可制度来控制和减少各污染源的污染。该指令规定了对空气、水和土壤的污染管理中能源的使用、废弃物及事故防止等内容，并且对相应的设备实行操作许可认证。

EIA 指令对环境影响评价的范围（如明确规定在陆上焚烧废物、用土地填埋方法处置有毒和危险废物属于应进行环境影响评价的活动)、程序和公众参与等问题做了规定。SEA 指令是对政策、计划、程序进行战略环境影响评价，在以往的以产业为对象的环境影响评价的基础上，在决定过程中征求并加入一般市民的意见。SEA 指令的对象包括城市、农村的公共规划、土地利用、交通、能源、废弃物、水、企业（包含采矿业)、电子通信、旅游观光等战略的计划和程序。

《关于某些工业活动的重大事故危害的指令》是在意大利塞芬索地区发生一起重大工业污染事故后制定的。该指令明确规定：各成员国必须设立主管部门，向可能受事故影响的人群和公众主动提供关于安全措施和事故状况的情报；各成员国必须保证生产者采取一切必要措施预防和处理重大事故，包括向政府主管部门报告已经查明的现有危险、采取的安全措施、装备的安全设施，向工人提供的安全情报和安全培训。

EMAS 于 1993 年 6 月由欧共体部长委员会通过，1995 年 4 月生效。EMAS 规则以企业为对象，目的在于推动工业界自愿实施正式的环境管理体系以改进其环境表现。EMAS 是一个自愿采用的文件，但欧盟成员国都有义务执行这一法规，每一个成员国在该法规生效后的 21 个月之内必须指定一个独立的国家管理部门对法规的实施进行监督。2001 年 4 月开始执行新的 EMAS 规则，该规则的对象包括企业和地方公共团体。EMAS 规则要求参与 EMAS 的企业对外公开环境声明，包括环境管理体系状况、环境影响评价、有关环境数据和指标并定期对外发布环境报告书。

(五) 欧盟共同环境政策的内容

欧盟共同环境政策的内容，根据其所规范的环境要素的不同，可以分为废弃物、噪声、水资源与环境、空气质量、生物物种、危险化学品和能源利用等七个方面。

1. 废弃物管理

欧盟每年产生大约 22 亿吨固体废弃物，大约包括 1 亿吨的城市固体废弃物，13 亿吨的农业废弃物以及 8 亿吨的工业废弃物。欧盟的废弃物管理始于 1975 年颁布的指令 75/442 (纲要指令)，该指令明确了废弃物和废弃物处理的概念，要求成员国建立足够的、综合的废弃物处理装置，并提出了废弃物的收集、处理、回收和加工的管理要求。

从总体上说，欧盟目前对废弃物管理贯彻了三个原则：改进产品的设计，从源头上削减废弃物；鼓励废弃物的循环利用；减少废弃物焚烧所造成的污染。

2. 噪声

欧盟长期以来对噪声一直采取最高可允许噪声水平的控制措施，第五环境行动纲领提出了噪声登记制度和噪声削减计划。近年来，经济手段也逐渐成为欧盟进行噪声削减的重要措施，例如对购买或研制低噪声产品给予补贴、根据“污染者付费”原则对噪声征税、颁发噪声许可证等。1996 年欧盟通过了《绿色文件》，强调从源头上削减噪声、发展信息交换和在削减噪声计划中应加强力度，使政策保持连贯一致。目前，欧盟主要致力于运输工具、机械、家用电器、飞机以及机场建筑等方面的噪声削减，今后欧盟有可能在成员国建立共同的噪声标准，统一各国噪声削减措施并且为了达到共同噪声削减目标制订成员国共同的实施计划。

3. 水资源与环境

1975 年，欧盟议会发布命令要求成员国应采取必要措施，确保地表水质符合规定的用途。此后，欧盟颁布了一系列保护水资源的指令，概括起来主要涉及三方面内容：规定各种用途的水的水质标准；限制或削减工厂向水体排放污染物；预防海洋污染，保护北海、波罗的海和地中海的水质，防止陆地污染源对海水的污染。

4. 空气质量

1984 年以后，由于北欧国家和德国酸雨对森林的严重损害，欧盟开始关注空气污染。防治空气污染的政策成为环境管理的一个重点，并且被纳入欧盟环境政策中的特殊部分。目前，欧盟针对气体和粉尘排放共颁布了近 20 个法规和指令，形成了一个相当完善的防治空气污染法规体系，并且在欧盟的环境保护法规体系中占有重要地位。

专栏 7-3

排放交易体系

为应对气候变化，履行《京都议定书》设定的温室气体减排责任，欧盟建立了排放交易体系（European Union Emissions Trading Scheme，简称 EU-ETS)。EU-ETS 具体做法是，根据欧盟委员会颁布的指令，各成员国为本国设置温室气体排放的上限，确定境内受管制的企业名单，并向这些企业分配排放额度——欧盟排放配额（European Union Allowances，EUAs)。如果企业的实际排放量小于分配获得的排放配额，可以将剩余的排放配额放到排放交易市场上转让出售，获得利益；反之，企业必须到市场上购买排放权，否则会受到重罚。

EU-ETS 是世界上第一个多国参与的排放交易体系，覆盖了包括欧盟 27 个成员国和 3 个与欧盟有密切联系的欧洲国家，包括了近 1.2 万个工业温室气体排放实体。自 2005 年正式运行以来，EU-ETS 取得了巨大成就，是目前为止规模最大、影响范围最广的碳排放总量控制与配额交易系统。

5. 生物物种保护

通常在生物物种保护领域，较多的是跨国界的问题。欧盟作为一个整体，其生物物种保护的相关条例无疑比其成员国的各自为政，执行起来要更为坚决；同时从欧盟立法层次上看，较国际公约具有更强的约束力。欧盟关于生物物种保护的法令主要有野生鸟类指令 79/409、栖息地指令和 CITES 条例。

6. 危险化学品

1967 年欧盟制定了第一部危险化学品管理的纲要指令——《危险化学品分类、包装和标签指令》，并进行了多次修订。根据该指令及其修正案，欧盟将危险化学品定义为：“含有爆炸性、氧化性、易燃、可燃、剧毒、有毒、有害、腐蚀性、刺激性、对环境有危险、致癌、致畸、有诱变作用的化学品”。

经过长达十年的酝酿和努力，2006 年 12 月 18 日欧洲议会和理事会最终采纳了化学品管理新立法，即《化学品注册、评估、授权与限制条例》(简称 REACH 法规)。REACH 取代了欧盟原有的 40 多部有关化学品管理的条例和指令，成为一个全面统一的化学品注册、评估、授权和许可的管理立法，内容涵盖化学品生产、贸易及使用安全的方方面面。

7. 能源利用

2007 年，欧盟第三次能源改革揭开序幕。经过两年的酝酿，欧洲议会于 2009 年 4 月 22 日通过第三次能源改革方案，加强欧盟内部能源市场的新规则。2009 年 6 月 25 日，欧盟理事会一致投票同意采纳《第三次能源改革方案》，其中包括《2009 年可再生能源指令》、《关于建立能源监管合作机构的条例》、《关于内部电力市场共同规则及废止指令 2003/54/EC 的指令》、《关于内部天然气市场共同规则及废止指令 2003/55/EC 的指令》、《关于电力跨境交易网络准入条件及废止条例 1228/2003 的条例》、《关于天然气跨境交易网络准入条件及废止条例 1775/2005 的条例》等一批新的欧盟能源立法。

欧盟第三次能源改革方案通过修正、补充现有的条例和指令，一方面建立专门机构来加强欧盟各成员国能源管理机构的合作；另一方面进一步改革欧盟内部的电力和天然气市场，排除原有的反竞争行为，为成员国公民提供更公平的价格、更清洁的能源和更安全的供给等。

8. 欧盟 EMC、RoHS 与 VcEEE 及生态标签

环境规制措施所针对的对象可以划分为产品的生产排污、消费排污和废弃排污。欧盟 RoHS（电子、电气设备中限制使用某些有害物质的指令）、EMC（欧盟电磁兼容指令）及 WEEE（废弃电气、电子设备指令）分别规范机电产品的生产排污、消费排污和废弃排污。欧盟生态标签制度的规制对象同时包括机电产品的生产排污和消费排污。RoHS 要求在电子电气产品设计与生产时，不得使用含有六大有害物质的材料；EMC 规定了机电产品在消费（或使用）中所产生的电磁干扰排放量的最高限值；WEEE 则规定，对 2005 年 8 月以后出售到市场上的机电产品，每个生产者必须对自己生产的产品其相关废弃物提供处理资金；欧盟 1992 年出台的生态标签制度，允许厂商自愿为自己品牌的商品申请生态标签。要获得标签，不但须保证产品质量符合标准，而且生产、使用和处理过程亦应符合环保要求。

二、德国环境管理概况

（一）环境管理机构介绍

1986 年之前，德国联邦政府有三个部门负责处理与环境相关的问题，包括内务部、农业部和卫生部。1986 年 6 月德国联邦环境、自然保护与核安全部成立。自此，由该部门负责国家环境政策的制定和实施以及相关的环境管理。

德国联邦环境、自然保护与核安全部总部设在波恩，第二办公室设在柏林。总部共有雇员 830 人，并下设六个部门，分别履行如下职责。

① Z 综合理事会：负责行政管理，筹集资金，科研与合作协调，气候保护和可更新能源等方面的环境管理。

② G 综合理事会：负责战略性的以及与经济相关的环境政策的制定，跨行业的环境立法以及国际合作问题。

③ WA 综合理事会：负责水环境管理，废物管理，土地保护以及受污染区域管理。

④ IG 综合理事会：负责环境健康，污染输入控制，运输和装置安全以及化学物安全管理。

⑤ N 综合理事会：负责自然保护和自然资源的可持续利用管理。

⑥ RS 综合理事会：负责核安全、辐射防护以及核燃料循环。

联邦环境、自然保护与核安全部还包括三个联邦机构，即联邦环境局、联邦自然保护局和联邦辐射防护办公室。

① 联邦环境局：成立于 1974 年 7 月，旨在为联邦环境、自然保护与核安全部提供科学和技术支持，特别是在空气质量控制、噪声消除、废物管理、水资源管理、土地保护、环境化学以及环境健康问题等领域提供立法和行政管理规章制定的科学和技术支持。

② 联邦自然保护局：联邦自然保护局由原来的联邦自然保护和景观生态研究中心、联邦营养与森林局的物种保护委员会，以及联邦经济局的物种保护职能部门合并而成，成立于1993年8月。联邦自然保护局是联邦层次的自然保护和景观生态管理的核心科学研究部门，机构设立于波恩，并在莱比锡以及维林岛设有分支机构，共有雇员290名。其主要职能包括：为联邦政府提建议；为联邦的发展计划提供支持；批准受保护动、植物的进出口；进行研究，并把其研究成果公布于众。

③ 联邦辐射防护办公室：成立于1989年11月，现有650名雇员。该办公室负责《核能源法案》和《辐射防护法案》的执行，负责核安全、放射性物质的运输、放射性废物的处置管理以及辐射防护等方面工作。辐射防护办公室协助联邦环境、自然保护与核安全部执行其监管职能，并进行相关科学研究工作。联邦放射保护办公室设立四个部门，分别是放射卫生部门、应用辐射保护部门、核安全部门、核废物管理和运输部门。

联邦环境、自然保护与核安全部以陈述或专家意见的形式从几个独立的咨询机构吸取建议，最重要的咨询机构包括环境顾问委员会和全球变化咨询委员会。

（二）德国环境政策简介

德国环境政策的制定与实施以欧盟的指令、法规和标准为指导，其实施的基本手段包括环境法和规划手段、环境命令和控制手段（如禁令、许可证、标准、环境影响评价等）、经济手段（包括环境税、财政补贴）、志愿协议、生态审计等以及其他的环境政策手段，如提高公众环境意识，信息交流和环境教育等。

1. 环境法和绿色规划

德国的环境法以欧盟的基本原则、法律规范以及标准为指导。从20世纪60年代中期制定了第一部法律《保持空气清洁法》，此后相继制定了《垃圾管理法》、《三废清除法》、《环境规划法》、《水管理法》、《自然保护法》、《森林法》、《渔业法》等相关环境法规。

德国的环境法建立在三个基本原则基础上，包括“预防为主原则”、“污染者付费原则”、“合作原则”。“合作原则”是指一种工作框架，要求政府、企业、社会团体、公众参与解决有关环境与发展的各种问题，并规定联邦政府、各州政府以及各部门在公众参与的技术和人力资源上给予支持与合作。

德国绿色环境规划包括单项规划和总体规划，单项规划主要是针对某种特殊的发展目标，如废弃物处理系统规划、空气质量或废弃物管理规划；总体规划是针对某一指定区域的总体管理规划，如区域总体规划、土地利用规划、发展规划等。

2. 环境命令和控制手段

环境命令和控制手段主要指环境条例、环境标准以及环境影响评价（EIA）制度条例。如为了减少空气污染，联邦政府采取了一系列监测方法的条例和标准来控制污染排放和燃料质量，并同时执行欧盟设立的有关机动车的法律条文和标准。又如德国的废弃物处置标准，这是世界上最严厉的废弃物处置标准，由各州负责实施，相关的技术要求旨在最大限度地降低工业废弃物污染的排放量和污染危害。

3. 经济手段

德国环境政策中的经济手段受到欧盟法的影响，并独具特色。环境保护的融资途径主要有三种经费来源，即税收、非税收收入以及财政补贴。

环境收费主要包括废水和废弃物管理费，以及遵循排放控制法的许可证管理费。例如，废弃物管理费是根据废弃物中必须进行处置的有毒有害物质的毒害程度进行收费，该收入基本上用于研究开发预防和回收相关有毒废弃物的技术和方法，以及减轻和修复这些污染所带来的危害。收费的基本目标在于为公共设施服务筹集资金。

生态税革新法案中的能源税收是环境税收的典型例子。能源税收的主要目标是减少能源消耗和环境污染，以及提高就业率。能源税收收入用于非工资收入的阶层，包括抚恤金和养老金的使用。

财政补贴来自联邦政府用于环境保护的预算。德国的公共设施和公众福利在国民经济中占有极其重要的位置，政府有较大比例的财政预算用于公共设施和公众福利，包括环境保护方面。

4. 志愿协议

德国给予志愿协议优于法规的特权。相比其他环境措施，实施志愿协议可以达到更高的环境目标。志愿协议在德国的环境政策制定过程中影响日益重要。

志愿协议实际上是一种合同，通过一种市场机制来实现其目标，政府购买了企业达到政府目标的承诺、技术诀窍和保证，企业购买的是未来的可预见性、企业界的认识、一种有针对性的解决办法和一份君子协定。相比传统政策措施，志愿协议有更好的灵活性和可操作性，能够照顾工业部门内部的多样性，由各企业根据自身情况将协议纳入企业计划，实施并达到效果。同时，由于志愿协议统筹兼顾了经济问题和环境问题，它能够以最低成本达标，故有较高的经济效率，一般能减少行政管理费用和实施费用，并且可以增进各伙伴之间的高水平参与和信任。

志愿气候保护协议是典型的志愿协议，该协议是德国工业界最大的志愿协议之一。1995年，14个工业协会签署了工业界关于旨在保护气候变化的志愿协议。该协议计划在2005年以前将能耗或CO_2排放量削减20%（以1987年为基准年）。1996年，协议将1990年修改为基准年，2005年以前能耗或CO_2排放量削减20%。到1996年，该协议覆盖了德国工业界最终能量用量的70%以上和10万家企业，有19个工业协会参与。政府保证给予志愿协议优先权，在全欧盟都执行的CO_2能源税收情况下，对有关工业行业不追加税收。志愿气候保护协议有明显的环境和经济效益，1990年与1996年期间，协议涉及的工业协会使CO_2排放量削减了4200万吨，完成工业界志愿承诺的25%的目标。与此同时，该协议的推行对就业和经济增长并没有产生任何不利影响。

三、法国环境管理体制概况

（一）环境管理机构

1970年以前，法国的环保事务由各部门分散管理。为加强环保工作，1971年法国设立了环境部，标志着法国步入相对集中的管理阶段。

目前，法国环境管理体制有两大特点：其一，注重咨询与协调机构的建设；其二，由于法国系典型的大陆法系国家，极其注重环境管理体制的成文法建设。《法国环境法典》第一部分为关于环境管理体制的规定，政府环境管理机构包括以下几个。

① 未来人权利委员会。负责解决同联合国环境与发展会议所确立目标有关联的问题；每年提交一份年度报告，并提出建议。

② 长期发展委员会。负责制定长期发展的方针政策，向政府提出建议，以便在联合国环境与发展委员会确定的发展目标的范围内落实本国的方针政策；每年向政府提交报告。

③ 环境最高委员会。负责制定环境政策与方针；在政府制定国民经济发展规划时，提出咨询意见；就环境领域进行的研究和采取的行动向政府提出建议；对提交环境部长审批的、涉及全国利益的重大项目提出意见。

④ 环境跨部委员会。负责制定和协调政府的环保政策；制定将环境纳入国家政策的行

动纲领；检查各部的行动与环境政策的协调一致性；审查国家环境计划和行动纲要的年度报告。

⑤ 自然保护全国委员会。负责提出有助于实现保护野生动植物、国家公园、地区自然公园和自然保护区以及维持生态平衡等目的的建议；制定与此目的有关的法律、法规和措施；对在国家公园和自然保护区内进行科研工作的协调问题提出意见。

⑥ 环境部。下设行政管理和发展司、水务司、污染与风险防治司、自然与风景管理司、核设施安全司。该部门负责狩猎和淡水捕鱼的管理；地表矿开采的安全及管理；水体的保护、安全及管理；保护自然风光、风景名胜、海滨和山脉，协调公害防治的行动。在省一级，法国通过22个区域环境局以及省农林局、省卫生委员会履行相应的环保职责。区域环境局在地区行政长官的授权下，负责在当地执行国家制定的有关环保政策。法国环境部会对一些公共事务性机构进行监督和指导，其中包括各大区的水管局。此外，有一些咨询性机构附属于环境部，如国家水务委员会等。

⑦ 水资源管理机构。法国现行的水资源管理机构分为国家、流域和支流或次流域三级。国家级设置了：a. 国家水务委员会——负责对国家有关水的政策方针及法规文本的起草提供咨询，附属于环境部；b. 部级水资源管理委员会——由环境部、交通部、农业部和卫生部等有关部门组成，没有常设机构，主要负责制定江河治理的大政方针和协调各有关部门发生的纠纷等。

依据1964年的《水法》，法国将全国划为六大流域，并在每个流域设置流域委员会和水管局。水管局负责准备和实施流域委员会制定的政策和规划，为流域水资源环境的开发和保护提供技术咨询、调查和研究，向水资源使用者收取“用水费”和“排污费”，并通过补贴和贷款的方式鼓励和促进污染防治设施的建设和水资源的保护。

(二) 法国环境管理手段简介

1. 法律手段

法国政府和地方政府根据本国和本行业的具体情况，自1917年首次颁布与环境保护有关的法律以来，已经颁布了大量的有关环境保护方面的法律法规，建立了较为完善的环境法体系，其中国家制定的主要法律有20余部，此外，法国政府还制定了各种实施政令和条例。

2. 行政管理手段

法国的环境行政管理手段包括行政许可和环境影响（评价）审查两种政策措施。法国环境行政许可制度源于1917年，主要对象是一些危险或污染特别严重的设施或机构。1976年以来，法国所有的基础建设项目都必须进行环境影响（评价）审查，由具有评价资格的单位执行环境影响评价，并征询公众及有关团体的意见，最后由环保主管部门对其结果进行最终的审查。近年来，环境影响评价制度的执行越来越严格，而且评价技术和内容有很大变化，环境影响评价走向更高的层次。

3. 经济手段

为了确保实行严格的环境管理，政府越来越多地使用经济手段，如水和空气污染收费、垃圾污染税、补助金、损失赔偿等，各种排污收费和环境税费逐年增长，为具有重大环境与经济目标的环境保护规划提供坚实的经济支持。

例如，对清洁工艺实行鼓励政策。自1979年以来，法国环境部设立经济鼓励资金推动技术革新，补助新技术在研究和开发阶段的设计费用；减少污染的工业技术革新等。在新技术发展中，鼓励性援助费相当于投资的10%。除环境部外，其所属机构如经济流域局、全国废物回收与处理局以及空气质量局等都会资助减少水质、空气污染或减少废品的新技术与新设施。政府补贴或贷款方式，对减少水污染的清洁工艺给予10%～20%的补贴。另外，对公司用于控制空气和水污染的投资，可减收“调整税”，在特殊情况下清洁工艺作业在工程完成的第一年可减税一半。1984年法国工业对清洁工艺投资估计为5亿法郎。为促进工艺革新，减少生产带来的环境污染，法国政府设立了清洁工艺奖，鼓励使用清洁工艺和减少污染的示范设计方案，奖金可授予个人或组织、企业，奖金达5万法郎。

又如，对防治大气污染实行经济刺激政策。法国在1985年颁布的大气污染附加税是行之有效的经济刺激措施，它由热功率在50兆瓦以上的燃烧装置和每年排放2500吨SO_2或NO_x装置交纳，每排放1吨SO_2交纳130法郎，每年可收集到1亿法郎，以资助大气中SO_2排放物减少的投资费。这些投资费应用在按章纳税的装置上，10%的基金也用来资助脱硫技术的开发。这些资助是由环保部、国家和工厂三方组成的管理委员会提供的。

此外，国家权力机构利用财政特别手段支持直接或间接与大气污染防治有关的研究以及大气污染减少或监测技术的开发及推广。

经过不懈的努力，法国环境污染问题得到了有效的控制，各种污染物排放量逐年减少，大气环境质量得到明显的改善，主要污染物浓度常年低于欧盟环境质量标准和世界卫生组织推荐的指导值。1980年以来，法国是欧盟国家中对CO_2排放的控制效果较好的国家。

(三) 法国的水资源环境管理体制

法国现行的流域水资源管理是世界公认较为成功的模式之一。1964年，法国颁布了新《水法》，对水资源管理体制进行了改革，在从法律上强化全社会对水污染的治理，确定治污目标的同时，建立以流域为基础的解决水问题的机制。可以说，法国水资源管理的成功之处在于，遵循自然流域（大水文单元）规律设置流域水管理机构。

在国家层次上，环境部是负责水资源和环境管理工作的主要政府部门，它负责制定全国性的水管理政策及法规，制定与水有关的国家标准，以及审核流域机构水政策、监督水法规的执行情况。此外，国家一级还设立了国家水委员会，该委员会由环境部、交通部、农业部和卫生部等相关部门组成，设有常设机构，负责引导国家水政策的发展走向，起草法规及规章等。

法国按照全国水系划分为六大流域。在流域一级，各流域建立了流域委员会和流域水资源管理局（即水管局），对水资源进行统一的规划和管理。

流域委员会是流域水利问题的立法和咨询机构，其作用是增强水资源开发利用决策中的民主性，对流域长期规划和开发利用方针、收费计划提出权威性咨询意见。委员会的组成成员包括：用水户、社会团体的有关人士，特别是水利科技方面的专家学者代表；不同行政区的地方官员代表；中央政府部门的代表。流域委员会的主席由其组成成员选举产生。流域委员会是非常设机构，每年召开1～2次会议，通过一些决议。

流域水管局是具有管理职能、法人资格和财务独立的事业单位。

水管局由其理事会进行管理。理事会采取“三三制”的组织形式，即1/3的成员由流域委员会的地方官员委员中产生，1/3由用户和专家委员中产生，1/3由中央政府有关部门委员中产生，此外，还有1名理事来自水管局的职工代表。理事会按国家法令提名。

水管局作为流域委员会的执行机构，负责处理流域委员会的日常事务，包括：①制定流域水资源开发利用总体规划；②依法征收水资源、排污和用水费（以下统称为水费）；一般讲，流域管理局征收全部水费的20%左右作为公共收入用于投资流域内水资源的开发、利用和保护工程；③收集发布各种水信息，提供技术咨询服务。

在次流域级别，即市政水务管理。法国的水务管理在市镇范围内实现。法国法律规定，供水和污水处理是地方政府的责任。对于大的市镇，如巴黎，水务（包括供水、污水处理等）的经营和管理是在一个市镇范围内进行；对于小市镇，往往是几个相邻的市镇联合进行水务经营和管理。

市政水务管理有两种形式：①直接管理，即供水和污水处理由市政府直接组织经营和管理；②委托管理，即由私营公司进行经营和管理。但财产所有权仍归市政所有。

委托管理分两种情况：一种是租让，根据合同，经营者只承担资产的运营与管理，不承担固定资产的投资，不参与水价的制定，租让合同期限一般为12年；另一种是特许，这种合同下经营者不仅负责资产的运营与管理，而且要承担固定资产再投入，并参与制定水价，特许合同期限一般为20～30年。目前在法国大多数水务委托管理采用租让的方式。

20世纪90年代之后，由于私有化进程，水务的直接管理不到25%，委托管理占75%以上。政府直接管理的大都分布在偏僻地区或用户较分散的地区，其经济效益相对较差。

专栏7-4

跨境流域管理

——环境管理发展史上的第一座里程碑

一、背景介绍

莱茵河（Rhine）干流全长1320km，是欧洲继伏尔加河（Wolga）和多瑙河（Donau）之后的第三大河。流经瑞士、法国、德国和荷兰等国家，流域范围内还包括奥地利、卢森堡、意大利、列支敦士登和比利时等9个国家。莱茵河流域面积为18.5万平方公里，其中德国境内约10万平方公里，荷兰境内约2.5万平方公里。流域人口约5400万人。

莱茵河的支流很多，是重要的交通枢纽。它是世界上内河航运最发达的河流之一，从河口的鹿特丹至巴塞尔河段是世界上最繁忙的航运通道。荷兰鹿特丹港是世界上最大的海港，德国的杜伊斯堡则是世界上最大的内河港。多年来，沿莱茵河干流形成了6个世界闻名的工业基地，它们是巴塞尔-米卢斯-弗赖堡、斯特拉斯堡、莱茵-内卡、莱茵-美茵、科隆-鲁尔和鹿特丹-欧洲港区，分别是欧洲和世界重要的化工、食品加工、汽车制造冶炼金属加工造船和商业银行中心。

莱茵河流域的洪水问题十分突出，先后于1882～1883年，1988年，1993年和1995年发生了流域性大洪水。1993年和1995年的洪水中，沿莱茵河许多城市被洪水淹没。1993年的洪水造成荷兰沿河大堤溃决，约25万人被迫迁移，损失达数10亿欧洲货币单位。由于流域内土地开发利用、水利和航运基础设施建设的发展，天然洪泛区域不断减少，潜在的洪灾损失普遍增大。

另一方面，水环境问题也随着大面积的沿流域洪泛平原被开发利用而日益尖锐，水质从20世纪50年代末开始变差，导致沿河产卵繁殖的大马哈鱼死亡。到1971年夏天，在德国中部的美因茨河（Mainz）支流汇入莱茵河的河口到科隆（Cologne）段大约200km长的河段，鱼类消失。科布伦茨市（Koblenz）附近河水中的溶解氧几乎为零。与此同时，德国境内的河流水质污染又直接影响到下游的荷兰，使荷兰深受其害。

二、莱茵河流域国际协调与管理

早在19世纪中叶，莱茵河流域就设立了航运管理机构。由于20世纪50年代该流域水环境污染问题的出现，1950年7月在瑞士巴塞尔成立了“莱茵河保护国际委员会”，参与的国家包括荷兰、瑞士、法国、卢森堡和德国等五个国家，委员会的目的在于全面处理莱茵河流域保护问题并寻求解决方案。

该委员会成立初期仅为流域内各国政府和组织提供咨询和建议。尔后，该委员会逐渐发展成为流域有关国家部长参加的国际协调组织。1963年，在瑞士首都伯尔尼签署了《莱茵河国际委员会的框架性协议》，即《伯尔尼公约》，由此奠定了莱茵河流域管理国际协调和发展的基础。1976年，欧洲共同体委员会作为缔约方加入该委员会。目前为止，莱茵河流域保护国际委员包括欧共体在内共有6个成员国。

根据1999年签署的新莱茵河公约，莱茵河流域保护国际委员会的目标是寻求莱茵河流域的可持续发展，以清洁泥沙、防洪、生态保护以及改善北海水环境来保障莱茵河作为饮用水水源。莱茵河流域保护国际委员会的工作领域涉及莱茵河流域、与莱茵河有关的地下水、水生和陆生生态系统、污染和防洪工程等。其工作的基本原则是预防、源头治理优先、污染者付费和补偿、可持续发展、新技术的应用和发展、污染不转移等方面。

委员会为每年召开一次的流域各国部长参加的全体会议，决定重大问题。委员会决定的计划由各国分工实施，所需要的费用由各国各部门承担。委员会主席由各成员国轮流担任，每届任期3年。委员会下设一个常设机构——秘书处，负责日常工作。

莱茵河流域保护国际委员会的主要任务有四项。

① 根据预定的目标，准备国际间的流域管理对策和行动计划，以及莱茵河生态系统调查和研究；对每个对策或行动计划提出合理有效的建议；协调流域各国家的预警计划；综合评估流域各国行动计划效果等。

② 根据行动计划的规定，做出科学决策。

③ 每年向莱茵河流域国家提出年度评价报告。

④ 向各国公众通报莱茵河的环境状况和治理成果。

另外，莱茵河流域保护国际委员会还设有：①观察员小组，由政府间组织（如河流委员会、航运委员会等）和非政府间组织（如自然保护和环境保护组织、饮用水公司、化学企业食品企业等）组成，负责监督各国工作计划的实施；②技术和专业协调工作组，如水质工作组、生态工作组、排放标准工作组、防洪工作组、可持续发展规划工作组等。

三、莱茵河流域管理行动计划及其管理效果

莱茵河流域保护国际委员会在国际合作共同治理莱茵河流域环境污染和洪水问题方面，签署了一系列协议。签约国家协调一致，共同采取行动，完成协议的目标，对莱茵河的环境改善和流域管理起到了巨大作用。

主要的协议包括以下六项。

① 控制化学污染公约（1976年签署）。

② 控制氯化物污染公约（1976年签署）。

由于经费不足，导致逐步减少氯化物污染工作失败。1991年部长级会议签署了新的方案作为防治氯化物污染公约的附加条款，该公约因而成功实行。

③ 防治热污染公约（未签署，但已执行并达到了公约的目标）。

④ 莱茵河2000年行动计划（1987年9月莱茵河流域成员国部长级会议通过）。

该计划的特点在于，从河流整体的生态系统出发来考虑莱茵河治理，把大马哈鱼回到莱茵河作为环境治理和流域生态系统管理效果的标志。计划的实施分三个阶段：第一阶段确定“优先治理的污染物质的清单”，要求工业生产和城市污水处理厂采用新技术，减少水体和悬浮物的污染，采取强有力措施减少事故污染；第二阶段是决定性阶段，即所有措施必须在1995年以前实施，所有污染物质必须在1995年达到50%的削减率；第三阶段是强化阶段（1995～2000年），采取必要的补充措施，全面实现莱茵河流域生态系统管理目标。

⑤ 洪水管理行动计划（1998年1月第12届莱茵河部长会议通过）。

莱茵河流域各国的防洪战略集中在减轻灾害风险、降低洪水水位、增强风险意识和完善洪水预警系统4个方面。1998年1月22日，在荷兰鹿特丹举行的第12届莱茵河部长会议上正式通过了总额120亿欧元的“莱茵河洪水管理行动计划”。该行动计划的主要原则是通过水管理、城镇规划、自然保护、农业和林业、预防等综合措施解决洪水问题。

⑥ 2020年莱茵河可持续发展综合计划（2001年部长级会议通过）。

该计划在莱茵河2000年行动计划完成后正式实施。它是一个综合性的计划，包括改善莱茵河生态系统、改善洪水防护系统、改善地表水质和保护地下水4个相互关联的计划。根据这项新的行动计划，2020年，莱茵河流域通过沉积物管理计划将河道淤泥污染物基本去除；采用各种先进的技术，从根本上解决各种点源污染问题；真正实现“人-水共生存”的目标。

总体来说，莱茵河作为跨国性河流，在水环境保护上经历了“先污染、后治理”的过程。从莱茵河环境治理的经验中可以看出，河流一旦被污染后，治理的过程十分漫长，治理费用十分昂贵，河流生态系统短时期难以恢复。

莱茵河环境治理花费了近50年的时间，投入了大量的资金，在各国共同努力下，2002年莱茵河水质有了很大的改善，河水基本变清，污染排放也得到了有效的控制。1971年莱茵河的溶解氧饱和度有时低于40%，而现在已达到90%以上。

欧洲莱茵河流域内的9个国家，经济发展水平不平衡，莱茵河对各国经济发展所起的作用不相同。但是，流域内的各国都充分理解，流域整体目标为主的管理要求各国必须承担相应的国际性义务，并且能够在莱茵河流域管理行动计划中实现跨国和跨部门间的密切合作、共同规划和计划有效实施。这正是莱茵河流域环境治理成功的最关键原因。

第三节　日本的环境管理

第二次世界大战后，日本集中发展重化工业。由于缺乏有效的环境管理，日本的经济起飞过程中，环境公害事件此起彼伏、骇人听闻。20世纪世界八大环境公害事件有一半发生在日本，如骨痛病事件、水俣病事件、米糠油事件、四日市哮喘病事件等。经过社会的公害运动，日本形成了一个高效、负责的新三元结构的环境管理体系。政府、企业和公民在环保目标上达成一致。政府通过环境审议会与社会各界、企业协商制定政策，企业负责具体实施和进行自我管理，公众积极参与和进行社会监督。

一、日本环境管理体系

日本有关环境保护制度的始建于二次大战后的经济高速发展时期。经济高速发展导致了大量的公害性事件，许多地区的公害事件严重威胁到居民健康和正常生活。日本由此开始重视环境问题，从法律、行政、地方法规等多方面建立了较为完善的体系。初始，日本的环境行政由厚生省兼管。1971 年，日本设立了由总理大臣直接领导的专门机构——环境厅，逐步建立起以环境厅为核心的日本环境行政体系，以加强环境行政管理。

除环境厅外，日本还有其他 19 个阁僚级省厅中设立了专门负责处理环境事务的部门，在 47 个都道府县、12 个大市、85 个政令市（包括特别区）设立了行政机关，形成了完整的从中央政府到各级地方政府的环境行政组织体系。

在具体行使政府的环境管理职能时，地方政府发挥了先锋作用。由于日本实行地方自治制度，该制度使地方政府必须对当地的环境质量负责，否则选民就会通过选举使之下台。在中央政府和选民两股巨大压力下，地方政府颁布了更为严格的环境标准，与当地公司创造性地签订了“污染防治协议”，严格实施环境影响评价制度，取得了非常好的效果。

日本环境管理机关的主要职能包括：①制定环境基本法案；②在全国范围推行环境影响评价制度；③推进地区的环境保护事业；④继续推进公害防治计划；⑤推进有关尖端技术的环境保护措施；⑥研究、推行有关化学物质的安全性的政策、措施；⑦研究、推行在土地利用方面的环境保护对策，开展对已污染土地的修复对策的研究；⑧积极推行有关环境保护的广告、宣传、教育活动；⑨积极促进全球性有关地球环境的国际合作发展。

日本环境保护有三大工作重点：一是大气污染的防治对策，二是水质污染的防治对策，三是产业废弃物的处理对策。

二、日本环境管理的主要内容

日本环境管理手段主要依靠法律手段和经济手段。

1. 加强立法工作

日本早期制定了“工厂法”等治理有关公害问题的法规。1967 年日本通过了“环境污染控制基本法”，以法律的形式规定环境保护的基本政策和基本环境计划，明确中央和地方政府、企业和个人的责任。1972 年颁布了《自然环境保护法》。在环境污染控制基本法和自然环境保护法这两项基本法律的基础上，建立起较为健全、完善的两大法律法规体系。1993 年，考虑到《公害对策基本法》的缺陷，日本制定了《环境基本法》，将其作为综合性的环境保护基本法。另外，各地方自治体也编制了多种多样的公害防治协定作为补充。

20 世纪 70 年代日本逐步建立了环境影响评价制度等政策机制。80 年代，针对高科技和化学物质的污染等问题，日本政府开始实施以开发新能源为中心的新阳光计划、以节能为目的的月光计划和地球环境技术开发计划。20 世纪 90 年代，环境管理发生了观念革新，从经济优先转为经济与环境兼顾，政府颁布了环境基本法、节能法、再循环法，推动了日本的社会、经济和环境向可持续方向发展。

2. 采用经济手段

日本政府制定了一系列污染防治的经济奖惩措施及国家补助政策。如，规定与防治公害有关设施的固定资产税属于非课税，根据设备的差异，减免税金分别为原税的 2/3 和 2/5 等。1974 年日本《大气污染防止法》明文规定，“国家应努力对烟尘处理设施的修建改进提供必要的资金，技术建议及其他援助，以促进烟尘处理设施的整顿，防止大气污染”。《废弃物处理与清扫法》规定，国库应当按总理府会的规定，为市镇村修建垃圾处理设备及粪尿处理设施所需费用，以及处理因天然或者其他原因所产生的废弃物所需费用，提供部分财政补助；对修建一般废弃物处理设施，产业废弃物处理设施及其他废弃物处理设施提供必要的资金补助和其他援助。

三、日本强调政府在环境问题上的作用

日本环境保护事业取得了显著成绩，日本政府在其中发挥了重要作用。日本政府认为，环境问题不能单靠市场经济的机制来解决，政府的作用是必不可少的。

① 法律上明确政府的责任。在法律基础上的各种环境保护法令的制定，各项法律、法令的执行及措施，民间环境保护活动所必需的而又无力解决的设施的建设和管理，公共环保事业的推进，基础性调查研究和技术开发等，都由日本政府出资或出面协调解决。日本政府逐步推出一整套体系化的环境对策，其中包括有关公害受害的赔偿、公害纠纷的调停和解决、污染原因的民事责任追究、对公害受害者的公正的救济等，均由政府部门负责管理。

② 提高政府环境投资。日本政府环境保护经费逐年增加，1993 年有关环境保护的预算达到 1.73 万亿日元，比 1992 年增加 11%，其他财政投资融资对象机构的有关公害对策的费用达到 2.48 亿日元，比 1992 年增加 26%。

③ 提高环境意识。政府部门利用向公众公布环境形势、促进环境教育等手段，启发各阶层国民的环境意识，促进民间环保团体的建立和开展活动。其中，基础性的调查研究和对环境管理的行政监察占了很大比例。1994 年，日本出台《21 世纪议程行动计划》。随着循环型社会系统的确立，日本的资源和环境保护观念进一步提升，企业主动型治污理念的强化，使日本的环境保护事业快速发展。通过加强环境保护和实行资源集约使用，日本环境保护取得了显著成效，走出了“先污染后治理”的传统道路。

④ 推动国际合作。日本政府还承担有关环境问题的国际合作中多边、双边政府间合作事宜和推动民间国际合作活动发展的工作。

四、日本的“源头治理”

日本的源头治理主要包括产业结构从资源密集型向技术和知识密集型升级，能源结构从高硫燃料向低硫和脱硫化转化；更根本的是，该措施改变人们高生产、高消费、高废弃物的生活方式。日本的生活垃圾分类制度已经深入人心，对所有在日本生活的人都严格要求。地方政府会向在当地居住的居民发放相应语言的“丢弃垃圾指南”。例如，横滨的指引里就包括了英文、中文、韩文、西班牙文、葡萄牙文、塔加拉文、泰文、越南文和法文 9 种之多。2011 年 4 月版的分类指引中，覆盖了多达 10 小类近 40 种物品的详细分类方法（专栏 7-5）。举世闻名的“零废弃小镇”——日本德岛县上的上胜町，其分类物品已经多达 44 种。

专栏 7-5

横滨市垃圾分类及丢弃方法

分别种类与丢弃方法		主要对象物品
可燃垃圾	请装在半透明的塑料袋或有盖的容器里倒出	① 厨房垃圾（把水沥干）； ② 录像带、CD、玩具、脸盆、一次性打火机等塑料制品； ③ 小型家电制品（电话机、电饭锅等）（以塑料为主原料）； ④ 有碍再利用的纸（脏的纸；酸奶、冰激凌的纸盒容器；铝箔、里面贴有铝箔的纸盒）
不可燃垃圾	请用购买时的箱子或报纸等包好，写明品名后倒出	① 玻璃类； ② 陶器类； ③ 荧光灯、灯泡； ④ 化妆品、药品（内服药除外）的瓶子。 ※ 塑料盖属“塑料制容器包装”

续表

分别种类与丢弃方法		主要对象物品
喷雾罐	请将罐内完全排空后，装在半透明的塑料袋或有盖的容器里倒出	喷雾罐（桌上卡式煤气罐、喷发胶、杀虫剂等）：不要打洞，请在没有火源的安全场所将罐内的东西完全排出之后再扔掉。 ※ 塑料制的盖子，扔进塑料制容器包装里
干电池	装在半透明的塑料袋或有盖的容器里倒出	筒形的干电池：锰干电池、碱性干电池、一次性锂电池。 ※ 不能作为干电池倒出的物品：纽扣电池和充电式电池——回收协助店
塑料制容器包装	请适当清洗容器；冲掉污秽后，装在半透明的塑料袋或有盖的容器里倒出	印有塑料制容器包装的标签的物品，都属于本类物品。 ① 瓶类：洗发剂、洗涤剂。 ② 软管：蛋黄酱、牙膏等。 ③ 杯、袋类：布丁、鸡蛋塑料盒、便利店等的饭盒容器等。 ④ 托盘类：装新鲜食品的托盘。 ⑤ 网类：装蔬菜或水果的网袋。 ⑥ 盖类：塑料瓶等的塑料制盖子。 ⑦ 塑料袋、保鲜膜类：塑料袋、糖果零食等的包装。 ⑧ 缓冲材料类：装电器制品的泡沫缓冲材料。 备注：清洗内部，使其不残留任何物品；请去掉塑料以外的部分（金属、纸等）；在丢弃时请大家合作，将大的东西折成小的东西或用剪刀剪开重叠起来，且想办法将物品的体积压扁缩小。 ✓ 容器包装：指盛放商品的（容器）或包装商品的（包装）、商品取出（使用）后不用的东西。 ✓ 不能作为塑料制容器包装倒出的物品：塑料制品；录像带、CD、玩具、脸盆、一次性打火机等（可燃垃圾）。 ✓ 去掉塑料制容器包装的污物：将蛋黄酱等软管类容器里面的东西全部挤出用完后倒出，不必水洗；托盘、杯子、瓶子类等容器，请尽量利用洗碗后留下的水简单冲洗或擦掉污物
罐·瓶·塑料瓶	除去盖子（塑料瓶除去标签）、清洗内部，将罐·瓶·塑料瓶一起装在半透明的塑料袋或有盖的容器里倒出	① 装食物或饮料的罐和玻璃瓶。 ② 装饮料、酒、甜料酒、酱油、贴有（PET1）标签的塑料瓶。 备注：罐不压扁；塑料瓶压扁；除去盖子和标签，扔进塑料制容器包装。 ※ 不能作为罐、瓶、塑料瓶倒出的物品：油漆罐（小型金属类）；化妆品或药品（内服药除外）的瓶（不可燃垃圾）
小型金属类	倒出时，除盖子等细小物品外不要放入袋内	未满 30cm 的金属制品：锅、水壶、烤面包机、油漆罐、刀具类、伞骨、金属衣架、电饭锅内的里锅等；刀具等危险物品，请用厚纸包好并写明品名。 ※ 含非金属成分较多的物品，请放入可燃垃圾
废纸（请优先向自治会、町内会、儿童会等实施的《资源集团回收》倒出）	分类后，用绳子绑紧倒出（其他纸张，请装在纸袋或半透明的塑料袋里倒出）	① 报纸、杂志、硬纸板、纸盒（洗净之后剪开晾干然后用绳子捆成十字形；内侧有铝膜的是可燃垃圾）； ② 其他纸张，包装纸、记录本、切纸机处理后的纸、糖果等的纸箱、购物收据、纸袋等。 ※ 不可丢弃的物品→可燃垃圾（下列以外的纸类请全部作为废纸倒出）：脏的纸（比萨饼的纸箱、汉堡包的包装纸等）、铝箔纸、内侧贴有铝箔的纸袋、复写纸、印花纸（烫印用的热敏转印纸）、感热泡沫纸（用于点字等在加热时就会凸起的纸）、酸奶和冰激凌等的纸盒容器。快餐面的纸盒、容器、洗衣服的纸盒容器、肥皂的包装纸
旧布、衣类（请优先向自治会、町内会、儿童会等实施的《资源集团回收》倒出）	请装在半透明的塑料袋里或有盖的容器里倒出	洗后晾干，请装在半透明的塑料袋里 此类物品被雨淋湿后会发霉，导致无法重复使用等，因此请在下一个收集日送出，或利用资源回收箱等。 ※ 脏的、破的以及含填充棉的物品属于可燃垃圾

续表

分别种类与丢弃方法		主要对象物品
大型垃圾	请贴上大型垃圾标签并于指定日期倒出(申请制;收费处理)	超过30cm以上的金属制品及其他超过50cm以上的制品(塑料制品、木制品)为对象。 ※ 电视机、电冰箱、电冰柜、空调、洗衣机、衣类干燥机等不作为大型垃圾收集,委托购买此商品的销售店或者新购商品时的销售店回收;如果不清楚,请向横滨家电回收再利用推进协会联系。 ※ 电脑不作为大型垃圾收集;个人电脑由制造商回收,请直接申请;自配置电脑可向"电脑3R推进中心"联系。 ※ 50cm以下的主要由塑料制成的小型家电制品(收录音机、打印机等)属可燃垃圾

资料来源:http://www.city.yokohama.lg.jp/shimin/koho/lifeguide/zh-s/25garbage.html

第四节 新加坡的环境管理

新加坡共和国国土面积仅为648平方公里,城市建成323区平方公里,人口380多万,是一个典型的小国,同时也是一个真正的国际大都市。有效的环境管理使新加坡的环境质量良好,环境空气质量完全符合美国环保署的"国家环境空气质量标准"和世界卫生组织(WHO)的空气标准;海岸水域完全适用于水上娱乐活动,河域有鱼。其成功的环境管理经验值得城市管理者借鉴。

一、新加坡政府环境管理机构

2004年9月成立的新加坡环境与水资源部(Ministry of the Environment and Water Resources,MEWR)负责该国的环境管理事务,其前身为1972年成立的环境部。环境与水资源部下设国家环境局(National Environment Agency,NEA)和公用事业局(Public Utilities Board,PUB)两个法定机构,分别负责环境保护和环境基础设施建设。国家环境局和公用事业局大概分别有4000人和3500人。

国家环境局下设环境保护署、环境公共卫生署、气象署、政策与规划署、3P(People,Private,Public)网络署、人力资源署和机构事务署等部门。国家环保局负责污染防治和环境卫生管理,具体包括污染源监管、危险废物和有毒废料的管制、污水和垃圾收集处理、餐饮单位的环境卫生、环境公共卫生服务、环境教育、气象服务等工作。

公用事业局负责全国的水源管理和供水管理、废水收集处理和回用、洪水控制和废水系统建设等业务。

二、强化环境立法和执法

新加坡环境部负责执行49部法律与条例,法律(Act)由国会通过,条例(regulation)由各部部长批准。主要法律包括:《环境公共卫生法》、《环境污染控制法》、《污水道和排水道法》、《虫害与农药控制法》、《传染病法》和《食品销售法》等。

一般会有相应的条例与法律配套实施。如,《环境污染控制法》是一部关于空气污染预防与削减的法律;配套的条例有《环境污染控制(建筑工地噪声控制)条例》用于规定建筑工地允许排放的噪声水平标准;《环境污染控制(有害物质)条例》用于控制有害物质的运输、储存、供应、进出口等;又如,《环境公共卫生法》内容涵盖噪声污染、公共清扫、固体与有害废物处置、食品业控制、基地控制、火葬场控制及游泳池控制等,有12部条例与之配套实施。

新加坡的法律实施中，规定违法者将受到刑罚、行政处罚和民事处罚三种法律制裁。

① 刑罚。由检察官在法庭上对违法方进行控告，可以判处罚金和监禁。罚金一般较轻，如环境公共健康法规定的最高罚金为2000美元，环境污染控制法的为5000美元。法庭一般较少采用监禁的制裁方式，所以刑罚在在新加坡的环境管理中作用不太重要。

② 行政处罚。行政处罚是相对而言较为有效的方式。环境部可以采取的行政措施包括控制土地使用和许可证，以及发出行政令和通知。如改过工作令（corrective work order）要求违法者穿上统一服装到海滩捡拾垃圾，此处罚卓有成效。

③ 民事处罚。要求污染者赔偿因清洁所污染的环境或损坏环境设施的费用。

三、新加坡的环境政策简介

新加坡的环境保护工作重点强调空气、水、固体废物、有害物质以及放射性废物方面的保护、管理和控制。如，空气环境管理方面，主要是要求保持空气洁净、控制可能造成的污染。对某些可能引起空气污染的工厂，限制其指定地点建设，并要求其气体排放符合公布的标准；至于水环境管理，要求所有市政和工业废水都必须排入公共排放系统。工业废水按规定进行预处理后排入公共系统。如果不符合排放标准要求，当事人或机构将面临增加征税等处罚性措施。

环境部组织一系列计划来推进环境、卫生和安全政策，例如，绿色计划—2000年行动方案、清洁河流教育计划、生命之绿计划、废物循环利用计划、绿色标志计划等。此外，在制定和执行环境政策时，新加坡保持与国际相关机构的广泛联系，包括参加联合国环境规划署、国际劳工组织和世界卫生组织和东盟环境与劳工合作框架等国际组织。同时，新加坡很重视国际组织的环境标准，把它们作为方针来参考。

在政府部门依据系统的法令法规体系实行严格管理的基本框架下，政府通过多种灵活的活动形式有效地促进环境政策的实施。如：通过专项计划和环境运动吸引公众广泛参与；加强宣传教育以增进公众环境意识；通过奖励和惩处措施加强环境政策力度；鼓励环保科技和环保产业；以及培养应付突发环境问题的能力等。

第五节　国外环境管理趋势

现代意义的世界范围的环境保护事业开始于20世纪60年代。随着经济社会的不断发展，特别是随着世界经济一体化和环境问题向全球化扩展，环境形势发生了多方面的变化，许多新的环境问题涉及社会经济、文化等各个层面，如气候变化和生物多样性问题，仅靠单一的命令强制方式已经远远不够了，需要采取综合社会、经济、技术、文化和环境诸多方面的战略和政策措施，甚至需要改变生产和消费方式，改变社会文化才能取得长期效果。环境问题的日益严重、人与自然的共生共存的关系遭到了前所未有的威胁是促使环境管理发展的动力，而科技进步和人类思想的发展促进了环境管理的发展。

经半个世纪以来的发展，环境管理从无到有、从简单到完善，至今已成为结构复杂且功能集成的大系统。由最初的就事论事，逐步走到由政府通过制定法律法规和技术标准，采取行政控制方式进行管理。随着经济社会的不断发展变化，环境管理的范围不断扩大，从最初的城镇垃圾和污水问题，到全球气候变化问题；管理方式从采取末端技术处理措施，到力求改变生产生活方式和社会文化；从传统的政府直接控制，到政府、企业和民间社会的综合调控。

总体来看，为了应对越来越复杂的环境问题，有必要建立更加综合、更加有预防性和更加富有社会参与性的新的环境管理机制和模式。纵观国外的环境管理实践及其发展历程，不同的国家环境管理各有特点，但也体现出现代环境管理发展的共同趋势，那就是，在强调政府发挥主导地位的同时，重视利用市场经济手段和重视发挥公众参与的作用，重视环境保护的区域合作，从而形成更有效的政府引导、市场推动、公众广泛参与的环境管理模式和机制。

一、政府在环境保护中的基础性作用越来越强

可持续发展强调经济与环境决策的一体化。一些国家开始制订预防为主的、综合性的、对各部门具有指导作用的环境计划。环境保护成为政府发挥公共管理职能的重要领域，政府在环境管理中的基础作用越来越凸显。

1. 环境保护是成为政府公共管理的重要领域

从理论和社会实践上讲，环境保护是公共管理的重要领域，是一种“公共物品”、“公共服务”，自由市场机制难以有效提供这种服务。社会经济运行中，市场失灵导致了一系列环境问题，需要市场的外部干预。大多数情况下，由政府实施的干预才能控制或者解决环境问题。因此，即使在市场经济条件下，环境保护依然是政府的一项重要职能。

政府在环境保护方面所发挥的基础性作用，主要体现在确定环境保护目标、编制发展规划、制定相应政策、法律、制度、标准等，并依照法规进行有效监督。政府充当游戏规则制定者和游戏裁判者的角色，是任何个人和组织不可替代的，是维护市场经济正常运行的基本保障。

2. 环境管理纳入综合决策机制

环境问题的综合性、复杂性及其地域性等特点决定了高效的环境管理必须设置跨部门、跨区域、高规格的环境管理协调机构。事实上，国外的许多实践也证明了这种跨部门、跨区域、高规格环境管理协调机构的设置对环境保护管理的有效开展起着不可估量的重要作用。

在环境与经济决策一体化方面，荷兰是走在前列的国家。从20世纪80年代末以来，荷兰的每届政府都要制定环境政策规划，用以指导本届政府各部门的立法、规划及其他政策措施。法国为了确保在各部委环境领域的协调工作，环境部通过代表总理的环境部际委员会行使协调职能，具体负责政府各部之间在环境领域工作的协调与配合。

跨区域的环境管理机构主要有两种类型：一是以美国、俄罗斯、加拿大为代表的分区环境管理机构；二是以新西兰、法国、韩国、加拿大等为代表的流域环境管理机构。跨区域环境管理机构一般是作为环境管理主管部门的派出机构或直属机构，人员编制属于环境管理主管部门，以独立于地方政府开展工作。

外国环境保护机构的设置遵循了综合决策的原则，通过提高环境保护机构的地位，增加环境保护机构的职能以及建立各种环境保护协调机制等，落实环境与发展的综合决策。

3. 环境保护机构的改革和完善

近年来，很多国家的环境保护机构地位得到了提升，同时，环境主管部门的职责范围与管理权限也随之拓宽了，人员编制也逐步增加。加大资金投入是国家环境保护管理机构重要的运行保障之一，许多发达国家环境保护主管部门的资金预算呈逐年上升之势。

例如，1970年日本的公害防治总部改为环境厅，环境厅的职能既包括防治公害，还增加了促进对自然环境的保护以及协调各省、厅相关环保工作的职能。2001年1月，环境厅升格为环境省，除了继续履行环境厅原有的职责外，增加了对固体废弃物实行统一管制的职能。此外，环境省与其他省共同管理某些领域的事务。环境省成立以来，人员总数由最初的

501人增加到2001年的1311人。日本环境保护机构资金预算也一直在稳步上升，从1985年度的430亿日元增加到1999年度的860亿日元。2000年，环境厅增加了废弃物处理设施的配备与维护职能，该部门的预算额猛增到2591亿日元。2001年环境省的预算进一步增加，达到2770亿日元。

二、市场机制和经济手段在环境管理中的运用不断扩展

在环境保护领域充分发挥市场机制的作用，经济手段已经成为环境管理发展的一个重要方向。通过市场价格机制的作用，将环境外部性内在化，是解决环境问题的一个有效途径。此外，污染控制、环境设施运营、自然资源管理等方面，基于市场的政策措施通常更有灵活，使环境管理更富有经济效率。西方国家的实践表明，运用一些综合性的环境经济手段，可以有效地抑制有害于环境的生产和消费，同时减少复杂的行政监控措施及其行政费用，例如，排污权交易、温室气体排放补偿、环境税等。

1. 建立和健全以税费为核心的环境经济政策

首先，加强排污费征收和管理，按照排污费标准略高于平均污染治理成本的原则，逐步提高收费标准，可以改变廉价购买排污权的状况。开征环境税，对于资源消耗大，特别是能耗大、水耗大、污染重的行业和企业征收环境税；对于稀缺资源征收资源税；对符合循环经济要求的建设项目和产品，在贷款和税收上给以优惠待遇等。对重点行业，制定有利于环境保护的经济政策。对高能耗、高水耗工业产品制定市场准入标准。

例如，德国“污染者付费”的环境政策十分成功，20世纪90年代初，为减少原德意志联邦共和国各州的空气污染排放，德国制定政策使污染者承担污染排放的所有费用，这些措施实施后取得了良好的效果，有效地控制了空气污染。

2. 积极推行排污交易，实现环境资源资本化

利用市场机制，把“环境”看作是“资源”，实行环境容量资源化、资本化和产权化，以降低环境保护成本。国际社会现在开展的CO_2排放交易清洁生产机制（CDM），就是典型的例子。排污交易政策可以实现用比较少投入、实现既定的污染物减排目标，如美国二氧化硫排放交易。

3. 大力推进污染治理市场化

当前应把城市环境基础设施建设与运营作为推进市场化的重点领域。对政府新建，包括已有污水处理厂和垃圾设施，以合同方式交给企业实行商业化运营；或以TOT（转让-运营-转让）方式盘活资金；在有条件的地方采用BOT方式（建设-运营-转让）建设新的污水处理厂或垃圾场。实践中有大量案例表明，污染治理市场化可以减轻政府财政压力，加快环境基础设施的建设，有很好的社会和环境效益，应大力推行。

企业污染治理市场化。专业化治污企业承包运营污染治理设施，或从治理方案、设计、工程施工、建成后的运营实行全过程的承包服务；工业园区，可由专业化企业实施污染集中处理。

运用市场机制，多渠道筹集资金、发行市政债券等，也都应积极探索。

扩大市场经济手段的应用，可以为加快环境治理提供了更多保障，是对传统环境管理模式的开拓和发展。但是，市场经济手段不可能自发地产生，需要政府引导和规范。

三、环境管理中的社会调控制度不断强化

由于传统的政府直接控制方式存在的不足和弊端，20世纪90年代后陆续出现了一些新的环境管理思潮和管理制度，发展和建立起以公众参与、自愿协议、信息公开等制度为基础的社会调控制度与机制，社会调控成为政府、市场之外环境保护的重要的力量源泉。

1. 公众广泛参与得到普遍认同和高度重视

随着经济社会的不断发展和公众环境觉悟的逐步提高，公众参与逐渐成为一种重要的环境管理途径，在越来越多的国家备受重视。广泛动员社会力量，积极参与环境保护，建立和完善在环境保护政策、规划制定和开发建设项目评估过程中的公众听证制度，既可维护公众的环境权益，也是环境保护工作中协调利益关系的一种有效机制。公众参与日益成为一种有效的环境管理社会调控机制。

近年来，环境保护的民间组织（NGO）在环境管理中发挥越来越重要的作用。他们广泛开展保护环境的宣传、监督社会经济活动中的环境破坏行为、对社区和更大范围内的开发建设规划和活动提出建议等，成为推动生态环境保护的重要力量。

公众参与环境保护的程度，是国家民主政治的反映，是衡量一个国家、地区环境保护能否做好的重要标志。只有在充分尊重公民环境权益的社会环境下，才能调动起公众广泛参与的积极性。国际社会把国家的重视、工商界的大力支持和公众的广泛参与，作为环境保护的三大支柱。许多国家在法律中都做出保障公众广泛参与环境保护的规定。我国在环境法中也有对公民的权利的规定，比如健康权、知情权、检举权、参与权等。

2. 环境信息公开手段逐步得到运用

环境信息公开是指政府、公众团体或个人将获取到的相关环境信息以一定的形式向企业管理者、企业雇员、消费者、投资者、非政府组织和社区公众等利益团体公开。通过环境信息公开，可以将社区和市场的激励机制引入到污染控制中来，是一种经济而富有成效的环境管理手段。

企业环境行为信息公开，是按照规定的指标体系和程序对企业的环境行为进行综合评级，将企业环境行为的优劣程度通过一定方式向社会公开评判结果，使社会获取企业环境行为信息，企业接受社会公众监督的一种制度。环境信息公开能够强化企业信用经济的观念，通过评价企业环境信用等级并向社会公开，激励与监督企业的环境行为。

政府的环境信息公开，是提高环境管理和环境信息的透明度，可为公众了解和监督环保工作、参与环境管理提供必要条件。例如，1987 年，美国环保署的有毒化学品排放信息库开始公开中等以上公司的有毒物品年排放量。有研究表明，被认定为重污染的企业在信息公开后的第一天平均损失 410 万美元的股票价值。1997 年的研究表明，由于环境问题在股票市场损失最大的公司，后来用于污染治理的投资也最多。

3. 自愿性管理手段的推广

一般来说，命令和控制手段（包括环境资源法律法规、标准、行政命令等）是各国环境管理的重要支柱手段。除继续实施强制性措施——主要指对法规的遵照执行外，各国政府更多地在开始倡导和运用鼓励性方式，鼓励企业实现比现行环保法规标准更高的环境表现，于是催生了自愿协议的环境管理方式。这种自愿协议不仅能调动起企业的自觉性和主动性，而且可以降低环境成本。自愿性管理倡导在政府和企业之间建立合作伙伴关系，成为西方国家广泛运用的一种重要环境管理方式。

西方国家推行自愿协议方式已有二三十年的历史。越来越多的国家开始采用自愿性的环境管理措施/计划，通过政策倾斜和优惠、给予补助或奖励金，或颁发相应证书/标志等措施，鼓励企业和各行业在自愿的基础上参与特定的自愿计划/志愿协议，以实现政府制定的环境管理目标。

自愿协议有多种形式：有的由企业自己编制、有的由企业与政府有关部门联合商定、也有由企业与政府和 NGO 共同商定、企业与 NGO 商定等。其中，企业与政府共同商定的协议约束力最高。典型的做法是：自愿协议包括具体的环境目标和实现目标的时间表，以及签约方的责任与义务。在企业实现协议目标以后，经政府有关部门评估认可，政府给予企业相应的鼓励（如奖状、环境标识、新闻媒体的宣传等），甚至是资金补贴，企业由此获得直接或间接的经济效益；如果违约，企业将受到约定的处罚。自愿协议实际上是一种交易，大多数情况下，自愿协议等同于合同。自愿协议涉及多个领域，如工业、交通运输、建筑业、商业、城市公用事业、农业等。其中，工业和能源领域占有最大的比重，例如美国的绿色化学项目、为环境而设计计划、绿光计划、能源之星计划、责任与关怀计划等。在欧盟国家中，废物管理、空气污染、气候变化、水污染、臭氧层保护和土壤污染是自愿协议的重点，如德国的志愿气候保护协议等。

相比强制性的措施，自愿性管理手段更为灵活有效，能够达到更好的环境表现和社会效益。一方面，企业、行业可以根据自己的实际情况和需要选择参加这些计划，在微观层面上有更好的可操作性基础。自愿性手段的推广在尊重企业自主选择的基础上，调动企业主动改善环境表现的积极性，使企业能够自觉地在生产经营中考虑环境因素，在保护环境的同时提高自身的创新能力和竞争能力，因此在长远和整体的角度，企业可以获得巨大的经济效益。另一方面，这些计划除了有相应的鼓励措施外，配套有跟踪和检查监管手段以及惩罚规定，能够有效地保证措施的实施。

四、环境管理的区域合作不断加强

环境问题的扩散性和溢出性，使全球环境问题越来越突出，环境问题已经影响到世界各国的人体健康、国家安全及经济增长。环境保护成为了区域合作发展的重要内容，尤其是全球性环境问题的日益突出，保护地球环境需要全球共同努力和协调配合。

1. 合作成为解决环境问题的重要原则

在德国，“合作原则”是其环境法的三大基本原则之一。美国国家环保署也将“合作原则”列为七大战略指导原则之一。“合作”是一种工作框架，环境问题的广泛性和复杂化使得环境问题的解决需要所有相关方面的共同努力和积极参与；换言之，政府、企业界、社会团体和公众参与解决环境与发展的有关问题。

合作机制要求管理部门提供相应的制度安排、信息沟通和便利条件，以利于社会各界广泛而有效地参与到环境保护的工作中，这对于有效解决广泛存在而又日益复杂的环境问题是至关重要的。

2. 环境保护成为区域性和国际性合作发展的主题

国际环境问题的日趋政治化、经济化使各国开始密切关注全球环境问题，把环境外交作为外交工作的一个重点内容。各国都普遍加强对全球环境问题的管理，加强环境问题的国际沟通和合作。

例如，日本为了在环境外交中掌握主动权，当年的日本环境厅（现“环境省”）于1990年10月在日本国立环境研究所专门设立了全球环境研究中心。日本环境厅升格为环境省后更强化了这方面的职能。环境厅地球环境部升格为地球环境局，新设了防止地球温暖化对策课，扩编了人员。此外，环境省新设“地球环境审议官”，在有关防止全球变暖的国际谈判中发挥了积极作用。

2003年2月，联合国环境规划署理事会第22次会议暨第四届全球部长级环境论坛会议上，包括中国代表团在内的100多个国家的高级官员、联合国有关机构、国际组织、学术界、工商界、非政府组织的代表参加会议。来自100多个国家的环境部长们共同承诺，将采取进一步行动遏制全球环境恶化的趋势，使人类走上可持续发展的道路。

联合国关于禁止生产和使用危害环境的12种持久性有机污染物（POPs）的《关于持久

性有机污染物的斯德哥尔摩公约》要求有 50 个国家批准的情况下才能生效。2004 年 2 月，法国成为第 50 个批准该公约的国家，公约在 2004 年 5 月 17 正式产生法律效力，在法律上对缔约国起约束作用。2004 年 11 月为止，POPs 公约已有 151 个国家签署、83 个国家批准。

近年来，我国的环境管理发展中逐渐显现了以上的一些趋势。如，经济手段日益广泛的应用，在我国两控区电力行业开展 SO_2 排放交易，在淮河等重点流域逐步开展 COD 排放交易；公众参与逐渐增加，成为环境影响评价的一个重要环节。我国各级地方政府同企业签订的环境保护责任书，虽然带有一定行政色彩，但从规定双方责任和义务的角度来看，也包含了一些的自愿协议特征。

思考题

1. 简述美国环境管理的体制。
2. 简述美国自愿性伙伴合作计划的开展情况。
3. 简述欧盟环境管理的原则和环境政策的内容。
4. 举例说明就德国环境管理中经济手段的应用及其效果。
5. 简述日本环境管理的特色及其对我国的借鉴作用。
6. 国外环境管理的趋势是什么？对我国有什么借鉴意义？

第八章　全球环境问题的管理

现代意义上的环境问题始于自18世纪西方工业革命。到20世纪60年代，环境问题主要表现为各国工业区、开发区的局部污染损害和自然资源破坏；随着科技发展和生产力的扩张，20世纪60年代后期至80年代的20多年间，环境问题从地域化开始向国际化方向发展，引发了不断加剧的国内和国际的环境纠纷。20世纪80年代以后，经济全球化和区域经济一体化的不断推进，环境问题呈现出两种演变过程：一方面，过去几个世纪发达国家在发展过程中对生态环境破坏的影响仍然存在；另一方面，发展中国家大规模开发和利用自然资源，导致大量的污染物排放以及生态环境的破坏。虽然各国都采取相应的对策措施，但由于污染物的长期积累和生态系统的逐渐破坏，在地域化的环境问题仍将长期存在的同时，环境问题也正朝向全球化的方向演变。

第一节　全球环境问题概况

全球环境问题是指超越一个以上主权国家的国界和管辖范围的环境污染和生态破坏问题。一般来说，全球环境问题的出现主要有两个原因：一是源于不同国家和地区的环境问题在性质上具有普遍性和共同性，如生物多样性锐减、水资源短缺、森林破坏等；二是源于某些国家和地区的环境问题，其影响和危害具有跨国、跨地区乃至影响全球环境状况的后果，如酸雨污染、有毒化学品和危险废物越境转移、臭氧层破坏等。全球环境问题具有影响范围的广泛性、成因的普遍性和危害的严重性等特点，解决全球环境问题需要全球共同行动。特别是20世纪50年代以来，科学技术的突飞猛进大大提高了人类利用自然和改造自然的能力，全球环境问题也随之变得越来越严重。联合国列出了以下威胁人类生存的全球十大环境问题。

一、全球气候变化

气候变化是指气候平均状态统计学意义上的巨大改变或者持续较长一段时间（典型的为10年或更长）的气候变动。气候变化的原因可能是自然的内部进程，或是外部强迫，或者是人为地持续对大气组成成分和土地利用的改变。

《联合国气候变化框架公约》（UNFCCC）第一款中，将“气候变化”定义为：“经过相当一段时间的观察，在自然气候变化之外由人类活动直接或间接地改变全球大气组成所导致的气候改变”。UNFCCC因此将因人类活动而改变大气组成的“气候变化”与归因于自然原因的“气候变率”区分开来。

由于人口增加和人类生产活动规模越来越大，人类生产、生活活动中向大气释放的二氧化碳（CO_2）、甲烷（CH_4）、一氧化二氮（N_2O）、氯氟碳化合物（CFC）、四氯化碳（CCl_4）、一氧化碳（CO）等温室气体不断增加，大气的组成发生变化。二氧化碳等温室气体过度排放，大量吸收地面长波辐射，于是气候有逐渐变暖的趋势。全球气候变化的具体表现包括更高频率的暖天气和极端天气出现。近100多年来，全球平均气温经历了“冷—暖—冷—暖”两次波动，总体呈上升趋势。20世纪80年代后，全球气温明显上升。1981～1990年全球平均气温比100年前上升了0.48℃。有科学研究证据表明，导致全球变暖的主要原因是人类在近一个世纪以来大量使用矿物燃料（如煤、石油等），排放出大量的CO_2等多种温室气体。自1750年以来，大气中的二氧化碳浓度上升了31%。全球变暖会使全球降水量重新分配、冰川和冻土消融、海平面上升等，危害既有的自然生态系统平衡，也会威胁着人类的食物供应和居住环境。专家预计，到2025年全球平均气温将上升1.5～4.5℃。预测在未来100年内，世界海平面将上升1m，干旱、洪水、风暴将会频繁发生。

为控制温室气体排放和气候变化危害，联合国环境规划署和世界气象组织于1988年建立了政府间气候变化小组（IPCC）。1992年，联合国环境与发展大会上，154个国家签署了《联合国气候变化框架公约》（简称《公约》），旨在将大气中温室气体浓度稳定在防止发生由人类活动引起的、危险的气候变化水平上。此后，1997年在日本举行《公约》第三次缔约方大会上通过《京都议定书》，2007年的联合国气候变化大会通过了“巴厘路线图”，以及2009年哥本哈根气候大会、2010年墨西哥坎昆气候大会和2011年德班气候大会等，推进了气候变化问题上的全球合作。

二、臭氧层破坏

在地球大气层近地面约20～30km的平流层里存在着一个臭氧层，其中臭氧含量占这一高度气体总量的十万分之一。臭氧含量虽然极微，却具有强烈的吸收紫外线的功能，能够挡住太阳紫外辐射对地球生物的伤害，保护地球上的一切生命；同时能将能量贮存在上层大气，起到调节气候的作用。

然而，人类生产和生活所排放出的一些污染物，如冰箱空调等设备制冷剂的氟氯烃类化合物和其他用途的氟溴烃类等化合物，以及氮氧化物、一氧化碳、甲烷等几十种化学物质，都能够对臭氧层产生破坏。它们受到紫外线的照射后可被激化，形成活性很强的原子，然后容易与臭氧层的臭氧（O_3）作用，使之变成氧分子（O_2）。这种作用连锁般地发生，臭氧迅速耗减，使臭氧层遭到破坏。

南极的臭氧层空洞是臭氧层破坏的一个最显著的标志。到1994年，南极上空的臭氧层破坏面积已达2400万平方公里。南极上空的臭氧层是在20亿年里形成的，而在过去一个世纪里被破坏了60%。北半球上空的臭氧层也比以往任何时候都薄，欧洲和北美上空的臭氧层平均减少了10%～15%，西伯利亚上空甚至减少了35%。科学家警告说，臭氧层破坏的程度远比一般人想象的要严重得多。

臭氧层破坏对地球生命系统产生极大的危害，直接危害人体健康。有人估计，当臭氧层中O_3浓度减少1%，地面紫外光辐射将增加2%，将导致皮肤癌发病率增加2%～5%。此外，白内障发病率也会增高，对人体免疫系统功能产生抑制作用。同时，紫外光辐射的增大也会对动植物产生影响，危及生态平衡。臭氧层破坏还可能导致地球气候出现异常情况，带来气象灾害。

为了保护臭氧层，联合国环境规划署采取了一系列的国际行动，号召和组织了有关保护臭氧层的国际公约谈判。1985年，在奥地利首都维也纳召开的“保护臭氧层外交大会”上通过了《保护臭氧层维也纳公约》，并于1988年生效。该公约目的是采取适当的国际合作和行动措施保护臭氧层，标志着保护臭氧层国际统一行动的正式开始。1987年通过了《关于消耗臭氧层物质的蒙特利尔议定书》，该议定书提出了控制消耗臭氧层物质（ozone depleting substances，ODS）的全球生产和使用的长期和短期战略，确定了主要消耗臭氧层物质淘汰时间表，使全球保护臭氧层迈出实质性的步伐。1990年、1992年、1997年和1999年分别通过了议定书的《伦敦修正案》、《哥本哈根修正案》、《蒙特利尔修改案》和《北京修正案》，逐步对议定书内容进行实质性的补充，比如建立多边基金、帮助第五条国家淘汰ODS

的使用和生产等。

2010 年，联合国发布了《2010 年臭氧层消耗科学评估》。该报告认为，由于国际社会采取了有效措施，人类排放到大气中的氟利昂等消耗臭氧层物质的总量开始下降，大气臭氧层损耗速度出现了减缓的迹象。但大气臭氧层的恢复将是一个漫长的过程，仍需各国长期合作采取有效措施。

三、酸雨蔓延

酸雨是由于空气中二氧化硫（SO_2）和氮氧化物（NO_x）等酸性污染物引起的 pH 值小于 5.6 的酸性降水。酸雨的危害主要有：① 破坏森林生态系统，改变土壤性质与结构，抑制土壤中有机物的分解，使土壤贫瘠，植被破坏，影响植物的发育；② 破坏水生生态系统，酸雨落在江河中，造成大量水生动植物死亡。由于水源酸化致使金属元素溶出，对饮用者的健康产生有害影响；③ 腐蚀建筑材料、金属结构和文物等。

酸雨在 20 世纪 50、60 年代最早出现于北欧及中欧，当时北欧的酸雨是欧洲中部工业酸性废气迁移所致。70 年代以来，大部分工业化国家采取各种措施防治城市和工业的大气污染，其中一个重要的措施是增加烟囱的高度，这一措施虽然有效地改变了排放地区的大气环境质量，但使大气污染物远距离迁移的问题凸现，污染物越过国界进入邻国，甚至飘浮很远的距离，形成了空间范围更广的跨国酸雨。多年来，全世界对于矿物燃料的使用量有增无减，受酸雨危害的地区进一步扩大。目前，全球的三大酸雨地区为西欧、北美和东南亚。

1972 年，瑞典政府向联合国人类环境会议提交报告《穿过国界的大气污染：大气和降水中硫的影响》，酸雨问题引起各国政府关注。1986 年 5 月，在肯尼亚首都内罗毕召开的第三世界环境保护国际会议上，专家们认为，酸雨现象是严重威胁世界环境的重大问题之一。国际社会为解决酸雨问题做出了很多努力，如 1979 年在日内瓦举行的联合国欧洲经济委员会的环境部长会议通过了《长程越界空气污染公约》（convention on long range transboundary air pollution，CLRTAP），该公约 1983 年正式生效，是多国合作、共同应对酸雨问题的一个里程碑。1999 年欧洲国家、美国和加拿大共同签署了《哥德堡协议》，提出了大气污染物的减排目标。各国为控制硫氧化物和氮氧化物排放，实施一系列包括原煤脱硫技术、优先使用低硫燃料、改进燃煤技术、烟气脱硫和开发新能源等措施。如，美国能源部在 20 世纪 80 年代把开发清洁能源和解决酸雨问题列为中心任务，从 1986 年开始实施清洁煤计划，许多电站转向使用西部的低硫煤。日本、西欧国家比较普遍地采用了烟气脱硫技术。

在中国，20 世纪 80 年代，酸雨主要发生在西南地区，至 90 年代中期，酸雨区发展到长江以南、青藏高原以东及四川盆地的广大地区。我国的三大酸雨区包括西南酸雨区、华中酸雨区和华东沿海酸雨区。目前，为实现相关的减排目标，我国实施了烟气脱硫、淘汰电力行业中的小型低效发电装置、调整能源结构等措施。

根据《全球环境展望 5》（global environmental outlook-5，GEO-5），CLRTAP 的成功实施使 1980～2000 年期间的全球二氧化硫排放量降低了大约 20%。但是，2000 年以前，欧洲和北美洲是全球二氧化硫排放的主要国家，其排放量占全球总量的大部分；2000 年以后，东亚地区的二氧化硫排放量占较大比例。比如，2005 年在中国硫沉积超过临界负荷的土壤范围超过国土面积的 28%，主要集中在东部和中南地区。

四、水污染和淡水资源危机

地球表面虽然 2/3 被水覆盖，但是 97% 为无法饮用的海水，不到 3% 是淡水，其中有 2% 封存于极地冰川之中。在仅有的 1% 淡水中，25% 为工业用水，70% 为农业用水，只有很少的一部分供饮用和其他生活用途。

人口增长、工业化和城市化给水资源和水环境带来巨大压力。20世纪里，全球人口增加了两倍，人类用水量增加了五倍，全球有12亿人用水短缺。城市生活、工业、交通、及其他服务业的水污染物排放对水环境造成严重污染。根据2012年联合国教科文组织发布的第四期《世界水资源开发报告》（world water development report，WWDR)，全世界超过80%的废水未经收集或处理。地下水作为人类用水的一个重要来源，全球近一半的饮用水来自地下水。然而，一些地区的地下水源开采已达到临界极限。城市超量开采地下水，造成污水倒灌、沿海城市海水入侵、地下水受到污染等诸多问题。同时，大规模城市化使得地表硬质化，减少地表水的渗透，地下水得不到足够的补充，破坏自然界的水循环。

另一方面，地球上可利用的淡水资源分布与人口分布不一致，如亚洲人口占全球人口的60%，但只拥有世界水资源的36%；南美洲人口占全球人口的6%，却占有26%的水资源。淡水资源空间分布不均匀，以及水资源浪费和污染等诸多因素共同作用，致使全球缺水现象十分普遍，全球淡水危机日趋严重。

随着地球上人口的激增，生产迅速发展，水已经变得比以往任何时候都要珍贵。一些河流和湖泊的枯竭，地下水的耗尽和湿地的消失，不仅制约了全球的社会和经济发展，甚至还给人类生存带来严重威胁，影响生态系统的平衡和稳定。合理利用水资源，成为人类可持续发展的当务之急，而节约用水是水资源合理利用的关键所在。

五、大气污染

大气污染是指大气中污染物浓度达到有害程度，超过了环境质量标准的现象。凡是能使空气质量变坏的物质都是大气污染物。从大气污染物的产生源看，有自然因素和人为因素两种，并且以人为因素为主，特别是工业生产和交通运输所排放的大气污染物。按其存在状态可分为两大类：一类是气溶胶状态污染物，气溶胶状态污染物主要有粉尘、雾、降尘、飘尘、悬浮物等；另一类是气体状态污染物，主要有以二氧化硫为主的硫氧化合物，以二氧化氮为主的氮氧化合物，以二氧化碳为主的碳氧化合物以及碳、氢结合的碳氢化合物。随着人类科技和生产的不断发展，大气污染物的种类和数量变化着。大气污染的主要因子为悬浮颗粒物、一氧化碳、臭氧、二氧化碳、氮氧化物、铅等。

大气污染给人类的生产和生活带来严重影响。首先，大气污染将导致人们健康受损。在低浓度空气污染物的长期作用下，可引发上呼吸道炎症、慢性支气管炎、支气管哮喘及肺气肿等疾病。冠心病、动脉硬化、高血压等心血管疾病的重要致病因素之一也是空气污染。癌症，尤其是肺癌的多发，更与空气污染有密切的关系。另外，大气污染还会降低人体的免疫功能，从而诱发或加重多种其他疾病的发生。根据世界卫生组织估计，每年全球因空气污染有310万人过早死亡。

大气污染对农业、林业、牧业生产的危害也十分严重。一般植物对二氧化硫的抵抗力都比较弱，少量的二氧化硫气体就能影响植物的生长机能，发生落叶或死亡现象。在一些有色金属冶炼厂或硫酸厂的周围，由于长期受二氧化硫气体的危害，树木大都枯死。工厂排出的含氟废气除了污染农田、水源外，对畜牧业也有很大的影响。

城市往往是大气污染的中心。城市化使水泥、沥青等人工建筑代替了土壤、草地、森林等自然地面，产生城市热岛效应，城市中心往往成为空气污染最严重的地方。由于城市工业及交通运输业多以化学燃料作为主要能源，大气中二氧化碳、二氧化硫和光化学烟雾污染日趋严重。美国洛杉矶的光化学烟雾事件、英国伦敦烟雾事件、日本四日市酸雾事件都发生在大城市中。

根据GEO-5报告，大多数发达国家已成功将其大气颗粒物浓度和含硫含氮化合物的浓度降低到接近或是达到世界卫生组织（world health organization，WHO）的指导水平。但在非洲、亚洲和拉丁美洲的许多城市，颗粒物浓度水平仍远高于 WHO 的指导水平。人们日益认识到气候变化、空气质量和平流层臭氧层耗竭是彼此密切相关的问题。解决污染源问题可以影响其排放的不同气体和颗粒物水平，带来包括气候和空气质量等多重效益。当前的挑战是找到将解决污染源问题的、效益最大化的方案，并推广实施。

六、生物多样性锐减

物种灭绝本是一种自然现象。在过去的两亿年中，每 27 年中有一种植物从地球上消失，每个世纪有 90 多种脊椎动物灭绝。现今地球上生存着 500 万～1000 万种生物。一般而言，物种灭绝速度与物种生成的速度应是平衡的。

农业和基础设施发展、过度开采、污染和外来入侵物种导致的栖息地丧失和退化，使得生物多样性的压力持续增加。2000～2005 年，世界丧失的森林面积达 1 亿公顷。自 1980 年以来，红树林丧失了 20%、全球珊瑚礁减少了 38%。根据 GEO-5 的数据，自 1970 年以来，脊椎动物种群平均减少了 30%，某些类别中高达 2/3 的物种面临灭绝威胁。

生物多样性的丧失已成为人类面临的全球范围的环境问题。物种灭绝将对整个地球的食物供给带来威胁，对人类社会发展带来的损失和影响是难以预料和挽回的。为了保护生物多样性和可持续利用，1992 年的联合国环境与发展大会上，150 多个国家签署了《生物多样性公约》。《生物多样性公约》有三个主要目标：保护生物多样性；生物多样性组成成分的可持续利用；以公平合理的方式共享遗传资源的商业利益和其他形式的利用。该公约要求签署的国家承担起保护生物多样性的责任，建立健全的管理体制，开展生物多样性保护的研究。同时，教育人民合理地利用生物资源，走上持续发展的正确道路。《生物多样性公约》的缔约国在 2010 年 10 月通过了《2011～2020 年生物多样性战略计划》，提出了五个战略性目标，以实现“到 2050 年，生物多样性受到重视、得到保护、恢复及合理利用，维持生态服务，创造一个可持续的健康的地球环境，所有人都能共享重要惠益”的愿景。

七、土地荒漠化

简单地说，土地荒漠化就是指土地退化。根据《联合国防治荒漠化公约》（united nations convention to combat desertification，UNCCD）的定义，荒漠化是指包括气候变异和人类活动在内的种种因素造成的干旱、半干旱和亚湿润地区的土地退化。造成荒漠化的主要原因是人口的过快增长和贫困给土地造成的越来越大的压力。过度耕种、过分放牧和狂砍滥伐森林，使土地变得贫瘠、植被遭到破坏、水土流失。与此同时，旱灾的日益增多也进一步加剧土地退化。

全球陆地面积占 29%，其中沙漠和沙漠化地区占地球陆地面积的 1/4。全世界有 100 多个国家、10 亿以上的人口受到荒漠化的影响。目前，荒漠化以每年 5 万～7 万平方公里的速度扩大。预计到 2020 年，全球将损失 1/3 的耕地。荒漠化已经不再是一个单纯的生态环境问题，而且演变为经济问题和社会问题，可能会导致贫困和社会不稳定。根据 GEO-5 报告，以净初级生产力损失为评价指标，旱地退化最严重的地区是非洲的萨赫勒和中国的干旱和半干旱地区，其次是伊朗和中东旱地地区。中国国家林业局的数据显示，20 世纪末，中国沙漠化以每年 3000 多平方公里的速度扩张，全国受沙漠化影响的人口达 1.7 亿。

为了应对荒漠化和土地退化，1977 年联合国在肯尼亚首都内罗毕召开世界荒漠化会议，提出了全球防治荒漠化行动纲领。1995 年通过了《联合国防治荒漠化的公约》，1996 年 12 月，该公约正式生效，为世界各国和各地区制定防治荒漠化纲要提供了依据。至 2012 年，该公约已有 194 个缔约方，包括 193 个国家和欧盟。2007 年第八届缔约方大会（COP）一致通过了《2008～2018年十年战略规划》，该规划包括基于结果的管理方法，以一套包括具体目标和指标以及监测、评估和报告的程序为基础。这标志着国际社会已充分认识到防治荒漠化和缓解干旱灾害在实施可持续发展战略中的重要地位。

八、有毒化学品污染及有害废物的越境转移

化学品对人类生活、经济发展十分重要，但也给环境和人类健康带来负面影响。有毒化学品是指进入环境后通过环境蓄积、生物蓄积、生物转化或化学反应等方式损害健康和环境，或者通过接触对人体具有严重危害和具有潜在危险的化学品。化学品的广泛使用，使全球的大气、水体、土壤乃至生物皆受到不同程度的污染和毒害。有毒化学品包括有机化合物、重金属、有毒产品等，通过物质循环进入并存在于食物链中，通过食物链最终威胁到人类的健康，破坏自然生态系统。有毒有害废弃物使自然环境不断退化，污染土壤和水域。市场上约有7万～8万种化学品。对人体健康和生态环境有危害的约有3.5万种，有致癌、致畸、致突变作用的约500余种。在20世纪，化学品的生产和消费主要集中在经济合作与发展组织（OECD）成员国家。但在过去十年里，其生产重心已经转移到发展中国家，期间有很多新化学品被研制出来，销售量成倍增加。世界卫生组织的一项研究表明，2004年因在环境中接触化学品导致的死亡病例达490万。从水生环境提取的水和鱼类样本中，90%以上都受到杀虫剂污染。

持久性有机污染物（persistent organic pollutants，POPs）的污染影响范围广泛，人类活动强度很低的偏远地区也未能幸免，如北极和南极地区。POPs大多具有“三致”（致癌、致畸、致突变）效应和遗传毒性，能干扰人体内分泌系统引起“雌性化”现象，并且在全球范围的各种环境介质（大气、江河、海洋、底泥、土壤等）以及动植物组织器官和人体中广泛存在。POPs污染引起了各国政府、学术界、工业界和公众的高度重视。为应对这一全球性的环境问题，2001年5月在瑞典首都斯德哥尔摩，127个国家签署了《关于持久性有机污染物的斯德哥尔摩公约》。

21世纪新出现的如电子垃圾、干扰内分泌的化学品、环境中的塑料、纳米材料的生产和使用等问题的无害化管理是目前全球环境管理的重要挑战。根据GEO-5报告，全球每年产生的电子废弃物在2000万～5000万吨之间，催生了电子废物的全球贸易，但是其中很大一部分是非法贸易。发展中国家是大多数电子废物的归宿国，但往往缺乏对电子废物进行无害化管理的基础设施、能力和资源，电子废物的越境转移为发展中国家的生态和人类健康带来高风险。

目前，对有害废物的处理办法主要是填埋、封存和燃烧。发达国家在处理危险废物方面的环保法规和标准严格，处理费用昂贵。发展中国家的环境标准较低、管理能力较弱，因此发达国家向发展中国家转移有害废物的事件时有发生。据绿色和平组织的调查报告，1986～1992年，发达国家向发展中国家和东欧国家转移了1.63亿吨的危险废物。

1989年3月，联合国环境规划署在瑞士巴塞尔召开了“制定控制危险废物越境转移及其处置公约”的专家组会议和外交大会，签署了《关于危险废弃物越境转移及其处置的巴塞尔公约》（简称《巴塞尔公约》），1992年5月该公约正式生效。该公约旨在制止越境转移危险废物，特别是向发展中国家出口和转移危险废物。

九、海洋污染和海洋的过度开发

海洋是人类的一个重要食物来源、国际航行的交通手段、旅游目的地，更是气候变化的调节者。然而，近50年来，海洋环境遭受了前所未有的压力。

全世界60%的人口集中在距离大海不到100km的地方，沿海地区受到了巨大的人口压

力。人类不断向海洋排放污染物，在海域进行大量的设施建设，近海水域的污染事件持续增多，严重威胁海洋生态环境。根据GEO-5报告，1990年以来，富营养化沿海地区数量急剧增加，全球至少有169个沿海地区被认为缺氧，主要分布在东南亚、欧洲和北美洲，有害赤潮的发生频率和强度显著增加。

过度捕捞造成海洋渔业资源正在以令人可怕的速度减少。商业性捕鱼是鱼类资源的最主要威胁，20世纪50年代早期到90年代早期，捕捞渔业的捕获量翻了四倍以上。过度捕捞严重影响海洋生产力和生物多样性，海洋生态系统遭到严重破坏。石油和天然气开采生产影响海洋生态系统。如与海上石油和天然气开采有关的2010年“深水地平线”号石油泄漏事件，这是历史上最严重的海上石油泄漏事故，导致海洋物种、野生生物栖息地、渔业和旅游业大量损失。

国际社会制定了大量的国际公约以保护海洋环境。如1972年签订的《防止倾倒废料及其他物质污染海洋公约》（伦敦公约）旨在敦促世界各国共同防止由于倾倒废弃物而造成海洋环境污染问题；1973年由国际海事组织制定的《国际防止船舶污染公约》是防止和限制船舶排放油类和其他有害物质污染海洋方面的安全规定；1982年通过、1994年生效的《联合国海洋法公约》对当前全球各处的领海主权争端、海上天然资源管理、污染处理等具有重要的指导和裁决作用；1995年联合国环境规划署（UNEP）发起、108个政府和欧盟签署了《保护海洋环境免受陆上活动污染全球行动纲领》，旨在引领各国采取持久的行动防止、减少陆上活动导致的海洋退化；2004年国际海事组织（IMO）通过了《国际船舶压载水和沉积物控制与管理公约》，目的是有效控制和防止船舶压载水传播有害水生物和病原体，是国际社会采取联合行动解决外来入侵物种的实例。

十、森林面积减少

森林是人类赖以生存的生态系统中的一个重要的组成部分。地球上曾经有76亿公顷的森林，到本世纪时下降为55亿公顷。根据联合国粮农组织（FAO）编制的《世界森林状况2011年》中的数据，目前世界森林总面积略超40亿公顷，占全球土地面积的31%。森林在减缓气候变化、提供人类发展所必需的产品和生态服务中发挥着不可或缺的作用，森林除了提供木材以外，还有游憩、提供生物多样性、水源涵养、土壤保护、调节气候等多种用途。森林砍伐和森林退化会带来严重的后果，如大气中二氧化碳浓度上升、异常气候出现频率增加、生物物种减少、水土流失等。

从人类发展历史看，森林砍伐和人口增长速度往往在经济发展时期有所增加，当社会达到一定财富水平时会趋于稳定、甚至下降。例如，20世纪初以前，世界上森林砍伐速度最快的地区是亚洲、欧洲和北美的温带森林地区，主要动因是农业生产扩张，以及经济发展对森林作为原材料和燃料的需求剧增。到20世纪中期，世界温带森林的毁林现象得到了遏制；同时，热带森林地区的森林砍伐速度迅速提高并持续居高不下。目前，热带森林损失速度最快的是南美和非洲地区。根据2010年《全球森林资源评估》，1990～2000年间全球年森林净砍伐率估计值为0.20%，2000～2005年为0.12%，2005～2010年为0.14%。全球每年损失的森林面积20世纪90年代为1600万公顷，2000～2010年为1300万公顷。联合国政府间森林问题论坛认为，森林砍伐和森林退化的根本原因本质上属于社会经济范畴。其中主要包括：贫困、缺乏稳定的土地所有制，对依赖森林生活的本地居民和地方社区的权利和需求认识不足，低估森林产品和生态系统服务的价值，非法贸易，缺乏支持推进可持续森林管理的经济环境，缺乏能力，国家政策扭曲市场作用并鼓励林地用作其他用途等。

早在1992年的联合国环境与发展大会上，森林持续经营的观念已得到全球共识，并通过了《关于森林问题的原则声明》。2007年联合国通过了《国际森林文书》，该文件对森林可持续经营的国家和国际行动提出了原则性要求。2005年12月，以哥斯达黎加与巴布亚新几内亚为首的雨林国家联盟在联合国气候变化框架公约（UNFCCC）于加拿大蒙特利尔举行的会议上提出了发展中国家的一个减少发展中国家因森林砍伐引起的碳排放机制（reduce GHG emissions from deforestation，RED）；2007年UNFCCC的巴厘岛会议中，各方同意的“巴厘岛行动计划”包括此内容，“关于和发展中国家减少伐林和林地退化造成的碳排放问题有关的政策手段和正面激励措施；以及在发展中国家的保护、可持续森林管理和增加森林碳储存的角色”。2007年9月澳大利亚和印度尼西亚建立了加里曼丹森林和气候伙伴关系，由澳大利亚提供3000万澳元的资助，在印度尼西亚加里曼丹中部实施一个大规模的REDD（reducing emissions from deforestation and forest degradation，减少森林砍伐和森林退化所引起的碳排放机制）示范项目。REDD机制是为发展中国家提供财政激励措施，即发展中国家将因为减少森林砍伐和森林退化的碳排放而获得补偿。2008年7月，联合国的环境规划署、发展规划署和粮农组织联手建立联合项目UN-REDD。2009年12月，UNFCCC的哥本哈根气候会议上，就REDD的实施方法达成了一致，并将之纳入碳计量和交易体系中。

第二节 全球环境问题的管理

20世纪70年代以来，区域性和全球性的环境问题对人类的生存、经济和社会的发展构成了极大威胁，环境问题可能引起社会动荡，为经济社会发展带来不可忽视的损失。国际社会逐步认识到环境问题不仅是一个工程技术问题，而且是一个社会、政治问题；不仅是某个国家需要面对的问题，而是全球所有国家需要共同面对和以协调一致的行动来加以解决的问题。为了解决全球环境问题，国际社会建立和利用多种国际机制，以规范和协调各国发展与环境的关系。

一、推动解决全球环境问题的国际行动

（一）五大国际会议

为推进全球可持续发展，联合国举行了五次具有里程碑性质的国际性会议。这五次会议对解决全球环境问题起到极为关键的作用。

1. 联合国人类环境会议

1972年6月5～16日在瑞典斯德哥尔摩召开，这是各国政府代表团及政府首脑、联合国机构和国际组织代表参加的讨论当代环境问题的第一次国际会议。此前，人们往往把环境问题看成孤立发生的、局部的问题，未能给予足够的重视。该会议提出了响彻全球的环境保护口号：“只有一个地球!”会议的召开，使全球一体化、保护生物圈的整体观念得到了国际社会的认同。与会国认识到当前人类面临着环境持续恶化、贫困日益加剧等一系列突出问题，国际社会迫切需要共同采取行动解决这些问题。会议上，113个与会国一致通过《联合国人类环境会议宣言》（简称《人类环境宣言》）与具有109条建议的保护全球环境的《世界环境行动计划》。会议通过了将每年的6月5日作为“世界环境日”的建议。在会议的建议下，成立了联合国环境规划署（UNEP）。会后的十年里，签订的关于环境问题的国际公约共40项。人类环境会议上，国际社会第一次规定了人类对全球环境的权利与义务的共同原则，标志着人类共同环保历程的开始，环境问题自此列入国际议事日程。此外，人类环境会议也标志着原则性全球环境法的诞生，是国际环境法发展史上第一个里程碑。

2. 联合国人类环境特别会议

1982年5月10～18日在肯尼亚首都内罗毕召开。会议总结了斯德哥尔摩人类环境会议以来的环境保护工作，结合出现的新问题，规划了未来10年的工作。会议最后通过了《内罗毕宣言》、《特别会议决议》和《特别会议报告》等重要文件。《内罗毕宣言》指出了进行环境管理和评价的必要性，肯定了环境、发展、人口与资源逐渐紧密而复杂的相互关系；提出贫困和浪费都会使人类过度开发环境，必须用计划手段予以调节；反对核战争和军备竞赛，反对种族歧视和殖民主义。会后，国际环境法得到了极大的发展，至1992年，国际社会签订了《联合国海洋法公约》、《保护臭氧层维也纳公约》等40多个国家公约和协定等，促进了环境保护全球一体化的发展。

3. 联合国环境与发展大会

1992年6月3～14日联合国在巴西里约热内卢召开了环境与发展大会"里约大会"，会议旨在敦促各国政府和公众协调合作，采取积极措施防治环境污染和生态恶化，保护人类生存环境。全世界180多个国家和地区以及60多个国际组织的代表参加了大会。大会在国际环境法方面取得较大进展，通过和签署了5个文件，包括《里约环境与发展宣言》（以下简称"里约宣言"）、《21世纪议程》、《生物多样性公约》、《气候变化框架公约》等4个具有法律约束力的文件，以及有关森林保护的非法律性文件《关于森林问题的原则声明》。"里约宣言"指出：和平、发展和保护环境是互相依存、不可分割的，世界各国应在环境与发展领域加强国际合作，为建立一种新的、公平的全球伙伴关系而努力。这次会议提高了人们对环境问题认识的广度和深度，而且把环境问题与经济、社会发展结合起来，提出了环境与发展相互协调的观点，明确了在发展中解决环境问题的正确道路，即"可持续发展战略"。会议也确立了国际社会关于环境与发展的多项原则，其中的"共同但有区别的责任"成为指导国际环发合作的重要原则。

4. 可持续发展世界首脑会议

2002年8月26日～9月4日在南非约翰内斯堡召开。这是1992年里约大会之后在环境与发展领域又一次人数最多、级别最高的联合国大会。会议以"拯救地球、重在行动"为宗旨，审议了《里约宣言》、《21世纪议程》等重要文件和其他一些主要环境公约的执行情况，并在此基础上确定今后行动的战略与措施。会议有五大议题，包括水和卫生、能源、农业、生物多样性和自然环境管理、健康。值得一提的是，本次会议将消除贫困纳入可持续发展理念中。会议最后通过了《约翰内斯堡可持续发展声明》（又称为《约翰内斯堡宣言》）和《可持续发展世界首脑会议执行计划》（简称"执行计划"），重申了坚持可持续发展的重要性。《约翰内斯堡可持续发展声明》是政治宣言，《执行计划》是基于取得的进展和经验教训提出的更有针对性的办法和具体步骤，以及可量化、有时限的环境与发展目标。会议成果包括对一系列的问题共同达成了有时限的目标许诺，如防止荒漠化的新目标、化学制品使用与生产、维持和恢复渔业储量、降低生物灭绝率等。

5. 联合国可持续发展大会

2012年6月20～22日在巴西里约热内卢举行，亦称"里约＋20峰会"。本次会议围绕"可持续发展和消除贫困背景下的绿色经济"和"促进可持续发展的机制框架"两大主题展开讨论。峰会通过了最终成果文件——《我们憧憬的未来》，该文件重申了"共同但有区别的责任"原则，决定发起制定可持续发展目标进程，注重消除贫困；肯定绿色经济是实现可持续发展的重要手段之一；决定建立可持续发展高级别政治论坛，并加强联合国环境规划署职能；敦促发达国家履行官方发展援助承诺，向发展中国家提供资金、转让技术和帮助加强能力建设等。该会议是国际社会在可持续发展领域举行的又一次规模大、级别高的国际会议，为国际社会共谋可持续发展战略提供了又一个重要契机，其成果对全球可持续发展进程产生重大而深远的影响。

（二）国际性环境条约

国际环境法是指调整国际法主体（包括国家和国际组织）在因利用、保护和改善环境而发生的国际交往中形成国际关系的法律规范总称，包括有关的条约和国际惯例等。广义的概念还包括有关的法律原则、判例、国际组织的决议、国际法学说等。国际环境法的基本原则包括：可持续发展原则、尊重国家主权及不损害国外环境原则、共同但有区别的责任原则、国际合作原则、损害预防原则及风险预防原则。

自 1972 年人类环境会议以来，为应对全球性和区域性环境问题，调整国际自然环境保护中的国家间相互关系，国际社会制定了 200 多项全球性或区域性的国际环境条约。以下介绍较为重要的一些国际条约。

1.《联合国气候变化框架公约》（united nations framework convention on climate change，UNFCCC）

该公约于 1992 年 5 月在联合国总部通过，1994 年 3 月 21 日生效。UNFCCC 的目标是减少温室气体排放，减少人为活动对气候系统的危害，减缓气候变化，增强生态系统对气候变化的适应性，确保粮食生产和经济可持续发展。这是世界上第一个为全面控制二氧化碳等温室气体排放，应对全球气候变化给人类经济和社会带来不利影响的国际公约，也是国际社会在处理全球气候变化问题上进行国际合作的一个基本框架。公约对发达国家和发展中国家规定的义务以及履行义务的程序有所区别。公约要求发达国家作为温室气体的排放大户，采取具体措施限制其国内的温室气体排放，并向发展中国家提供资金以支付他们履行公约义务所需的费用；发展中国家只承担提供温室气体源与温室气体汇的国家清单的义务，编制并执行含有关于温室气体源与汇方面措施的方案，不承担有法律约束力的限控义务。该公约建立了一个向发展中国家提供资金和技术，使其能够履行公约义务的资金机制，确立了发达国家缔约国与发展中国家缔约国在温室气体减排中“共同但有区别的责任”。

该公约缔约方自 1995 年起每年召开缔约方会议（conferences of the parties，COP），评估应对气候变化的进展。1997 年，第 3 次缔约方大会通过了《京都议定书》，对 2012 年前主要发达国家减排温室气体的种类、减排时间表和额度都作出了具体规定，使温室气体减排成为发达国家的法律义务。2007 年第 13 次缔约方大会通过了《巴厘路线图》的规定，2009 年在哥本哈根召开的缔约方会议第 15 届会议将诞生一份新的《哥本哈根议定书》，以取代 2012 年到期的《京都议定书》。第 15 次缔约方大会通过了不具备法律约束力的协议《哥本哈根协议》。《哥本哈根协议》维护了《联合国气候变化框架公约》及《京都议定书》确立的“共同但有区别的责任”原则，就发达国家实行强制减排和发展中国家采取自主减缓行动作出了安排，并就全球长期目标、资金和技术支持、透明度等焦点问题达成广泛共识。

2.《保护臭氧层维也纳公约》（vienna convention for the protection of the ozone layer）

该公约制定于 1985 年 3 月，1988 年 9 月 22 日生效，是第一部全球性的大气保护公约。该公约鼓励政府间在研究、有计划地观测臭氧层、监督 CFCs 的生产和信息交流方面合作。该公约缔约国承诺针对人类改变臭氧层的活动采取普遍措施以保护人类健康和环境。该公约是一项框架性协议，不包含法律约束的控制和目标。在该公约基础上，为了进一步对氯氟烃类物质进行控制，在审查世界各国氯氟烃类物质生产、使用、贸易的统计情况的基础上，通过多次国际会议协商和讨论，1987 年 9 月在加拿大召开的蒙特利尔会议上，通过了《关于消耗臭氧层物质的蒙特利尔议定书》（montreal protocol on substances that deplete the ozone layer)，该议定书于1989年1月1日起生效。

议定书中规定了不同类别的缔约方淘汰臭氧层消耗物质（ozone depleting substance，ODS）的时间表，议定书考虑到发展中国家在淘汰ODS过程中对资金和技术的需求，建立了多边基金。议定书缔约方大会为每年一次，至2012年已召开24次。截至2012年，《蒙特利尔议定书》经过了4次修正，即1990年伦敦修正、1992年哥本哈根修正、1999年蒙特利尔修正和1999年北京修正。《蒙特利尔议定书》是国际社会一致认可最成功的多边环境条约，议定书缔约方在公约和议定书的框架下为保护臭氧层、减少消耗臭氧层物质作出了积极贡献并取得了丰硕成果。

3.《控制危险废物越境转移及其处置巴塞尔公约》(basel convention on the control of transboundary movements of hazardous wastes and their disposal)

巴塞尔公约在1989年3月联合国环境规划署于瑞士巴塞尔召开的世界环境保护会议上通过，1992年5月正式生效。该公约管制的对象包括：一是针对应严加管制的有害废弃物；二是管制家庭废弃物以及其焚化后的灰烬；三是符合有害特性认定准则的物质。巴塞尔公约的主要目的在于遏止越境转移危险废料，特别是向发展中国家出口和转移危险废料。

具体言之，该公约要求缔约国把危险废料数量减到最低限度，用最有利于环境保护的方式、尽可能就地储存和处理危险废物。公约明确规定：如出于环保考虑确有必要越境转移废料，出口危险废料的国家必须事先向进口国和有关国家通报废料的数量及性质；越境转移危险废料时，出口国必须持有进口国政府的书面批准书。公约还鼓励提升有害废弃物处理技术，呼吁发达国家与发展中国家通过技术转让、交流情报和培训技术人员等多种途径在处理危险废料领域中加强国际合作，促进无害环境管理之国际共识。1995年《巴塞尔公约》的修正案禁止发达国家以最终处置为目的向发展中国家出口危险废料，并规定发达国家在1997年年底以前停止向发展中国家出口用于回收利用的危险废料。至2011年底，已召开了10次缔约方大会，推动了《巴塞尔公约》从框架到实施的过程。

4.《关于在国际贸易中对某些危险化学品和农药采用事先知情同意程序的鹿特丹公约》(convention on international prior informed consent procedure for certain trade hazardous chemicals and pesticides in international trade rotterdam)

联合国环境规划署和联合国粮食及农业组织在1998年9月10日在鹿特丹制定了该公约，并于2004年2月24日起效。《鹿特丹公约》适用于禁用或严格限用的化学品、极为危险的农药制剂，即列于附件Ⅲ的化学品，1998年附件Ⅲ中有27种，至2007年9月附件Ⅲ有41种，该清单会根据实际情况的需要进行调整。“该公约的目标是，通过推动危险化学品特性的信息交流、提供关于危险化学品进出口的国家决策程序、并把这些决定通知缔约方，促进缔约方在此类化学品的国际贸易中分担责任和开展合作，保护人类健康和环境免受此类化学品可能造成的伤害，并推动以无害环境的方式使用此类化学品。”该公约有两项主要规定，即事先知情同意程序和信息交流。事先知情同意程序（prior informed consent，PIC）是正式获得和传播输入（进口）缔约方关于将来是否希望收到公约附件Ⅲ所列的那些化学品装运量的决定，确保输出（出口）缔约方遵照这些决定的一个机制。

5.《关于持久性有机污染物的斯德哥尔摩公约》(stockholm convention on persistent organic pollutants)

该公约在2001年5月22日瑞典首都斯德哥尔摩通过，2004至5月17日生效。它是继1987年《保护臭氧层的维也纳公约》和1992年《气候变化框架公约》之后第三个具有强制性减排要求的国际公约。持久性有机污染物（persistent organic pollutants，POPs）指人类合成的能持久存在于环境中、通过生物食物链（网）累积、并对人类健康及环境造成有害影响的化学物质。

该公约规定了通过控制生产、进出口、使用和处置等措施减少并最终消除有意生产的持久性有机污染物（POPs）的排放。对于某种持久性有机污染物持久性有机污染物（POPs），各国只有经过特定豁免申请，才能在规定的时间限内继续生产或使用这种POP。缔约方政府应采取包括促进最佳可行技术和最佳实践在内的措施，尽可能消除无意产生的持久性有机污染物（POPs）；以安全、有效和环境无害化的方式管理持久性有机污染物（POPs）库存和处置含持久性有机污染物（POPs）的废物；通过制订并实施行动计划等方法执行公约的有关规定。公约还规定了履约的资金资源和机制、公约的临时资金安排和技术援助，要求发达国家提供新的额外的资金资源，提供技术援助。此外，公约包括了关于信息交换、公众宣传认识和教育、研究开发和监测、报告、成效评估等方面的条款。

6.《防止倾倒废物及其他物质污染海洋公约》（convention on the prevention of marine pollution by dumping of wastes and other matter）

该公约1972年12月29日于伦敦、墨西哥城、莫斯科和华盛顿签订，并向所有国家开放签字，于1975年8月30日生效，又称为《伦敦倾废公约》（London Dumping Convention），是为保护海洋环境、敦促世界各国共同防止由于倾倒废弃物而造成海洋环境污染的公约。《1996年议定书》（下称"议定书"）是对公约的补充和修订，议定书在2006年3月24日生效，并最终将取代《伦敦倾废公约》。该议定书的管辖范围选择性地扩大到内水，倾倒的定义包括了近海石油平台的弃置和推倒；倾废管理更加严格，采纳了"反列名单"的方法和废物评价框架的体系。根据议定书，禁止一切废物的倾倒，只有"反列名单"上的可以接受的物质除外。至2012年底，该公约已有87个缔约国，《议定书》缔约国有42个，其中36个是该公约及《议定书》双缔约国。

7.《国际防止船舶造成污染公约》（international convention for the prevention of pollution from ships，MARPOL）

1973年11月2日在伦敦召开的国际海洋污染会议上通过了《1973年国际防止船舶造成污染公约及其议定书、附则和附录》。为了执行该公约，1978年2月在伦敦召开了油船安全和防止污染联席会议，通过了《关于1973年国际防止船舶造成污染公约的1978年议定书》（MARPOL 73/78，亦称"73/78防污公约"）。议定书已于1983年10月2日生效，并经1984年和1991年两次修正。国际海事组织与1997年9月26日通过了《经1978年议定书修订的〈1973年国际防止船舶造成污染公约〉》的1997年议定书。该议定书已于2005年5月19日生效。

MARPOL73/78包括六个附则，分别是：

① 附则一，防止油类污染规则；

② 附则二，控制散装有毒液体物质污染规则；

③ 附则三，防止海运包装形式有害物质污染规则；

④ 附则四，防止船舶生活污水污染规则；

⑤ 附则五，防止船舶垃圾污染规则；

⑥ 附则六，防止船舶造成大气污染规则。

8.《生物多样性公约》（convention on biological diversity）

该公约于1992年6月1日各国政府在内罗毕通过，1992年6月5日由缔约方在联合国环境与发展大会上签署。

生物多样性指地球上生物圈中所有的生物，即动物、植物、微生物，以及它们所拥有的基因和生存环境。生物多样性包含三个层次：遗传多样性、物种多样性和生态系统多样性。

该公约的主要目标是，保护生物多样性，保证生物多样性组成成分的可持续利用，以公平合理的方式共享遗传资源的商业利益和其他形式的利用。公约规定，发达国家以赠送或转让的方式向发展中国家提供新的补充资金以补偿它们为保护生物资源而日益增加的费用，应以更实惠的方式向发展中国家转让技术，从而为保护世界上的生物资源提供便利；签约国应为本国境内的植物和野生动物编目造册，制订计划保护濒危的动植物；建立金融机构以帮助发展中国家实施清点和保护动植物的计划；使用另一个国家自然资源的国家要与那个国家分享研究成果、赢利和技术。截至 2010 年 10 月，该公约有缔约方 193 个。

9.《濒危野生动植物物种国际贸易公约》(convention on international trade in endangered species of wild fauna and flora)

1973 年 3 月 3 日，有 21 个国家的全权代表受命在华盛顿签署该公约（又称《华盛顿公约》），1975 年 7 月 1 日，该公约正式生效。截至 2012 年底，有 177 个主权国家加入。2013 年 3 月该公约召开了缔约方第 16 次大会。

该公约的宗旨是通过各缔约国政府间采取有效措施，加强贸易控制来切实保护濒危野生动植物种，确保野生动植物种的持续利用不会因国际贸易而受到影响。该公约编制了一个濒危物种名录，通过许可证制度控制这些物种及其产品的国际贸易，由此而使该公约成为打击非法贸易、限制过度利用的有效手段。该公约要求各国对野生动植物进出口活动，实行许可证/允许证明书制度，建立有效的双向控制机制。这种机制使历史文化传统、社会发展水平、政治经济利益不尽相同的国家都能接受并予以积极支持和合作，特别是能使消费国主动协助分布国防止其野生动植物的偷猎或非法贸易活动。公约在附件中规定了作为控制对象的动植物类别。

10.《关于特别是水禽生境的国际重要湿地公约》(convention of wetlands of international importance especially as waterfowl habitats)

本公约也称为拉姆萨尔公约（Ramsar Convention），于 1971 年 2 月 2 日在伊朗的拉姆萨尔签署，1975 年 12 月 21 日正式生效。经 1982 年 3 月 12 日议定书修正。缔约国每 3 年举行一次会员大会。直至 2011 年 11 月，拉姆萨尔公约总共有 160 个缔约成员，国际重要湿地名录覆盖有 1960 片总面积超过 183 万平方公里的重要湿地。

本公约对湿地使用了广泛的定义，包括：湖泊与河流，沼泽地，湿地草场，泥炭地，绿洲，河口及江口，三角洲，潮滩，近海水域，红树林及珊瑚礁以及一些人工湿地，像鱼塘、水稻田、水库和盐田。该公约的目的在于制止目前和未来对湿地的逐渐侵占和损害，确认湿地的基本生态作用及其经济、文化、科学和娱乐价值；鼓励"明智地利用"世界的湿地资源；协调国际合作。公约规定，应当按照生态学、植物学、湖沼以及水文科学的国际意义确定选入名册的湿地，尤其是应当先行将作为水禽栖息地的国际重要湿地予以确定。缔约国应当制订详细计划保护列入名册的湿地并促使其合理利用，特别是执行环境影响评价、控制利用过剩、制订和实施有公民参与的环境管理计划，以及登记、设立自然保护区等措施。当湿地发生变化或者变更保护计划时，还应当向国际执行当局通报。

11.《联合国防治荒漠化公约》(united nations convention to combat desertification, UNCCD)

该是 1992 年里约环发大会《21 世纪议程》框架下的三大重要国际环境公约之一。1994 年 6 月 7 日在巴黎外交大会通过，并于 1996 年 12 月正式生效。截至 2012 年 1 月，共有 194

个缔约方，包括193个国家和欧盟。目前为止，已召开了10次缔约方大会。

公约的核心目标是由各国政府共同制定国家级、次区域级和区域级行动方案，并与捐助方、地方社区和非政府组织合作，以对抗应对荒漠化的挑战。荒漠化被认为是与贫困和宏观经济活动有关联的问题，因此该公约要求，受到荒漠化和干旱影响的缔约国应当制订具体行动计划，确保资源的适当分配，对社会经济因素予以充分的理解，同时还应当重视地方的人民、特别是女性和年轻人的作用。公约要求发达国家对受到荒漠化和干旱影响的缔约国给予科学、技术、教育、训练以及资金等的援助和合作。在发生严重干旱和/或荒漠化的国家，尤其是在非洲，防治荒漠化，缓解干旱影响，协助受影响的国家和地区实现可持续发展。

总体来说，关于全球环境保护和环境管理，除了有正式的国际条约、协定、公约和议定书，还有具有强制性的联合国决议以及政府间或国际组织制定的非强制性决议等国际文件。国际文件虽然没有权利义务的规定，但它们对全球环境保护的国家行动具有很大的促进作用。如《人类环境宣言》、《人类环境行动计划》、《内罗毕宣言》、《里约宣言》、《21世纪议程》、《关于森林问题的原则声明》等一系列国际环境文件在全世界具有高度的权威性。

环境问题的全球化已经得到世界各国的公认，国际社会也明确了联合行动计划和各项法律措施，但是，由于各国在政治、经济等方面的既得利益以及对国内长远利益的考虑，各国在履行国际环境条约所确立的全球环境保护义务上存在许多意见分歧。建立有效的激励机制，鼓励国际社会在环境保护方面开展合作，完善国际环境法的执行机制，对解决全球性环境困境是十分关键。

（三）全球环境管理的组织和机构

在全球环境管理中，除了世界各主权国家的参与外，许多全球性和区域性的国际组织也积极地参与其中，一般来说，参与全球环境管理的组织和机构主要包括以下几个。

1. 政府参与的国际组织

政府参与的国际组织在全球环境管理上起着十分重要的作用，这些组织包括如联合国环境规划署、联合国教科文组织、联合国粮农组织、世界银行、世界卫生组织、世界气象组织、欧盟以及经济合作与发展组织等。

2. 非政府组织

非政府组织（NGO，non-governmental organization），如世界自然基金会（WWF）、绿色和平组织（Green Peace）、地球之友（FOEI）、世界资源研究所（WRI）、国际标准化组织（ISO）等已经成为全球环境管理中相当重要而且活跃的角色，在各种国际环境事务中发挥积极的作用。

3. 其他组织

有些国际组织无法归类为以上两类国际组织，例如世界自然保护联盟（international union for conservation of nature and natural resources，IUCN）。IUCN成立于1948年，将世界各国政府、机构以及广大的非政府组织以独特的方式联合在一起，目前其成员包括140个国家的1000多个组织，包括200多个政府组织800多个非政府组织，为政府、非政府组织、科学家、商务人士和本地社区提供一个中立的论坛，用来寻找实际的解决方案，来应对紧迫的环境压力和发展中的挑战。

IUCN的愿景是一个重视和保护自然的平衡世界，任务是去影响、鼓励和帮助全世界的社团来保护自然的完整性和多样性，并且确保任何自然资源的使用都是平衡的、在生态学意义上可持续的。IUCN主要工作内容包括四个方面。①认知：IUCN研究和支持重大的与环境和自然资源保护相关的科学课题，特别是有关种群、生态系统、生物多样性的问题，同时IUCN也研究上述因素对人类生活的影响。②行动：IUCN运行着成千上万遍及全球的实地项目，以更好地维护自然环境。③影响：IUCN 支持政府、非政府组织、国际会议、联合国机构、商业公司和社区制定一些政策、法律以及确立最佳的实践方案。④履行：IUCN 采用动员、提供资源、培训人员和监控效果等方式帮助组织机构贯彻执行法律、政策和制定的最佳实践方案。

环境保护国际组织通过参政议政、科学研究、宣传教育、环保活动等多种形式，积极参与世界环境与资源保护事务，并且也大力推动了各国政府对全球环境管理的参与。

专栏 8-1

联合国环境规划署简介

1972 年第 27 届联大根据联合国人类环境大会的建议，决定建立联合国环境规划署（united nations environment programme，UNEP）。1973 年 1 月，联合国环境规划署正式成立，总部设在肯尼亚首都内罗毕。

联合国环境规划署是联合国系统内负责全球环境事务的牵头部门和权威机构，其宗旨是：促进环境领域内的国际合作，并提出政策建议；在联合国系统内提供指导和协调环境规划总政策，并审查规划的定期报告；审查世界环境状况，以确保正在出现的、具有广泛国际影响的环境问题得到各国政府的适当考虑；经常审查国家与国际环境政策和措施对发展中国家带来的影响和费用增加的问题；促进环境知识的取得和情报的交流等。根据 1997 年 2 月召开的联合国环境规划署 19 届理事会通过的《关于联合国环境规划署的作用和任务的内罗毕宣言》，联合国环境规划署的主要任务包括以下内容。

① 利用现有最佳科技能力来分析全球环境状况并评价全球和区域环境趋势，提供政策咨询，并就各类环境威胁提供早期预警，促进和推动国际合作和行动。

② 促进和制定旨在实现可持续发展的国际环境法，其中包括在现有的各项国际公约之间建立协调一致的联系。

③ 促进采用商定的行动以应付新出现的环境挑战。

④ 利用环境署的相对优势和科技专长，加强在联合国系统中有关环境领域活动的协调作为，并加强其作为全球环境基金执行机构的作用。

⑤ 促进人们提高环境意识，为参与执行国际环境议程的各阶层行动者之间进行有效合作提供便利，并在国家和国际科学界决策者之间担当有效的联络人。

⑥ 在环境体制建设的重要领域中为各国政府和其他有关机构提供政策和咨询服务。

环境规划署的活动主要涉及以下内容。① 环境评估：具体工作部门包括全球环境监测系统、全球资料查询系统、国际潜在有毒化学品中心等。② 环境管理：包括人类住区的环境规划和人类健康与环境卫生、陆地生态系统、海洋、能源、自然灾害、环境与发展、环境法等。③ 支持性措施：包括环境教育、培训、环境情报的技术协助等。

所有联合国成员国、专门机构成员和国际原子能机构成员均可加入联合国环境规划署。现有 100 多个国家参加其活动。联合国环境规划署理事会的成员由联合国大会选出的 58 个国家组成，任期三年。其中，非洲 16 席，亚洲 13 席，东欧 6 席，拉美和加勒比地区 10 席，西欧和其他国家 13 席。环境署的领导机构是理事会，下设秘书处和环境基金。

环境规划署目前在欧洲、非洲、北美、亚太、拉美和加勒比地区和西亚地区设立有 6 个区域办事处，在布鲁塞尔、纽约、开罗、莫斯科、亚的斯亚贝巴、北京和巴西设立有 7 个联络处/国家代表处。

联合国环境规划署成立以来，中国一直是其理事会成员，多年来双方在生物多样性保护、臭氧层保护、荒漠化防治、海洋环境、生态保护等诸多领域开展了卓有成效的合作。2003 年 9 月 19 日，联合国环境规划署驻华代表处在北京正式揭牌成立，这是该机构在全球发展中国家设立的第一个国家级代表处。

二、环境外交

（一）环境外交的概念

环境外交指“以主权国家为主体，通过正式代表国家的机构和人员的官方行为，运用谈判、交涉等外交方式，处理和调整环境领域的国际关系的一切活动。”

简单地说，环境外交就是指为解决全球性和区域性环境问题，维护本国环境合法权益而进行的双边与多边环境合作、国际交流和外交斗争，是国际政治、经济、环境和外交等因素相互影响、相互作用而表现的一种新的国际关系形式。环境外交的基础是国际环境关系，国际环境关系是国际关系的重要组成部分。环境外交的主要内容包括：寻求加强国际环境合作的方式、国际环境立法谈判、国际环境条约的履行、处理国际环境纠纷和冲突等。

（二）环境外交的起源与发展

关于环境和资源问题的国家间的外交活动，可以追溯到二三百年前，如 1804 年的法国与日耳曼帝国就莱茵河的利用和管理进行外交活动，并以条约形式创立了莱茵河委员会。

现代意义的环境外交起始于 20 世纪初，如 1900 年召开了非洲动物保护的国际会议，1913 年在伯尔尼召开了国际自然保护会议，1911 年美国和加拿大为大湖水体设立的一个共同的主管机关所开展的双边活动。一直到 20 世纪 60 年代之前，环境外交处于自发阶段。这个阶段环境外交的重点在于与传统外交问题有关的一些区域性、应急性环境问题；参加环境外交的国家主要是西方工业发达国家。

1972 年的联合国人类环境会议将环境外交推到了一个空前的高度，通过大量的环境外交努力，人类环境会议通过和签署了《里约环境与发展宣言》、《21 世纪议程》、《关于森林问题的原则声明》、《气候变化框架公约》、《生物多样性保护公约》等 5 个文件或公约；世界各国、各种国际组织，为了通过大会达到各自的目标，开展了一系列有声有色的环境外交活动，中国和一些发展中国家在这次高潮中表现得相当积极、主动、活跃，形成了发展中国家与发达国家争夺和平分环境外交领导权的态势，兴起了第一次发展中国家的环境外交热。全球范围的环境外交蓬勃发展。

1992 年联合国环境与发展会议之后，环境外交开始进入稳定发展的阶段。许多国家将环境保护纳入其外交政策，环境外交成为一个重要的外交领域。目前，参加环境外交活动的国家和组织越来越多，环境外交活动的规模大、规格高、活动频繁。环境外交的领域和影响逐步扩大、内容日益丰富。当代环境外交与经济、军事、外贸、能源、人口、科技等事务密切结合，日益深刻地影响着各国的产业结构、进出口贸易和经济、社会发展方向。

近年来，环境外交逐步深化、成果颇多，已经取得并将继续实现对国际环境问题认识和对国际环境保护合作的某些突破，已对各国内部环境事务和整个国际社会的发展变化产生一系列重要的影响。

（三）环境外交的特点

环境外交是一个新兴的、独立的外交领域，产生于国际社会防治全球环境问题和资源危机、保护和改善人类环境的背景之下。概括起来，环境外交具有如下区别于其他外交活动的特点。

① 环境外交有特定的调整对象。它调整国际环境保护关系或国际环境关系。国际环境

关系是以人类环境为中介、有关国际环境问题和国际环境活动的社会关系，是因合理开发、利用和保护、改善环境所产生的国际社会关系。

② 环境外交是涉及国家和国际社会和平安定的重要因素。从某种意义上讲，环境外交是维护国家安全与国际社会和平、可持续发展的重要工具。

③ 国际环境外交有很强的科学技术性，对经济和科学技术的依赖性很大。环境外交作为外交的一部分，不仅取决于国际政治的发展，而且也受到科学技术的影响，如臭氧层保护、全球气候变化、跨国酸雨问题、生物多样性保护等热门的外交问题，都是以现代科学技术为依据和手段来开展外交活动。

④ 环境外交有很强的公益性。环境外交的目标也是为了实现国家的利益，它同样重视、强调国家利益。但是环境外交的一个重要特点，是除了国家利益或集团利益之外，它还非常重视兼顾别国的环境权益、全人类的共同利益和子孙后代的利益。环境外交的公益性是基于当代全球性环境污染和破坏的公害性、保护地球环境活动的公益性。

⑤ 环境外交具有广泛性、多样性和综合性。这些性质主要根源于环境问题的复杂性、多样性，环境保护的广泛性、综合性。环境外交的主要手段是谈判。此外，它还广泛采用通报情报、访问和接待访问、参加国际环境会议等其他方式。综合运用各种和平外交方式进行对外活动，信息灵通、交往频繁，是环境外交的一大特点。

除上述特点外，环境外交还具有区域性、相对性等特点。不同地区的国家有不同的环境问题或重点问题，因而许多环境外交活动都具有区域性的特点。相对性的含义是环境外交涉及的许多问题具有相对性，同一国家对同类环境问题经常提出不同的甚至相反的看法，如处于河流上、下游的不同国家在河流污染问题上常常采用相反的原则。

第三节 中国参与全球环境问题管理的行动

中国是个人口大国，正在经历快速的经济增长和社会发展。中国在国际社会中的地位和影响日益重要，在环境问题上也是如此。中国政府本着积极和负责的态度，一直积极参与和推动国际环境问题的解决和合作。

一、中国参与全球环境问题管理的历程

中国的环境外交发端于1972年，到现在已经历了40多年。纵观中国参与全球环境问题管理的发展历程，可以将其划分为以下四个阶段。

1. 开辟阶段

这个阶段从1972～1977年。1972年联合国人类环境会议在瑞典首都斯德哥尔摩召开。这是类历史上第一次全球环境会议，具有划时代的意义，也是国际环境外交的第一个里程碑。

中国政府审时度势，在周恩来总理的具体指导下，派代表团参加了联合国人类环境会议，这是中国外交工作在国际环境保护领域的第一次亮相。会议之后，中国开始广泛参与国际环境事务，积极开展双边、多边环境合作，并同时与相关的国际组织，包括联合国教科文组织、联合国开发计划署、世界银行等，特别是联合国环境规划署，保持良好的合作关系。

这一时期里，中国参与全球环境问题管理实现了从无到有和向国际组织派遣常驻代表的两个突破。中国确立并积极向国外宣传我国的环境保护方针、原则、政策，促进国际社会对中国环境保护工作和社会主义制度的了解与赞同，介绍和传播中国特色的环境保护方式和经验。环境外交具有明显的实验特性，在立场上表现出坚定性与策略的灵活性，并大力地促进

了国内环境保护事业的发展。

2. 稳步成长阶段

这个阶段从1978～1992年。1978年的十一届三中全会以后实施改革开放，社会生产力被释放，经济迅速增长，环境保护逐渐受到重视。我国宪法加以明确规定，并颁布了《环境保护法（试行）》，为中国参与全球环境问题管理的进一步发展提供了坚实的基础和动力。1985年，国家环保局设立了外事处，负责环境外交工作。1989年，中国政府首次明确提出要开展环境外交。外交部国际司、条约法律司开始介入环境外交，设置专人负责环境与发展事务。1989年，国家环保局成立了环境保护对外合作中心，负责我国环境保护领域利用国际金融组织资金、履约项目资金、1990年7月，国务院环委会通过了《我国关于全球环境问题的原则立场》，明确了我国的环境外交原则，这一文件成为了中国外交工作的重要指导性文件。

1978年中华人民共和国人与生物圈计划国家委员会成立。1979年中国加入了联合国环境规划署的“全球环境监测网”、“国际潜在有毒化学品登记中心”和“国际环境情报资料源查询系统”。1992年4月，中国环境与发展合作委员会在北京成立，该委员会由40多位中外著名专家和社会知名人士组成，负责向中国政府提出环境与经济协调发展方面的有关咨询意见和建议，其建议得到中国政府的高度重视和积极响应。

该阶段里，中国积极参与多边和双边环境外交，签订了一系列国际环境保护条约和双边协定。同时，除了参加和举办各种重要的国际环境会议以外，中国还广泛地开展环保领域的国际学术交流、考察活动、民间交往以及与非政府组织的交往等外交活动。特别是1989年之后，中国环境外交活动次数之多、规模之大、级别之高、影响之广是前所未有的，仅从1989～1990年10月的1年多时间里，我国参加各种重要国际环境会议30多次，派出团组约200个，接待各国来宾近100批，党和国家领导人也多次出席在北京召开的国际性环境会议。

在此阶段，有中国特色的环境外交逐步形成，表现出复杂而有规律的特征。环境外交的概念被明确阐明，环境外交已形成一门专业性较强的工作，一批环境外交专业人才正在迅速成长，有关环境外交的研究工作也悄然兴起。环境保护领域的国际合作在此阶段有了比较广泛的发展，进入到密切交流与合作阶段。中国环境外交在国际环保领域的角色愈来愈重要，策略也愈来愈丰富和实用。中国环境外交在此阶段得到了深入发展，大大提高了中国的国际地位，进一步促进了国内环境保护事业的发展，成为国际环境保护领域中一股有重要作用和影响的力量。

3. 务实拓展阶段

1993～2005年，是积极务实、维护权益、争取利益和拓展合作的阶段。1992年6月召开的联合国环境与发展大会是国际环境保护的又一座里程碑，也是国际环境外交史的最重要的事件之一。以环发大会为标志，中国环境外交在策略、方针、原则、立场等方面已渐趋成熟，中国环境外交跨入了一个新阶段。

中国在全球环境问题上所持的积极态度和原则立场得到了国际社会，特别是发展中国家的普遍认同和赞誉。中国环境外交和国际环境合作日益活跃，多边和双边国际环境合作日渐广泛和深入。同时，中国积极组织和参与履行有关国际环境公约，先后加入了《气候变化框架公约》等一系列国际环境公约和议定书。在国际环境公约的谈判和履行过程中，中国与“77国集团”密切配合，协商一致，加强发展中国家内部的协商和团结，维护发展中国家利益，促进南北对话发挥了积极作用，同时也为中国环境外交提供了一个充分展示自己，维护国家权益的国际舞台。

我国在环境外交中，积极引进资金、技术和管理经验，加强环境保护对外经济技术合作，加快了环境保护事业的发展，也提高了我国环境保护的能力和水平。

在机构方面，我国的国际环境合作机构在这一时期得到了进一步加强和完善。1993年，原国家环保局成立了国际合作司，统一规范国际合作工作。1998年的国务院机构改革中，赋予国际合作司指导全国国际环境合作工作及归口管理环保系统对外经济合作的职能，1999年，国家环保局颁布了《全国环境保护国际合作工作（1999～2002）纲要》

国际合作的规范化、制度化建设也有了长足进展。经过此阶段的锻炼培训，一批有专业知识、懂外语、政策性强、精干的中国环境外交队伍不断成熟和壮大起来。

4. 主动发展阶段

2006年，我国召开第六次全国环境保护大会，提出环境保护工作的三个历史性转变：从重经济增长轻环境保护转变为保护环境与增长同步，从环境保护滞后于经济发展转变为环境保护与经济发展同步，从主要用行政办法保护环境转变为综合运用法律、经济、技术和必要的行政手段解决环境问题。在这个过程中，中国环境外交的角色是：通过加强国际合作，为环保中心工作服务。

2007年10月中国共产党第十七次全国代表大会首次将环保国际合作作为中国和平发展道路的重要组成部分，与对外政治、经济、文化和安全等重大战略并重，强调“环保上‘相互帮助、协力推进，共同呵护’人类赖以生存的地球家园”。这标志着中国环境外交进入了一个新的阶段。环境外交活动更为活跃，包括全球性的环境合作和双边及多边环境合作。例如，2007年12月，胡锦涛主席出席了联合国气候变化大会。2007年，中国与美、日、法等10个国家新签订或续签订14份双边环境合作及核安全合作文件。2010年3月组建了立中国-东盟环境保护合作中心，负责实施落实《中国-东盟环保合作战略》及相关合作项目并为之提供技术支持，该中心是我国环境保护对外交流合作的重要平台和窗口。

通过40多年的发展，中国环境外交有效地推动中国经济和环保事业的发展，在参与国际环境立法过程中维护了国家的经济利益，同时也促进了国内可持续发展战略的贯彻实施。我国通过环境外交引进了先进的环保技术、管理经验和外资外援，国际环保公约履约的责任和压力也成了中国环保的动力，这些因素有力地促进了国内的环保事业发展。

环境外交开拓了中国外交的范围，促进了外交观念和思路的变化，扩大和丰富了中国外交的内涵。可以说，中国的环境外交扩大了中国在国际社会的影响，提高了中国的国际地位，也推动了国内环境保护的发展。

二、中国关于全球环境问题的基本原则和行动

（一）基本原则和目标

1990年7月，国务院环境保护委员会第十八次会议通过了指导中国环境外交工作的纲领性文件——《中国关于全球环境问题的原则立场》。我国提出解决全球环境问题的基本原则如下。

① 正确处理环境保护与发展的关系。环境保护和经济发展是一个有机联系的整体，既不能离开发展，片面地强调保护和改善环境，也不能不顾生态环境的承载能力而盲目地追求发展。尤其对广大发展中国家来讲，只能在适度经济增长的前提下，寻求适合本国国情的解决环境问题的途径和方法。

② 明确国际环境问题主要责任。目前存在的全球性环境问题，主要是发达国家在过去一两个世纪中追求工业化造成的后果。这些国家对全球环境问题负有不容推卸的主要责任，也理应承担更多的义务。

③ 维护各国资源主权，应遵循不干涉他国内政的原则。1972 年人类环境会议上通过的《斯德哥尔摩宣言》第 21 条也明确规定，各国对其自然资源的保护、开发、利用是各国的内部事务。

④ 发展中国家的广泛参与是非常必要的。在目前的国际环境事务中，存在着忽视发展中国家具体困难的倾向，这些国家的呼声得不到充分反映，因此，有必要采取措施，确保发展中国家能够充分参与国际环境领域中的活动与合作。

⑤ 应充分考虑发展中国家的特殊情况和需要。发展中国家面临一些更为迫切的局部环境问题，既有因资金短缺、技术落后和人口增长所造成的诸如土地退化、沙漠化、森林锐减、水土流失等自然生态恶化问题，也有因工业发展引起的环境污染、酸沉降、水资源短缺等问题。

⑥ 不应把保护环境作为提供发展援助的新的附加条件，也不应以保护环境为借口设立新的贸易壁垒。

⑦ 发达国家有义务在现有的发展援助之外，提供充分的额外资金，帮助发展中国家参加保护全球环境的努力，或补偿由于保护环境而带来的额外经济损失，并以优惠、非商业性条件向发展中国家提供环境无害技术。这一原则应纳入国际保护环境的公约、议定书中。发展中国家能否按规定时间表完成限控指标，将取决于这些原则的具体兑现与实际运行。我们反对发达国家及其垄断财团以环境保护为借口，利用发展中国家为保护人类生存环境作贡献的良好愿望发“环保财”。

⑧ 加强环境领域内的国际立法是必要的。我国将继续以积极、认真负责的态度参加有关法律文书的谈判及编制工作，维护我国利益并确保我国和其他发展中国家的原则主张得到反映。有关环境的国际立法应建立在充分科学论证的基础上，应有发展中国家广泛且有效的参与。

1992 年 6 月 12 日联合国环发大会上，李鹏总理代表中国政府提出对环境与发展问题的五项主张，即：

① 经济发展必须与环境保护相协调；

② 解决全球环境问题是各国的共同责任，发达国家负有主要责任；

③ 加强国际合作，以尊重国家主权为前提；

④ 促进发展和保护环境离不开世界的和平与稳定；

⑤ 处理环境问题应当兼顾各国的现实利益和世界的长远利益。

中国环境外交的基本目标包括：争取国外资金和技术援助，进一步推动中国的环境保护工作，促进中国的可持续发展；加强环境与发展领域的国际合作，确保地球环境安全；维护中国和发展中国家的权益；扩大国际影响，提高国际地位。

中国的环境外交正是在以上原则和目标的指导下，取得了巨大的发展和成绩，在环境外交活动中，维护了本国的利益，同时也提高了中国在国际社会的地位，使中国在世界环境与发展领域里获得了良好的声誉。

（二）中国环境外交的主要行动

1972 年联合国人类环境会议之后，中国以积极、务实的态度参与环境领域的国际活动。

1. 积极推动环境保护双边合作

环境保护双边合作是中国国际合作的重要组成部分。自从 1980 年中国与美国签署了第一个双边环境合作议定书以来，至2005年底国家环保总局与30多个国家签署了备忘录、行动计划、公报、声明、议定书等文件累计56份，在此基础上，建立了覆盖全球的双边合作框架。以这些文件为基础，中国与挪威、德国、加拿大、韩国、意大利、美国、荷兰、澳大利亚、日本及欧盟等十多个国家和地区在环境保护领域共开展了百余个合作项目，在污染防治、自然保护、环境宣传教育、环保技术合作、能力建设以及核安全等领域开展了富有成效的合作与交流活动。

2005年松花江水污染事件后，我国主动承担责任，对事故采取妥善的应急措施。2006年9月，在中俄总理定期会晤机制下设立了环保分委会，成为中俄两国环保合作的长效机制和新平台。2008年1月和11月分别签订了《中俄政府干预合理利用和保护跨界水的协定》和《中华人民共和国环境保护部和俄罗斯联邦自然资源与生态部关于建立跨界突发环境事件通报和信息交换机制的备忘录》。中俄环保合作成为国际环境保护双边合作的典范。

2. 大力推进区域性环境合作

中国在大力开展双边外交的同时，也积极参与区域性环境外交，推进区域环境领域的合作和区域性环境问题的解决。区域性环境外交活动包括参与各区域的环境会议，如太平洋环境会议、亚欧环境部长会议、亚太地区环境与发展大会、东北亚环境合作会议、日中韩三国环境部长会议等，也包括与其他区域性组织的环境合作，如与欧盟、东盟、经合组织（OECD）、亚太经合组织（APEC）等的环境合作。总之，区域性环境外交已经构成中国环境外交的重要一环。

3. 参与环境多边合作

多边环境外交主要关注全球性环境问题，规模大、结果影响到各方利益，所以受到各国的重视。中国的多边环境外交主要包括三方面内容：参加重要的国际环境会议，参与国际环境立法和国家环境履约。

中国政府派出代表团参加了一系列重要的国际环境会议，包括联合国人类环境会、联合国环境与发展大会、联合国可持续发展大会，多个国际环境公约的有关大会，如《关于消耗臭氧层物质的蒙特利尔议定书》缔约国会议、《控制危险废弃物越境转移及其处置巴塞尔公约》缔约国会议、《联合国气候变化框架公约》的谈判委员会会议和缔约国大会、《生物多样性公约》政府间谈判委员会会议和缔约国会议等，以及其他国际环境会议，如1991年6月中国政府在北京举办了“发展中国家环境与发展部长级会议”等。

在过去40多年里，国际社会为保护全球环境签署了200多项与环境和资源有关的国际公约。中国先后缔结或参加了50多项与环境和资源保护有关的国际公约。中国在国际环境公约的缔结和履约工作中发挥了积极的作用。中国已经缔结或参加的重要国际环境公约见表8-1。

表8-1 中国已经缔结或参加的重要国际环境公约

序号	公约名称	通过日期	生效日期	中国加入时间（生效时间＊）
1	国际捕鲸管制公约	1946/12/02	1948/11/10	1980/09/24
2	南极条约	1959/12/01	1961/06/23	1983/06/08＊
3	关于环境保护的南极条约议定书	1991/06/23	1998/01/14	1991/10/04
4	保护世界文化和自然遗产公约	1972/11/16	1975/12/17	1986/03/12＊
5	濒危野生动植物物种国际贸易公约	1973/03/03	1975/07/01	1981/01/08（1981/04/08＊）
6	1983年国际热带木材协定	1983/11/18	1985/04/01	1986/07/02＊
7	1994年国际热带木材协定	1994/01/26		1996/06/19
8	防止倾倒废物及其他物质污染海洋的公约	1972/12/29	1975/08/30	1985/12/15＊

续表

序号	公约名称	通过日期	生效日期	中国加入时间（生效时间＊）
9	关于1973年国际防止船舶造成污染公约的1978年议定书	1978/02/17	1983/10/02	1983/07/01
10	核材料实物保护公约	1980/03/03	1987/02/08	1988/12/02 (1989/01/02＊)
11	及早通报核事故公约	1986/09/26	1986/10/27	1988/12/29＊
12	核事故或辐射紧急援助公约	1986/09/26	1986/10/27	1987/10/14＊
13	控制危险废物越境转移及其处置巴塞尔公约	1989/03/22	1992/05/05	1992/08/22＊
14	核安全公约	1994/06/17	1996/10/24	1996/04/09
15	联合国防治荒漠化公约	1994/06/07	1996/12/26	1997/05/19＊
16	关于特别是作为水禽栖息地的国际重要湿地公约(又称：湿地公约、拉姆萨公约)(1982年3月12日议定书修正)	1971/02/02	1975/12/21	1992/01/03 (1992/07/31＊)
17	生物多样性公约	1992/06/05	1993/12/29	1993/12/29＊
18	生物安全卡塔赫那议定书	2000/01/28	1993/12	2000/08/08
19	联合国气候变化框架公约	1992/06/11	1994/03/21	1993/01
20	《联合国气候变化框架公约》京都议定书	1997/12/10	2005/02/16	2002/08/30
21	保护臭氧层维也纳公约	1985/03/22	1988/09	1989/12/10＊
22	关于消耗臭氧层物质的蒙特利尔议定书	1987/09/16	1989/01/01	1991/08/10＊
23	《蒙特利尔议定书》伦敦修正案	1990/06	1992/01/01	1992/08/10
24	关于在国际贸易中对某些危险化学品和农药采用事先知情同意程序的鹿特丹公约	1998/09/11	2004/02/24	2004/12/29＊
25	关于持久性有机污染物的斯德哥尔摩公约	2001/05/22	2004/05/17	2004/11/11＊

对已缔结或参加的国际环境公约，中国采取了认真务实的履约行动。1992年8月，中国发表了《中国环境与发展十大对策》，1993年1月，经国务院批准，编制了《中国消耗臭氧层物质逐步淘汰国家方案》发送给臭氧层多边基金执委会，2月，中国当选为可持续发展委员会成员国。1994年，中国政府响应联合国《21世纪议程》的号召制定了《中国21世纪议程》，向世界表明了走可持续发展道路的决心和诚意，此后，又编制了《中国生物多样性保护行动计划》、《中国控制温室气体排放的战略研究》。1996年9月，中国在北京召开中国首届臭氧层大会，并宣布“九五”期间将在1996年的基础上，将消耗臭氧层物质消费量和生产量削减50%。为了履行《防治荒漠化公约》，2001年中国制定了《中华人民共和国防沙治沙法》。2007年7月1日开始，中国停止了除必要用途之外的含氯氟烃和哈龙的生产，这标志着中国提前两年半完成了保护臭氧层的《蒙特利尔议定书》中约定的目标。为履行《联合国气候变化框架公约》，中国政府特编制了《中国应对气候变化国家方案》，明确中国应对气候变化的具体目标、基本原则、重点领域及其政策措施。

作为一个负责任的大国，中国在国际环境公约履约过程中积极而负责的态度和行而有效的行动，受到了国际社会的好评。

专栏 8-2

环境与贸易

全球贸易的增长促进了经济的腾飞，但同时带来一系列环境问题。贸易自由化的放任自流会促使对生态系统和资源的过度开发，如危险废物的越境转移、濒危物种贸易、运输业扩大造成的环境负荷增加、扩大贸易规模导致的全球环境资源的过度开发和使用等。

另一方面，环境问题日益成为国际贸易中的一个重要因素。譬如，环境问题的全球化促使世界各国采取相应的政策和行动，对贸易产生重大影响。各国政府已达成的关于臭氧层消耗、气候变化、生物多样性、危险废物转移等多项多边协定，对相关的贸易活动作出了限制和规定。另外，一些国家的单边环境措施可能成为他国的市场准入障碍，特别是发达国家的“单方面环境贸易措施”的制定和实施常常成为绿色保护主义的借口。同时，一些发达国家企业利用发展中国家相对宽松的环境法规和标准，通过投资或贸易的方式转移污染企业和产品，甚至是转移危险废物。

联合国环境与发展大会之后，国际可持续发展研究院（IISD）于1994年发表了《贸易与可持续发展原则》，提出了处理好贸易与持续发展关系的原则。

① 公平性（equity）。指物质和自然资本及知识和技术在当代及以后的各代的公平分配。在转向持续发展阶段的过渡时期，主要是发达世界应承担额外的义务，因其过去是用资源的方式制约了当代人尤其是发展中国家的当代人的合理选择。贸易自由化可通过消除对发展中国家有害的贸易壁垒而对达到更加公平做出贡献。

② 环境的完整性（environmental integrity）。贸易与发展应重视和有助于维持环境的完整性，这涉及人类活动对生态系统影响的认识。需要重视各种对生态系统再生能力的制约因素，采取行动避免对动植物物种产生不可改变的损害。

③ 属地管理优先（subsidiarity）。根据问题的性质，环境行动将在不同的管辖范围内采取，考虑到有效性，最低管辖层次的单位应有优先权。国际政策只有在比单个国家或一国管辖范围内采取的行动更有效的条件下采取。在缺乏受影响的国家自愿接受的协议或环境影响仅局限于国内管辖范围的前提下，其他国家不应使用经济制裁或别的强制性的措施来试图消除环境标准的差异。在产生跨越国界的环境影响的条件下，应寻求多边的解决办法，如国际环境协议、制定国际标准、鼓励资源提高环境标准及可能采取贸易措施等。

④ 国际合作（international cooperation）。可持续发展要求加强各种层次全方位的国际合作，包括环境、发展与贸易政策。当争议产生时，处理程序应考虑对环境、发展和经济都有利。这涉及改变现有的贸易规则和争端解决机制，或建立新机制。需要建立保护发展水平较低国家利益的公开、有效、公正的争端解决程序，实现南北国家的双赢合作。

⑤ 科学与预防（science and precaution）：积极开发有利于协调贸易、环境与发展利益的科学技术，特别是生态科学和复杂系统科学，包括制定合适的健康、安全和环境标准，开发生态友好的生产工艺技术等。鉴于决策错误将导致严重的后果，应采取预防和适应的方法，争取在事故发生前发现问题并及时采取有效措施。

⑥ 开放性（openness）。增加开放型对改进环境、贸易和发展政策至关重要。开放性包含两层意思：一是所有受到影响的各方都能准时、较易地获得有关信息；二是公众参与决策进程。

2001年12月11日，中国正式加入世界贸易组织（WTO），中国作为贸易大国，同时也是环境大国，在制定协调贸易、环境与发展问题的总体政策框架时应遵循五大原则：效率原则；平等原则；强化管理原则；有关方面参与原则；国际合作原则。

为确保贸易与环境可持续发展，中国在密切注视国际环境与贸易政策发展的情况下，要大力提高出口产品竞争力、改善出口结构，参考国际标准和规范制定本国的贸易与环境政策，加强企业的环境管理，包括积极推行ISO14000系列标准、清洁生产和环境标志等制度，逐步实现环境成本内在化，并加强对外资引进的管理，引导外资为促进中国可持续发展服务。同时，还须加强国际合作，提高本国的可持续发展能力。

思考题

1. 列举当前的全球十大环境问题，并择其一作为例子，说明国际社会应对全球环境问题的行动。
2. 举例说明旨在解决某个全球环境问题的国际条约的起源及履约情况。
3. 什么是环境外交？
4. 概要介绍中国参与全球环境问题管理的历程及成效。
5. 中国环境外交的基本原则是什么？

参考文献

[1] 刘利，潘伟斌．环境规划与管理．北京：化学工业出版社，2006.
[2] 《环境规划指南》编写组．环境规划指南．北京：清华大学出版社，1994.
[3] 蔡守秋．欧盟环境法的特点及启示．福建政法管理干部学院学报，2001，(3)．
[4] 陈昌笃．持续发展与生态学．北京：中国科学技术出版社，1993.
[5] 陈红蕾．关于贸易与环境问题的若干思考．经济问题探索，1999，(12)．
[6] 陈泉生．环境管理机构的四种设置模式．环境导报，1998，(1)．
[7] 陈竹华，寿小丽．中国环境外交的历史演变与现实挑战．中国人口．资源与环境，2001，11 (4)：51～54.
[8] 傅京燕，陈红蕾．国际贸易中产品环境成本内部化研究．国际经贸探索，2002，(2)．
[9] 郭怀成，尚金城，张天柱．环境规划学．北京：高等教育出版社，2001.
[10] 国家环境保护局计划司环境规划编写组．环境规划指南．北京：清华大学出版社，1994.
[11] 国家环境保护总局规划与财务司编著．环境统计概论．北京：中国环境科学出版社，2001.
[12] 国家环境保护总局监督管理司．中国环境影响评价培训教材．北京：化学工业出版社，2000.
[13] 黄勇．中国环境外交三十年．中国环境报．2003 年 1～4 月．
[14] 霍海燕．西方国家环境政策的比较与借鉴．中国行政管理，2000，(7)．
[15] 姜彤．莱茵河流域水环境管理的经验对长江中下游综合治理的启示．水资源保护，2002，(3)：45～50.
[16] 蒋廉洁．法国的环境保护．水资源保护，2003，(1)．
[17] 矫勇，陈明忠，石波，孙平生．英国法国水资源管理制度的考察．中国水利，2001，(3)：43～45.
[18] 金瑞林．环境与资源保护法学．北京：高等教育出版社，1999.
[19] 李武立．环境会计基本理论结构概述．财会月刊，2000，(12)．
[20] 李雪，杨智慧．对环境审计定义的再认识．审计研究，2004，(2)．
[21] 李岩．我国环境标准体系现状分析．上海环境科学，2003，(2)．
[22] 联合国环境规划署 (UNEP)．全球环境展望 2000. 北京：中国环境科学出版社，2000.
[23] 刘昌黎．90 年代日本环境保护浅析．日本学刊，2002，(1)．
[24] 刘江．中国可持续发展战略研究．北京：中国农业出版社，2001.
[25] 刘洁，冯银厂，朱坦．总量控制在环境管理中应用．城市环境与城市生态，2003，(1)．
[26] 刘青松．清洁生产与 ISO14000. 北京：中国环境科学出版社，2003.
[27] 陆新元，汪冬青．中国排污收费制度的改革与实施（二）．环境保护科学，1998，24 (5)：1～4.
[28] 陆新元，汪冬青．中国排污收费制度的改革与实施（一）．环境保护科学，1998，24 (4)：1～5.
[29] 陆雍森．环境评价．第 2 版．上海：同济大学出版社，1999.
[30] 马传栋．资源生态经济学．山东人民出版社，1995.
[31] 马晓明．环境规划理论与方法．北京：化学工业出版社，2004.
[32] 马中．环境与资源经济学概论．北京：高等教育出版社，1999.
[33] 孟凡利．环境会计的概念与本质．会计研究，1997，(12)．
[34] 钱易，唐孝炎．环境保护与可持续发展．北京：高等教育出版社，2000.
[35] 曲格平．中国的环境管理：改革与创新——在“中欧环境管理创新与可持续发展大会”上的发言．2005.9.
[36] 曲格平．环境保护知识读本．北京：红旗出版社，1999.
[37] 沈禄赓编著．系统科学概要．北京：北京广播学院出版社，2000.
[38] 孙佑海．解读《环境影响评价法》．厦门科技，2003，(1)．
[39] 唐剑武，叶文虎．环境承载力的本质及其定量化初步研究．中国环境科学，1998，18 (3)．
[40] 天津市审计学会、天津市审计科培中心环境审计课题组．关于环境审计基本理论的探讨．审计理论与实践，2000，(1)．
[41] 田春秀，李丽平，胡涛（国家环保总局环境与经济政策研究中心）．国外环境保护管理体制（一）～（四）．中国环境报，2004，2～3 月．
[42] 汪应洛主编，孙林岩等编．系统工程理论、方法与应用．第 2 版．北京：高等教育出版社，1998.
[43] 王金南，杨金田，曹东，高树婷，葛察忠，钱小平．中国排污收费标准体系的改革设计．环境科学研究．1998，11 (5)：1～7.
[44] 王玉婧．贸易可持续发展：温尼伯原则解析．天津商学院学报，2005，(2)．
[45] 温东辉，陈吕军，张文心．美国新环境管理与政策模式：自愿性伙伴合作计划．环境保护，2003，(7)：61～64.
[46] 奚旦立，孙裕生，刘秀英编．环境监测．北京：高等教育出版社，1996.
[47] 胥树凡．中国环境保护标准体系的基本框架．中国环保产业，2003，(12)．

[48] 鄢达昆，李应振．环境标志制度与技术性贸易壁垒．现代管理科学，2004，(2)．
[49] 杨金田，王金南主编．中国排污收费制度改革与设计．北京：中国环境科学出版社，1998.
[50] 杨兴，谢校初．美、日、英、法等国的环境管理体制概况及其对我国的启示．城市环境与城市生态，15 (2)：49～51.
[51] 叶文虎等．环境管理学．北京：高等教育出版社，2000.
[52] 于秀娟主编．环境管理．哈尔滨：哈尔滨工业大学出版社，2002.
[53] 曾维华，王华东．环境承载力理论及其在湄州湾污染控制规划中应用．中国环境科学，1998，18 (1)．
[54] 张海滨．中国环境外交的演变．世界经济与政治，1998，(11)．
[55] 张海滨．论中国环境外交的实践及其作用．世界经济与政治论坛，1998，(3)．
[56] 张坤民．可持续发展论．北京：中国环境科学出版社，1997.
[57] 张联，陈明，曾万华．法国水资源环境管理体制．世界环境，2000，(3)．
[58] 周扬胜．新加坡的环境机构与环境基础设施．世界环境，2001，(1)：11～13.
[59] 朱庚申．环境管理学．北京：中国环境科学出版社，2002
[60] 蔡艳荣，丛俏，曲蛟编．环境影响评价．北京：中国环境科学出版社，2004.
[61] 柴发合等．区域大气污染物总量控制技术与示范研究．环境科学研究，2006．(4)：163～171.
[62] 董伟，张勇，张令．我国环境保护规划的分析与展望．环境科学研究．2010．(6)．
[63] 符云玲，张瑞．中国环境保护规划制度框架研究，环境保护，2008，(12B)：77～79.
[64] 傅国伟，当代环境规划的定义．作用与特征分析，中国环境科学，1999，(01)．
[65] 海热提，王文兴编．生态环境评价、规划与管理．北京：中国环境科学出版社，2004.
[66] 李昭华、蒋冰冰，欧盟环境规制对我国家电出口的绿色壁垒效应．中国人口·资源与环境，2010，(3)．
[67] 廖红，郎革（Langer，C. E.）编．美国环境管理的历史与发展．北京：中国环境科学出版社，2006：151～152.
[68] 刘慧，郭怀成，詹歆晔．荷兰环境规划及其对中国的借鉴．环境保护，2008．(20)．
[69] 刘尊文，岳文淙，李明博．国外Ⅲ型环境标志发展概况．中国环保产业，2009，(10)：58～61.
[70] 骆永明，滕应．我国土壤污染退化状况及防治对策．土壤，2006，(05)．
[71] 牛坤玉．借鉴美国经验助力环保战略规划．环境保护，2010，(11)：82-85.
[72] 齐峰．改革开放30年中国环境外交的解读与思考——兼论构建环境外交新战略．中国科技论坛，2009，(03)．
[73] 宋国君，李雪立．论环境规划的一般模式．环境保护，2004，(3)：38～43.
[74] 王天天，朱坦．“欧盟2020战略”对中国可持续发展的启示．中国发展，2012，(2)：1～4.
[75] 王伟男，欧盟排放交易机制及其成效评析．世界经济研究，2009，(7)：68-74.
[76] 徐建玲，陈冲，马宏军．日本环境规划的理念与系统框架．中国环境科学学会环境规划专业委员会2008年学术年会：256～260.
[77] 於方，董战峰，过孝民．中国环境保护规划评估制度建设的主要问题分析．环境污染与防治，2009，(10)：91～94.
[78] 詹歆晔，刀谞，郭怀成．中国与美国环境规划差异比较与成因分析．环境保护，2009，(14)：59～61.
[79] 周珂主编．环境与资源保护法．第二版．北京：中国人民大学出版社，2010.
[80] 岩佐茂．环境的思想．韩立新译．北京：中央编译出版社，1997：1.

